中國科技典籍選刊

第五輯

叢書主編：孫顯斌

中國國家圖書館藏順治五年本

函宇通

【上】

[明]熊明遇

熊人霖◇撰　魏　毅◇整理

國家古籍整理出版專項經費資助項目

CTS
PUBLISHING & MEDIA

K
湖南科學技術出版社

《中國科技典籍選刊》總序

我國有浩繁的科學技術文獻，整理這些文獻是科技史研究不可或缺的基礎工作。竺可楨、李儼、錢寶琮、劉仙洲、錢臨照等我國科技史事業開拓者就是從解讀和整理科技文獻開始的。二十世紀五十年代，科技史研究在我國開始建制化，相關文獻整理工作有了突破性進展，涌現出許多作品，如胡道靜的力作《夢溪筆談校證》。

改革開放以來，科技文獻的整理再次受到學術界和出版界的重視，這方面的出版物呈現系列化趨勢。巴蜀書社出版《中華文化要籍導讀叢書》（簡稱《導讀叢書》），如聞人軍的《考工記導讀》、傅維康的《黃帝內經導讀》、繆啓愉的《齊民要術導讀》、胡道靜的《夢溪筆談導讀》及潘吉星的《天工開物導讀》。上海古籍出版社與科技史專家合作，爲一些科技文獻作注釋並譯成白話文，刊出《中國古代科技名著譯注叢書》（簡稱《譯注叢書》），包括程貞一和聞人軍的《周髀算經譯注》、聞人軍的《考工記譯注》、郭書春的《九章算術譯注》、繆啓愉的《東魯王氏農書譯注》、陸敬嚴和錢學英的《新儀象法要譯注》、潘吉星的《天工開物譯注》、李迪的《康熙幾暇格物編譯注》等。

二十世紀九十年代，中國科學院自然科學史研究所組織上百位專家選擇並整理中國古代主要科技文獻，編成共約四千萬字的《中國科學技術典籍通彙》（簡稱《通彙》）。它共影印五百四十一種書，分爲綜合、數學、天文、物理、化學、地學、生物、農學、醫學、技術、索引等共十一卷（五十冊），分別由林文照、郭書春、薄樹人、戴念祖、郭正誼、唐錫仁、苟翠華、范楚玉、余瀛鰲、華覺明等科技史專家主編。編者爲每種古文獻都撰寫了「提要」，概述文獻的作者、主要内容與版本等方面。自一九九三年起，《通彙》由河南教育出版社（今大象出版社）陸續出版，受到國内外中國科技史研究者的歡迎。近些年來，國家立項支持《中華大典》數學典、天文典、理化典、生物典、農業典等類書性質的系列科技文獻整理工作。類書體例内容易割裂原著的語境，這對史學研究來說多少有些遺憾。例如，潘吉星將《天工開物校注及研究》分爲上篇（研究）和下篇（校注），其中上篇包括時代背景，作者事跡，書的内容、刊行、版本、歷史地位和國際影響等方面。

《導讀叢書》、《譯注叢書》和《通彙》等爲讀者提供了便于利用的經典文獻校注本和研究成果，也爲科技史知識的傳播做出了重要貢獻。有些不過，可能由於整理目標與出版成本等方面的限制，這些整理成果不同程度地留下了文獻版本方面的缺憾。《導讀叢書》、《譯注叢書》和其他校注本基本上不提供保持原著全貌的高清影印本，并且錄文時將繁體字改爲簡體字，改變版式，還存在截圖、拼圖、換圖中漢字等現象。《通彙》的編者們儘量選用文獻全貌的善本，但《通彙》的影印質量尚需提高。

歐美學者在整理和研究科技文獻方面起步早於我國。他們整理的經典文獻爲科技史的各種專題與綜合研究奠定了堅實的基礎。有些科技文獻整理工作被列爲國家工程。例如，萊布尼兹（G. W. Leibniz）的手稿與論著的整理工作於一九〇七年在普魯士科學院與法國科學院聯合支持下展開，文獻內容包括數學、自然科學、技術、醫學、人文與社會科學，萊布尼兹所用語言有拉丁語、法語和其他語種。該項目因第一次世界大戰而失去法國科學院的支持，但在普魯士科學院支持下繼續實施。第二次世界大戰後，項目得到東德政府和西德政府的資助。迄今，這個跨世紀工程已經完成了五十五卷文獻的整理和出版，預計到二〇五五年全部結束。

二十世紀八十年代以來，國際合作促進了中文科技文獻的整理與研究。我國科技史專家與國外同行發揮各自的優勢，合作整理與研究《九章算術》、《黃帝內經素問》等文獻，并嘗試了新的方法。郭書春分別與法國科研中心林力娜（Karine Chemla）、美國紐約市立大學道本周（Joseph W. Dauben）和徐義保合作，先後校注成中法對照本《九章算術》（Les Neuf Chapters, 二〇〇四）和中英對照本《遠西奇算術》（Nine Chapters on the Art of Mathematics, 二〇一四）。中科院自然科學史研究所與馬普學會科學史研究所的學者合作校注《九章器圖説錄最》，在提供高清影印本的同時，還刊出了相關研究專著《傳播與會通》。

按照傳統的説法，誰占有資料，誰就有學問。我國許多圖書館和檔案館都重「收藏」輕「服務」。在全球化與信息化的時代，國際科技史學者們越來越重視建設文獻平臺，整理、研究、出版與共享寶貴的科技文獻資源。德國馬普學會（Max Planck Gesellschaft）的科技史專家們提出『開放獲取』經典科技文獻整理計劃，以『文獻研究＋原始文獻』的模式整理出版重要典籍。編者盡力選擇稀見的手稿和經典文獻的善本，向讀者提供展現原著面貌的複製本和帶有校注的印刷體轉錄本，甚至還有與原著對應編排的英語譯文。同時，編者爲每種典籍撰寫導言或獨立的學術專著，包含原著的內容分析、作者生平、成書與境及參考文獻等。

任何文獻校注都有不足，甚至引起對某些內容解讀的爭議。真正的史學研究者不會全盤輕信已有的校注本，而是要親自解讀原始文獻，希望看到完整的文獻原貌，并試圖發掘任何細節的學術價值。與國際同行的精品工作相比，我國的科技文獻整理與出版工作還可以精益求精，比如從所選版本截取的內容加以『改善』，這種做法使文獻整理的質量打了折扣。

實際上，科技文獻的整理和研究是一項難度較大的基礎工作，對整理者的學術功底要求較高。他們須在文字解讀方面下足够的功夫，并且準確地辨析文本的科學技術內涵，瞭解文獻形成的歷史與境。顯然，文獻整理與學術研究相互支撑，研究決定着整理的質量。隨着研究的深入，整理的質量自然不斷完善。整理跨文化的文獻，最好藉助國際合作的優勢。如果翻譯成英文，還須解決語言轉換的難題，找到合適的以英語爲母語的合作者。

在我國，科技文獻整理、研究與出版明顯滯後於其他歷史文獻，這與我國古代悠久燦爛的科技文明傳統不相稱。相對龐大的傳統科技遺產而言，已經系統整理的科技文獻不過是冰山一角。比如《通彙》中的絕大部分文獻尚無校勘與注釋，以往的校注工作集中在幾十種文獻，并且没有配套影印高清晰的原著善本，有些整理工作存在重複或雷同的現象。近年來，國家新聞出版廣電總局加大支持古籍整理和出版的力度，鼓勵科技文獻的整理工作。學者和出版家應該通力合作，借鑒國際上的經驗，高質量地推進科技文獻的整理與出版工作。

鑒於學術研究與文化傳承的需要，中科院自然科學史研究所策劃整理中國古代的經典科技文獻，并與湖南科學技術出版社合作出版，向學界奉獻《中國科技典籍選刊》。非常榮幸這一工作得到圖書館界同仁的支持和肯定，他們的慷慨支持使我們倍受鼓舞。國家圖書館、上海圖書館、清華大學圖書館、北京大學圖書館、日本國立公文書館、早稻田大學圖書館、韓國首爾大學奎章閣圖書館等都對『選刊』工作給予了鼎力支持，尤其是國家圖書館陳紅彥主任、上海圖書館黃顯功主任、清華大學圖書館馮立昇先生和劉薔女士以及北京大學圖書館李雲主任還慨允擔任本叢書學術委員會委員。我們有理由相信有科技史、古典文獻與圖書館學界的通力合作，《中國科技典籍選刊》一定能結出碩果。這項工作以科技史學術研究爲基礎，選擇存世善本進行高清影印和録文，加以標點、校勘和注釋，排版採用圖像與録文、校釋文字對照的方式，便於閱讀與研究。另外，在書前撰寫學術性導言，供研究者和讀者參考。受我們學識與客觀條件所限，《中國科技典籍選刊》還有諸多缺憾，甚至存在謬誤，敬請方家不吝賜教。

我們相信，隨着學術研究和文獻出版工作的不斷進步，一定會有更多高水平的科技文獻整理成果問世。

張柏春　孫顯斌
於中關村中國科學院基礎園區
二〇一四年十一月二十八日

目録

目錄

導言

《函宇通》刊刻於清順治五年（一六四八年），熊志學輯，該書爲熊明遇《格致草》和熊人霖《地緯》二書的合編。熊志學引

《易·乾卦》首句，將《函宇通》分爲元、亨、利、貞四冊，元、亨二冊爲《格致草》，利、貞二冊爲《地緯》。輯者熊志學另撰《函

宇通敘》一文，收入元冊書首，作爲全書的引言。《函宇通》是一部以天文學和地理學爲主要內容的自然科學著作集，熊志學將《格

致草》和《地緯》置於一函，並非單純光耀宗族的家撰合集，而有內在關聯，如《函宇通敘》所言：『夫儒者，通天地而參於其中，

則必知天之所以天，地之所以地，推本乾元，順成生生之意，而後於三才稱無忝也。』

明末是中西方文明觸碰、交流的偉大時代，入華耶穌會士在傳播天主教義的同時，通過與士人的廣泛接觸，以及西學著述的編譯

推介，引入西方自然科學知識和理念，帶來自然知識領域豐富的學術交流，促成了中國科學從傳統邁向現代的初次轉型。熊明遇和熊

人霖都是這場中西文明交流舞臺上的活躍人物，二人或與來華耶穌會士親身接觸，或深入研讀耶穌會士的著述，有選擇性地吸收西方

自然哲學、天文、曆法和地理知識，《格致草》和《地緯》即分別是熊氏父子二人學習西學留下的重要著作。

熊明遇，字良儒，號壇石，人稱文直先生，萬曆七年（一五七九年）出生於江西南昌府進賢縣北山（今江西省南昌縣涇口鄉東

湖村），萬曆二十九年（一六〇一年）進士，次年授浙江長興縣知縣，期間與東林人士顧憲成、高攀龍等頗多往來。後歷任兵科給事

中、福建福寧州僉事。天啟初以尚寶少卿進太僕少卿，天啟三年（一六二三年）擢南京都察院右僉都御史。天啟五年（一六二五年）

因陷東林黨禍遭魏忠賢彈劾，謫遷貴州平溪衛。崇禎元年（一六二八年）熊明遇被重新起用，授兵部右侍郎，旋升左侍郎，南京刑部

尚書，崇禎四年（一六三一年）拜兵部尚書，次年解任賦閒。崇禎十五年（一六四二年）再度被起用，遷南京兵部尚書，次年罷官。

明亡後，熊明遇舉家避居福建建陽縣崇泰里熊屯，清順治六年（一六四九年）卒於江西進賢。

《格致草》的文本前身爲《則草》，如熊志學在《函宇通敘》中指出：『《格致草》初名《則草》，成於萬曆時，後廣之爲今書。』

從《則草》初撰到更名《格致草》，再到《函宇通》刊刻，歷時近四十年，成書過程可分爲三個階段：其一，《則草》階段：自萬曆

三十七年（一六〇九年）至四十八年（一六二〇年），完成《則草引》、《則草一》和《則草附》三部分内容，天啓六年（一六二六年），
增補《則草二》，至此《則草》全部完成。其二，華日樓版《格致草》階段：崇禎元年（一六二八年）起，作者進一步修訂《則草》，
並更名《格致草》，約一六三〇年代中後期刊刻於南京華日樓，該版本已佚，據徐光台估測，較之《則草》增補内容約六十八節。其
三，《函宇通》版《格致草》階段，入清後，熊明遇增補並更正了華日樓版《格致草》的部分内容，經熊志學重刻，成爲《格致草》
的最終修訂本。爲别於華日樓刻本，《函宇通》版《格致草》每頁版心下方皆刻有「函宇通定本」。

《格致草》不分卷，目錄僅標注各小節名稱，未標序號，目錄所列小節共一百二十八個，而正文所述實分爲一百二十七個小節。
全書按照實際内容次序，可分爲六個部分，第一部分從「原理恒論」至「列象演說」，第二部分從「赤道心」至「節度定紀」，第三部
分從「曆理」至「水星至小可見辨」，第四部分從「化育論」至「氣行變化演說」，第五部分從「黄河清」至「巫」，第六部分從「大
造恒論」至「南極諸星圖」。就文本内容而言，《格致草》是一部有關自然知識的筆記體著作，書中所介紹的西學知識，涉及天文學、
氣象學、哲學、地理學和博物學等領域。

《格致草》的寫作動機與思想，如書名所示，一方面繼承宋明以來的「格物致知」傳統，即《格致草自叙》所言，「竊不自量，以
區區固陋，平日所涉記，而衡以顯易之則。大而天地之定位，星辰之彪列，氣化之蕃變，以及細而草物蟲豸，一一因當然之象，而求
其所以然之故，以明其不得不然之理。雖未敢日於大人格物致知之義，贊萬分之一，但令昭代學士，不頫首服膺於漢唐宋諸子無稽之
談，俾兩間物生而有象，象而有滋，滋而有數者，各歸於《中庸》不貳之道。」另一方面，明末耶穌會士引入西方的「格致之理」，爲
不滿足於傳統以倫理道德爲格致取向的士人們，提供了新的思想資源。熊明遇與耶穌會士利瑪竇、龐迪我、陽瑪諾、畢方濟等，以及
愛好西學的士大夫徐光啟等人皆有交往。《格致草》所參考的西學著作，包括利瑪竇《乾坤體義》、李之藻所編《天

學初函》、傅汎際《寰有詮》、高一志《空際格致》、徐光啟《崇禎曆書》、湯若望《遠鏡說》等。熊明遇利用
耶穌會士帶來的新知識，並採用新的學術方法，考正中國傳統的自然知識。如艾爾曼所言，《格致草》揭示了中國傳統的「格物」理
念，「在按照歐洲標準來判定世間萬物的基礎時，可以拓展到的程度」。

在文本體例上，《格致草》亦有創新之處，書中部分小節之後，附載「格言考信」和「澂論存疑」，參照西學新知，對中國古代典
籍中涉及自然知識的論說進行評判。凡與西方科學相合，即作者所敘「古聖賢之言」，散見於載籍而事理之確然有據者，則收入「格
言考信」；凡不合乎西方科學，於理不通者，即所謂「才士寓言、學人臆測」之類，則歸入「澂論存疑」，以「明乎其不經」。許光台認
爲，在中西知識交融的背景下，熊明遇借助帶有辨僞色彩的寫作體例的創新，開創了「十七世紀的自然知識考據」學術新領域。

熊人霖，字伯甘，别字鶴台，號南榮子，萬曆三十二年（一六〇四年）出生於浙西，時值其父在浙江長興縣知縣任上，熊人霖爲
熊明遇獨子。崇禎十年（一六三七年）進士，次年授浙江義烏縣知縣，崇禎十五年（一六四二年）升工部都水司主事。明亡後隨父避

居福建建陽，於當地書院講學，以明遺民自居，終隱不仕。清康熙五年（一六六六年）卒於江西進賢。據熊人霖自敘，《地緯》爲作者「弱冠少作」，其成書當在其二十歲左右，即天啟四年（一六二四年）前後，其後「久塵笥中」。《地緯》初刻於熊人霖在浙江義烏縣知縣任上，刊刻時間爲崇禎十一年（一六三八年），原版不久即散佚，今已不存。入清後，熊志學將《地緯》與其父《格致草》合輯重刻爲《函宇通》，方得傳世。

地理學是明末中西知識交流的重要領域，耶穌會士帶來的世界地圖和地理知識令中國士人廣開眼界，並引發對於域外地理獵奇的探索時尚，熊人霖的《地緯》即爲當時介紹世界地理的代表作。《地緯》亦不分卷，熊人霖在《序傳》中以「篇」爲記，並標序號，合計八十四篇。首篇《形方總論》，作者介紹西方地理學的一些基礎知識，如地圓説、氣候五帶、南北極赤道與經緯度劃分等。正文部分有志八十一篇，「以象陽數」，按照大瞻納（亞洲）、歐邏巴（歐洲）、利未亞（非洲）、亞墨利加（美洲）、墨瓦臘泥加（泛指當時未知的南方大陸）的次序，逐一介紹五大洲各國的國土民情和風俗物產。此後，作者又以五篇內容——「海名」「海族」「海產」「海志」和「海舶」——分別介紹有關海洋的地理知識。書末兩篇，「地圖」篇收錄世界地圖一幅，「緯繫」篇爲書跋，闡釋作者對於世界地理知識的系統性認知與歸納。

《地緯》中亞洲部分以外的世界地理新知識，大多出自耶穌會士艾儒略撰寫的世界地理著作《職方外紀》，如王重民所言，《地緯》「十之八鈔撮《外紀》」。《職方外紀》是第一部全面介紹世界地理的中文著作，成書於天啟三年（一六二三年），而《地緯》僅於一年之後即成書，可見《職方外紀》在士林傳播之迅速，以及熊人霖對於新地理知識的興趣與敏感。就二者的文本關係而論，《地緯》是中國士人對於《職方外紀》地理學知識與觀念的首次文本回應。一方面，受《職方外紀》的影響，《地緯》在地理學觀念、地理概念、地理範圍的廣度以及知識內涵諸方面，均與傳統的地理著作大相徑庭，表現出鮮明的西學特徵。在章節編排和文本內容上，《地緯》均呈現出與《職方外紀》較高的相似性。另一方面，熊人霖對《職方外紀》採取有選擇性吸收並轉化的文本態度，將原書中涉及天主教聖地、歷史和教義的部分內容刪除或簡寫，更多保留書中涉及民俗風情和風土物產等與儒家倫理價值觀與天下觀念不相抵觸的中性內容。如洪健榮所言，《地緯》對《職方外紀》的文本吸收和轉化，呈現出一幅「西方地理知識中國化」的早期景象。

《地緯》亞洲部分則代表着中國傳統域外地理學的知識體系與脈絡，熊志學《函宇通敘》言「《地緯》之言地也，賅《職方外紀》而博之，更有精於《外紀》所未核者」，所指即《地緯》所述的亞洲地理知識。《地緯》篇目中有二十九篇爲《職方外紀》未有，這些篇目撰寫的資料來源，主要包括《大明一統志》《皇明四夷考》《殊域周諮錄》《四夷館考》等地理總志和域外地理志。其寫作動機及其地理學思想，較之上述改編自《職方外紀》的文本部分，更明確地呈現出中國傳統地理學建立在夷夏之分差異化地理格局之上的天下觀念和世界秩序。

《函宇通》清初即遭禁，順治五年後未有再版。目前所知完整的順治五年刻本，僅存於中國國家圖書館和美國國會圖書館。中國國家圖書館藏《函宇通》中的《格致草》，曾收入《中國科學技術典籍通匯·天文卷》影印出版。徐光台、洪健榮分別整理刊行《函宇通校釋·格致草》和《函宇通校釋·地緯》，徐光台另將《格致草》的前身《則草》附於書後刊出，使讀者更爲明晰的了解《格致草》完整的成書過程。本次整理採用圖像、錄文和點校對照結合的方式，在前人研究成果的基礎上，修訂了其中的一些錯誤，以期便於讀者閱讀與研究。

參考文獻

［一］王重民. 中國善本書提要·格致草六卷 [M]. 上海：上海古籍出版社，一九八三，第二七八頁.

［二］馮錦榮. 格致草提要. 薄樹人. 中國科學技術典籍通匯·天文卷，第六分冊 [M]. 河南：河南教育出版社，一九九五，第五十一—五十二頁.

［三］陳美東. 中國科學技術史·天文學卷 [M]. 北京：科學出版社，二〇〇三，第六三八頁.

［四］熊明遇著，徐光台校釋. 函宇通校釋·格致草（附則草）[M]. 上海：上海交通大學出版社，二〇一四.

［五］熊人霖著，洪健榮校釋. 函宇通校釋·地緯 [M]. 上海：上海交通大學出版社，二〇一七.

［六］馬瓊. 熊人霖（地緯）研究 [D]. 浙江大學博士學位論文，二〇〇八.

［七］艾爾曼、童可道. 全球科技史研究中的比較視域：明清時期在華耶穌會士的西學 [J]. 浙江學刊，二〇一七（六）.

［八］馮錦榮. 明末熊明遇〈格致草〉內容探析 [J]. 自然科學史研究，一九九七（四）.

點校説明

（一）底本

本次對《函宇通》的文本點校，以中國國家圖書館藏清順治五年（一六四八年）書林友于堂熊志學刻本爲工作底本，間或有紙張破損或印刷不清之處，參考美國國會圖書館藏本補之。

（二）參校本

（1）上海交通大學出版社二〇一四年刊徐光台校釋《函宇通校釋·格致草（附則草）》；

（2）上海交通大學出版社二〇一七年刊洪健榮校釋：《函宇通校釋·地緯》.

（三）點校凡例

（1）本次點校包括標點斷句和文字校勘兩部分，不改動原本卷次與篇目，文字校勘以儘量尊重工作底本爲原則.

（2）底本中出現的異體字、古體字，逕改爲今日通用規範字體，不出校。

（3）底本文字有誤，或有衍文，以（　）表示誤、衍字句，並以〔　〕表示正確或者脫漏的字句。

（4）底本中的夾註，在原書中以小字出現，在文本整理中仍以小一號字體標出。

（5）《地緯》原書附有作者創立的『凡例』，用以標記國名、地名、人名、物名等，此次整理儘量予以保留。考慮文本格式的便利，對凡例中的標記符號略作改動，詳見正文注釋。

函宇通

元册 格致草

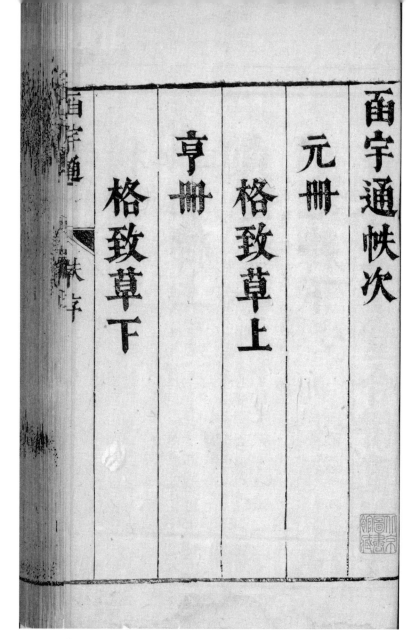

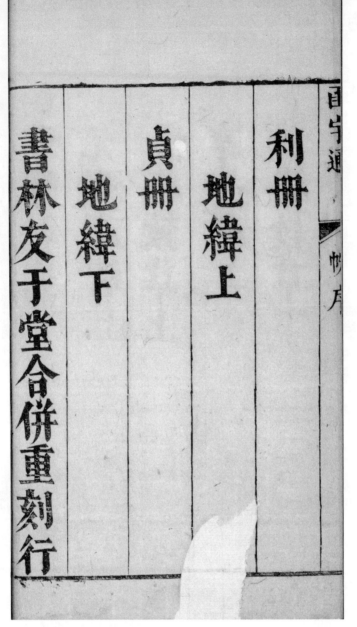

書林友于堂合併重刻行

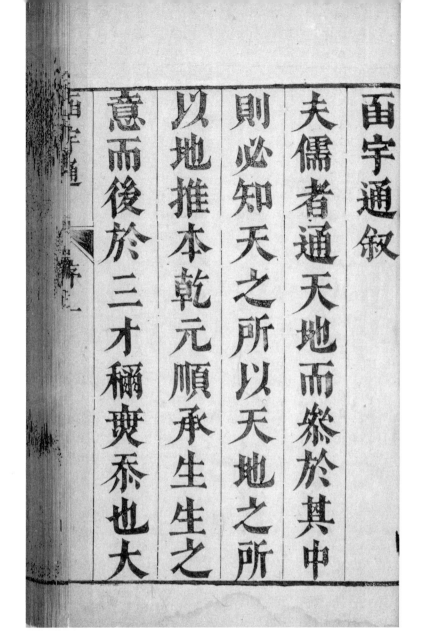

函宇通叙

　　夫儒者，通天地而［参］於其中，則必知天之所以天，地之所以地，推本乾元，順承生生之意，而後於三才稱無忝也。大

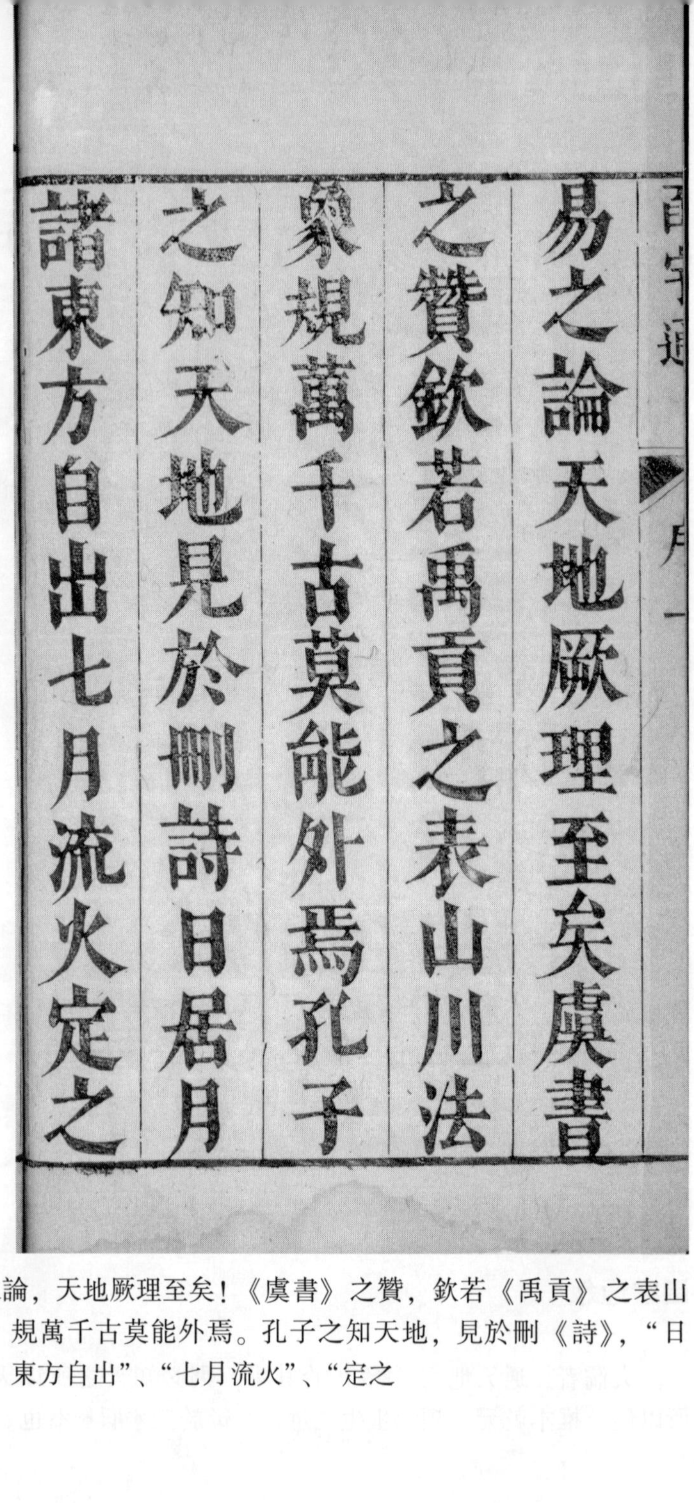

易之論天地厥理至矣虞書
之贊欽若禹貢之表山川法
象規萬千古莫能外焉孔子
之知天地見於刪詩曰居月
諸東方自出七月流火定之

《易》之論,天地厥理至矣!《虞書》之贊,欽若《禹貢》之表山川法象,規萬千古莫能外焉。孔子之知天地,見於刪《詩》,"日居月諸,東方自出"、"七月流火"、"定之

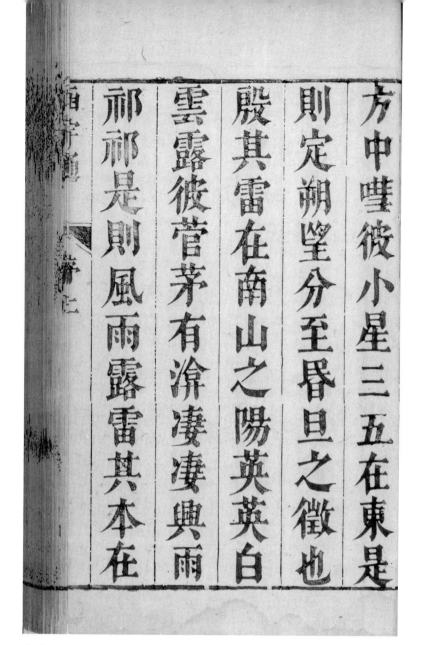

方中"、"嘒彼小星，三五在東"，是則定朔望、分至、昏旦之徵也；"殷其雷，在南山之陽"、"英英白雲，露彼菅茅"、"有渰淒淒，興雨祁祁"，是則風、雨、露、雷，其本在

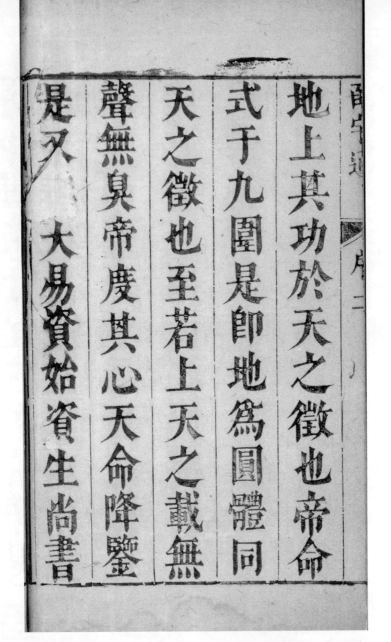

地上其功於天之徵也帝命
式于九圍是即地爲圓體同
天之徵也至若上天之載無
聲無臭帝度其心天命降鑒
是又　大易資始資生尚書

地上，其功於天之徵也；"帝命式于九圍"，是即地爲圓體，同天之徵也。至若"上天之載，無聲無臭"、"帝度其心"、"天命降鑒"，是又與[1]大《易》"資始"、"資生"，《尚書》

1 原本纸破，缺"與"，据美国国会图书馆藏本补。

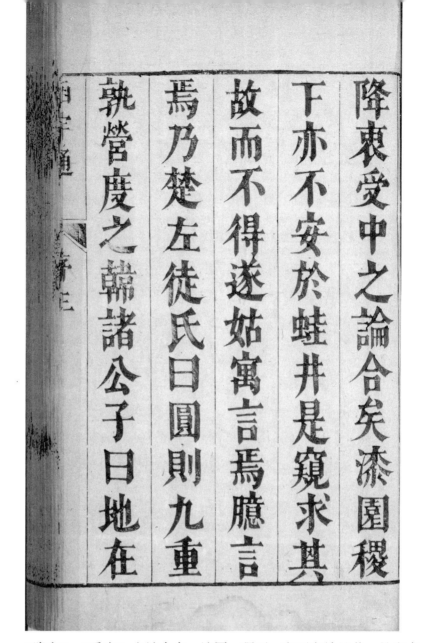

降衷受中之論合矣漆園稷
下亦不安於蛙井是窺求其
故而不得遂姑寓言焉臆言
焉乃楚左徒氏曰圓則九重
孰營度之韓諸公子曰地在

"降衷"、"受中"之論合矣。漆園、稷下，亦不安於蛙井，是窺求其故而不得，遂姑寓言焉、臆言焉。乃楚左徒氏曰："圓則九重，孰營度之？"韓諸公子曰："地在

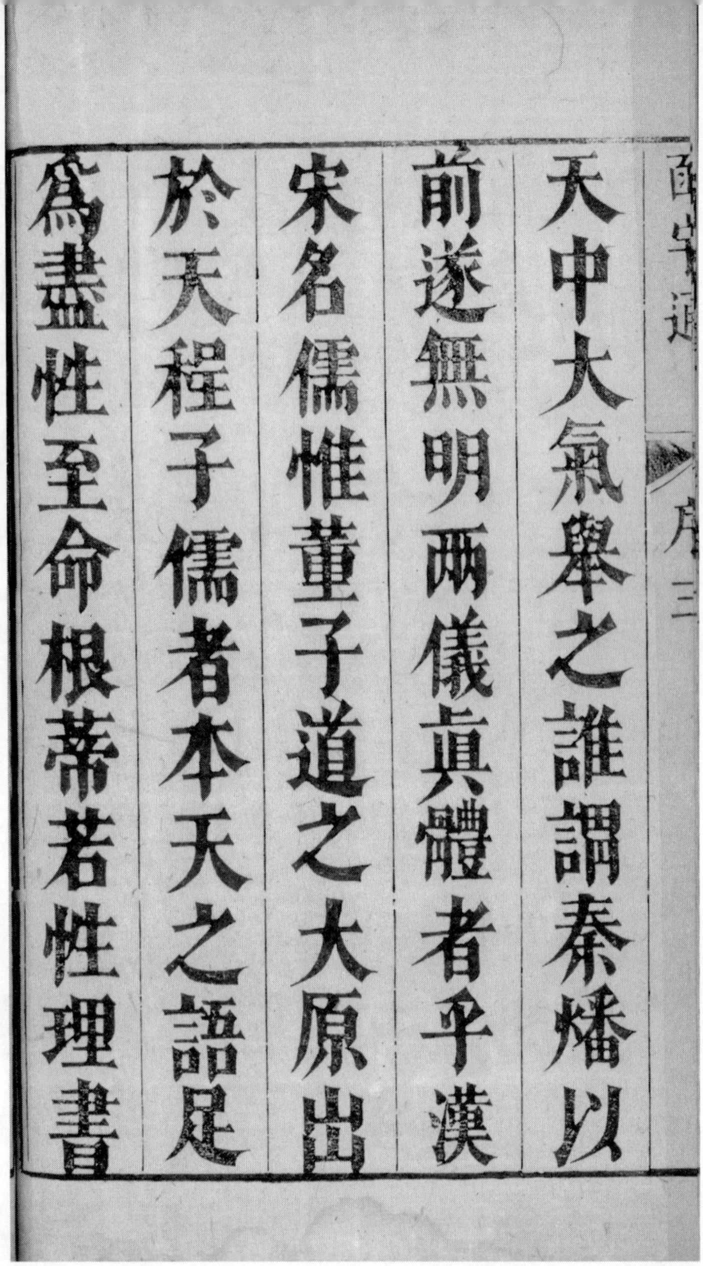

天中大氣舉之誰謂秦燔以

前遂無明兩儀真體者乎漢

宋名儒惟董子道之大原出

於天程子儒者本天之語足

爲盡性至命根蒂若性理書

天中，大氣舉之。"誰謂秦燔以前，遂無明兩儀真體者乎？漢宋名儒，惟董子"道之大原出於天"、程子"儒者本天"之語，足爲盡性至命根蒂。若性理書

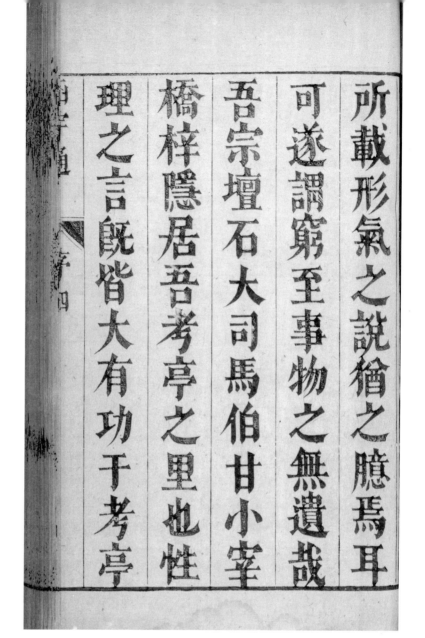

所載形氣之說猶之臆焉耳
可遂謂窮至事物之無遺哉
吾宗壇石大司馬伯甘小宰
橋梓隱居吾考亭之里也性
理之言既皆大有功于考亭

所載形氣之説，猶之臆焉耳可遂謂窮至事物之無遺哉？吾宗壇石大司馬伯甘小宰，橋梓隱居吾考亭之里也。性理之言，既皆大有功于考亭

矣而大司馬格致草之言天
也賅崇禎曆書而約之更有
富于曆書所未備者小宰地
緯之言地也賅職方外紀而
博之更有精于外紀所未核

矣。而大司馬《格致草》之言天也，賅《崇禎曆書》而約之，更有富于《曆書》所未備者；小宰《地緯》之言地也，賅《職方外紀》而（愽）［博］之，更有精于《外紀》所未核

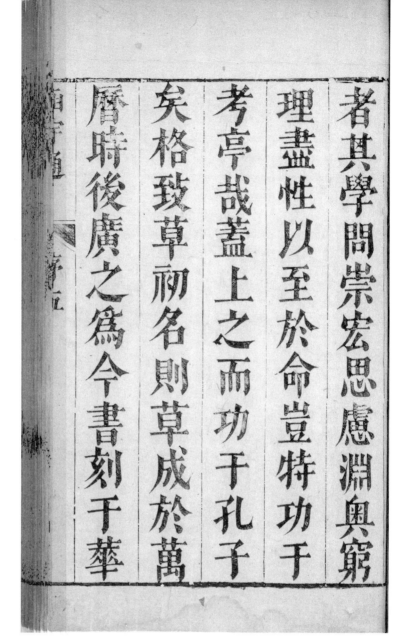

者。其學問崇宏，思慮淵奧，窮理盡性，以至於命，豈特功于考亭哉！蓋上之而功于孔子矣。《格致草》初名《則草》，成於萬曆時，後廣之爲今書，刻于華

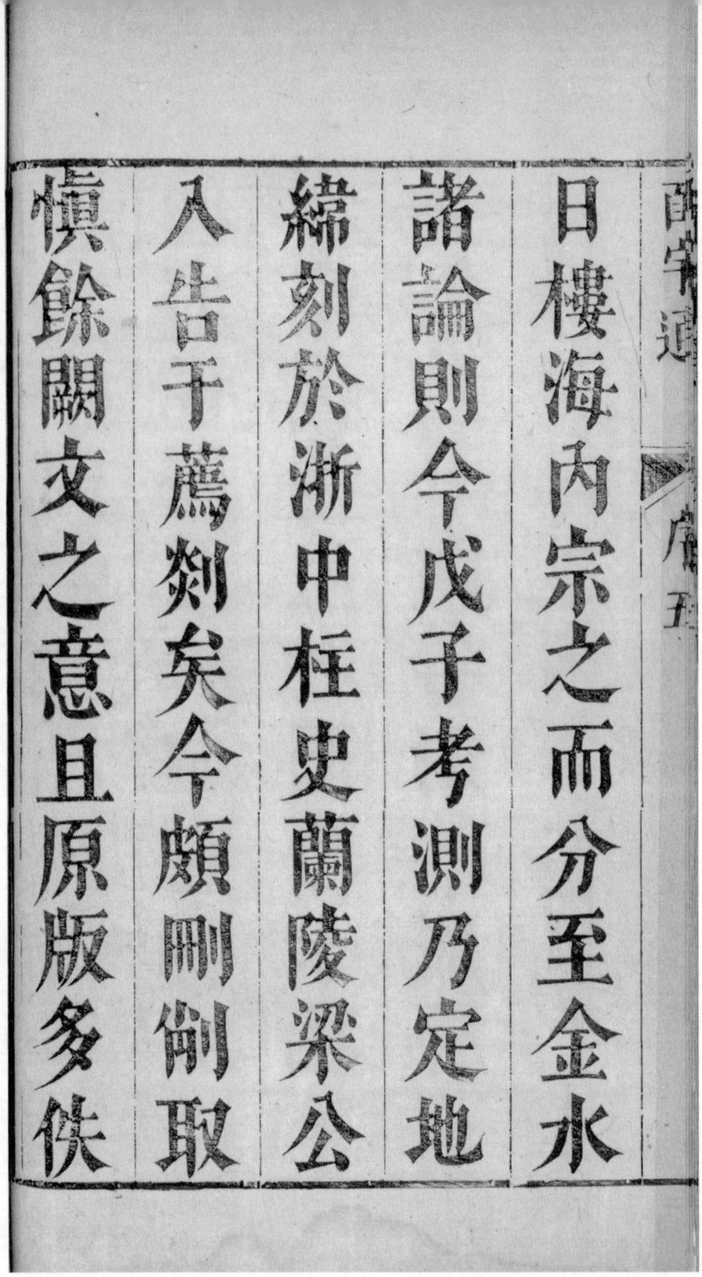

慎餘闕文之意且原版多佚

入告于薦剡矣今頗刪削取

緯刻於浙中栢史蘭陵梁公

諸論則今戊子考測乃定地

日樓海內宗之而分至金水

日樓，海內宗之。而分至金水諸論，則今戊子考測乃定《地緯》，刻於浙中。柱史蘭陵梁公入告于薦剡矣，今頗刪削，取慎餘闕文之意，且原版多佚，

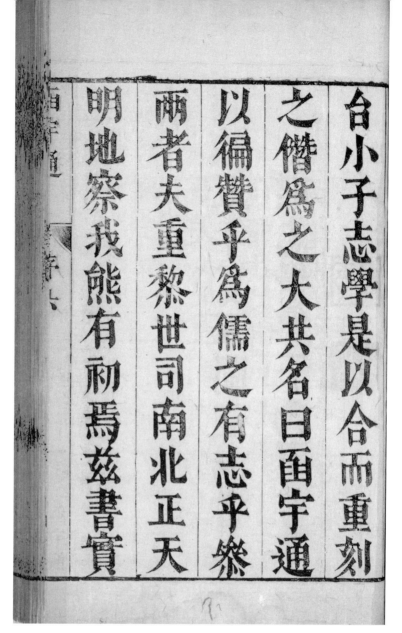

台小子志學是以合而重刻之，僭爲之大，共名曰《函宇通》，以徧贊乎，爲儒之有志乎［參］兩者。夫重黎世司南北，正天明地，察我熊有初焉。兹書實

焜曜惇大之，豈僅僅成一家言乎！

順治五年夏，五閩潭陽書林
熊志學魯子氏頓首序
志學（印）
魯子（印）

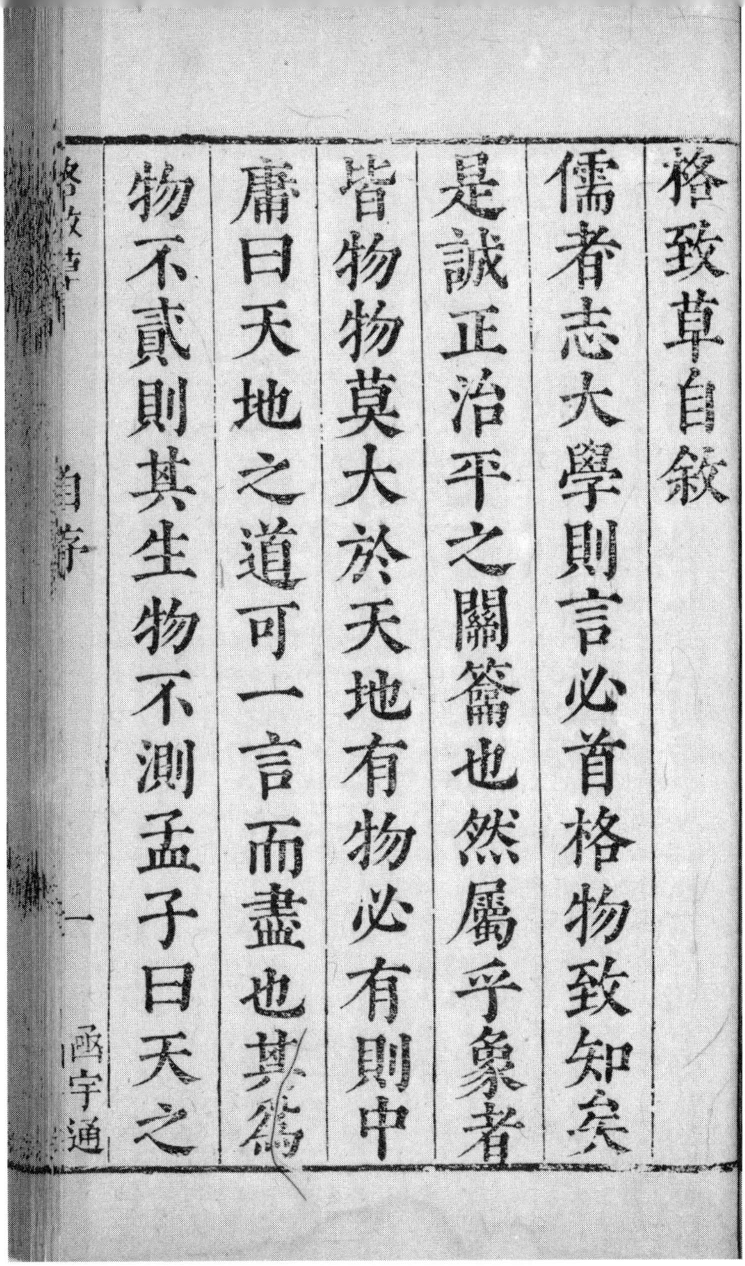

儒者志大學則言必首格物致知矣
是誠正治平之關籥也然屬乎象者
皆物物莫大於天地有物必有則中
庸曰天地之道可一言而盡也其爲
物不貳則其生物不測孟子曰天之

一　函宇通

○三三

格致草自敘

　　儒者志《大學》，則言必首格物致知矣，是誠正治平之關籥也，然屬乎象者皆物，物莫大於天地，有物必有則。《中庸》曰："天地之道，可一言而盡也。其爲物不貳，則其生物不測。"《孟子》曰："天之

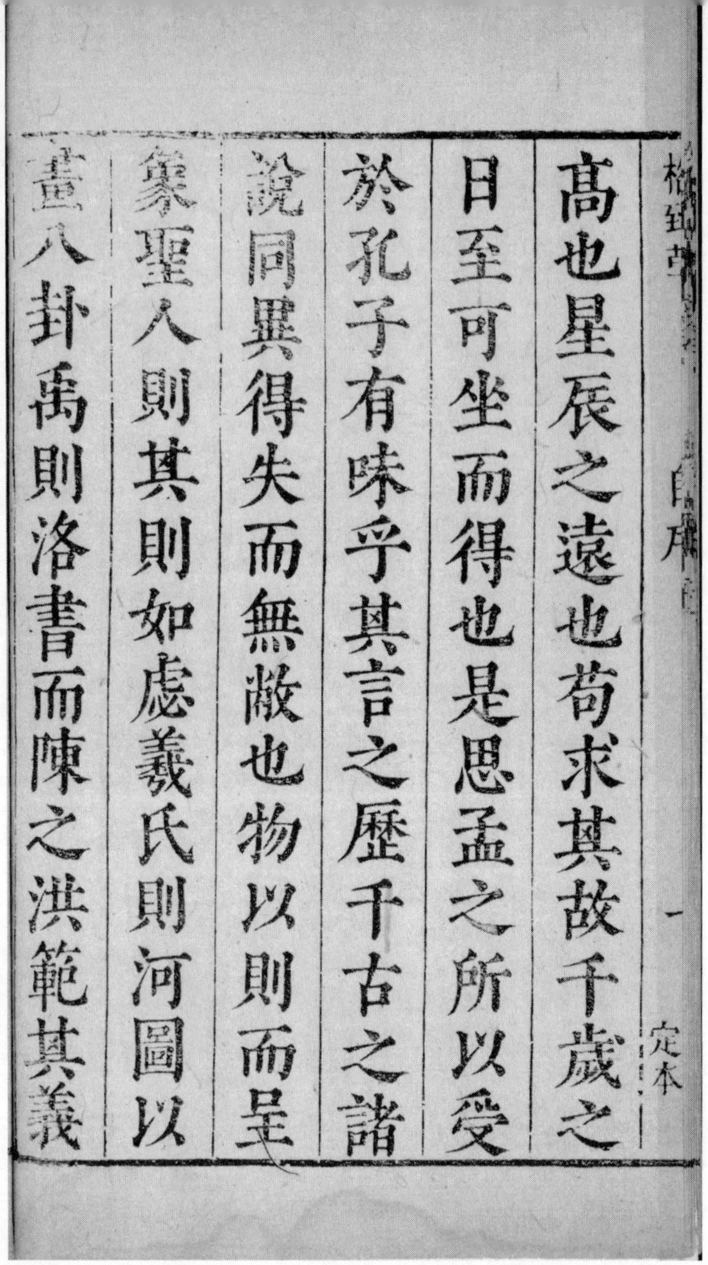

高也星辰之遠也苟求其故千歲之
日至可坐而得也是思孟之所以受
於孔子有味乎其言之歷千古之諸
說同異得失而無斁也物以則而呈
象聖人則其則如慮羲氏則河圖以
畫八卦禹則洛書而陳之洪範其義

高也，星辰之遠也。苟求其故，千歲之日至，可坐而得也。"是思、孟之所以受於孔子，有味乎其言之歷千古之諸說，同異得失而無斁也。物以則而呈象，聖人則其則，如慮羲氏則《河圖》以畫八卦，禹則《洛書》而陳之《洪範》，其義

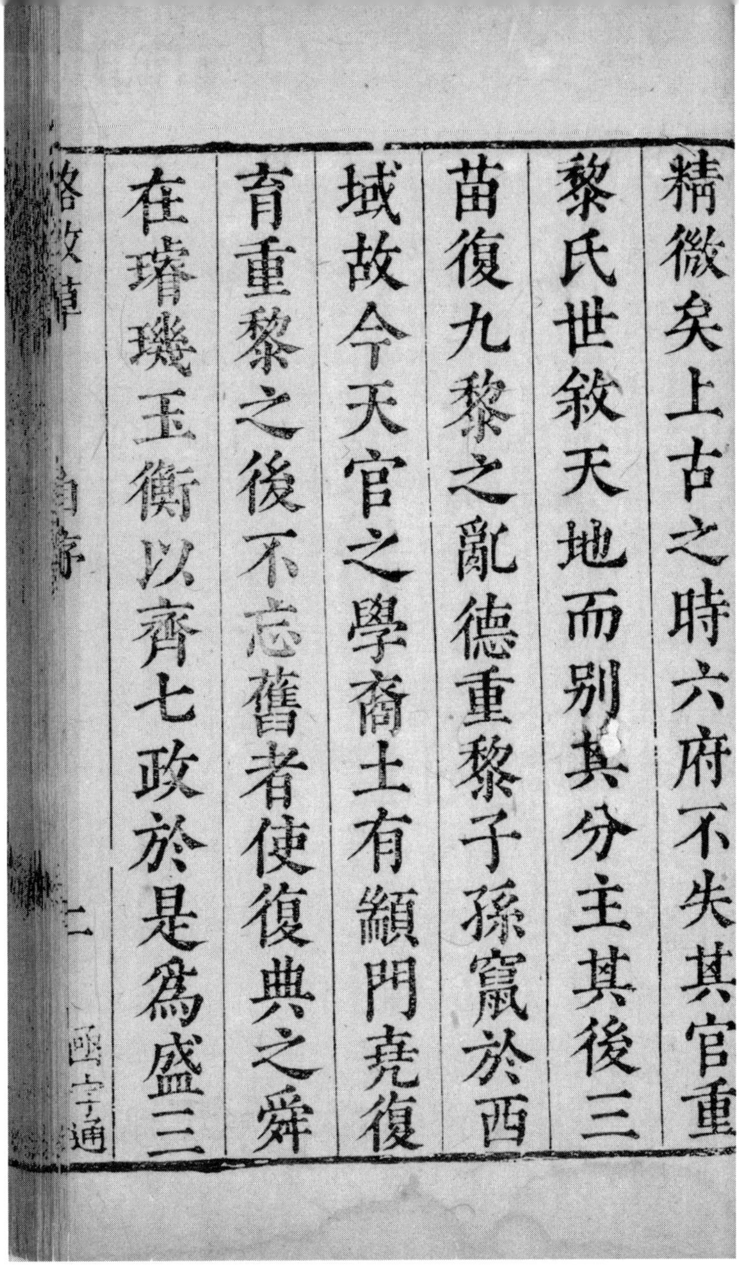

精微矣上古之時六府不失其官重
黎氏世敘天地而別其分主其後三
苗復九黎之亂德重黎子孫竄於西
域故今天官之學裔土有顓門堯復
育重黎之後不忘舊者使復典之舜
在璿璣玉衡以齊七政於是爲盛三

精微矣。上古之時，六府不失其官，重黎氏世敘天地而別其分主。其後三苗復九黎之亂德，重黎子孫，竄於西土有顓門。"堯復育重黎之後，不忘舊者，使復典之。"舜"在璿璣玉衡，以齊七政"，於是爲盛。三

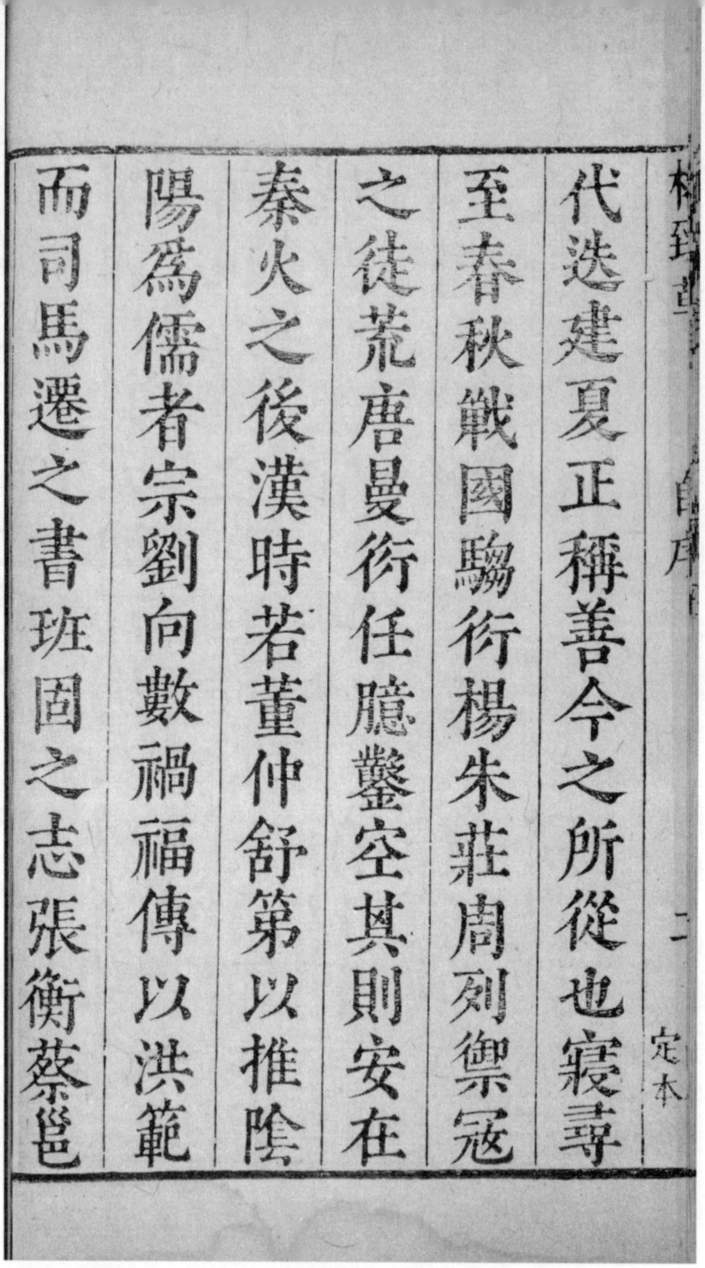

而司馬遷之書班固之志張衡蔡邕
陽爲儒者宗劉向數禍福傳以洪範
秦火之後漢時若董仲舒第以推陰
之徒荒唐曼衍任臆鑿空其則安在
至春秋戰國驪衍楊朱莊周列禦寇
代迭建夏正稱善今之所從也寢尋

代迭建，夏正稱善，今之所從也。寢尋至春秋、戰国，驪衍、楊朱、莊周、列禦寇之徒，荒唐曼衍，任臆鑿空，其則安在？秦火之後，漢時若董仲舒第以"推陰陽，爲儒者宗"；劉向數禍福，傳以《洪範》；而司馬遷之書，班固之志，張衡、蔡邕、

鄭玄王充諸名儒論著具在文辭非
不斐然其於中庸不貳之道孟子所
以然之故有一之脗合哉唐溺於攻
詞疎於研理僅僅李淳風以方士治
曆但知測數立差其於差之故亦茫
乎未之曉也宋儒稱斌斌理解矣而

鄭玄、王充諸名儒，論著具在，文辭非不斐然，其於《中庸》不
貳之道，《孟子》所以然之故，有一之吻合哉？唐溺於攻詞，疏於
研理，僅僅李淳風以方士治曆，但知測數立差，其於差之故，亦茫
乎未之曉也。宋儒稱斌斌理解矣，而

朱子語錄邵子皇極經世書其中悠
謬白著耳食者輒羣然是訓是式而
不折衷於孔子可思孟子其可乎恭
際我
朝天明普照萬國圖書牣於秘府士
多胥臣之聞家讀射父之典人集剡

朱子《語録》、邵子《皇極經世書》，其中悠謬白著耳食者，輒群然，是訓是式，而不折衷於孔子，可思孟子其可乎？恭際我朝，天明普照，萬國圖書，牣於秘府，士多胥臣之聞，家讀射父之典，人集（剡）[郯]

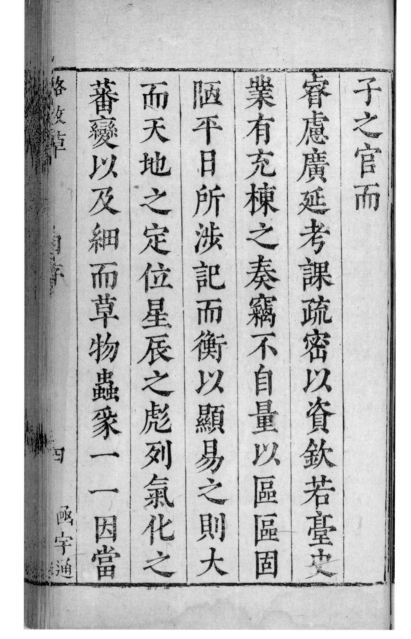

子之官而睿慮廣延考課疏密以資欽若臺史
業有充棟之奏竊不自量以區區固
陋平日所涉記而衡以顯易之則大
而天地之定位星辰之彪列氣化之
蕃變以及細而草物蟲豸一一因當

子之官，而睿慮廣延，考課疏密，以資欽若。臺史業有充棟之奏，竊不自量，以區區固陋，平日所涉記，而衡以顯易之則。大而天地之定位，星辰之彪列，氣化之蕃變，以及細而草物蟲豸，一一因當

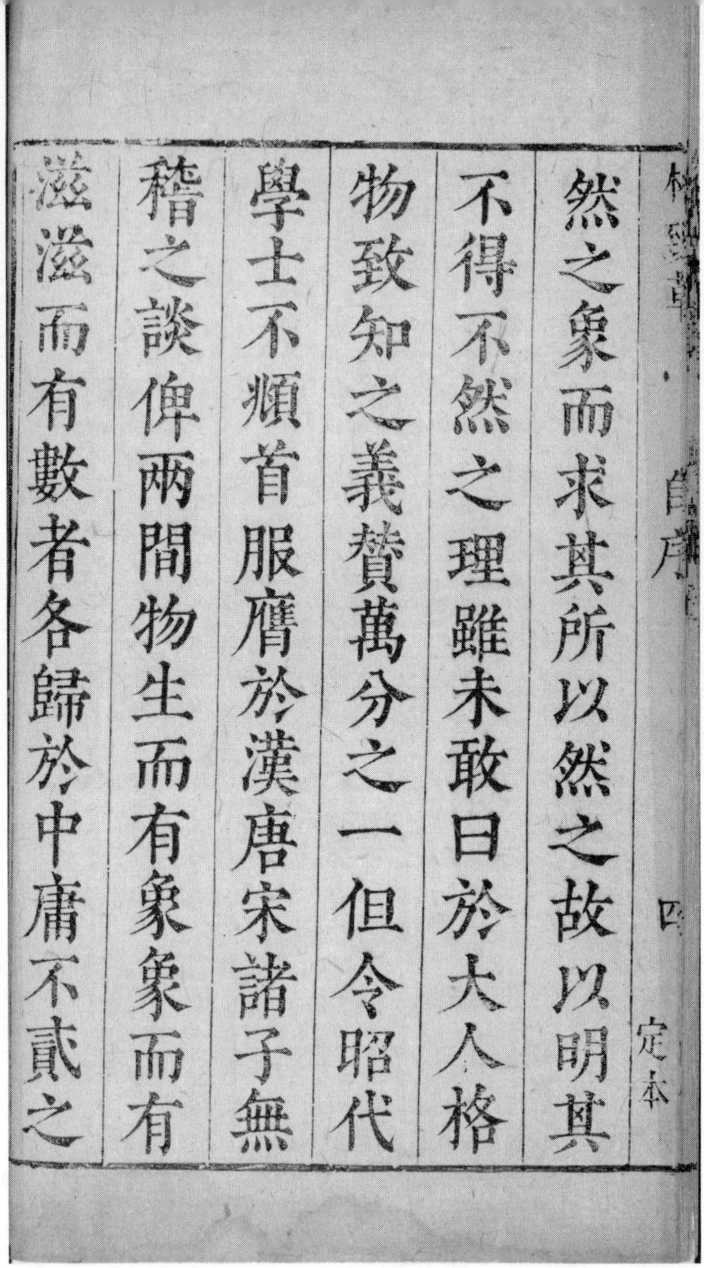

然之象而求其所以然之故以明其

不得不然之理雖未敢曰於大人格

物致知之義贊萬分之一但令昭代

學士不穎首服膺於漢唐宋諸子無

稽之談俾兩間物生而有象象而有

滋滋而有數者各歸於中庸不貳之

然之象，而求其所以然之故，以明其不得不然之理。雖未敢曰於大人格物致知之義，贊萬分之一，但令昭代學士，不穎首服膺於漢唐宋諸子無稽之談，俾兩間物生而有象，象而有滋，滋而有數者，各歸於《中庸》不貳之

道庶幾不虛負覆載可列於冠圜履

句之儒乎

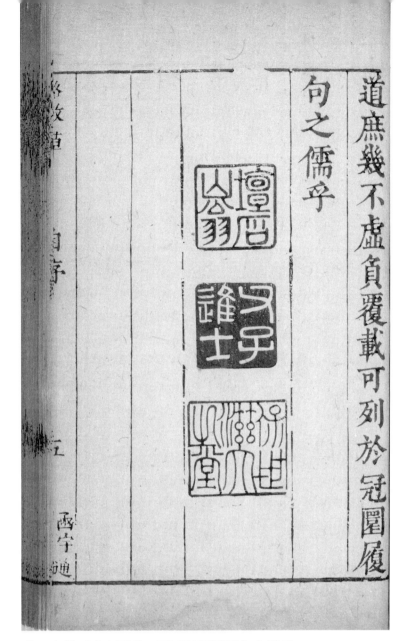

道，庶幾不虛負覆載，可列於冠圜履句之儒乎！

壇石山翁（印）
父子进士（印）
保世滋大之堂（印）

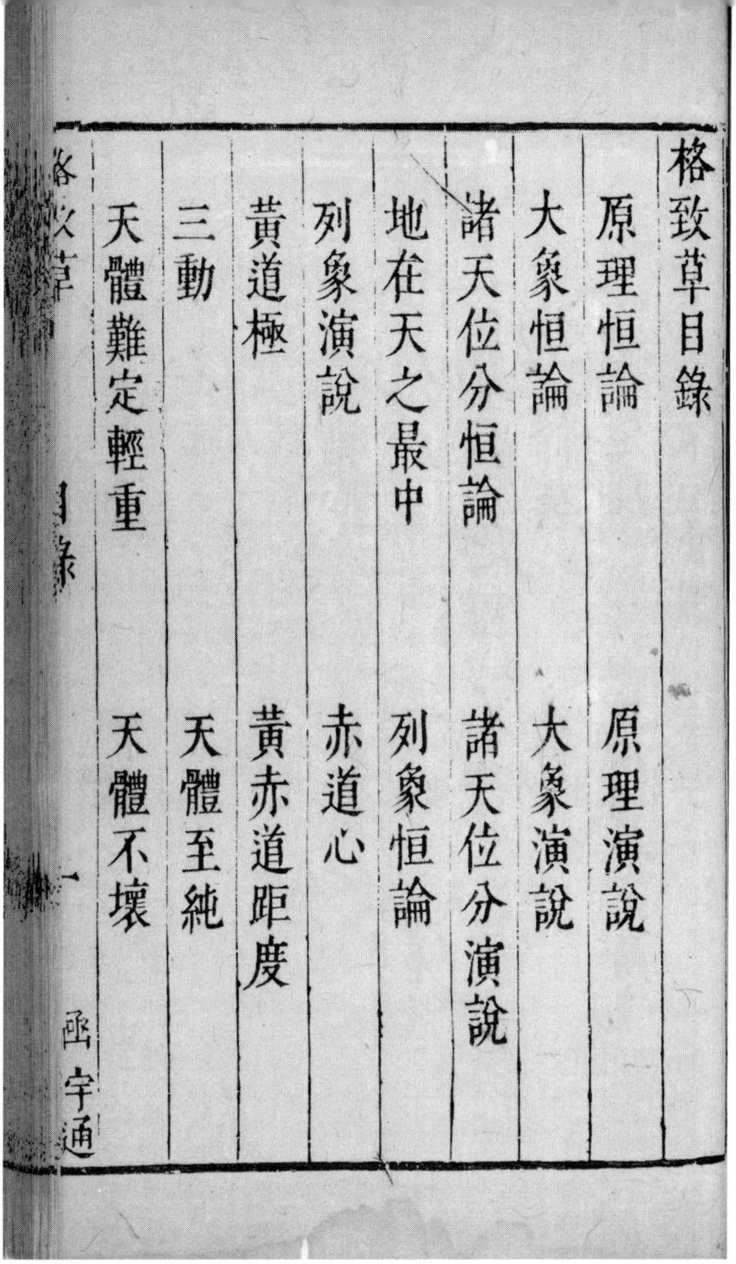

格致草目錄
原理恒論　原理演說
大象恒論　大象演說
諸天位分恒論　諸天位分演說
地在天之最中　列象恒論
列象演說　赤道心
黄道極　黄赤道距度
三動　天體至純
天體難定輕重　天體不壞
格致草　目錄　一　函宇通

格致草目録

原理恒論　原理演説
大象恒論　大象演説
諸天位分恒論　諸天位分演説
地在天之最中[1]　列象恒論
列象演説　赤道心
黄道極　黄赤道距度
三動　天體至純
天體難定輕重　天體不壞

1 正文部分作“地在大圜天之最中”。

1 正文部分作"測日與太白距度因知周天經緯星度"。

2 正文部分作"日行分至黃道距赤道節氣差數"。

3 正文部分作"朔後見新月遲早高下之異"。

4 正文部分增"節度定紀"一節。

1 正文部分作"割圓八線表全圖"。

1 正文部分作"天星平動非轉動辨"。

2 正文部分作"星動由地氣閃爍辨"。

3 正文部分作"漢唐宋不知歲差之故辨"。

4 正文部分作"列宿天震動圖説辨"。

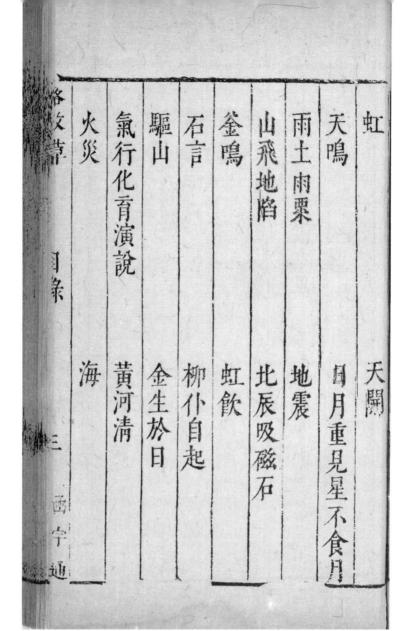

1 正文部分作"氣行變化演說"。

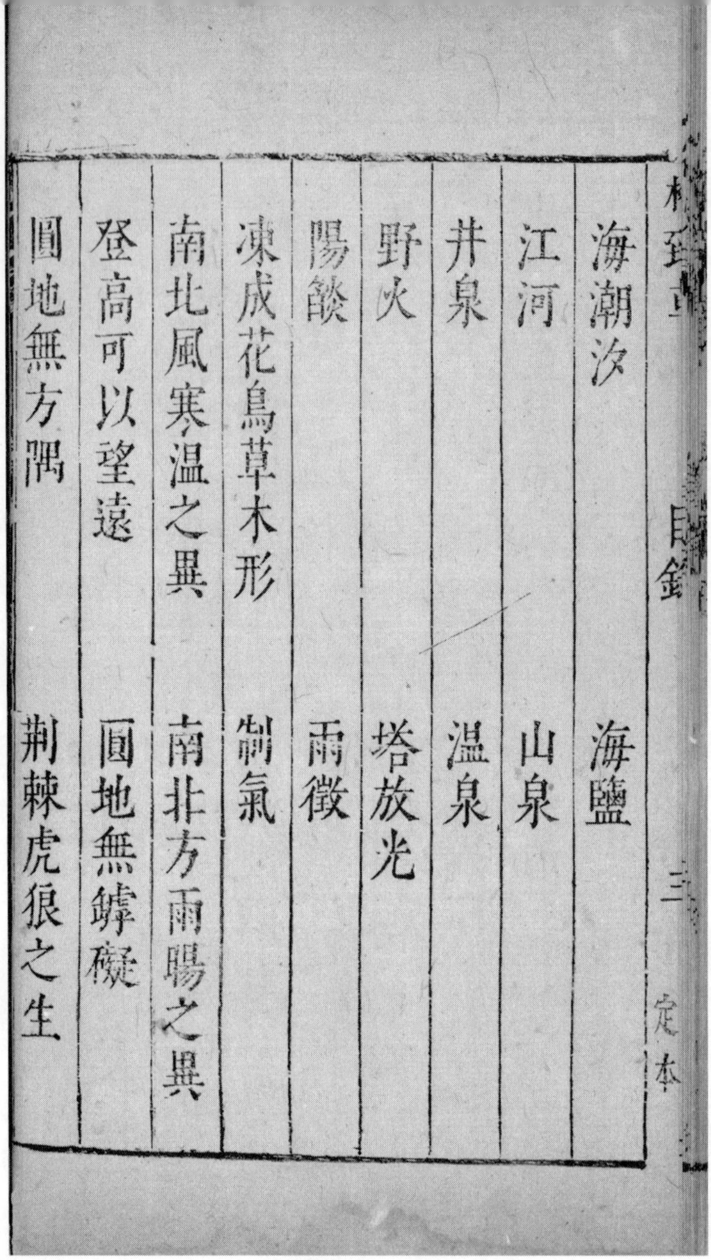

海潮汐　　海鹽
江河　　　山泉
井泉　　　溫泉
野火　　　塔放光
陽燄　　　雨徵
凍成花鳥草木形　制氣
南北風寒溫之異　南北方雨暘之異
登高可以望遠　　圓地無罅礙
圓地無方隅　　　荊棘虎狼之生

1 正文部分作"凍成花鳥草木之形"。
2 正文部分作"圓地總無罅礙"。
3 正文部分作"圓地總無方隅"。

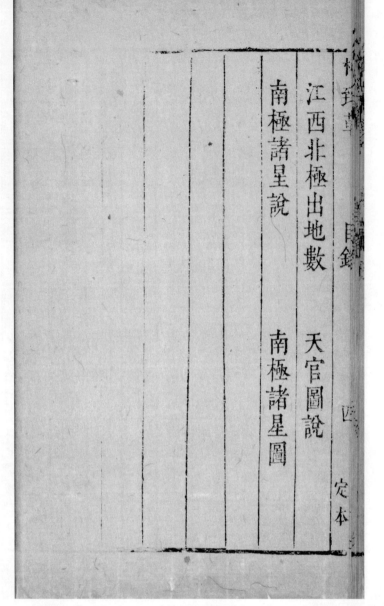

1 正文部分作"附南極
諸星圖説"。

格致草

原理恒論　　　　進賢熊明遇良孺著

天地之道可一言而盡也其爲物不貳不貳之
宰至隱不可推見而費于氣則有象費于事則
有數彼爲理外象數之言者非象數也人身戴
圓履方身附天地抱魂載魄身含天地二而一
者也明乎天地之爲物與物身者不悖斯進於

（原理恒論　今人言天官俱以占星氣爲急其所指次率悖事理故首以恒論推明其不盡然也題曰原理）

函宇通

格致草　進賢熊明遇良孺著

原理恒論今人言天官，俱以占星氣爲急，其所指次，率悖事理，故首以恒論，推明其不盡然也，題曰原理。

天地之道，可一言而盡也，其爲物不貳。不貳之宰，至隱不可推見，而費于氣則有象，費于事則有數。彼爲理外象數之言者，非象數也。人身戴圓履方，身附天地，抱魂載魄，身含天地，二而一者也。明乎天地之爲物，與物身者不悖，斯進於

格物矣黃帝以來天地物類之官神聖所以範
圍而曲成者若方圓之有規矩罔或外焉世運
遞降聰明日繁論著日廣春秋戰國以來徂丘
稷下譚天雕龍鄭圃漆園纂玄標異轉相郵效
邪說颷興舉兩間之真象數悉掩于恢奇要渺
寧復見真天地哉夫象不真則氣戾數不真則
事誖氣戾事誖則理反于是乎弒逆公行九法
淪壞天地惡而伐之以好還之道誅無君無父
之人而又假手于秦火痛斷誣天罔聖之學懸

定本 一

格物矣。黃帝以來，天地物類之官，神聖所以範圍而曲成者，若方圓之有規矩，罔或外焉？世運遞降，聰明日繁，論著日廣。春秋戰國以來，徂丘、稷下、譚天、雕龍、鄭圃、漆園，纂玄標異，轉相郵效，邪說颷興。舉兩間之真象數，悉掩于恢奇要渺，寧復見真天地哉？夫象不真則氣戾，數不真則事誖，氣戾事誖則理反，于是乎弒逆公行，九法淪壞，天地惡而伐之。以好還之道，誅無君無父之人，而又假手于秦火，痛斷誣天罔聖之學。懸

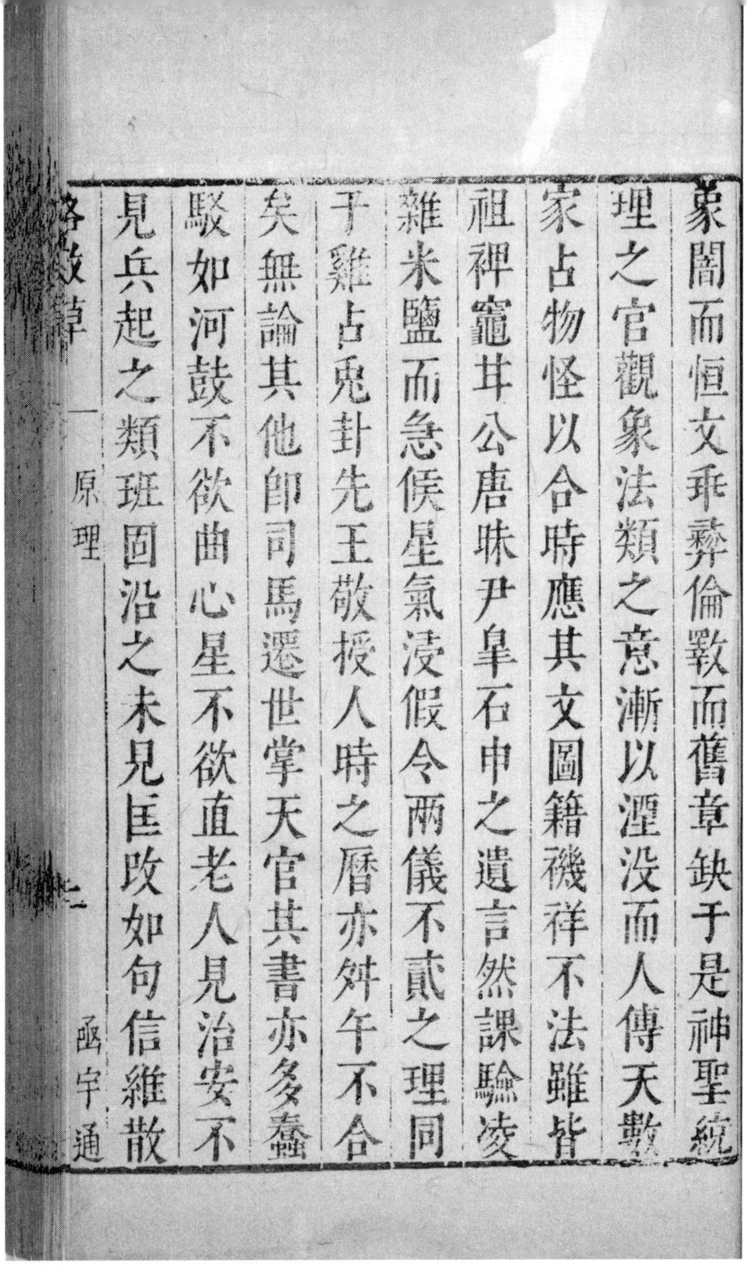

象闇而恒文乖彝倫斁而舊章缺于是神聖統
理之官觀象法類之意漸以湮沒而人傳天數
家占物怪以合時應其文圖籍禨祥不法雖皆
祖禆竈甘公唐昧尹皐石申之遺言然課驗淩
雜米鹽而急候星氣浸假令兩儀不貳之理同
于雞占兎卦先王敬授人時之曆亦舛午不合
矣無論其他即司馬遷世掌天官其書亦多蠢
駁如河鼓不欲曲心星不欲直老人見治安不
見兵起之類班固沿之未見匡攺如句信維散
格致草　一　原理　　函宇通

象闇而恒文乖，彝倫斁而舊章缺，于是神聖統理之官，觀象法類之意，漸以湮没。而人傳天數，家占物怪，以合時應，其文圖籍，禨祥不法，雖皆祖禆竈、甘公、唐昧、尹皐、石申之遺言，然課驗淩雜米鹽，而急候星氣。浸假令兩儀不貳之理，同于雞占兔卦，先王敬授人時之曆，亦舛午不合矣，無論其他。即司馬遷世掌天官，其書亦多蠢駁，如“河鼓不欲曲”、“心星不欲直”、“老人見，治安；不見，兵起”之類。班固沿之，未見匡改，如“句信”、“維散”、

龜鼈不居漢中諸語皆幾以經星爲可移矣晉
書唐曆紕繆更繁一行淳風任術遺理其于真
象數安在哉有宋諸儒研精理窟望氣用數得
失平分河南紫陽狎主壇坫皇極經世之書具
在皇帝王伯元會運世任意配合求之于理鮮
有獲焉萬世以後誰爲證案紫陽箋註經書素
王羽翼語類雜出門人理氣之論尚無一歸而
宋誌占詞又未免同漢儒之凌雜也然則廢占
候與曰何可廢也氣爲真象事爲真數合人于

"龜、鼈不居漢中"諸語，皆幾以經星爲可移矣。《晉書》、唐曆，紕繆更繁，一行、淳風，任術遺理，其于真象數安在哉？有宋諸儒，研精理窟。望氣用數，得失平分。河南、紫陽，狎主壇坫。《皇極經世》之書具在，皇帝王伯，元會運世，任意配合，求之于理，鮮有獲焉。萬世以後，誰爲證案？紫陽箋註經書，素王羽翼，《語類》雜出門人，理氣之論，尚無一歸，而《宋 [志] 》占詞，又未免同漢儒之凌雜也。然則廢占候與？曰：何可廢也！氣爲真象，事爲真數，合人于

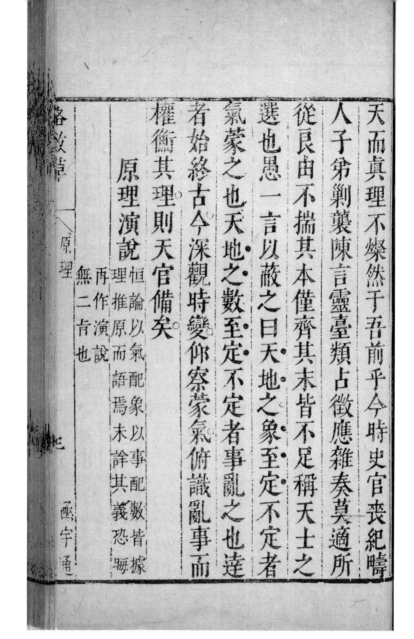

天，而真理不燦然于吾前乎？今時史官喪紀，疇人子弟，剿襲陳言，靈臺類占，徵應雜奏，莫適所從。良由不揣其本，僅齊其末，皆不足稱天士之選也。愚一言以蔽之，曰："天地之象至定，不定者，氣蒙之也；天地之數至定，不定者，事亂之也。達者，始終古今，深觀時變，仰察蒙氣，俯識亂事，而權衡其理，則天官備矣。"

原理演說 《恒論》以氣配象，以事配數，皆據理推原，而語焉未詳，其義恐晦，再作《演說》，無二旨也。

或問曰盈天地間皆象則盈天地間皆氣天地
之氣宜無不正天地之象宜無不定而易曰天
垂象見吉凶何也曰譬諸人身脾氣病則黃色
動于貌肝氣病則青色動于貌腎氣病則黑色
動于貌若有喜慶惠廸之兆額潤頴明亦復如
是華嚴經曰此閻浮提除大海水中間平陸有
三千洲止中大洲東西括量大國凡有二千三
百惟一國人同感惡緣則彼當土衆生視諸一
切不祥境界或見二日或見兩月其中乃至暈

或問曰：盈天地間皆象，則盈天地間皆氣。天地之氣，宜無不正；天地之象，宜無不定。而《易》曰："天垂象，見吉凶。"何也？曰：譬諸人身，脾氣病，則黃色動于貌；肝氣病，則青色動于貌；腎氣病，則黑色動于貌。若有喜慶、惠廸之兆，額潤頴明，亦復如是。《華嚴經》曰："此閻浮提，除大海水，中間平陸有三千洲，（止）［正］中大洲，東西括量，大國凡有二千三百。惟一國人，同感惡緣，則彼當土衆生，視諸一切不祥境界。或見二日，或見兩月，其中乃至暈

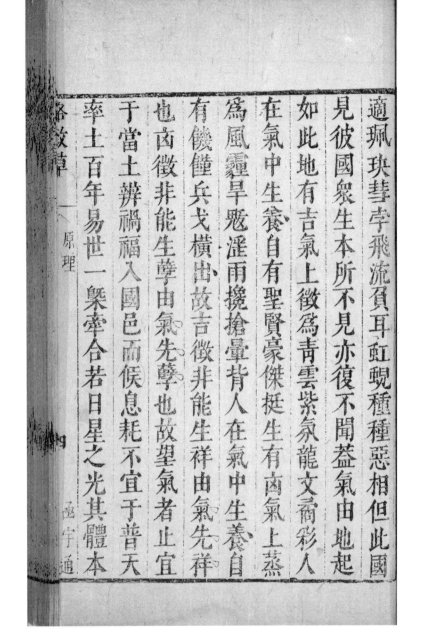

適珮玦彗孛飛流負耳虹蜺種種惡相但此國

見彼國眾生本所不見亦復不聞蓋氣由地起

如此地有吉氣上徵為青雲紫氛龍文喬彩人

在氣中生養自有聖賢豪傑挺生有凶氣上蒸

為風霾旱魃淫雨攙搶暈背人在氣中生養自

有饑饉兵戈橫出故吉徵非能生祥由氣先祥

也凶徵非能生孽由氣先孽也故望氣者止宜

于當土辨禍福入國邑而候息耗不宜于普天

率土百年易世一槩牽合若日星之光其體本

〈原理

函宇通

〇四七

（適）［蝕］珮玦、彗孛飛流，負耳虹蜺，種種惡相，但此國見，彼國眾生，本所不見，亦復不聞。"蓋氣由地起，如此地有吉氣，上徵為青雲、紫氛、龍文、喬彩，人在氣中生養，自有聖賢豪傑挺生；有凶氣，上蒸為風霾、旱魃、淫雨、攙搶、暈背，人在氣中生養，自有饑饉兵戈橫出。故吉徵非能生祥，由氣先祥也；凶徵非能生孽，由氣先孽也。故望氣者止宜于當土辨禍福，入國邑而候息耗，不宜于普天率土，百年易世，一槩牽合。若日星之光，其體本

自如止因此地氣有吉凶則此地人眼從氣中
窺便分祥異故暈背風霆晴雨之候百里有不
可同觀者惟彗孛之氣冲入晶宇所至最高天
下仰見然比之于七曜之度不啻下甚即千里
而量測之差數覩矣或曰地氣一也何爲此方
吉彼方凶此時吉彼時凶曰是則數爲之也實
胚胎于人事也如堯舜被勳華之德行揖遜之
事醞釀宇宙太和元氣故彼其時便能立地平
天成之事業厥後漢唐猶纂堯緒敬仲尚復興

自如，止因此地氣有吉凶，則此地人眼從氣中窺，便分祥異，故暈背、風霆、晴雨之候，百里有不可同觀者。惟彗孛之氣，冲入晶宇，所至最高，天下仰見。然比之于七曜之度，不啻下甚，即千里而量測之，差數覩矣。或曰：地氣一也，何爲此方凶、彼方凶？此時吉、彼時凶？曰：是則數爲之也，實胚胎于人事也。如堯、舜被勳華之德，行揖遜之事，醞釀宇宙太和元氣。故彼其時，便能立地平天成之事業。厥後漢、唐，猶纂堯緒。敬仲尚復興齊，稷教稼穡，契明人倫，有安養生民之事業，醞釀宇宙太和元氣。厥後商祀六百，周世三十，及桀紂而以塗炭生民為事，其數應窮，便致湯、武放伐。斯固事數相根，而氣操其關籥者也。不獨地氣，天氣亦然。如中國處于赤道北二十度起，至四十四度止。日俱在南，既不受其亢燥，距日亦不甚遠，又復資其溫煖，稟氣中和，所以車書禮樂，聖賢豪傑，為四裔朝宗。若過南，逼日太暑，只應生海外諸蠻人；過北，遠日太寒，只應生塞

〔原理〕

〔寰宇通〕

齊，稷教稼穡，契明人倫，有安養生民之事業，醞釀宇宙太和元氣。厥後商祀六百，周世三十，及桀紂而以塗炭生民為事，其數應窮，便致湯、武放伐。斯固事數相根，而氣操其關籥者也。不獨地氣，天氣亦然。如中國處于赤道北二十度起，至四十四度止。日俱在南，既不受其亢燥，距日亦不甚遠，又復資其溫煖，稟氣中和，所以車書禮樂，聖賢豪傑，為四裔朝宗。若過南，逼日太暑，只應生海外諸蠻人；過北，遠日太寒，只應生塞

外沙漠人。若西方人所處北極出地與中國同
緯度者其人亦無不喜讀書知曆理不同緯度
便爲回回諸國忿鷙好殺此又一端也或曰世
有古今由氣有否泰將來愈趨愈下其氣象如
何曰質文之運也三代如循環大都聖賢開國
之初便是湯武氣象守成有令主便是啓甲成
康氣象其亡也便是桀紂氣象請借漢唐爲喻
伐秦亡隋何異湯武吊民文景殷富貞觀治理
何異啓甲成康其季之昏弱又寧下桀紂乎故

外沙漠人。若西方人所處北極出地，與中國同緯度者，其人亦無不喜讀書，知曆理；不同緯度，便爲回回諸國，忿鷙好殺，此又一端也。或曰：世有古今，由氣有否泰，將來愈趨愈下，其氣象如何？曰：質文之運也，三代如循環。大都聖賢開國之初，便是湯、武氣象，守成有令主，便是啓、甲、成、康氣象；其亡也，便是桀、紂氣象。請借漢、唐爲喻，伐秦亡隋，何異湯、武吊民？文、景殷富，貞觀治理，何異啓、甲、成、康？其季之昏弱，又寧下桀、紂乎？故

曰三代如循環。若曰去古愈遠，愈趨愈下，則邵子皇帝王伯之運，已終于桓、文之季，至今似應趨入魑魅矣，安得有我明之聖神御世、寰宇同風哉？若夫興廢，實關質文。凡開天草昧之朝，臣民甫脫于金戈吮噬、父子離散之餘，得食即飽，不復思膏粱；得衣即溫，不復思文繡；得寢即甘，不復思帷巒，自然而無乎不質。承平一久，家室葆就，不知有金戈吮噬之苦。聰明志巧，日習日增，情欲取極，何所不至，

將有獄膏粱不足食文繡不足美帷幝不足御
而天地之氣亦不能供其所求上貪下盜莫所
底止又必釀出金戈吪哤父子離散之事然後
聖賢豪傑起而收之方能返於㸒衣飽食甘寢
之故于時臣民亦不復知其質之如此也由是
而觀質文有定運興廢有定數皆自人事釀成
當興之時天地如律回陽其氣條達鏡重磨其
象宣朗故雲潤星輝風揚月皎廢之時天地如
律窮陰節其氣鬱閉鏡蒙塵垢其象湮闇故陽

定本

將有獄，膏粱不足食，文繡不足美，帷幝不足御，而天地之氣，亦不能供其所求。上貪下盜，莫所底止，又必釀出金戈吪哤、父子離散之事，然後聖賢豪傑起而收之，方能返於﹝粗﹞衣飽食甘寢之故，于時臣民亦不復知其質之如此也。由是而觀，質文有定運，興廢有定數，皆自人事釀成。當興之時，天地如律回陽，其氣條達，鏡重磨，其象宣朗，故雲潤星輝，風揚月皎；廢之時，天地如律窮陰節，其氣鬱閉，鏡蒙塵垢，其象湮闇，故陽

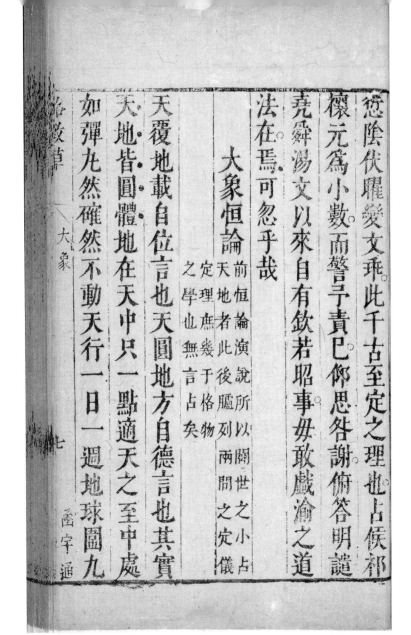

愆陰伏，曜變文乖，此千古至定之理也。占候（祁）[祈]禳，元爲小敗，而警予責已，仰思咎謝，俯答明譴。堯、舜、湯、文以來，自有欽若昭事，毋敢戲渝之。道法在，焉可忽乎哉？

大象恒論 前《恒論》、《演說》，所以闢世之小占天地者，此後臚列兩間之定儀定理，庶幾于格物之學也，無言占矣。

天覆地載，自位言也；天圓地方，自德言也。其實天地皆圓體，地在天中只一點，適天之至中處，如彈丸然，確然不動。天行一日一週，地球圍九

萬里徑三萬里半徑一萬五千里爲地面人所
立處天大三百六十五度地不及百分度之一
從人所立處際天左右上下各九十度人目所
見止半天從地上虛空處看天便見天體大于
地如許上半如是下半亦如是故見地之確然
在中也何以見地止九萬里也以極星驗之假
如往北行二百五十里極星便高一度行二千
五百里極星便高十度北京極星高四十度若
從北京再北行一萬二千五百里極星便高九

定本

萬里，徑三萬里，半徑一萬五千里，爲地面人所立處。天大三百六
十五度，地不及百分度之一。從人所立處，際天左右上下，各九十
度，人目所見，止半天。從地上虛空處看天，便見天體大于地如
許，上半如是，下半亦如是，故見地之確然在中也。何以見地止九
萬里也？以極星驗之，假如往北行二百五十里，極星便高一度；行
二千五百里，極星便高十度。北京極星高四十度，若從北京再北行
一萬二千五百里，極星便高九

十度在天頂正中再北行極星又從中漸低無
北極過南南極過北之理地圓故也夫二千五
百里差十度則二萬五千里差一百度箅至九
萬里則三百六十度週而復始矣此所以知地
之爲九萬里也夫北行二百五十里極星便高
一度若東西行就是將九萬里都行盡了極星
却不過東西一分者則星大而地小故也南北
移者人循地球經線上行天頂不同若東西原
只在地球一條緯線上行所以任行九萬里而

西字通

十度，在天頂正中。再北行，極星又從中漸低，無北極過南，南極過北之理，地圓故也。夫二千五百里差十度，則二萬五千里差一百度，箅至九萬里，則三百六十度週而復始矣，此所以知地之爲九萬里也。夫北行二百五十里，極星便高一度。若東西行，就是將九萬里都行盡了，極星却不過東西一分者，則星大而地小故也。南北移者，人循地球經線上行，天頂不同。若東西，原只在地球一條緯線上行，所以任行九萬里而

（圖）天地圖凡測量地不襯度，故見其至小。天大，眼可見也。

北極無偏東西之理。地球四面窪者爲海水，突者爲山，平者爲田地，人所住立，皆依圓體，以天爲上，即人不及見之地，足趾相對，彼仍以天爲上，不是平行。人須大着

（圖）天地圖凡測量地不襯度，故見其至小。天大，眼可見也。

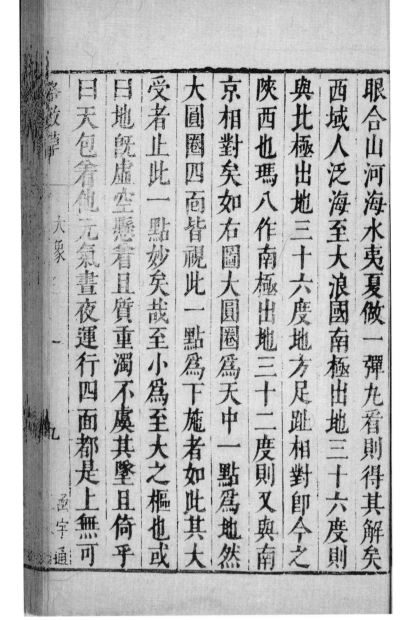

眼合山河海水夷夏做一彈丸看則得其解矣
西域人泛海至大浪國南極出地三十六度則
與北極出地三十六度地方足趾相對即今之
陝西也瑪八作南極出地三十二度則又與南
京相對矣如右圖大圓圈爲天中一點爲地然
大圓圈四面皆視此一點爲下施者如此其大
受者止此一點妙矣哉至小爲至大之樞也或
曰地既虛空懸着且質重濁不虞其墜且倚乎
曰天包着他元氣晝夜運行四面都是上無可

眼，合山河、海水、夷夏，做一彈丸看，則得其解矣。西域人泛海至大浪國，南極出地三十六度，則與北極出地三十六度地方足趾相對，即今之陝西也。瑪八作南極出地三十二度，則又與南京相對矣。如右圖大圓圈爲天，中一點爲地，然大圓圈四面，皆視此一點爲下施者，如此其大，受者止此一點，妙矣哉！至小爲至大之樞也。或曰：地既虛空懸着，且質重濁，不虞其墜且倚乎？曰：天包着他，元氣晝夜運行，四面都是上，無可

墜處又在天之至中亦無可倚處分定故也地
既虞墜虞倚則日月如此其大且時時飛動亦
虞墜虞倚乎譬如鳥飛魚躍人竪畜橫各有定
分有定理自然而然不得不然者也

格言考信 格言者古聖賢之言散見于載籍而事理之確然有據者也夫不尊不信無徵不信尊而徵矣竊附于好古之述或不爲妄作也以後格言皆彷此

岐伯曰地在天中大氣舉之 黃帝素問曰
積陽爲天 太玄經曰天渾而攬故其運不

墜處。又在天之至中，亦無可倚處，分定故也。地既虞墜虞倚，則日月如此其大，且時時飛動，亦虞墜虞倚乎？譬如鳥飛魚躍，人竪畜橫，各有定分、有定理，自然而然，不得不然者也。

格言考信 格言者，古聖賢之言，散見于載籍，而事理之確然有據者也。夫不尊不信，無徵不信，尊而徵矣。竊附于好古之述，或不爲妄作也。以後格言皆彷此。

岐伯曰：地在天中，大氣舉之。

《黃帝素問》曰：積陽爲天。

《太玄經》曰：天渾而攬，故其運不

已地隤而静故其生不遲　王蕃渾天說曰
周天三百六十五度東南西北展轉同規半
覆地上半在地下　老子曰天得一以清
朱子語類曰天以氣而依地之形地以形而
附天之氣天包乎地地特天中之一物耳
橫渠曰地對天不過　蔡邕月令章句曰天
純積剛運轉無窮包地之外　河津薛氏曰
地比于天特一點微塵耳　管子曰天或維
之地或載之

八大象

函宇通

已。地隤而静，故其生不遲。

王蕃《渾天說》曰：周天三百六十五度，東南西北，展轉同規，半覆地上，半在地下。

《老子》曰：天得一以清。

《朱子語類》曰：天以氣而依地之形，地以形而附天之氣。天包乎地，地特天中之一物耳。

橫渠曰：地對天不過。

蔡邕《月令章句》曰：天純積剛，運轉無窮，包地之外。

河津薛氏曰：地比于天，特一點微塵耳。

《管子》曰：天或維之，地或載之。

渺論存疑定本

渺論者固皆子、史、傳記所載其說章章行于世矣然多才士寓言學人臆測揆之于理殊扞格不合心所未安何敢附會故目之曰渺論明乎其不經也後彷此

《春秋元命苞》曰天不足西北陽極于九故天周九九八十一萬里

《渾天儀》曰天表裏有水天地各乘氣而立載水而浮 天表裏有水此渾天陋說如其有水便不可渾矣

王克論衡曰天平正與地無異若覆盆之狀

《淮南子》曰昔者女媧氏煉五色石以補蒼天斷鼇足以立四極

《列子》

渺論存疑 渺論者，固皆子、史、傳記所載，其說章章行于世矣。然多才士寓言，學人臆測，揆之于理，殊扞格不合。心所未安，何敢附會？故目之曰渺論，明乎其不經也。後彷此。

《春秋元命苞》曰：天不足西北，陽極于九，故天周九九八十一萬里。

《渾天儀》曰：天表裏有水，天地各乘氣而立，載水而浮。天表裏有水，此渾天陋說，如其有水，便不可渾矣。

王充《論衡》曰：天平正與地無異，若覆盆之狀。

《淮南子》曰：昔者女媧氏煉五色石以補蒼天，斷鼇足以立四極。

《列子》

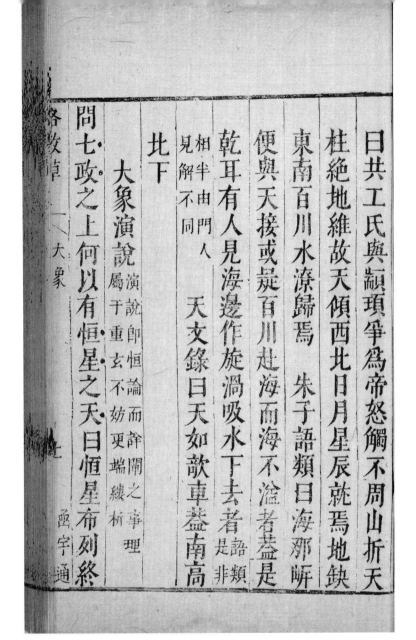

○六一

曰：共工氏與顓頊爭爲帝，怒觸不周山，折天柱，絕地維，故天傾西北，日月星辰就焉；地缺東南，百川水潦歸焉。

《朱子語類》曰："海那岸便與天接。"或疑百川赴海，而海不溢者。"蓋是乾耳。有人見海邊作旋渦吸水下去者。"《語類》是非相半，由門人見解不同。

《天文錄》曰：天如欹車蓋，南高北下。

大象演説《演説》即《恒論》而詳闡之，事理屬于重玄，不妨更端縷析。

問：七政之上，何以有恒星之天？曰：恒星布列終

古常然而一體東行行度最遲殆如不動既與
七政異行知其不共居一天故當別有一恒星
之天衆星皆麗其上矣問恒星天之上何以有
宗動無星之天曰七政恒星其運行皆有兩種
其一自西而東各有本行如月二十七日而周
曰則一歲此類是也其一自東而西一日一周
者是也非有二天何能一時作此二動故知七
政恒星天之上復有宗動一天牽掣諸天一日
一周而諸天更在其中各行其本行也又七政

古常然，而一體東行，行度最遲，殆如不動。既與七政異行，知其不共居一天，故當別有一恒星之天，衆星皆麗其上矣。問：恒星天之上，何以有宗動無星之天？曰：七政恒星，其運行皆有兩種。其一，自西而東，各有本行，如月二十七日而周，日則一歲，此類是也；其一，自東而西，一日一周者是也。非有二天，何能一時作此二動？故知七政恒星天之上，復有宗動一天，牽掣諸天，一日一周，而諸天更在其中，各行其本行也。又七政

恒星既隨宗動西行一日而周其爲迅速殆非
思議所及而諸天又欲各遂其本行一東一西
勢相違悖故近于宗動東行極難遠于宗動東
行漸易此則七政恒星遲速之所繇矣問宗動
天之上又有常靜天何以知之曰今所論者度
數也姑以度數之理明之凡測量動物皆以一
不動之物爲準如舟行水中遲速遠近若干道
理何從知之以離地知之地本不動故也若以
此舟度彼舟何從可得自宗動以下隨時展轉

六象

盂宇通

恒星既隨宗動西行，一日而周，其爲迅速，殆非思議所及，而諸天
又欲各遂其本行，一東一西，勢相違悖。故近于宗動，東行極難；
遠于宗動，東行漸易，此則七政恒星遲速之所繇矣。問：宗動天之
上，又有常靜天，何以知之？曰：今所論者，度數也，姑以度數之
理明之。凡測量動物，皆以一不動之物爲準。如舟行水中，遲速遠
近，若干道理，何從知之？以離地知之，地本不動故也。若以此舟
度彼舟，何從可得？自宗動以下，隨時展轉

八行不同，二極各異。若以動論動，雜糅無紀，將何憑藉，用資考算？故當有不動之天，其上有不動之道、不動之極，然後諸天運行，依此立筭。凡所云某曜若干時行天若干度分、若干時一周天之類，所言天者，皆此天也。曆家謂之天元道、天元極、天元分，至此皆繫於靜天，終古不動矣。不動之極，對地中心，至大之天，至小之地，通軸于一，而後諸天之錯行不忒，一定之理也。天之運動，恒不去其本所，論其各分，無一不動，而其

全體無一分動此又一定之理也

諸天位分恒論

天有元位元氣胚結包裹
精密如蔥本皮層疊剛健
中正運旋不已且晶明透
徹故清宅不毀萬象爲章

天之倉倉者從人眼上視似只一重然吾儒言

九重西域人設十二重皆就七曜列宿麗天行

動之際測筭出來殊皆有據愚謂元氣層層其

人目所不見之星象尚多重數亦未可定但就

有象者按之作吾儒九重之解其一月天二辰

星與金星三日輪居中位照映世界萬象取光

系攷章 〈位分〉 十五 盙宇通

全體，無一分動，此又一定之理也。

諸天位分恒論 天有元位元氣，胚結包裹，精密如蔥，本皮層疊，剛健中正，運旋不已，且晶明透徹，故清宅不毀，萬象爲章。

天之倉倉者，從人眼上視，似只一重。然吾儒言九重，西域人設十二重，皆就七曜列宿麗天行動之際測算出來，殊皆有據。愚謂元氣層層，其人目所不見之星象，尚多重數，亦未可定。但就有象者按之，作吾儒九重之解：其一，月天；二，辰星與金星；三，日輪居中位，照映世界，萬象取光；

四火星五木星六土星七列宿八宗動九靜天

六天東行有遲速速則如月天之二十七日一週遲則如土星之二十八年一週與木火金水太陽載在臺官者疇人子弟皆知之而不知列宿天亦自西旋東堯時冬至日在虛七距今四千年冬至日在箕四差六十度大約二萬五千年一周惟最上一層無星可見其行最健自東旋西一日一周帶動列宿七曜天俱左旋所爲宗動天也左旋一天以靜天極爲軸以赤道爲

四，火星；五，木星；六，土星；七，列宿；八，宗動；九，靜天。六天東行，有遲速，速則如月天之二十七日一週，遲則如土星之二十八年一週，與木、火、金、水、太陽載在臺官者，疇人子弟皆知之，而不知列宿天亦自西旋東。堯時冬至日在虛七，距今四千年，冬至日在箕四，差六十度，大約二萬五千年一周。惟最上一層無星可見，其行最健，自東旋西，一日一周，帶動列宿、七曜天俱左旋，所爲宗動天也。左旋一天，以靜天極爲軸，以赤道爲

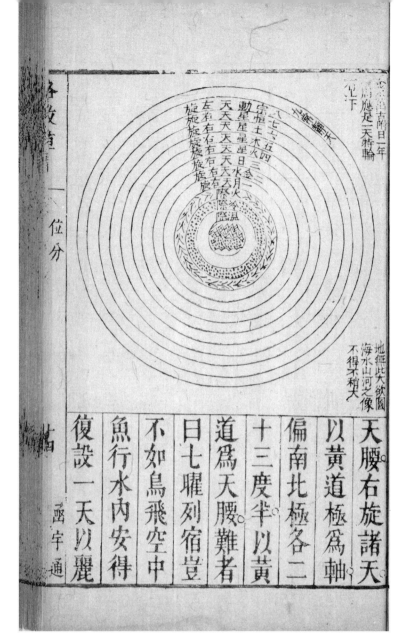

天腰；右旋諸天，以黃道極爲軸，偏南北極各二十三度半，以黃道爲天腰。難者曰：七曜列宿豈不如鳥飛空中、魚行水內，安得復設一天以麗

（圖，不著圖名）

金水萬古附日，一年一周，應是一天，特輪在上下。

地無此大，欲圖海水山河之像，不得不稍大。

九常靜天　八宗動天左旋　七恒星天右旋　六土星天右旋　五木星天右旋　四火星天右旋　三日天右旋　二金水天右旋　一月天右旋　火際　冷際　溫際

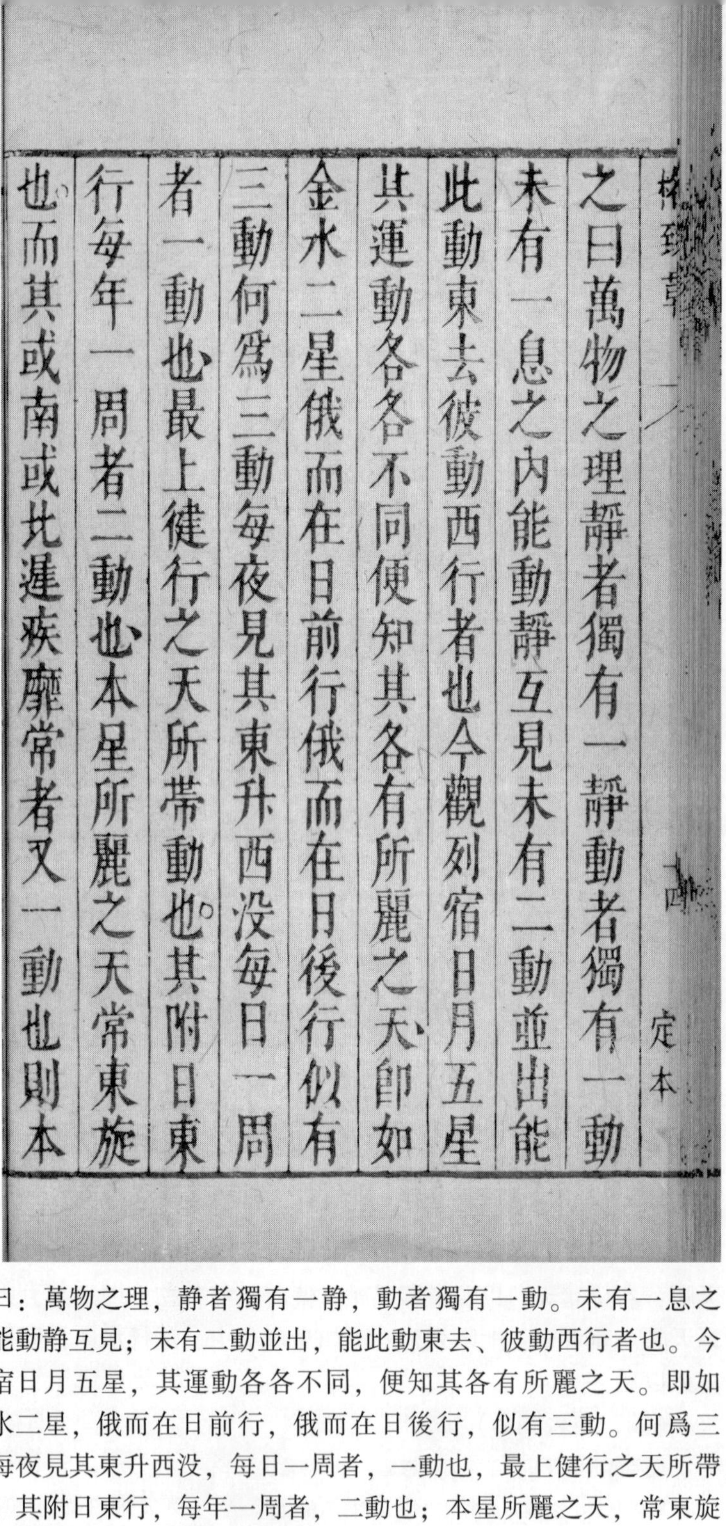

格致草　定本
之曰萬物之理靜者獨有一靜動者獨有一動
未有一息之内能動靜互見未有二動並出能
此動東去彼動西行者也今觀列宿日月五星
其運動各各不同便知其各有所麗之天即如
金水二星俄而在日前行俄而在日後行似有
三動何爲三動每夜見其東升西没每日一周
者一動也最上徤行之天所帶動也其附日東
行每年一周者二動也本星所麗之天常東旋
也而其或南或北遲疾靡常者又一動也則本

之？曰：萬物之理，静者獨有一静，動者獨有一動。未有一息之内，能動静互見；未有二動並出，能此動東去、彼動西行者也。今觀列宿日月五星，其運動各各不同，便知其各有所麗之天。即如金、水二星，俄而在日前行，俄而在日後行，似有三動。何爲三動？每夜見其東升西没，每日一周者，一動也，最上健行之天所帶動也；其附日東行，每年一周者，二動也；本星所麗之天，常東旋也，而其或南或北，遲疾靡常者，又一動也，則本

星在所麗之天如循圈然故于其一時而有數
動則知其有天以牽屬之月亦若是矣而火土
諸星可例推矣惟日循黃道右旋一日一度無
南北之差又無遲速之異或者疑是自運乎日
非也日之有天更易明矣夫日平行日一度一
歲三百六十五度自春分至秋分半歲宜行一
百八十二度半半周天自秋分至春分宜亦然
乃大統曆太陽自春分至秋分有空度恒多八
日自秋分至春分有隔度恒少八日春秋分者

位分

函宇通

星在所麗之天，如循圈然。故于其一時而有數動，則知其有天以牽屬之，月亦若是矣，而火、土諸星可例推矣。惟日循黃道右旋，一日一度，無南北之差，又無遲速之異，或者疑是自運乎？曰：非也。日之有天，更易明也。夫日平行，日一度，一歲三百六十五度。自春分至秋分，半歲宜行一百八十二度半，半周天；自秋分至春分，宜亦然。乃《大統曆》太陽自春分至秋分有空度，恒多八日；自秋分至春分有隔度，恒少八日。春、秋分者，

赤道黄道之交天之一半也而日行有多寡何
居乎蓋二分之界限乃地心與一日一周左旋
最健之宗動天平中對心處而日天之心則與
左旋天之心不對每過北八度故春分至秋分
必遲數日乃可及秋分至春分必早數日乃無
過也此義雖星官曆士鮮有明其解者不但此
也余嘗在京師與欽天監官周子愚論歲差之
理彼但拘世儒腐說以答曰天老日行遲陽漸
衰故也真可一笑二至二分乃黄道四分平等

赤道、黄道之交，天之一半也。而日行有多寡，何居乎？蓋二分之界限，乃地心與一日一周左旋最健之宗動天平中對心處，而日天之心，則與左旋天之心不對，每過北健八度，故春分至秋分，必遲數日乃可及；秋分至春分，必早數日乃無過也。此義雖星官曆士，鮮有明其解者，不但此也，余嘗在京師與欽天監官周子愚論歲差之理，彼但拘世儒腐說以答曰："天老，日行遲，陽漸衰故也。"真可一笑。二至二分，乃黄道四分，平等

定限日不到那限上自然不分不至如何說得
天老陽衰實列宿天漸漸過東如堯時虛宿在
冬至限上者今已東移六十度冬至限恰直箕
四若從堯曆行筭至二萬五千年依舊在虛宿
冬至矣此實燦然可據非如宋儒之猜忖也竊
意天之層數在剛柔虛實之外別有玄際剛柔
虛實落在五行氣質上天非五行而生五行豈
復與五行同其氣質其層數亦別有玄際不如
世間棚樓漫閣試看溫際冷際原無物隔溫者

定限，日不到那限上，自然不分不至，如何說得天老陽衰？實列宿天漸漸過東，如堯時，虛宿在冬至限上者，今已東移六十度，冬至限恰直箕四。若從堯曆行筭，至二萬五千年，依舊在虛宿冬至矣，此實燦然可據，非如宋儒之猜忖也。竊意天之層數，在剛柔虛實之外，別有玄際。剛柔虛實，落在五行氣質。上天非五行，而生五行，豈復與五行同其氣質？其層數亦別有玄際，不如世間棚樓漫閣。試看溫際、冷際，原無物隔，溫者

自温冷者自冷可以類推

格言考信

楚辭天問曰圜則九重孰營度之　太玄經

曰天有九天　兵法曰動于九天之上　張

衡靈憲曰道幹既育萬物成體于是剛柔始

分清濁異位天成于外而體陽故圜以動斯

爲天元道之實也天有元位

渺論存疑

宣夜學曰天無質日月眾星自然浮生虛空

自温，冷者自冷，可以類推。

格言考信

《楚辭·天問》曰：圜則九重，孰營度之？

《太玄經》曰：天有九天。

《兵法》曰：動于九天之上。

張衡《靈憲》曰：道幹既育，萬物成體。于是剛柔始分，清濁異位，天成于外而體陽，故圜以動。斯爲天元，道之實也，天有元位。

渺論存疑

宣夜學曰：天無質，日月眾星，自然浮生虛空

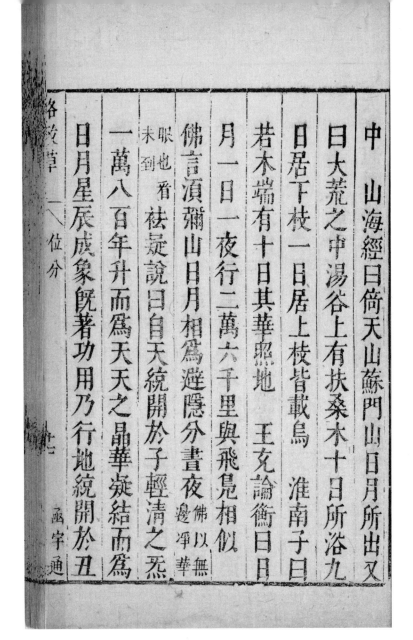

中。

《山海經》曰：（倚）［猗］天山、蘇門山，日月所出。又曰：大荒之中，湯谷上有扶桑木，十日所浴，九日居下枝，一日居上枝，皆載烏。

《淮南子》曰：若木端有十日，其華照地。

王充《論衡》曰：日月一日一夜行二萬六千里，與飛鳥相似。

佛言：須彌山，日月相爲避隱，分晝夜。佛以無邊淨華眼，也看未到。

《袪疑説》曰：自天統開於子，輕清之炁，一萬八百年升而爲天，天之晶華，凝結而爲日月星辰，成象既著，功用乃行。地統開於丑，

天實渾圓其中毫無空隙譬如葱本重重包裹

諸天位分演說

十

云天有九位自地至天一億萬六千二百五

積凡七十三萬里天去地六萬餘里

地五億萬里　論衡曰天行三百六十五度

淮南子云天有九野九千九百九十九隅去

融結而爲山川河嶽成形既定肶蠻攸召

重濁之炁一萬八百年凝而爲地地之靈氣

重濁之炁，一萬八百年凝而爲地，地之靈氣，融結而爲山川河嶽，成形既定，肶蠻攸召。

《淮南子》云：天有九野，九千九百九十九隅，去地五億萬里。

《論衡》曰：天行三百六十五度，積凡七十三萬里，天去地六萬餘里。

《靈憲》云：天有九位，自地至天一億萬六千二百五十。

諸天位分演說

天實渾圓，其中毫無空隙，譬如葱，本重重包裹，

其分數幾何第一為地水補其闕共為一球若
據地平則水土相半蹠實論之水之視地僅千
分之一耳地外為氣氣之外為七政之天七政
之外為恒星之天恒星之外為宗動之天宗動
之外為常靜之天夫地與水與氣相次之序其
理易明今何以知七政在下恒星在上曰有二
驗焉其一六曜有時能掩恒星掩之者在下所
掩者在上其二七政循黃道行皆速恒星最遲
也止言六曜不及日者以日光大星不可見也

其分數幾何？第一為地，水補其闕，共為一球。若據地平，則水土相半。蹠實論之，水之視地，僅千分之一耳。地外為氣，氣之外為七政之天，七政之外為恒星之天，恒星之外為宗動之天，宗動之外為常靜之天。夫地與水與氣，相次之序，其理易明。今何以知七政在下，恒星在上？曰：有二驗焉。其一，六曜有時能掩恒星，掩之者在下，所掩者在上。其二，七政循黃道行皆速，恒星最遲也。止言六曜不及日者，以日光大，星不可見也。

至于七政中惟月最近地何以知之亦有二驗
其一能掩日五星也其二循黃道行二十七日
有奇而周天餘皆一年以上是七政中爲最速
也雖然以行度遲速別遠近固也而太白辰星
與日同一歲而周將無遠近乎曰舊說或云日
內月外相去遼絕不應空然無物則當在日天
之下或云在日天之上二說皆疑了無確據若
以相掩證之則大光中無復可見論其行度三
曜運旋終古若一兩術皆窮因知從前所論皆

至于七政中，惟月最近地，何以知之？亦有二驗。其一，能掩日、五星也。其二，循黃道行二十七日有奇而周天，餘皆一年以上，是七政中爲最速也。雖然以行度遲速別遠近，固也，而太白、辰星與日同一歲而周，將無遠近乎？曰：舊說或云，日內月外，相去遼絕，不應空然無物，則當在日天之下；或云，在日天之上。二説皆疑，了無確據。若以相掩證之，則大光中，無復可見。論其行度，三曜運旋，終古若一。兩術皆窮，因知從前所論，皆臆說也獨西極之國近歲有度數名家造爲望遠之鏡以測太白則有時晦有時光滿有時爲上下弦計太白附日而行遠時僅得象限之半與月異理因悟時在日上故光滿而體微時在日下則晦在旁故爲上下弦也辰星體小去日更近難見其晦明而其運行不異太白度亦與之同理金水附日各麗一天其說已舊而此稱遠鏡窺太白時晦時滿遂謂金星或在日上或在日下辰星至小度亦與之同理果也則金水與日當共一天只其自行之輪以上下爲周動而舊所傳之二天無可憑矣端思幾過尚有隔閡何也金水體小若在日上難復可見

臆說也。獨西極之國，近歲有度數名家，造爲望遠之鏡，以測太白，則有時晦，有時光滿，有時爲上下弦，計太白附日而行遠時，僅得象限之半，與月異理。因悟時在日上，故光滿而體微，時在日下則晦，在旁故爲上下弦也。辰星體小，去日更近，難見其晦明，而其運行不異太白，度亦與之同理。金、水附日，各麗一天，其説已舊。而此稱遠鏡窺太白，時晦時滿，遂謂金星或在日上，或在日下，辰星至小，度亦與之同理。果也，則金、水與日當共一天，只其自行之輪，以上下爲周動，而舊所傳之二天，無可憑矣。端思幾過，尚有隔閡，何也？金、水體小，若在日上，難復可見。

與日同天，則月天至日，空位太多。遠鏡照物，止能映小爲大，映遠爲近，而非物之真體。金星之晦望，豈是洞觀，何不以視差諸法，證其高下？辰星未見晦望，更屬懸度，且于九重之數不合。説者云："金水終古附日"，一年一周，二體應是同天，但各輪互異，動以上下爲環，理猶可信。但晦望之説，已經曆局奏明成書，事宜姑存，而書此一端，以俟天士。

問：熒惑、歲、填，孰遠近？曰：熒惑在歲、填内，在日外。何者？一爲其行黄道，速於二星，遲於日也。歲星在其次外，其行黄道速於填，遲於熒惑。填星在於最外，其行黄道最遲。又恒星無視差，七政皆有之，遠近確矣。

地在大圜天之最中

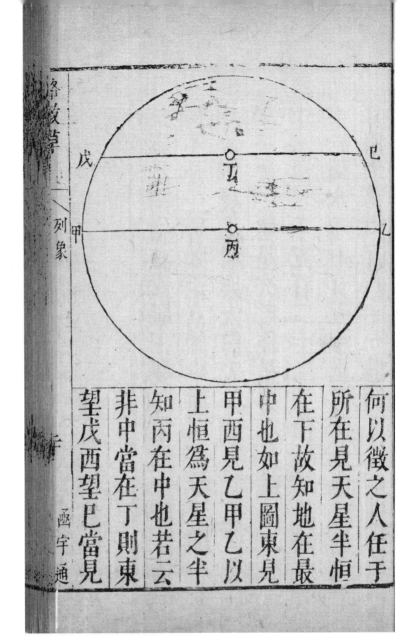

函宇通

望戊西望巳當見　非中當在丁則東　知丙在中也若云　上恒爲天星之半　甲西見乙甲乙以　中也如上圖東見　在下故知地在最　所在見天星半恒　何以徵之人任于

何以徵之？人任于所在，見天星，半恒在下，故知地在最中也。如上圖，東見甲，西見乙，甲乙以上，恒爲天星之半，知丙在中也。若云非中，當在丁，則東望戊，西望巳，當見

（圖，不著圖名）

天之小半而不見者大半

列象恒論

日月五星列宿自人眼下觀却像是一層位置
然實不是一層如至京師中間有許多省郡一
般月最下辰星之與太白次之日次之熒惑次
之歲星次之填星次之經星次之月離地中心
四十八萬二千五百二十二里餘辰星離地中
九十一萬八千七百五十里有餘太白離地中
二百四十萬六百八十一里餘日離地中一千

定本

天之小半，而不見者大半。

列象恒論

日、月、五星、列宿，自人眼下觀，却像是一層位置。然實不是一層，如至京師，中間有許多省郡一般。月最下，辰星之與太白次之，日次之，熒惑次之，歲星次之，填星次之，經星次之。月離地中心四十八萬二千五百二十二里餘，辰星離地中九十一萬八千七百五十里有餘，太白離地中二百四十萬六百八十一里餘，日離地中一千

六百五萬五千六百九十里餘熒惑離地二千
七百四十一萬二千一百里餘歲星離地一萬
二千六百七十六萬九千五百八十四里餘填
星離地二萬五百七十七萬五百六十四里餘
經星離地三萬二千二百七十六萬九千八百
四十五里餘此外即係一日一周之天包絡轉
運此天離地六萬四千七百三十三萬八千六
百九十里餘其遠近各有測算之法蓋諸星之
體甚鉅只因離地絕遠故人眼見得甚微若從

六百五萬五千六百九十里餘，熒惑離地二千七百四十一萬二千一百里餘，歲星離地一萬二千六百七十六萬九千五百八十四里餘，填星離地二萬五百七十七萬五百六十四里餘，經星離地三萬二千二百七十六萬九千八百四十五里餘。此外，即係一日一周之天，包絡轉運，此天離地六萬四千七百三十三萬八千六百九十里餘，其遠近各有測算之法。蓋諸星之體甚鉅，只因離地絕遠，故人眼見得甚微。若從

星上看地決如一塵不能見矣經星之體分爲
六等上等全徑大于地全徑六十八倍其最大
者加二十倍次小者減亦如之次等大于地二
十八倍其三等大地一十一倍其四等大地四
倍有半其五等同地稍大六等得地體三分之
一七曜之體惟日徑最大徑大于地一百六十
五倍八之三填星大於地二十二倍歲星同填
星熒惑又不及歲星地大于太白三十六倍二
十七之一而辰星最下則又渺乎小矣地大于

星上看地，決如一塵不能見矣。經星之體，分爲六等，上等全徑大于地全徑六十八倍，其最大者，加二十倍；次小者，減亦如之。次等大于地二十八倍；其三等大地一十一倍；其四等大地四倍有半；其五等同地稍大；六等得地體三分之一。七曜之體，惟日徑最大，徑大于地一百六十五倍八之三；填星大於地二十二倍；歲星同填星；熒惑又不及歲星；地大于太白三十六倍二十七之一，而辰星最下，則又渺乎小矣。地大于

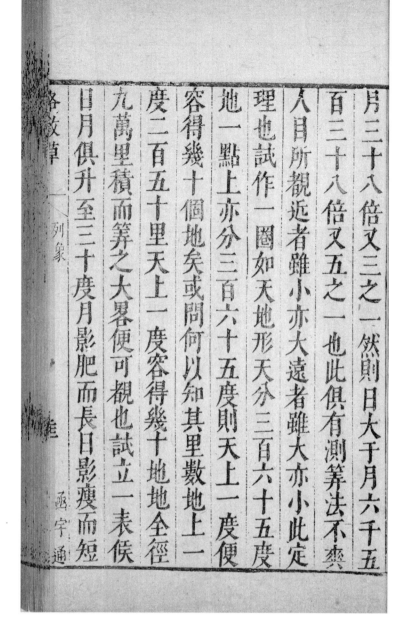

月三十八倍又三之一，然則日大于月六千五百三十八倍又五之一也。此俱有測算法不爽。人目所覿，近者雖小亦大，遠者雖大亦小，此定理也。試作一圈，如天地形，天分三百六十五度，地一點上亦分三百六十五度，則天上一度便容得幾十個地矣。或問：何以知其里數？地上一度二百五十里，天上一度容得幾十地，地全徑九萬里，積而算之，大暑便可覷也。試立一表，候日月俱升至三十度，月影肥而長，日影瘦而短，

豈非日遠而月近之故乎或又問小兒論日出
日午中邊近遠之說如何曰人在地上天頂與
東西際俱各九十度朝日清凉斜照而夜氣初
開與午日探湯正照而晝氣暄朗此義易明惟
邊大中小少費詮說凡地面上各有浮游濕氣
擁抱厚千餘里當午直視浮氣薄當早暮旁視
則浮氣隨地之所際如東邊至中心地有二萬
二千二百五十里則浮氣亦有二萬二千二百
五十里故日月之大與星辰之闊皆爲氣所影

豈非日遠而月近之故乎！或又問：小兒論日出、日午、中邊近遠之說，如何？曰：人在地上，天頂與東西際，俱各九十度，朝日清凉斜照，而夜氣初開與，午日探湯正照，而晝氣暄朗，此義易明。惟邊大中小，少費詮説。凡地面上各有浮游濕氣擁抱，厚千餘里。當午直視，浮氣薄。當早暮旁視，則浮氣隨地之所際，如東邊至中心地有二萬二千二百五十里，則浮氣亦有二萬二千二百五十里。故日月之大，與星辰之闊，皆爲氣所影

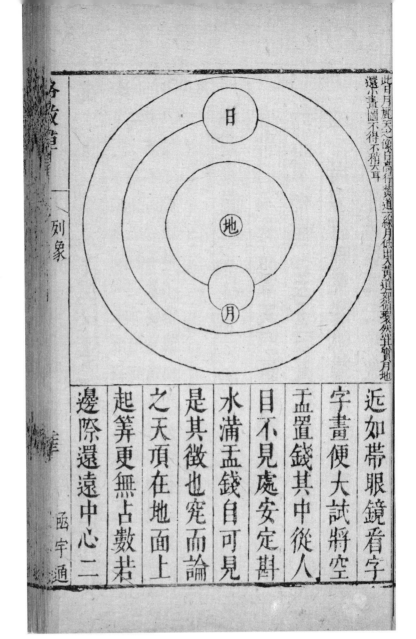

此日月麗天之像日高行黃道一線月低出入黃道如循環然其實月地還小畫圖不得不稍大耳

近如帶眼鏡看字
字畫便大試將空
盂置錢其中從人
目不見處安定斟
水滿盂錢自可見
是其徵也究而論
之天頂在地面上
起算更無占數若
邊際還遠中心二

西宇通

〇八五

近。如帶眼鏡看字，字畫便大。試將空盂置錢其中，從人目不見處安定，斟水滿盂，錢自可見，是其徵也。究而論之，天頂在地面上起算，更無占數。若邊際還遠中心二

（圖，不著圖名）

此日月麗天之像，日高行黃道一線，月低出入黃道，如循環然，其實月、地還小，畫圖不得不稍大耳。

萬二千二百五十里，以地之斜，占數也在，善筭者得之。余向著《則草》，七曜經星之大小，已有定論。距天遠近，亦有定限。今所著大小遠近，與前不同，以今《崇禎曆書》奏經御覽，乃曆書筭定之數，不得不依。前如野史，今如國史，從周之義也。

格言考信

《中庸》曰：不見而章。又曰：高也，明也。又曰：道並行而不相悖。

《孟子》曰：天之高也，星辰之遠也。

《周易》曰：懸象著明，莫大乎日月。

劉氏《正歷》曰：日者，羣陽之精，眾貴之象也。

《范子

計然曰日者火精也　管子曰盛魄重輪六合並照非日月能乎　張衡靈憲曰凡文曜麗乎天其動者日月五星是也周旋右迴　春秋說題辭曰星之爲言精也陽之榮也陽精爲日日分爲星故其字日生爲星　物理論曰凡月與星有形無光日照之乃有光　渺論存疑如左諸説論數懸絶皆臆摩耳食實未從比極高下測量一過　曆紀曰天去地九萬里　河圖括地象曰天去地二億一萬六千七百八十一里半度地

函宇通　列象

《計然》曰：日者，火精也。

《管子》曰：盛魄重輪，六合並照，非日月能乎？

張衡《靈憲》曰：凡文曜麗乎天，其動者，日月五星是也，周旋右迴。

《春秋説題辭》曰：星之爲言，精也，陽之榮也。陽精爲日，日分爲星，故其字"日""生"爲星。

《物理論》曰：凡月與星，有形無光，日照之乃有光。

渺論存疑 如左諸説，論數懸絶，皆臆摩耳食，實未從北極高下測量一過。

《曆紀》曰：天去地九萬里。

《河圖括地象》[1] 曰：天去地二億一萬六千七百八十一里半度，地

1 誤，當爲《廣雅》。

之厚與天高等。南北相去二億三萬三千五十七里二十五步，東西短減四步。

《河圖挺佐輔》曰：百世之後，地高天下，不風不雨，不寒不暑，民復食土，天可倚杵，洶洶莫知始終。

《春秋元命苞》曰：日（月）徑千里。

《白虎通》曰：日月徑千里。

徐整《長歷》曰：日，徑千里，周圍三（三）千里，高于地七千里。

《淮南子》曰：日中有踆烏。

徐整《長歷》曰：大星徑百里，中星徑五十里，小星徑三十里，北斗七星相去九千里，

皆在日月下　程子曰日月升降三萬里之

中　朱子曰八萬四千里未可知也　佛言

離垢國天人織盛琉璃爲地有八交道黃金

爲繩以界其側此同莊列寓言靈憲曰日者陽精之

宗積精成象象成爲禽金鷄火烏也皆三足

表陽之類其數奇

列象演說恒論于列象之體分大小尚未明其所以然之故再演說之乃有據也

古法推七政及恒星之體大畧因其視徑及距

皆在日月下。

程子曰：日月升降三萬里之中。

朱子曰：八萬四千里，未可知也。

佛言：離垢國，天人織盛，琉璃爲地，有八交道，黃金爲繩，以界其側。此同莊、列寓言。《靈憲》曰：日者，陽精之宗，積精成象，象成爲禽。金鷄、火烏也，皆三足。表陽之類，其數奇。

列象演說 《恒論》于列象之體，分大小，尚未明其所以然之故，再演說之，乃有據也。

古法推七政及恒星之體，大略因其視徑及距

〇八九

地之遠可得渾體之容積而恒星離地最遠而
無視差可考止依其視徑以較五星卽其體之
大小十得七八矣如鎮星得其視徑一分五十
秒亦微有視差爲一十五秒弱推其離地以地
半徑爲度得一萬〇五百五十因得其全徑大
于地之全徑二倍又一十一分之九是鎮星之
渾體容地之渾體二十有二矣此測爲鎮星居
最高最高衝折中之數也而恒星更遠居其上
因以所測之視徑分其等差先測明星如心宿

地之遠，可得渾體之容積。而恒星離地最遠，而無視差可考，止依其視徑以較五星，即其體之大小，十得七八矣。如鎮星得其視徑一分五十秒，亦微有視差爲一十五秒弱。推其離地，以地半徑爲度，得一萬〇五百五十，因得其全徑大于地之全徑二倍又一十一分之九，是鎮星之渾體容地之渾體二十有二矣。此測爲鎮星居最高，最高衝折中之數也。而恒星更遠居其上，因以所測之視徑，分其等差。先測明星，如心宿、

中星大角參宿右肩等其視徑二分卽得大地
四徑有奇因設星離地一萬四千依圈界與圈
徑之比例卽星所居之圈界得八萬八千三百
六十分之每度得二百四十四○九分之四又
六十分之每分得四視徑二分得八有奇是恒
星之全徑二分當渾地之八半徑也卽四全徑
也又以立圓法推之卽此星渾體之容大于渾
地之容六十有八倍此爲第一等星也此一等
內尚有狼星織女等又見大一十五秒其體更

中星、大角、參宿、右肩等，其視徑二分，卽得大地四徑有奇。因設星離地一萬四千，依圈界與圈徑之比例，卽星所居之圈界，得八萬八千。三百六十分之，每度得二百四十四○九分之四。又六十分之，每分得四，視徑二分，得八有奇，是恒星之全徑二分。當渾地之八半徑也，卽四全徑也。又以立圓法推之，卽此星渾體之容，大于渾地之容六十有八倍，此爲第一等星也。此一等內，尚有狼星、織女等，又見大一十五秒，其體更

加二十餘倍若見小一十五秒如角宿南星即
反之其體減二十餘倍次則北斗上相北河等
其視徑一分三十秒設其距地與前等推其實
徑大於地徑三倍有奇而其渾體大于地之渾
體二十八倍有奇此爲第二等又次測婁箕尾
三宿等星其視徑一分〇五秒依前距地之遠
其實徑大于地徑二倍又五分之一其體大于
地體近一十一倍爲第三等又次測參旗柳宿
玉井等星其視徑四十五秒其實徑與地徑若

加二十餘倍。若見小一十五秒，如角宿南星，即反之，其體減二十餘倍。次則北斗、上相、北河等，其視徑一分三十秒。設其距地與前等，推其實徑大於地徑三倍有奇，而其渾體大于地之渾體二十八倍有奇，此爲第二等。又次測婁、箕、尾三宿等星，其視徑一分〇五秒，依前距地之遠，其實徑大于地徑二倍又五分之一，其體大于地體近一十一倍，爲第三等。又次測參旗、柳宿、玉井等星，其視徑四十五秒，其實徑與地徑若

三與二其體大于地體四倍有半爲第四等又
次測內平東咸從官等小星得視徑三十秒其
實徑與地徑若五十與四十九其體比于地體
得一又一十八分之一爲第五等又次測最小
星如昴宿左更等得視徑二十秒其實徑與地
徑若一十五與二十二即其體比于地體得三
分之一爲第六等若各等之中更有微過或不
及其差無盡則匪目能測匪數可筭矣夫恒星
無數若三垣二十八舍三百座一千四百六十

三與二，其體大于地體四倍有半，爲第四等。又次測內平、東咸、從官等小星，得視徑三十秒，其實徑與地徑若五十與四十九，其體比于地體得一又一十八分之一，爲第五等。又次測最小星，如昴宿、左更等，得視徑二十秒，其實徑與地徑若一十五與二十二，即其體比于地體得三分之一，爲第六等。若各等之中，更有微過或不及，其差無盡，則匪目能測，匪數可筭矣。夫恒星無數，若三垣、二十八舍、三百座、一千四百六十

一官之外，試仰視之，樊然淆亂，雖隸首豈能窮其紀哉！

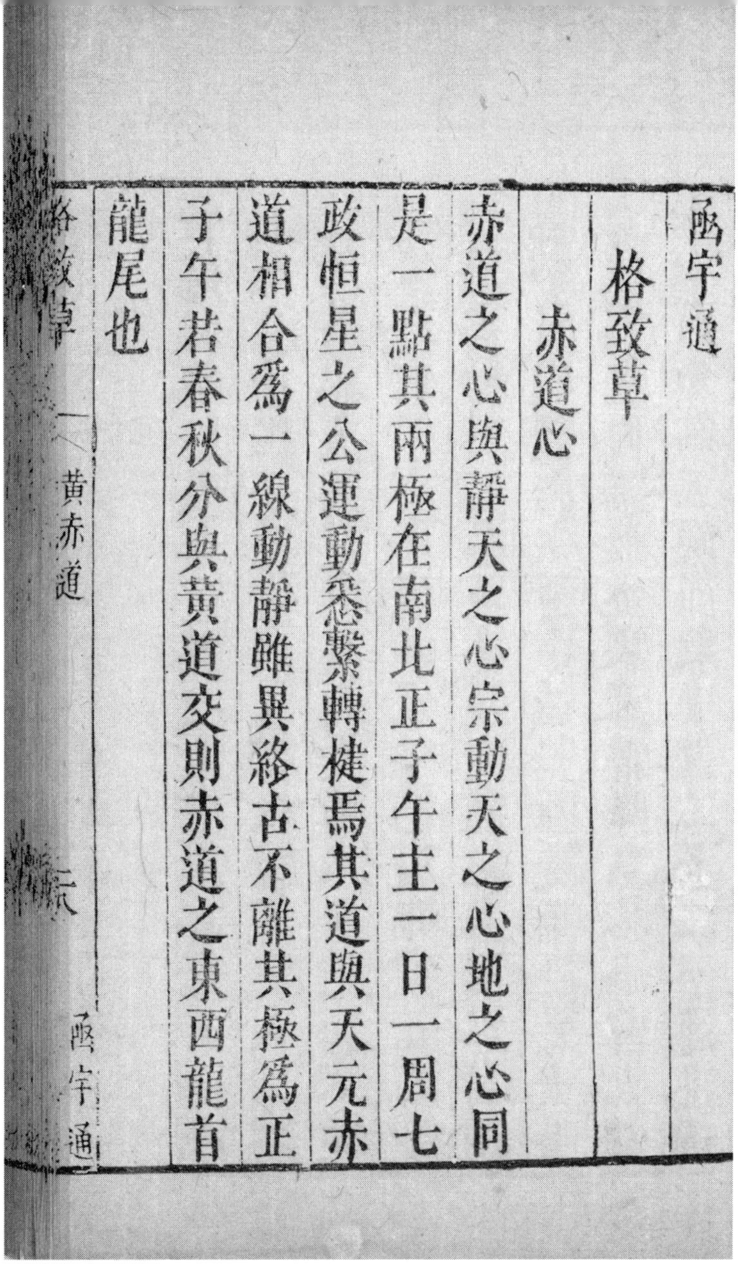

格致草

赤道心

赤道之心與靜天之心宗動天之心地之心同
是一點其兩極在南北正子午主一日一周七
政恒星之公運動悉繫轉樞焉其道與天元赤
道相合爲一線動靜雖異終古不離其極爲正
子午若春秋分與黃道交則赤道之東西龍首
龍尾也

函宇通

格致草

赤道心

赤道之心，與静天之心、宗動天之心、地之心，同是一點，其兩極在南北正子午，主一日一周，七政恒星之公運動，悉繫轉樞焉。其道與天元赤道相合爲一線，動静雖異，終古不離，其極爲正子午。若春秋分與黃道交，則赤道之東西，龍首、龍尾也。

黃道極

黃道斜絡出入赤道各二十三度有奇其兩極
在亥巳十二分爲宮曰玄枵娵訾降婁大梁實
沈鶉首鶉火鶉尾壽星大火柝木星紀曆家從
便命之曰子亥戌酉申未午巳辰卯寅丑二十
四分爲節氣曰冬至小寒大寒立春雨水驚蟄
春分清明穀雨立夏小滿芒種夏至小暑大暑
立秋處暑白露秋分寒露霜降立冬小雪大雪
每一節分爲三候節氣中以二至二分爲主黃

黄道極

黃道斜絡，出入赤道各二十三度有奇，其兩極在亥巳。十二分爲宮。曰玄枵、娵訾、降婁、大梁、實沈、鶉首、鶉火、鶉尾、壽星、大火、(柝)[析]木、星紀，曆家從便命之曰：子、亥、戌、酉、申、未、午、巳、辰、卯、寅、丑。二十四分爲節氣，曰：冬至、小寒、大寒、立春、雨水、驚蟄、春分、清明、穀雨、立夏、小滿、芒種、夏至、小暑、大暑、立秋、處暑、白露、秋分、寒露、霜降、立冬、小雪、大雪。每一節分爲三候，節氣中以二至二分爲主。黃道左右各八度爲月五星出入之道諸曜出入于黃道度多寡不同最遠者八度又總名爲黃道帶日月經緯星俱從黃道極轉宗動天常平行終古無遲疾赤道繫焉故其行亦終古無遲疾

黃赤道距度

黃赤道相距之度除却地之半徑差及清蒙差定爲二十三度五十二分三十秒

三動

道左右各八度，爲月、五星出入之道。諸曜出入于黃道，度多寡不同，最遠者八度，又總名爲黃道帶。日月經緯星，俱從黃道極轉。宗動天常平行，終古無遲疾，赤道繫焉，故其行亦終古無遲疾。

黃赤道距度

黃赤道相距之度，除却地之半徑差及清蒙差，定爲二十三度五十二分三十秒。

三動

定本

凡動而有法者三一自上而下如土石等重物以地心為界二自下而上如氣火等輕物以月天為界為界者至此而止也此二動自行必成直線名為直動三循環行一周至元界如天行一周成全圈名為周動也三者而外皆名無法之動

天體至純

天為純體者以寰宇內落于形氣之屬皆不能離水火土氣四行以為性含性而動多為雜動

凡動而有法者三：一、自上而下，如土、石等重物，以地心為界。二、自下而上，如氣、火等輕物，以月天為界。為界者，至此而止也。此二動自行，必成直線，名為直動。三、循環行一周至元界，如天行一周，成全圈，名為周動也。三者而外，皆名無法之動。

天體至純

天為純體者，以寰宇內落于形氣之屬，皆不能離水、火、土、氣四行以為性。含性而動，多為雜動。

惟純動者一爲直一爲周周者環中而運其運
無端直者一向中而上一向中而垂天以周動
則知其于四行之外別有純體不可意識思議
　詩曰惟天之命於穆不已文王之德之
　純純則不已天之周動詩之不已也

天體難定輕重

凡寰宇內有形之體能向正中下降者謂之重
能由正中上升者謂之輕自安諸能降體之下
者謂之至重自安諸能升體之上者謂之至輕
或一物之體自性而然或兩物之體相權而然

惟純動者，一爲直，一爲周。周者，環中而運，其運無端；直者，一向中而上，一向中而垂。天以周動，則知其于四行之外，別有純體，不可意識思議。《詩》曰："惟天之命，於穆不已"、"文王之德之純"，純則不已，天之周動，《詩》之不已也。

天體難定輕重

凡寰宇內有形之體，能向正中下降者，謂之重；能由正中上升者，謂之輕。自安諸能降體之下者，謂之至重；自安諸能升體之上者，謂之至輕。或一物之體，自性而然，或兩物之體，相權而然。

定本

如四行中至輕者火也至重者地也如氣之視
水水之視土為輕也水之視氣氣之視火為重
也一落輕重便有升降天體固不繇中而升亦
不向中而降則可知其不輕不重

天體不壞

凡體質落四行如水火相尅則受壞天為純體
不見生尅則可不壞或曰靜者堅固之象動者
研磨之象天既如是動矣能不虞壞曰凡見悖
性者即有悖動即有壞徵天之周動既不屬悖

如四行中，至輕者，火也；至重者，地也。如氣之視水，水之視土，為輕也；水之視氣，氣之視火，為重也。一落輕重，便有升降。天體固不繇中而升，亦不向中而降，則可知其不輕不重。

天體不壞

凡體質落四行，如水火相尅，則受壞。天為純體，不見生尅，則可不壞。或曰：靜者，堅固之象；動者，研磨之象。天即如是動矣，能不虞壞？曰：凡見悖性者，即有悖動，即有壞徵。天之周動，既不屬悖，

自是堅固或又曰天體鬆耶密耶曰天非輕非
重非柔非剛曰鬆曰密此乃世間論四行之氣
質天不可以此論矣或又曰健行天從東而西
七政天從西而東其動疑悖曰健行天與七政
天不同軸亦不同極上下所向各安其位故可
並行不悖健行天即宗動天也

天體難定色相

天色不可思議其碧落而蒼蒼者遠望之極也

莊子曰天之蒼蒼其正色耶其遠而無所至極

匡字通

自是堅固。或又曰：天體鬆耶？［密］耶？曰：天非輕非重，非柔非剛，曰鬆曰密，此乃世間論四行之氣質，天不可以此論矣。或又曰：健行天，從東而西，七政天，從西而東，其動疑悖？曰：健行天與七政天不同軸，亦不同極。上下所向，各安其位，故可並行不悖。健行天即宗動天也。

天體難定色相

天色不可思議，其碧落而蒼蒼者，遠望之極也。《莊子》曰：天之蒼蒼，其正色耶？其遠而無所至極

耶其視下也亦若是則已矣蓋凡落于五色者
必落金木水火土五行之體天另有純體豈復
與五行爭色中庸曰高明曰不見而章佛曰化
光大都是一晶融之宇

天體不容空隙

大圓之下重地居中四行包裹層層精密如水
包土氣包水火包氣月天包火以至金水日火
木土諸天以及于宗動天靜天皆是清虛皆是
凝結至純至健不可思議卽如地上氣界似屬

耶？其視下也，亦若是則已矣。蓋凡落于五色者，必落金、木、水、火、土五行之體。天另有純體，豈復與五行爭色。《中庸》曰高明，曰不見而章；佛曰化光，大都是一晶融之宇。

天體不容空隙

大圓之下，重地居中，四行包裹，層層精密，如水包土、氣包水、火包氣。月天包火，以至金、水、日、火、木、土諸天，以及于宗動天、靜天，皆是清虛，皆是凝結，至純至健，不可思議。即如地上氣界，似屬

空虛而真氣塡滿即罌瓶之孔不虛也試以瓦

罌盛水必置二孔塞其一孔水便不出氣閉其

外耳

經緯定六曜

日躔終古行黃道其經其緯易定耳若月五星

各有道各有極各有交各有轉紛糅不齊非定

恒星之經緯則六曜之經緯無從可論六曜如

乘傳恒星其地右也六曜如行棊恒星其楸局

也恒星之動最微二萬五千餘年而東行一周

空虛，而真氣塡滿，即罌瓶之孔，不虛也。試以瓦罌盛水，必置二孔，塞其一孔，水便不出，氣閉其外耳。

經緯定六曜

日躔終古行黃道，其經、其緯易定耳。若月、五星，各有道、各有極、各有交、各有轉，紛糅不齊，非定恒星之經緯，則六曜之經緯，無從可論。六曜如乘傳，恒星其地右也；六曜如行棊，恒星其楸局也。恒星之動最微，二萬五千餘年而東行一周，

填星二十八年東行一周木星十二年一周火
星二年有奇一周日一年一周月二十七日一
周皆東行宗動天西行一日一周諸曜所隨動
者也

測日與太白距度因知周天經緯星度

測法曰午後太陽未入得並見太白時即測其
兩相距度分器用紀限大儀一人從通光定耳
中窺太白之體一人從通光游耳上取太陽之
景次數儀邊兩距即日星之距又同時用渾儀

填星二十八年東行一周，木星十二年一周，火星二年有奇一周，日一年一周，月二十七日一周，皆東行。宗動天西行，一日一周，諸曜所隨動者也。

測日與太白距度因知周天經緯星度

測法曰：午後太陽未入，得並見太白時，即測其兩相距度分。器用紀限大儀，一人從通光定耳中窺太白之體，一人從通光游耳上取太陽之景，次數儀邊兩距，即日星之距。又同時用渾儀，

求其出地平上之兩高弧及其距赤道之兩緯
度次于日入後既見恒星更依前法求太白與
恒星之距度及其兩高弧兩距赤緯度仍並識
兩測相距之時刻推兩測間太白經行分秒加
減之即得三曜之各定度分即得太白左右太
陽與恒星相距之定度分也既得此星所纏赤
道經度又先已測得距赤緯度因推得其黃道
經緯度又用此一星徧測餘星其經緯度分悉
可得矣

求其出地平上之兩高弧，及其距赤道之兩緯度。次于日入後，既見恒星，更依前法，求太白與恒星之距度，及其兩高弧、兩距赤緯度，仍並識兩測相距之時刻，推兩測間太白經行分秒，加減之，即得三曜之各定度分，即得太白左右、太陽與恒星相距之定度分也。既得此星所纏赤道經度，又先已測得距赤緯度，因推得其黃道經緯度。又用此一星徧測餘星，其經緯度分，悉可得矣。

日體

日為萬光之原，諸曜皆從此受光焉。其體圓，圓有面、有體，日為圓面，舉目即是，固無可疑。其為圓體，何從知之？曰：凡物，未有有面無體者，日之為物大矣，知其必有體也。凡自然生者，初生無不圓。太陽之生本自然，曾無雕琢。又諸體中，圓為最尊。太陽最尊，知其必為圓體也。舊云日徑一度，近測驗，實止半度。其去地，有時近，有時遠，折中取數，則以地全徑為度。地球約九萬里，全

径三万里二十四其地径自之得五百七十六

是太阳去地之中数也以视径观其去地之远

因以割圆术求其本径得日体大地体一百余

倍矣以九万里之地球不能障其光地球景又

不能过月天以上则日体之大可知使地大于

日则星曜皆可食也日面上有黑子或一或二

或三四而止或大或小恒于太阳东西径上行

其道止一线行十四日而尽前者尽则后者继

之其大者能减太阳之光先是或疑为金水二

径三万里，二十四其地径自之，得五百七十六，是太阳去地之中数也。以视径观其去地之远，因以割圆术求其本径，得日体大地体一百余倍矣。以九万里之地球不能障其光，地球景又不能过月天以上，则日体之大可知。使地大于日，则星曜皆可食也。日面上有黑子，或一或二，或三四而止，或大或小，恒于太阳东西径上行，其道止一线，行十四日而尽。前者尽，则后者继之。其大者，能减太阳之光。先是或疑为金、水二星，考其躔度，則又不合。近從望遠鏡窺之，乃知其體不與日體爲一，又不若雲霞之去日極遠，特在其面，而不識爲何物。以此知日體亦是平行，如轉行，則黑子不能常矣。每日行一度弱，其一日一周，于黃道爲一長度，于赤道上不及一上度。其日初出入大，日中則小，以地平之蒙氣，衡視則厚，直視則薄。朦朧景，朝爲昧爽，夜爲黃昏，各入地坪十八度。而冬、夏至朦景大，春、秋分朦景小者，以二至迤行出入、二分直行出入耳。

論太陽之光　日爲大光

六合之內無微不照有不

透明之物隔之則生影地

在天中體小于日故影漸

遠漸殺以至于盡其影之長不至太陽之衝

如右圖甲乙爲日丙丁爲地其影至戊而止不

至巳

論太陽之大　欲知物大先知其徑徑有二一

爲視徑視徑者人目所視也舊云太陽之徑一

七政

寰宇通

　　論太陽之光　日爲大光，六合之內，無微不照，有不透明之物，隔之則生影。地在天中，體小于日，故影漸遠漸殺，以至于盡，其影之長，不至太陽之衝。

　　如右圖，甲乙爲日，丙丁爲地，其影至戊而止，不至巳。

　　（圖，不著圖名）

　　論太陽之大　欲知物大，先知其徑，徑有二：一爲視徑，視徑者，人目所視也。舊云太陽之徑一

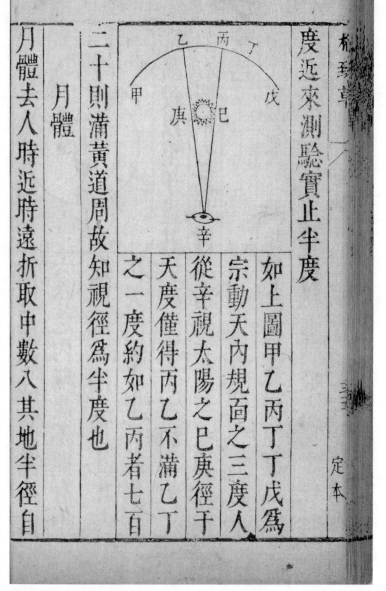

度近來測驗實止半度

月體去人時近時遠折取中數八其地半徑自

二十則滿黃道周故知視徑爲半度也

月體

如上圖甲乙丙丁丁戊爲宗動天內規面之三度人從辛視太陽之巳庚徑于天度僅得丙乙不滿乙丁之一度約如乙丙者七百

度，近來測驗，實止半度。

如上圖，甲乙、丙丁、丁戊爲宗動天內規面之三度，人從辛視太陽之巳庚，徑于天度，僅得丙乙，不滿乙丁之一度，約如乙丙者，七百二十，則滿黃道周，故知視徑爲半度也。

（圖，不著圖名）

月體

月體去人，時近時遠，折取中數，八其地半徑，自之得六十四半徑爲三十二全徑是月去地之中數也其視徑去人愈近愈大愈遠愈小折取中數亦得半度與日等其本徑則小于地球地之容大約三十餘倍也月體無光受光于日月球之光恒得半以上因日體大於其體故論太陰之光本自無光受光于太陽故本球之

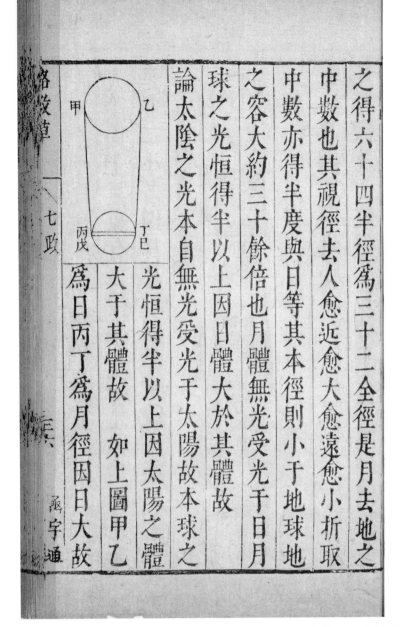

光恒得半以上因太陽之體大于其體故如上圖甲乙爲日丙丁爲月徑因日大故

一二

之，得六十四半徑，爲三十二全徑，是月去地之中數也。其視徑去人，愈近愈大，愈遠愈小，折取中數，亦得半度，與日等。其本徑則小于地球，地之容大約三十餘倍也。月體無光，受光于日，月球之光，恒得半以上，因日體大於其體故。

論太陰之光本自無光，受光于太陽，故本球之光，恒得半以上，因太陽之體大于其體故。如上圖，甲乙爲日，丙丁爲月徑，因日大，故

（圖，不著圖名）

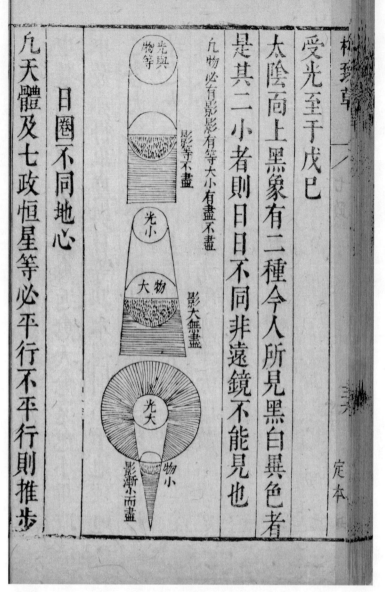

受光至于戊巳。

太陰面上黑象，有二種，今人所見黑白異色者是；其二，小者則日日不同，非遠鏡不能見也。

（圖，不著圖名）

凡物，必有影，影有等、大、小，有盡不盡。

光與物等，影等不盡。

光小，物大，影大無盡。

光大，物小，影漸小而盡。

日圈不同地心

凡天體及七政、恒星等，必平行，不平行，則推步

月過地景之時愈多故知時多者景大也
于夏至之食蓋大光之體愈遠其景愈長愈大
又太陽之體冬至則大夏至則小冬至月食小
冬縮今曆中設有空度不得其解強爲之所耳
八日緣日輪之心與宗動天之心不同故夏羸
十日零從秋分至春分歷一百七十四日零差
及諸小輪等如太陽從春分至秋分歷一百九
無一平行者曆家因此推求悟有不同心之圈
之術無從可立然人目所見各有遲疾順逆若

之術，無從可立。然人目所見，各有遲、疾、順、逆，若無一平行者。曆家因此推求，悟有不同心之圈，及諸小輪等。如太陽從春分至秋分，歷一百九十日零，從秋分至春分，歷一百七十四日零，差八日。緣日輪之心與宗動天之心不同，故夏（羸）［羸］冬縮。今曆中設有空度，不得其解，強爲之所耳。又太陽之體，冬至則大，夏至則小，冬至月食小于夏至之食，蓋大光之體愈遠，其景愈長愈大，月過地景之時愈多，故知時多者景大也。

日月交食

日在月上朔而日月行度南北同經東西同緯
則月掩日而日爲之食固也惟望而月食日在
地下月在天上儒者謂月亢日而月爲之食曆
家曰闇虛問其何以亢何以闇虛畢竟不能置
對殊不知月星皆借日爲光日在地下月在天
上經緯皆同則地影適遮日光月不受光而月
爲之食然朔不必皆日食望不皆月食何也蓋
經度同而緯度不同故也日止行黃道一線萬

日月交食

日在月上，朔而日月行度，南北同經，東西同緯，則月掩日，而日爲之食，固也。惟望而月食，日在地下，月在天上。儒者謂：月亢日，而月爲之食。曆家曰：闇虛。問其何以亢？何以闇虛？畢竟不能置對。殊不知月、星皆借日爲光，日在地下，月在天上，經緯皆同，則地影適遮日光，月不受光，而月爲之食。然朔不必皆日食，望不皆月食，何也？蓋經度同而緯度不同故也。日止行黃道一線，萬

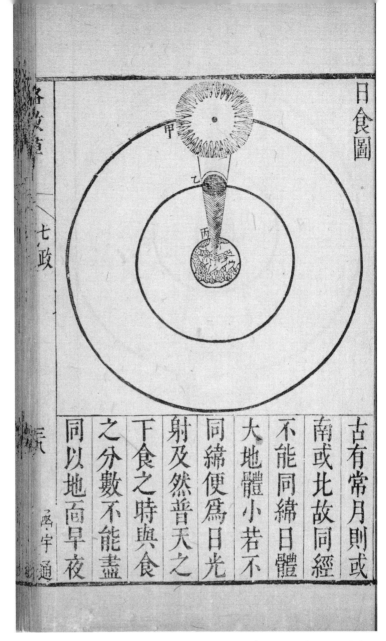

日食圖

古有常月則或
南或北故同經
不能同緯日體
大地體小若不
同緯便爲日光
射及然普天之
下食之時與食
之分數不能盡
同以地面早夜

古有常，月則或南或北，故同經不能同緯。日體大，地體小，若不同緯，便爲日光射及。然普天之下，食之時與食之分數不能盡同，以地面早夜

（圖）日食圖

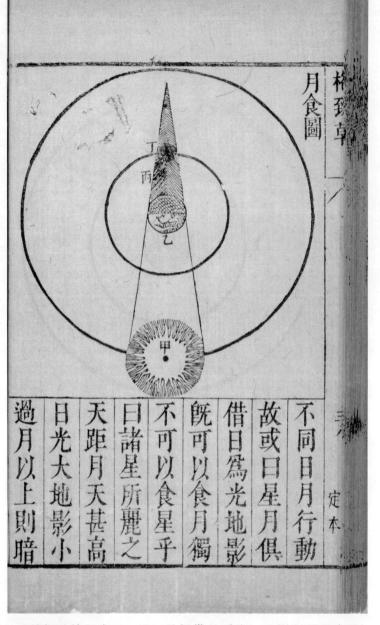

定本

過月以上則暗	日光大地影小	天距月天甚高	日諸星所麗之	不可以食星乎	既可以食月獨	借日爲光地影	故或日星月俱	不同日月行動

不同，日月行動故。或曰：星、月俱借日爲光，地影既可以食月，獨不可以食星乎？曰：諸星所麗之天，距月天甚高。日光大，地影小，過月以上則暗，

（圖）月食圖

影漸尖細，至于星邊，地影不及矣。然金、水二星，亦在日下，地球大于金星三十六倍又二十七分，大于月輪三十八倍又三分之一，是金星大于月輪。月既掩日，金星過日下，獨不掩日，何也？曰：凡物以形相掩，非惟論其大小，又當計其遠近，近目者愈近則愈掩。如以一指置睫間，宇宙可蔽，及其遠也，雖泰山不礙。金星雖大于月，乃在月天之上，去人目甚遠，故不能掩日；月雖小于金星，去人目最近，故能掩日光也。

七政　函宇通

格言考信

朱子語類曰月受日光只是得一邊光日月
相會時日在月上不是無光光都載在上面
一邊故地上無光到得日月漸漸相遠時漸
擦挫月光漸漸見于下到得望時月光渾在
下面一邊望後又漸漸光向上去　朱子詩
經十月之交註曰晦朔而日月之合東西同
度南北同道則月掩日而日爲之食

渺論存疑

定本

格言考信

《朱子語類》曰：月受日光，只是得一邊光。日月相會時，日
在月上，不是無光，光都載在上面一邊，故地上無光。到得日月漸
漸相遠時，漸擦挫，月光漸漸見于下。到得望時，月光渾在下面一
邊，望後又漸漸光向上去。朱子《詩經·十月之交》註曰：晦朔
而日月之合，東西同度，南北同道，則月掩日而日爲之食。

渺論存疑

淮南子曰麟鬭則日月食　朱子詩經十月
之交註曰望而日月之對同度同道則月亢
日而月爲之食　月在天上日在地下請問月
如何亢日而月爲之食恐紫
陽夫子也解不去凡解得去者便做
得像試請做一亢日闇虛之象如何

畫夜長短

晝夜之長短由于日之出入之舒縮由
于南北極出地之高下中國處赤道之北恒不
見南極惟見北極故夏至晝長夜短冬至晝短
夜長推而論之如在海中閩廣以南滿剌伽國

（晝夜）

函宇通

《淮南子》曰：麟鬭則日月食。

朱子《詩經·十月之交》註曰：望而日月之對，同度同道，則月亢日而月爲之食。月在天上，日在地下，請問月如何亢日，而月爲之食？恐紫陽夫子也解不去。凡解得去者，便做得像，試請做一亢日、闇虛之象，如何？

晝夜長短

晝夜之長短，由于日之出入。日出入之舒縮，由于南北極出地之高下。中國處赤道之北，恒不見南極，惟見北極，故夏至晝長夜短，冬至晝短夜長。推而論之，如在海中閩廣以南滿剌伽國，

則南北極皆相對比地其人正處赤道之下地
暑熱畫夜恒平漸次而比如廣東廣州府比極
出地二十三度半夏至日五十三刻十一分爲
畫餘四十二刻四分爲夜江西南昌府比極出
地二十九度夏至日五十五刻七分爲畫餘四
十刻八分爲夜視廣東畫夜長短差二刻南京
比極出地三十二度半夏至日五十六刻六分
爲畫餘三十九刻九分爲夜視廣東差三刻視
江西差一刻山東濟南府比極出地三十七度

則南北極皆相對比地，其人正處赤道之下，地暑熱，畫夜恒平。漸次而北，如廣東廣州府北極出地二十三度半，夏至日五十三刻十一分爲畫，餘四十二刻四分爲夜。江西南昌府北極出地二十九度，夏至日五十五刻七分爲畫，餘四十刻八分爲夜，視廣東畫夜長短差二刻。南京比極出地三十二度半，夏至日五十六刻六分爲畫，餘三十九刻九分爲夜，視廣東差三刻，視江西差一刻。山東濟南府北極出地三十七度，

畫長五十八刻四分餘爲夜即畫長于廣東五
刻于江西三刻于南京二刻北京北極出地四
十度其畫夜長短所差愈多彼《唐史》所稱鐵勒
部夜熟一羊髀適熟而天即曙者當是北極高
六七十度處之夏至時也若冬至日熟一羊髀
而天即暮可類推也倘距北京一萬二千五百
里則北極高九十度以赤道爲天弦矣春分以
後皆晝日在赤道裏從天弦旋轉如磨秋分以
後皆夜日入天弦下旋轉此又理之不得不然

畫長五十八刻四分，餘爲夜，即畫長于廣東五刻，于江西三刻，于南京二刻。北京北極出地四十度，其畫夜長短所差愈多。彼《唐史》所稱鐵勒部，夜熟一羊髀適熟，而天即曙者，當是北極高六七十度，處之夏至時也。若冬至日，熟一羊髀而天即暮，可類推也。倘距北京一萬二千五百里，則北極高九十度，以赤道爲天弦矣。春分以後皆畫，日在赤道裏從天弦旋轉如磨；秋分以後皆夜，日入天弦下旋轉，此又理之不得不然

者也聞其地爲冰海極冷則南極之下亦可類
推總之遠于日故也向曆家所定冬夏日出入
時尚是就南京舊測量定筭而未能隨地明其
差數近欽天監立局脩曆亦設隨極高下度分
矣試作一渾儀從南北極度數升降而審視之
固若函蓋之合即用簡平儀隨手隨地測之又
無不然也山西等處主北極出地三十八度陝
西等處主北極出地三十六度河南等處主北
極出地三十五度浙江等處主北極出地三十

者也。聞其地爲冰海，極冷，則南極之下，亦可類推。總之，遠于
日故也。向曆家所定冬夏日出入時，尚是就南京舊測量定筭，而未
能隨地明其差數。近欽天監立局脩曆，亦設隨極高下度分矣。試作
一渾儀，從南北極度數升降而審視之，固若函蓋之合，即用簡平儀
隨手隨地測之，又無不然也。山西等處，主北極出地三十八度；陝
西等處，主北極出地三十六度；河南等處，主北極出地三十五度；
浙江等處，主北極出地三十

度湖廣主北極出地三十一度四川主北極出
地二十九度半福建主北極出地二十六度廣
西主北極出地二十五度雲南主北極出地二
十四度貴州主北極出地二十四度半此以南
北較長短天下不可一律如此至于東西日月
諸星雖每日出入地平一遍第天下國土非同
時出入蓋東方先見西方後見漸東漸早漸西
漸遲如有人居東又一人居西東西直相去試
七千五百里則東人見日爲午正初刻此際西

度；湖廣，主北極出地三十一度；四川，主北極出地二十九度半；
福建，主北極出地二十六度；廣西，主北極出地二十五度；雲南，
主北極出地二十四度；貴州，主北極出地二十四度半。此以南北較
長短，天下不可一律如此。至于東西，日月諸星雖每日出入地平一
遍，第天下國土，非同時出入。蓋東方先見，西方後見，漸東漸
早，漸西漸遲。如有人居東，又一人居西，東西直相去試七千五百
里，則東人見日爲午正初刻，此際西

人乃見日在禺中爲巳正初刻也。周天三百六十度，每度爲地二百五十里，若相去百八十度，則東方之午爲西方之子。相去九十度，則東方之午爲西方之卯。普天之下，時時曉，時時午，時時日晡，時時黃昏，時時夜半，各於其地，作如是觀。

格言考信

《易》曰：天地設位，而易行乎其中矣。又曰：觀天之神道，而四時不忒。又曰：澤火，革，君子以治

曆明時　周禮曰大司徒以土圭之法測土
深淺正日景以求地中日南則景短多暑日
比則景長多寒　范子計然曰日行天一度
周而復始　朱子語類曰日從東畔升西畔
沉明日又從東畔升這上面許多下面亦許
多　元史欽察國去中國二萬餘里夏夜極
短日漸沒即出
渺論存疑
山海經曰大荒之中有方山上有青松名曰

格致書〔節氣　四三　函宇通〕

曆明時。

《周禮》曰：大司徒以土圭之法測土深淺，正日景，以求地中。日南則景短，多暑，日北則景長，多寒。

《范子計然》曰：日行天一度，周而復始。

《朱子語類》曰：日從東畔升，西畔沉，明日又從東畔升。這上面許多，下面亦許多。

《元史》：欽察國去中國二萬餘里，夏夜極短，日漸没即出。

渺論存疑

《山海經》曰：大荒之中，有方山，上有青松，名曰拒格之松，日月所出入。

《朱子語類》曰：唐太宗用兵，至極北處，夜亦不曾太暗，少頃即天明。謂在地尖角處，去天地上下不相遠，掩日光不甚得。此是不曾看北極，故有此尖角語。

橫渠曰：天左旋，日月亦左旋。日月不左旋，此理易明，乃橫渠亦作此解。

《含神霧》曰：天不足西北，無陰陽消息，故有龍銜火精，以照天門。

日行分至黃道距赤道節氣差數

日自春分至夏至，行九十度，爲六節氣，自夏至

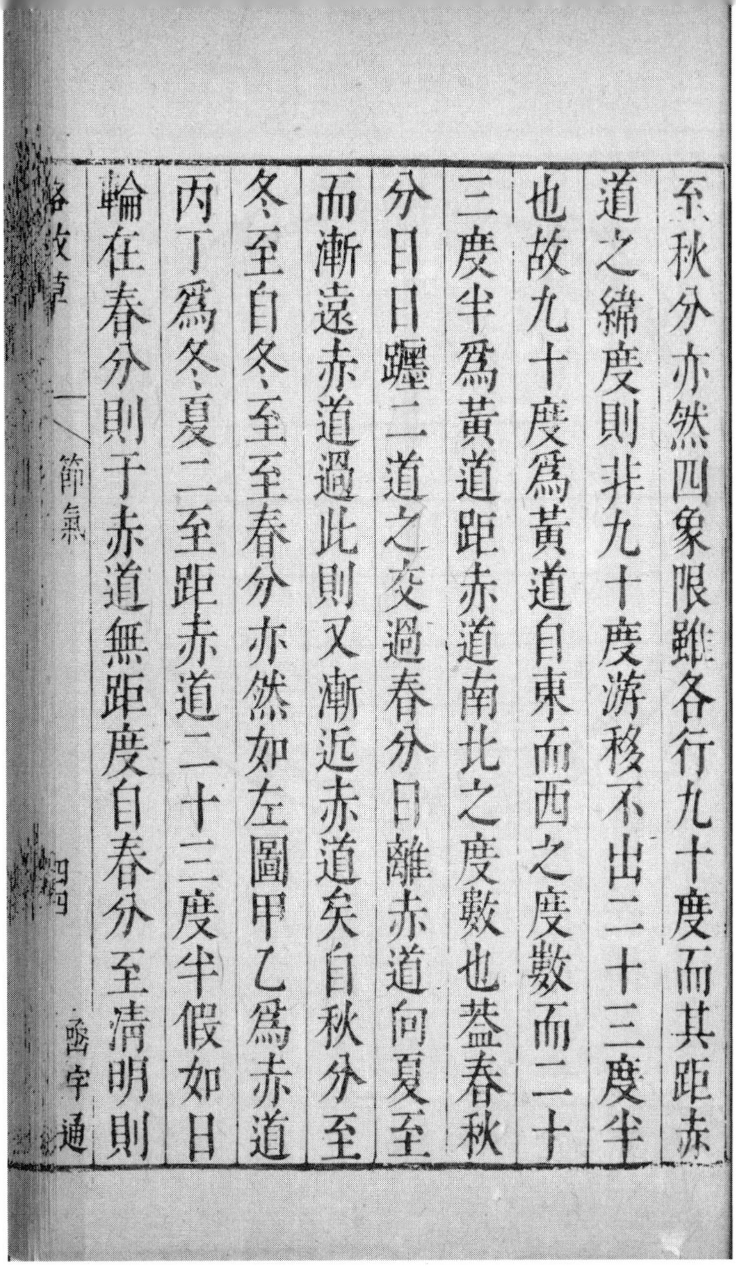

至秋分亦然四象限雖各行九十度而其距赤
道之緯度則非九十度游移不出二十三度半
也故九十度爲黃道自東而西之度數而二十
三度半爲黃道距赤道南北之度數也蓋春秋
分日日躔二道之交過春分日離赤道向夏至
而漸遠赤道過此則又漸近赤道矣自秋分至
冬至自冬至至春分亦然如左圖甲乙爲赤道
丙丁爲冬夏二至距赤道二十三度半假如日
輪在春分則于赤道無距度自春分至清明則

至秋分亦然。四象限，雖各行九十度，而其距赤道之緯度，則非九十度，游移不出二十三度半也。故九十度爲黃道自東而西之度數，而二十三度半爲黃道距赤道南北之度數也。蓋春、秋分日，日躔二道之交，過春分，日離赤道，向夏至而漸遠赤道，過此則又漸近赤道矣。自秋分至冬至，自冬至至春分，亦然。如左圖，甲乙爲赤道，丙丁爲冬夏二至，距赤道二十三度半。假如日輪在春分，則于赤道無距度。自春分至清明，則

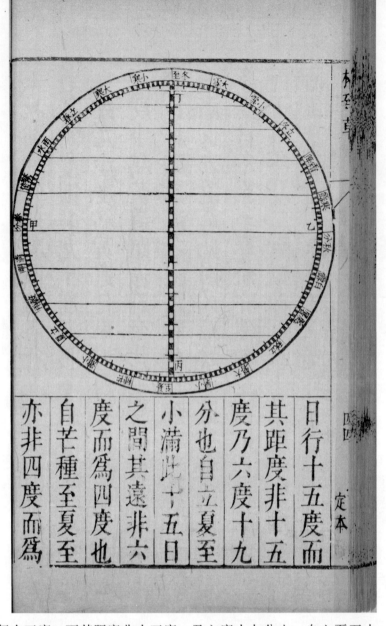

定本

日行十五度而其距度非十五度乃六度十九分也自立夏至小滿此十五日之間其遠非六度而爲四度也自芒種至夏至亦非四度而爲

日行十五度，而其距度非十五度，乃六度十九分也。自立夏至小滿，此十五日之間，其遠非六度而爲四度也。自芒種至夏至，亦非四度，而爲

（圖，不著圖名）

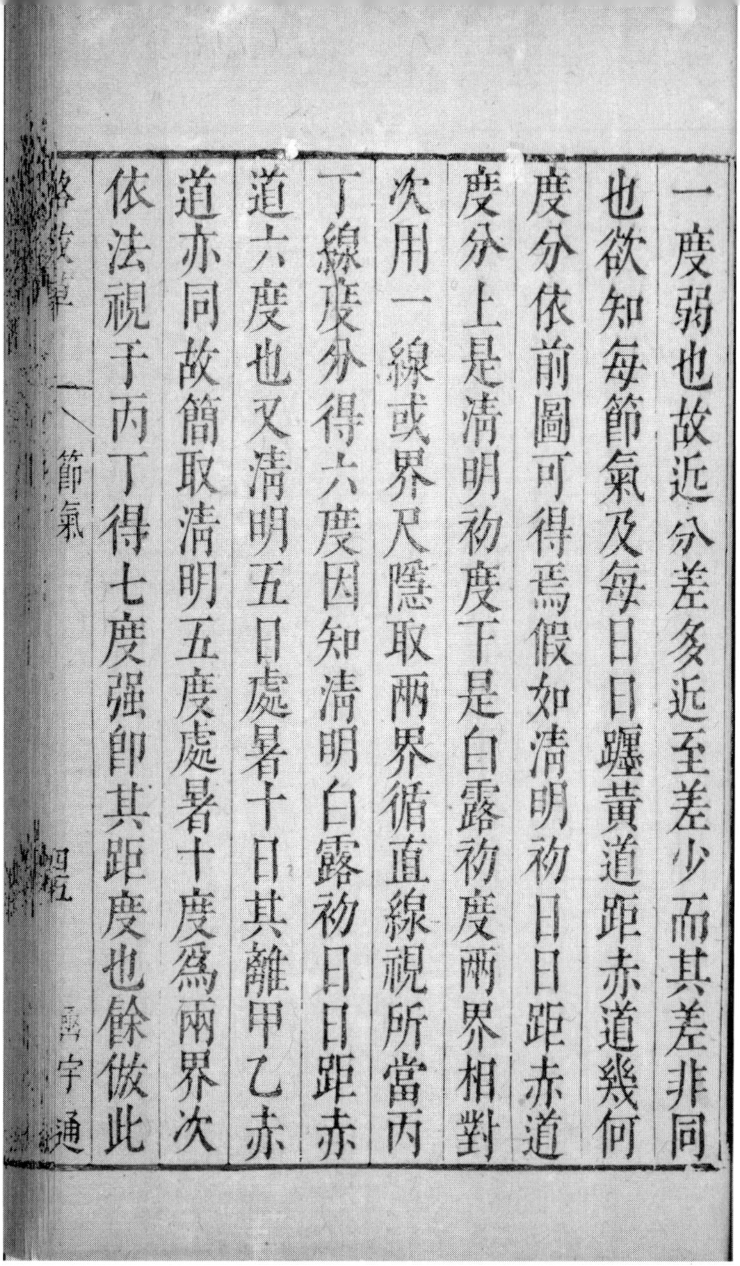

一度弱也故近分差多近至差少而其差非同
也欲知每節氣及每日日躔黃道距赤道幾何
度分依前圖可得焉假如清明初日日距赤道
度分上是清明初度下是白露初度兩界相對
次用一線或界尺隱取兩界循直線視所當丙
丁線度分得六度因知清明白露初日日距赤
道六度也又清明五日處暑十日其離甲乙赤
道亦同故簡取清明五度處暑十度爲兩界次
依法視于丙丁得七度强即其距度也餘倣此

（左側小字）路旡草
（左側小字）八
（左側小字）節氣
（左側小字）鳴鶴
（左側小字）离宇通

一度弱也。故近分差多，近至差少，而其差非同也。欲知每節氣及每日日躔黃道距赤道幾何度分，依前圖可得焉。假如清明初日，日距赤道度分，上是清明初度，下是白露初度，兩界相對。次用一線或界尺，隱取兩界，循直線視所當丙、丁線度分，得六度，因知清明、白露初日，日距赤道六度也。又清明五日，處暑十日，其離甲乙赤道亦同，故簡取清明五度、處暑十度爲兩界。次依法視于丙丁，得七度强，即其距度也，餘倣此。

蓋黃道爲圓規，近分直行，故距度多，日晷長短亦多；近至周行，故距度少，日晷長短亦少。

日月距地遠近之證

問：月在何重天？曰：第一重天，最近于地者是也。吾徵之日食，由于月掩其光，且恒見月體能掩水與金星，則月天必居其下矣。依表影之理，亦可徵也。立表取影，光體遠于地面，得景短；光體近于地面，得景長。如日輪高于地平五十度，月輪亦高于地平五十度，然而所得日光表景則

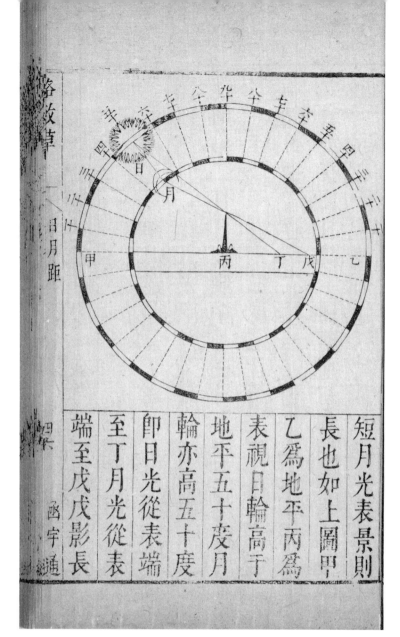

日月距

函宇通

短月光表景則
長也如上圖甲
乙爲地平丙爲
表視日輪高于
地平五十度月
輪亦高五十度
即日光從表端
至丁月光從表
端至戊戊影長

短，月光表景則長也。如上圖，甲乙爲地平，丙爲表，視日輪高于地平五十度，月輪亦高五十度，即日光從表端至丁，月光從表端至戊，戊影長

（圖，不著圖名）

于丁影明矣是知月天必在其下而近于地面
也

朔後見新月遲早高下之異

問既朔日以後月光漸長又每日離日輪十三
度則第二日日入地平月在日東十三度遠自
月高于地平亦十三度遠自第二日以後宜無
不見月光者乃今之見光或在朔後二日或在
三日或在四日其不同何也曰其故由于地平
及黃道也人居地面而以見月光者必月輪在

于丁影，明矣。是知月天必在其下，而近于地面也。

朔後見新月遲早高下之異

問：既朔日以後，月光漸長，又每日離日輪十三度，則第二
日，日入地平，月在日東十三度遠，則月高于地平亦十三度遠。自
第二日以後，宜無不見月光者，乃今之見光，或在朔後二日，或在
三日，或在四日，其不同，何也？曰：其故由于地平及黃道也。人
居地面，而以見月光者，必月輪在

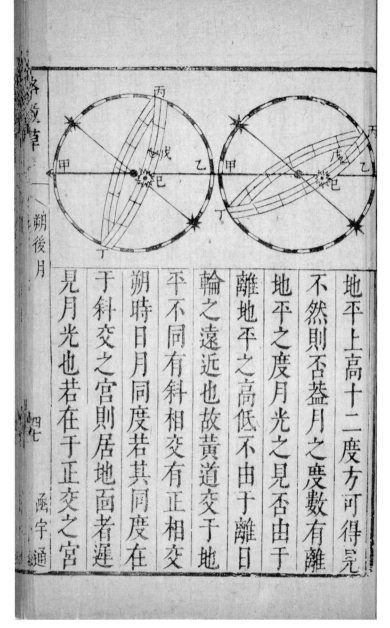

（圖，不著圖名）

朔後月

地平上高十二度方可得見
不然則否蓋月之度數有離
地平之度月光之見否由于
離地平之高低不由于離日
輪之遠近也故黃道交于地
平不同有斜相交有正相交
朔時日月同度若其同度在
于斜交之宮則居地面者遲
見月光也若在于正交之宮

函宇通

地平上高十二度，方可得見，不然則否。蓋月之度數，有離地平之度，月光之見否，由于離地平之高低，不由于離日輪之遠近也。故黃道交于地平不同，有斜相交，有正相交。朔時日月同度，若其同度在于斜交之宮，則居地面者遲見月光也；若在于正交之宮，

則速見其光也視上二圖甲乙爲地平丙丁爲
黄道戊爲月輪在地平上巳爲日輪將入地平
第一圖乃甲乙地平斜相交于丙丁黄道戊月
輪雖離巳日輪十三度或十五度乃其高于地
平非十二度故合朔次日其月雖離日輪十三
度因未至地平十二度高故居地面者第二日
不能見其光或在第三第四日也第二圖甲乙
地平乃正相交于黄道戊月輪之離日輪及地
平竝同也故均爲行十三度而其第二日巳高

則速見其光也。視上二圖，甲乙爲地平，丙丁爲黄道，戊爲月輪，在地平上，巳爲日輪，將入地平。第一圖，乃甲乙地平斜相交于丙丁黄道，戊月輪雖離巳日輪十三度，或十五度，乃其高于地平非十二度，故合朔。次日，其月雖離日輪十三度，因未至地平十二度高，故居地面者，第二日不能見其光，或在第三、第四日也。第二圖，甲乙地平，乃正相交于黄道戊，月輪之離日輪及地平竝同也，故均爲行十三度，而其第二日巳高

于地平十二度故得即見月光云又月因有逆
順行亦有離大陽遲速逆行時必遲離太陽順
行時必速離太陽此其故也

星經外有餘星

昴宿傳云七星實則三十七星鬼宿四星中白
質傳爲白氣耳其間實有三十六小星如牛宿
中南星尾宿東魚星傳說星觜宿南星皆在六
等外所稱微茫難見以遠鏡窺之則見多星列
次甚遠如觜宿南一星是二十一星大小不等

于地平十二度，故得即見月光云。又月因有逆順行，亦有離大陽遲
速。逆行時，必遲離太陽；順行時，必速離太陽，此其故也。

星經外有餘星

昴宿，傳云七星，實則三十七星。鬼宿四星，中白質傳爲白氣
耳，其間實有三十六小星。如牛宿中南星、尾宿東魚星，傳說星觜
宿南星，皆在六等外，所稱微茫難見。以遠鏡窺之，則見多星，列
次甚遠。如觜宿南一星，是二十一星，大小不等，

可見周天諸星實無數其甘石星經特其大都耳

經星位置

經星二萬五千歲一周天是爲歲差亦時有移動但其移密百年內所差未多可以定儀取之古稱萬有一千五百二十可名者中外星官三百六十品其光曜約有數等今略舉大者以俟宵測欲置渾儀其法取各星入宿之位爲經以離北極爲緯合以黃道過宮之經與離赤道南北之緯如數安置用銅輪轉之可合天行不悖

可見周天諸星實無數，《甘石星經》特其大都耳。

經星位置

　　經星二萬五千歲一周天，是爲歲差，亦時有移動，但其移密，百年內所差未多，可以定儀取之。古稱萬有一千五百二十，可名者中外星官三百六十。品其光曜，約有數等，今略舉大者，以俟宵測。欲置渾儀，其法取各星入宿之位爲經，以離北極爲緯，合以黃道過宮之經，與離赤道南北之緯，如數安置，用銅輪轉之，可合天行不悖。

入宿		離北極	體等	黃道過宮	離赤道
一、勾陳三星	璧一度五十九分	三度	三	白羊一度十五分	北八十五度五十一分
二、閣道南三星	璧六度十三分	三十六度三十分	三	白羊三度〇	北五十三度四十五分
三、天綱星	璧七度四十六分	一百一度五十八分	三	白羊四度三十一分	南二十度二十六分
四、奎左北五星	奎三度五十六分	六十二度三分	三	白羊十度四十三分	北三十四度一十三分
五、天倉右三星	奎七度四十六分	一百一度五十八分	三	白羊二十三度二分	北三十四度一十三分
六、天船西三星	胃五度四十二分	四十一度五十二分	二	金牛十四度五分	北四十七度四十三分
七、大陵大星	胃三度四十五分	五十三度四十六分	二	金牛十一度二十分	北三十九度三十二分
八、昴宿二星	胃十五度十分	六十八度十一分	俱五	金牛二十一度三十三分	北二十二度三十六分
	昴一度五分	六十八度十一分		金牛二十四度五十四分	北二十一度五十四分
九、天囷東大星	胃八度七分	八十五度四十二分	三	金牛十一度二十三分	北二度十八分

（表，不著表名）

入宿		離北極	體等	黃道過宮	離赤道
一、勾陳三星	璧一度五十九分	三度	三	白羊一度十五分	北八十五度五十一分
二、閣道南三星	璧六度十三分	三十六度三十分	三	白羊三度〇	北五十三度四十五分
三、天綱星	璧七度四十六分	一百一度五十八分	三	白羊四度三十一分	南二十度二十六分
四、奎左北五星	奎三度五十六分	六十二度三分	三	白羊十度四十三分	北三十四度一十三分
五、天倉右三星	奎七度四十六分	一百一度五十八分	三	白羊二十三度二分	北三十四度一十三分
六、天船西三星	胃五度四十二分	四十一度五十二分	二	金牛十四度五分	北四十七度四十三分
七、大陵大星	胃三度四十五分	五十三度四十六分	二	金牛十一度二十分	北三十九度三十二分
八、昴宿二星	胃十五度十分	六十八度十一分	俱五	金牛二十一度三十三分	北二十二度三十六分
	昴一度五分	六十八度十一分		金牛二十四度五十四分	北二十一度五十四分
九、天囷東大星	胃八度七分	八十五度四十二分	三	金牛十一度二十三分	北二度十八分

十、畢左大星	畢一度五十八分	七十五度二十一分	一	陰陽三度十八分	北十五度五十五分
十一、五車右北	畢八度五十三分	四十五度四十八分	一	陰陽十一度二十一分	北四十四度五十六分
十二、參右足星	畢十二度四十八分	九十八度三十分	一	陰陽十三度四十八分	南九度十四分
十三、參左肩星	參五度二十分	八十二度四十四分	一	陰陽二十二度三十七分	北六度十六分
十四、天狼星	井八度二十二分	一百六度二十二分	一	巨蟹五度三十三分	南十五度四十九分
十五、北河中星	井十六度三十三分	五十八度六分	二	巨蟹十四度〇	北三十一度二十八分
十六、北河東星	井二十度十八分	六十度五分	二	巨蟹十六度四十九分	北二十八度四十三分
十七、南河東星	井二十度十八分	八十四度十三分	一	巨蟹十六度四十三分	北六度九分
十八、星宿大星	星初度二十八分	九十七度四十三分	二	獅子十三度十四分	南四度三十二分
十九、軒轅大星	張三度八分	七十五度四十五分	一	獅子二十二度十一分	北十四度十九分

十、畢左大星	畢一度五十八分	七十五度二十一分	一	陰陽三度十八分	北十五度五十五分
十一、五車右北	畢八度五十三分	四十五度四十八分	一	陰陽十一度二十一分	北四十四度五十六分
十二、參右足星	畢十二度四十八分	九十八度三十分	一	陰陽十三度四十八分	南九度十四分
十三、參左肩星	參五度二十分	八十二度四十四分	一	陰陽二十二度三十七分	北六度十六分
十四、天狼星	井八度二十二分	一百六度二十二分	一	巨蟹五度三十三分	南十五度四十九分
十五、北河中星	井十六度三十三分	五十八度六分	二	巨蟹十四度〇	北三十一度二十八分
十六、北河東星	井二十度十八分	六十度五分	二	巨蟹十六度四十九分	北二十八度四十三分
十七、南河東星	井二十度十八分	八十四度十三分	一	巨蟹十六度四十三分	北六度九分
十八、星宿大星	星初度二十八分	九十七度四十三分	二	獅子十三度十四分	南四度三十二分
十九、軒轅大星	張三度八分	七十五度四十五分	一	獅子二十二度十一分	北十四度十九分

	宿度	度分	數	星座度	方位度
二十、軒轅南星	張三度二十七分	六十八度二十八分	二	獅子二十四度四十九分	北二十二度十九分
二十一、北斗天璇	張十五度八分	三十一度十分	二		
二十二、北斗天樞	張十五度二十八分	二十五度三十六分	二	雙女五度十九分	北六十二度三十六分
二十三、北斗天璣	翼十三度〇	三十三度十分	二		
二十四、北斗天權	翼十三度二十分	二十九度四十分	三		
二十五、太微帝座	翼十三度二十六分	七十一度五十四分	一	雙女十九度十六分	北十七度九分
二十六、微西垣上相	翼二度五十七分	六十六度三十分	二	雙女九度三十分	北二十二度五十一分
二十七、北斗玉衡	軫十度二十一分	三十一度一分	二	天秤七度十七分	北五十八度七分
二十八、角宿南星	角初度〇	九十八度三十分	一	天秤十五度十三分	南八度十六分
二十九、北斗開陽	角一度十一分	三十二度一分	一	天秤十五度三十分	北五十七度二十四分

三十、北斗摇光	角七度五十二分	三十七度二十六分	二	天秤二十二度五十七分	北五十一度四十二分
三十一、大角	亢一度四十六分	六十七度五十八分	一	天秤二十九度十一分	北二十一度四十五分
三十二、招摇	亢六度三十六分	四十九度十五分	三	天蝎四度〇	北四十度三十二分
三十三、氐右北星	氐初度〇	一百三度五十五分	二	天蝎十四度二十八分	南七度十八分
三十四、氐右南星	氐四度五十六分	九十八度五十分	二	天蝎七度五十一分	南十三度二十九分
三十五、贯索大星	氐四度四十六分	五十六度九分	二	天蝎二十度十一分	北二十八度五十一分
三十六、天市垣梁	房四度五十六分	九十一度三十六分	三	天蝎二十九度〇	南一度五十八分
三十七、心中星	心一度五十八分	一百十五度一十五分	二	人马一度二十七分	南二十四度三十六分
三十八、天市垣侯星	尾二度四十九分	七十六度二十一分	二	人马十八度十分	北十三度十一分
三十九、天市垣帝座	尾七度五十二分	七十四度五十一分	三	人马十一度四十六分	北十五度二十七分

四十、天棓南二星	箕三度五十六分	四十度二十三分	三		
四十一、河鼓中星	斗十八度二十分	八十三度四十四分	二	摩羯十八度五十七分	北七度十九分
四十二、織女大星	斗二十度三十分	五十一度四十三分	一	摩羯三度五十一分	北三十八度三十六分
四十三、天津右北三星	女二度十分	四十七度十七分	二	寶瓶三度五十五分	北四十三度四十三分
四十四、天鉤大星	虛二度二十二分	三十度五十分	三	寶瓶十四度十分	北六十度四十分
四十五、壘壁西星	虛三度十五分	一百九度五十分	三	寶瓶十五度八分	南十八度四十六分
四十六、危宿北星	危初度三十八分	八十七度十分	三	寶瓶十七度四十一分	北七度五分
四十七、室宿北星	室初度〇	六十五度三十分	二	雙魚七度四十七分	北二十五度三分
四十八、室宿南星	室初度〇	七十八度十九分	二	雙魚八度〇	北十二度四十一分
四十九、羽林大星	室九度四十五分	一百六度五十二分	三	雙魚四度十五分	南十八度

二十八宿定度

箕九度半斗二十三度半，其三度太入丑宫。牛七度女十一度，其二度入子宫。虚九度危十六度，十二度太入亥宫。室十八度少壁九度少奎十七度太，一度太入戌宫。娄十二度少胃十五度太，三度太入酉宫。昴十一度畢十六度半，七度入申。觜五分参十一度少井三十一度，八度少入未宫。鬼二度柳十三度，四度入午。星六度少張十七度太，十五度少入巳。翼二十度軫十八度太，十度入辰。角十二太度太亢九度半氐十六度半，一度少入卯宫。房五度半心六度少尾十八度，三度入寅。

日圈異宗動天圖

二十八宿定度

箕，九度半。斗，二十三度半，其三度太入丑宫。牛，七度。女，十一度，其二度入子宫。虚，九度。危，十六度，十二度太入亥宫。室，十八度少。壁，九度少。奎，十七度太，一度太入戌宫。娄，十二度少；胃，十五度太，三度太入酉宫。昴，十一度。毕，十六度半，七度入申。觜，五分。参，十一度少。井，三十一度，八度少入未宫。鬼，二度。柳，十三度，四度入午。星，六度少。张，十七度太，十五度少入巳。翼，二十度。轸，十八度太，十度入辰。角，十二（太）度太。亢，九度半。氐，十六度半，一度少入卯宫。房，五度半。心，六度少。尾，十八度，三度入寅。

日圈異宗動天圖

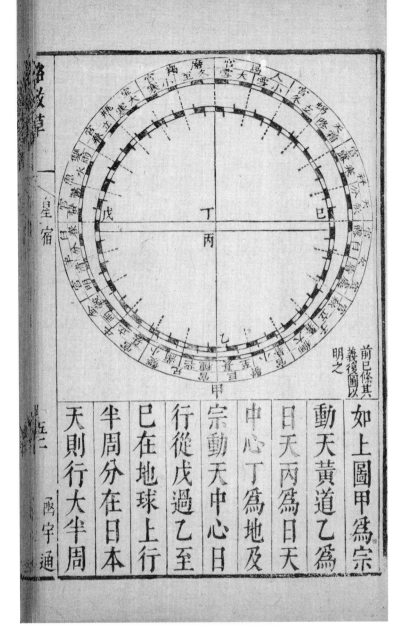

如上圖甲爲宗
動天黃道乙爲
日天丙爲日天
中心丁爲地及
宗動天中心日
行從戊過乙至
巳在地球上行
半周分在日本
天則行大半周

前已條其義後圖以明之

　　如上圖，甲爲宗動天黃道，乙爲日天，丙爲日天中心，丁爲地及宗動天中心。日行從戊過乙至巳，在地球上行半周分，在日本天，則行大半周

　　（圖，不著圖名）

前已條其義，復圖以明之。

矣今之曆書夏直宿有空度冬直宿有共度固
非確象若止折中日天一半爲春秋分而不顧
宗動天心則人居地心更舛午不合矣湏依圖
而定其限于夏當以十六日少日行黄道十五
度而一節氣足于冬當以十四日羸日行黄道
十五度而一節氣足乃得之蓋春秋分必在黄
赤二道之交赤道實以宗動天對地心處南北
平分黄道不交赤道安可言分也故春分至秋
分必多八日秋分少八日斯爲定曆矣

矣。今之曆書，夏直宿有空度，冬直宿有共度，固非確象。若止折中，日天一半爲春、秋分，而不顧宗動天心，則人居地心，更舛午不合矣。須依圖而定其限，于夏當以十六日少，日行黄道十五度而一節氣足；于冬當以十四日贏，日行黄道十五度而一節氣足，乃得之。蓋春、秋分必在黄赤二道之交，赤道實以宗動天對地心處，南北平分黄道，不交赤道，安可言分也？故春分至秋分必多八日，秋分至春分少八日，斯爲定曆矣。

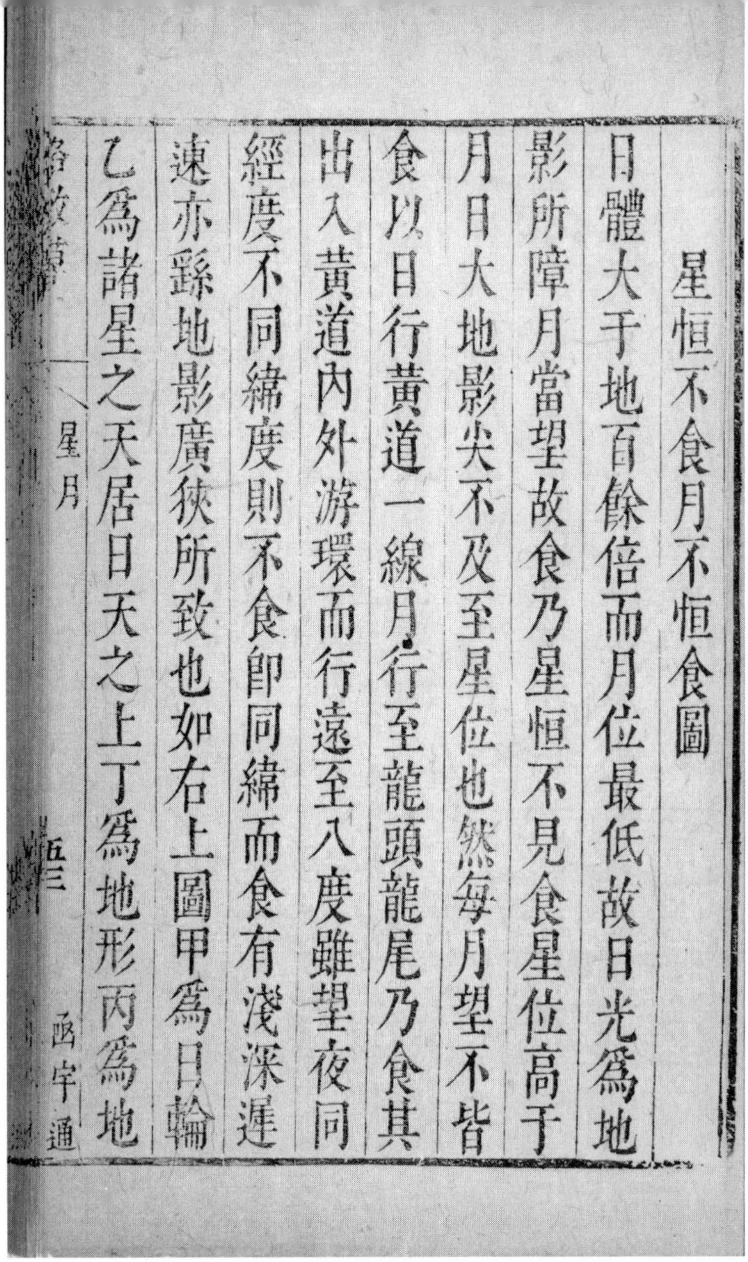

星恒不食月不恒食圖

日體大于地百餘倍而月位最低故日光爲地
影所障月當望故食乃星恒不見食星位高于
月日大地影尖不及至星位也然每月望不皆
食以日行黃道一線月行至龍頭龍尾乃食其
出入黃道內外游環而行遠至八度雖望夜同
經度不同緯度則不食即同緯而食有淺深遲
速亦縣地影廣狹所致也如右上圖甲爲日輪
乙爲諸星之天居日天之上丁爲地形丙爲地

星月

函宇通

星恒不食，月不恒食圖

　　日體大于地百餘倍，而月位最低，故日光爲地影所障，月當望，故食。乃星恒不見食，星位高于月日，大地影尖不及至星位也。然每月望不皆食，以日行黃道一線，月行至龍頭、龍尾乃食。其出入黃道內外，游環而行，遠至八度。雖望夜同經度，不同緯度，則不食。即同緯而食，有淺、深、遲、速，亦縣地影廣狹所致也。如右上圖，甲爲日輪，乙爲諸星之天，居日天之上，丁爲地形，丙爲地

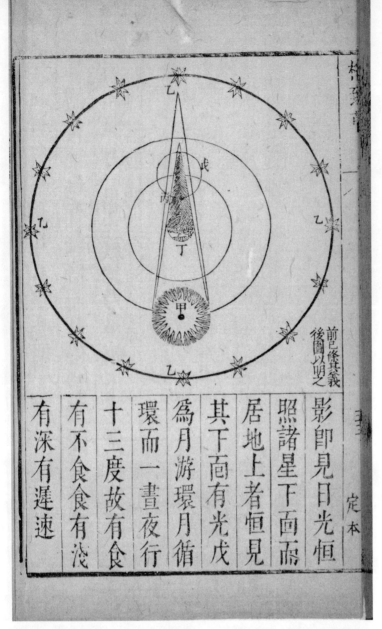

影，即見日光恒照諸星下面，而居地上者，恒見其下面有光。戊爲月，游環月，循環而一，晝夜行十三度，故有食有不食，食有淺有深，有遲速。

（圖，不著圖名）

前已條其義，復圖以明之。

節度定紀

熊子嘗留心於天官歷書僅窺其樊蓋十數年
所矣今歲戊子避地潭陽山中偶見大統舊曆
與新法西書及萬年曆通書其二十四節氣時
日各各參差曒刻更多舛午統曆依萬年曆不
論春夏秋冬平分十五日有奇爲一節新法西
書春分後雖多一日有奇秋分後少一日有奇
然日數時刻皆不一律並未審註定本崇禎曆
春分後宿度有空度秋分後宿度有其度太陽

函宇通

五四

節紀

洛後學

節度定紀

熊子嘗留心於天官（歷）書，僅窺其樊，蓋十數年所矣。今歲戊子，避地潭陽山中，偶見大統舊曆與新法西書，及萬年曆通書，其二十四節氣時日，各各參差，曒刻更多舛午。《［大］統曆》依萬年曆，不論春夏秋冬，平分十五日有奇爲一節。新法西書，春分後雖多一日有奇，秋分後少一日有奇，然日數時刻皆不一律，並未審註定本。崇禎曆，春分後宿度有空度，秋分後宿度有共度，太陽

從黃道一線行度日日有常焉見得此日空此

日其也傳曰孟陬失紀閏餘乖方伏蟄火愈司

歷之過於欽若之義謂何端思考定天行三百

六十五度四分度之一實歷三百六十五日零

三時赤道正絡天腰以子午爲極黃道斜絡以

亥巳爲極黃赤二道之交爲春秋分南非二陸

之盡爲冬夏至獨日天心非過宗動天心與地

心四度來徃共過八度則春分至秋分合一百

九十日七時四刻當以十五日零十時五刻爲

從黃道一線，行度日日有常焉。見得此日空，此日共也。《傳》曰，孟陬失紀，閏餘乖方，伏蟄火愈，司（歷）之過，於欽若之義，謂何端思考？定天行三百六十五度四分度之一，實歷三百六十五日零三時，赤道正絡天腰，以子午爲極，黃道斜絡，以亥巳爲極，黃赤二道之交爲春、秋分，南非二陸之盡爲冬、夏至。獨日天心非過宗動天心，與地心四度，來徃共過八度，則春分至秋分，合一百九十日七時四刻，當以十五日零十時五刻爲

一節氣秋分至春分合一百七十四日七時四
刻當以十四日零六時五刻爲一節氣偶閱萬
年曆丁亥五月二十日庚申巳正一刻夏至十
一月二十七日癸亥丑初一刻冬至戊子五月
初一日乙丑申正一刻夏至十一月初八日戊
辰辰初初刻冬至用前法乘除爲定本籌之兩
年內二至無秒忽之差二十四節無多少之異
覺新舊諸曆任意伸縮者誣天甚矣每時八刻
以初初初二初三初四正一正二正三正四八

一節氣。秋分至春分，合一百七十四日七時四刻，當以十四日零六時五刻爲一節氣。偶閱萬年曆，丁亥五月二十日庚申巳正一刻，夏至；十一月二十七日癸亥丑初一刻，冬至。戊子五月初一日乙丑申正一刻，夏至；十一月初八日戊辰辰初初刻，冬至。用前法乘除爲定本籌之，兩年內二至無秒忽之差，二十四節無多少之異，覺新舊諸曆任意伸縮者，誣天甚矣。每時八刻以初初、初二、初三、初四、正一、正二、正三、正四，八

刻爲準每日九十六刻其云百刻者又誣時甚
矣今日纏箕四爲冬至倘從戊子冬至戊辰日
辰初初刻用前法乘除布筭以推其後雖百世
可知也西曆雖云密近但圖象止四分九十度
爲三百六十度少五度四分度之一每日列宿
直度或空或共即二十八宿刊度亦少五度四
分度之一何以齊年今應照度加分方無盈歉
如箕九度六十五分斗二十三度八十分牛七
度十分女十一度十五分虛九度十五分危十

刻爲準，每日九十六刻，其云百刻者，又誣時甚矣。今日纏箕四爲冬至，倘從戊子冬至戊辰日辰初初刻，用前法乘除布筭以推其後，雖百世可知也。西曆雖云密近，但圖象止四分九十度爲三百六十度，少五度四分度之一，每日列宿直度，或空或共，即二十八宿刊度亦少五度四分度之一，何以齊年？今應照度加分，方無盈歉。如，箕，九度六十五分；斗，二十三度八十分；牛，七度十分；女，十一度十五分；虛，九度十五分；危，十

六度二十分室十八度二十五分璧九度十五
分奎十七度三十分婁十二度二十分胃十五
度二十分昴十一度十五分畢十六度七十五
分觜五分參十一度十五分井三十一度三十
五分鬼二度柳十三度十五分星六度五分張
十七度二十五分翼二十度三十分軫十八度
二十五分角十二度二十分亢九度六十五分
氐十六度七十五分房五度六十分心六度五
分尾十八度四十分以上三百六十五度二十

六度二十分；室，十八度二十五分；璧，九度十五分；奎，十七度
三十分；婁，十二度二十分；胃，十五度二十分；昴，十一度十五
分；畢，十六度七十五分；觜，五分；參，十一度十五分；井，三
十一度三十五分；鬼，二度；柳，十三度十五分；星，六度五分；
張，十七度二十五分；翼，二十度三十分；軫，十八度二十五分；
角，十二度二十分；亢，九度六十五分；氐，十六度七十五分；
房，五度六十分；心，六度五分；尾，十八度四十分，以上三百六
十五度二十

五分。蓋每度以百分爲率，平分黄赤之交，應春

秋分前後各一百八十二日七時四刻。然日天

心過北，則春分至秋分，合一百九十日七時四

刻，每十日應縮四十三分六釐太，共縮八度二

十五分。秋分至春分，合一百七十四日七時四

刻，每十日應伸四十七分四釐少，共伸八度二

十五分，必每十日明書差數，而後周歲之內列

宿無十六度五十分之愆。忒彼一日一度，與春

分後空度，秋分後其度，俱爽然自失矣。夫千歲

五分。蓋每度以百分爲率，平分黄赤之交，應春、秋分，前後各一百八十二日七時四刻。然日天心過北，則春分至秋分，合一百九十日七時四刻，每十日應縮四十三分六釐太，共縮八度二十五分。秋分至春分，合一百七十四日七時四刻，每十日應伸四十七分四釐少，共伸八度二十五分，必每十日明書差數，而後周歲之內列宿無十六度五十分之愆。忒彼一日一度，與春分後空度，秋分後共度，俱爽然自失矣。夫千歲

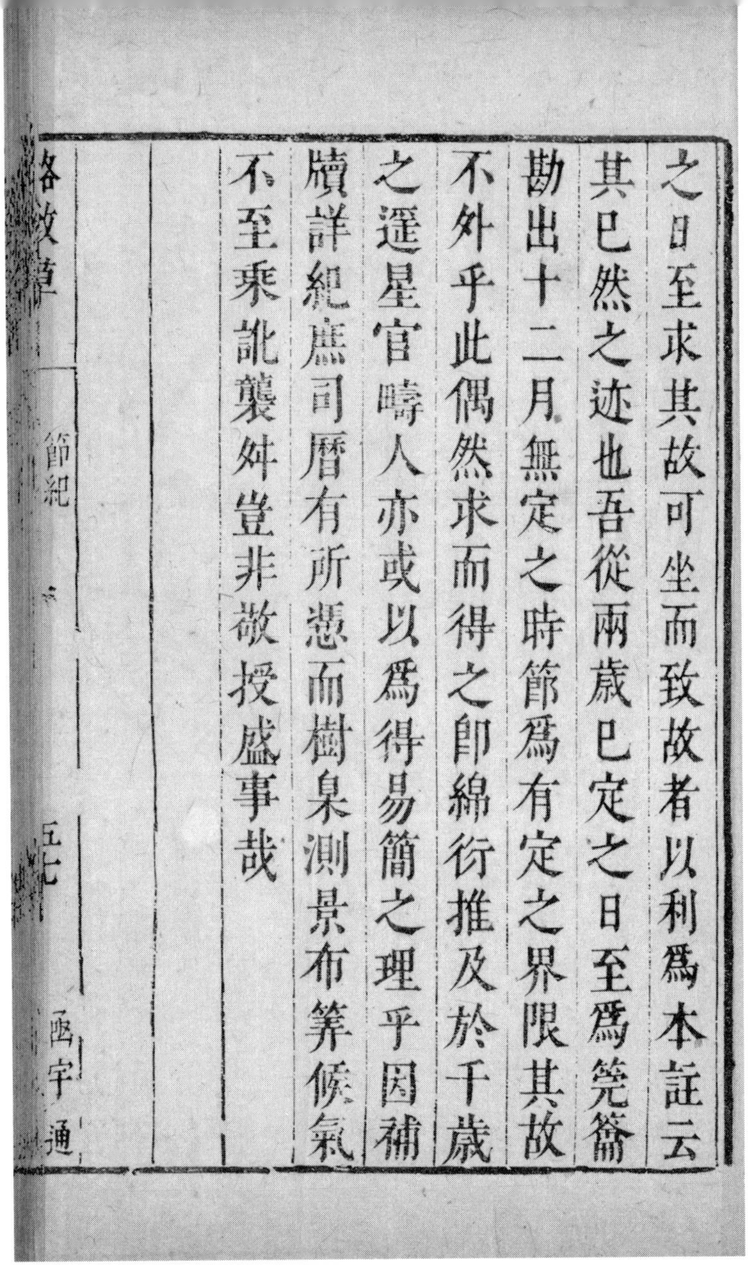

之日至求其故可坐而致故者以利爲本註云
其巳然之迹也吾從兩歲巳定之日至爲笂籥
勘出十二月無定之時節爲有定之界限其故
不外乎此偶然求而得之卽綿衍推及於千歲
之遐星官疇人亦或以爲得易簡之理乎因補
牘詳紀庶司曆有所憑而樹臬測景布筭候氣
不至乘訛襲舛豈非敬授盛事哉

之日至，求其故，可坐而致，故者以利爲本。註云："其已然之迹也。"吾從兩歲已定之日至爲笂籥，勘出十二月無定之時節爲有定之界限，其故不外乎此。偶然求而得之，即綿衍推及於千歲之遙，星官、疇人亦或以爲得易簡之理乎？因補牘詳紀，庶司曆有所憑，而樹臬測景、布筭、候氣，不至乘訛襲舛，豈非敬授盛事哉！

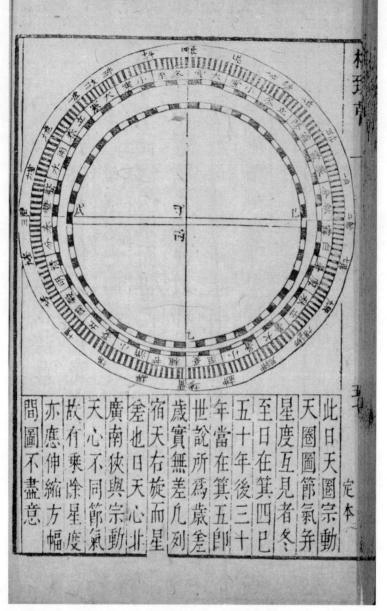

此日天圈、宗動天圈圖，節氣并星度互見者。冬至，日在箕四，已五十年，後三十年，當在箕五，即世説所爲歳差。歳實無差，凡列宿天右旋而星差也。日天心，北廣南狹，與宗動天心不同節氣，故有乘除，星度亦應伸縮方幅間，圖不盡意。

（圖，不著圖名）

此日天圈、宗動天圈圖，節氣并星度互見者。冬至，日在箕四，已五十年，後三十年，當在箕五，即世説所爲歳差。歳實無差，凡列宿天右旋而星差也。日天心，北廣南狹，與宗動天心不同節氣，故有乘除，星度亦應伸縮方幅間，圖不盡意。

格致草

曆理

授時曆本元初郭守敬諸人所造而大統曆因之比于漢唐宋諸家誠爲密近尚未能確與天合欽天監官僅能依法布籌而未能明其所以然之故孟子曰天之高也星辰之遠也苟求其故千歲之日至可坐而得也天行有恒數無齊數如夏至日長冬至日短終古不易之恒數也

函宇通

格致草

曆理

《授時曆》，本元初郭守敬諸人所造，而《大統曆》因之，比于漢、唐、宋諸家，誠爲密近，尚未能確與天合。欽天監官僅能依法布籌，而未能明其所以然之故。《孟子》曰："天之高也，星辰之遠也，苟求其故，千歲之日至，可坐而（得）［致］也。"天行有恒數，無齊數。如夏至日長，冬至日短，終古不易之恒數也。

長極漸短短極漸長終歲之間無一相似則其

不齊之數也歲法如此他法皆然以至百千萬

年了無相似而用法商求仍歸轕合遲速永短

悉依期限此天地之所以爲大也

曆訣

一議歲差每歲東行漸長漸短之數　　一測日

行經度躔道之數　　一測月行經緯度所離之

數　　一測列宿經緯行度以定七政盈縮遲疾

順逆違離遠近之數　　一測五星經緯行度以

長極漸短，短極漸長，終歲之間，無一相似，則其不齊之數也。歲法如此，他法皆然，以至百千萬年，了無相似，而用法（商）［商］求，仍歸轕合，遲速永短，悉依期限，此天地之所以爲大也。

曆訣

一、議歲差，每歲東行漸長漸短之數。

一、測日行經度躔道之數。

一、測月行經緯度所離之數。

一、測列宿經緯行度，以定七政盈縮、遲疾、順逆、違離、遠近之數。

一、測五星經緯行度，以

定小輪行度遲疾畱逆伏見之數　一推變黄

赤道廣狹度數審測二道距度及月五星各道

與黃道相距之度　一測日行考知二極出入

地度以定周天經緯度以齊七政因月食考知

東西相距地輪經度以定交食時刻　一依唐

元法隨地測驗二極出入地度數地輪經緯以

定晝夜晨昏永短以正交食有無多寡先後之

數

指南針

定小輪行度遲疾、留逆、伏見之數。

一、推變黃赤道廣狹度數，密測二道距度，及月、五星各道與黃道相距之度。

一、測日行，考知二極出入地度，以定周天經緯度，以齊七政。因月食考知東西相距地輪經度，以定交食時刻。

一、依唐、元法隨地測驗二極出入地度數、地輪經緯，以定晝夜晨昏永短，以正交食有無多寡先後之數。

指南針

指南針非真子午術家所用多泊丙午之間今
以考之各處實不同如在北京則偏東五度四
十分若憑以造曆則冬至午正先天一刻四十
四分有奇夏至午正先天五十一分有奇若過
西海又偏西泊午丁之間泛海人爲余言如此
則術家羅經非定向所以又設下盤也

表圭

表臬即周禮匠人置槷之法識日出入之景參
諸日中之景以正方位今法置小表於地平前

指南針非真子午，術家所用多泊丙午之間。今以考之，各處實不同。如在北京，則偏東五度四十分，若憑以造曆，則冬至午正先天一刻四十四分有奇，夏至午正先天五十一分有奇。若過西海，又偏西泊午丁之間。泛海人爲余言如此，則術家羅經非定向，所以又設下盤也。

表圭

表臬，即《周禮·匠人》置槷之法，識日出入之景，參諸日中之景，以正方位。今法置小表於地平，前後累測日景以求相等之兩長景卽爲東西因得中間最短景卽爲眞子午若今所用圓石欹暑是爲赤道暑亦卽周時土圭遺意然十二時界限平分則卯辰申酉後天巳午未先天必將午界密縮巳未稍紓辰申又稍紓卯酉大紓而後時與天合彼日出由大漸小星度初出廣中天漸狹緣地上蒙氣厚薄映射故有此等

歳實

歳實者太陽行天一周之月日時刻也太陽之

後累測日景，以求相等之兩長景，卽爲東西，因得中間最短景，卽爲眞子午。若今所用圓石欹暑，是爲赤道暑，亦卽周時土圭遺意。然十二時界限平分，則卯、辰、申、酉後天，巳、午、未先天，必將午界密縮，巳、未稍紓，辰、申又稍紓，卯、酉大紓，而後時與天合。彼日出由大漸小，星度初出廣，中天漸狹，緣地上蒙氣厚薄映射，故有此等。

歳實

歳實者，太陽行天一周之月、日時刻也。太陽之

歲有二其一從某節某點二分二至之類皆名節亦皆名點行
天一周而復於元節元點是名太陽之節氣歲
若太陽會於某星行天一周而復與元星會是
名太陽之恒星歲恒星有本行自西而東假如
今年春分太陽會某恒星至來年春分此星已
行過春分若干分矣太陽至春分則已滿節氣
歲之實而尚未及元星若干分即又須若干時
刻逐及于元星而與之會乃滿恒星歲之實故
恒星歲實必多於節氣歲實曆家必以節氣爲

歲有二：其一，從某節某點，二分二至之類，皆名節，亦皆名點。行天一周，而復於元節元點，是名太陽之節氣歲；若太陽會於某星，行天一周，而復與元星會，是名太陽之恒星歲。恒星有本行，自西而東。假如今年春分，太陽會某恒星，至來年春分，此星已行過春分若干分矣。太陽至春分，則已滿節氣歲之實，而尚未及元星若干分，即又須若干時刻，逐及于元星而與之會，乃滿恒星歲之實。故恒星歲實必多於節氣歲實。曆家必以節氣爲

限而其與恒星歲實差雖甚微亦差也

割圓八線表全圖

割圓八線表即大測表也其數之多用之廣于
測量中百法皆爲第一用法與分圖之形不可
勝紀悉從此變化而神明之耳蓋天象爲大圓
地不襯度弧爲九十度四分周天之度與測高
象限懸儀同體將四分合併渾成圓規即天象
也其正餘弦矢截方爲之正餘割切線則直射
以切於方圓之間加減乘除即得所測真數矣

限，而其與恒星歲實差雖甚微，亦差也。

割圓八線表全圖

割圓八線表，即大測表也，其數之多、用之廣，于測量中百法，皆爲第一。用法與分圖之形，不可勝紀，悉從此變化而神明之耳。蓋天象爲大圓，地不襯度，弧爲九十度，四分周天之度，與測高象限懸儀同體，將四分合併，渾成圓規，即天象也。其正餘弦矢截方爲之，正餘割切線則直射以切於方圓之間，加減乘除，即得所測真數矣。

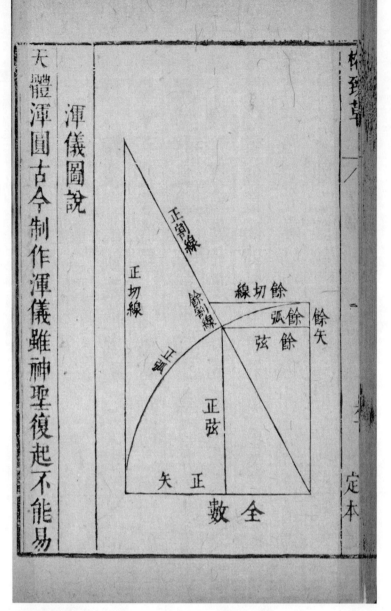

（圖，不著圖名）

渾儀圖説

天體渾圓，古今制作渾儀，雖神聖復起，不能易

也余從星臺見銅鑄天體盛以方櫃天體畫度
半露櫃上半隱櫃中蓋即櫃面爲地平其像最
省又見銅鑄數圈分黃赤道鑄二十八宿之名
備諸節氣午貫旋轉其意最密皆祖元人郭守
敬遺製也每嘗夜窺玄象端思儀理欲合二者
之製師古人轉漏之意設爲渾象其法或範銅
採木爲彈丸形象天仍爲方櫃象地天上正鑴
赤道絡天絃斜鑴黃道備節令附櫃作架穿三
百六十度以鐵軸貫南北極極之高下可隨地

也。余從星臺見銅鑄天體，盛以方櫃，天體畫度，半露櫃上，半隱櫃中。蓋即櫃面爲地平，其像最肖。又見銅鑄數圈，分黃、赤道，鑄二十八宿之名，備諸節氣，午貫旋轉，其意最［密］，皆祖元人郭守敬遺製也。每嘗夜窺玄象，端思儀理，欲合二者之製，師古人轉漏之意，設爲渾象。其法或範銅揉木爲彈丸，形象天，仍爲方櫃象地。天上正鑴赤道絡天絃，斜鑴黃道備節令，附櫃作架，穿三百六十度，以鐵軸貫南北極，極之高下，可隨地

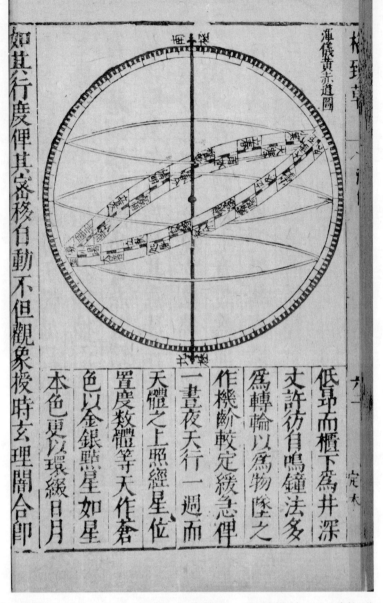

知其行度俾其密移自動不但觀象授時玄理闇合即

低昂而櫃下為井深
丈許彷自鳴鐘法多
為轉輪以為物墜之
作機齒較定緩急俾
一晝夜天行一週而
天體之上照經星位
置度數體等天作蒼
色以金銀點星如星
本色更以環綴日月

低昂。而櫃下爲井，深丈許，彷自鳴鐘法，多爲轉輪，以爲物墜
之，作機齒，較定緩急，俾一晝夜天行一週。而天體之上，照經星
位置、度數、體等，天作蒼色，以金銀點星，如星本色，更以環綴
日月，如其行度。俾其〔密〕移自動，不但觀象授時玄理闇合，即

（圖）渾儀黃赤道圖

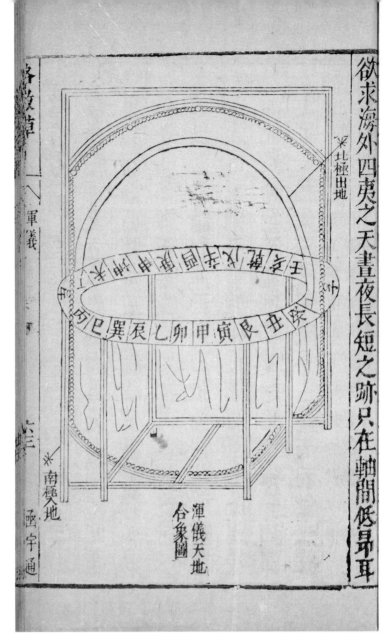

欲求海外四夷之天、晝夜長短之跡，只在軸間低昂耳。

（圖）渾儀天地合象圖

格言考信

蔡邕曰渾天立八尺圓體具天地形以正黃
道以行日月以步五緯精微深妙百代不易

張平子作渾天儀璇璣所加其星皆合符

宋顏延之請立渾天儀曰張衡創物蔡邕造
論誠應鳳聞尚書璇璣玉衡以齊七政崔瑗
所謂數術窮天地制作侔造化　朱子曰渾
儀可取蓋天不可用試令主蓋天者做一樣
子如何做附只似個雨傘不知如何與地相
著若渾天湏做得箇渾天來

格言考信

蔡邕曰：渾天，立八尺圓體，具天地形，以正黃道，以行日月，以步五緯，精微深妙，百代不易。

張平子作渾天儀，璇璣所加，其星皆合符。

宋顏延之《請立渾天儀［表］》曰：張衡創物，蔡邕造論，誠應鳳聞《尚書》"璇璣玉衡，以齊七政"，崔瑗所謂"數術窮天地，制作侔造化"。

朱子曰：渾儀可取，蓋天不可用。試令主蓋天者做一樣子，如何做？只似個雨傘，不知如何與地相附著。若渾天，湏做得箇渾天來。[1]

1 "只似個雨傘，"至此，字體小，當爲刊刻版面不敷所致，今改。

渺論存疑

周髀術即蓋天說天圓如張蓋地方如棊局

天旁轉如推磨石而左行日月右行而隨天

左轉故極在西北是其效驗_{極豈在西北試北面仰望何如}

平儀圖說

此儀古所未有臺史亦不經見有之自萬曆中

西極人來始隨地隨時可以量赤道極星高下

得晝夜時刻兩盤旋轉地形畧如軸心因以見

大天包小地之像上盤從中心直銳者爲天頂

渺論存疑

周髀術即蓋天説，天圓如張蓋，地方如棋局。天旁轉，如推磨石而左行，日月右行，而隨天左轉。故極在西北，是其效驗。極豈在西北？試北面仰望，何如？

平儀圖説

此儀古所未有，臺史亦不經見有之。自萬曆中，西極人來，始隨地隨時可以量赤道、極星高下，得晝夜時刻。兩盤旋轉，地形略如軸心，因以見大天包小地之像，上盤從中心直銳者爲天頂，

即人在地上頂立之像其法以上盤加下盤中
心釘一小軸上盤一半空圈即天下一半平實
即地地上朦朧影十八度葢昧爽黄昏也如欲
知時先以儀上二規竅仰視日景俯視軸心再
線在何度隨將上盤移轉如本地方比極出地
之數觀其上盤橫線與下盤黄道上節氣線交
加即本時本刻他如以節氣于正午量日得赤
道離天頂之數即比極出地數以上盤加比極
出地處隨節氣隨地方即見日出某時某刻入

即人在地上頂立之像。其法以上盤加下盤，中心釘一小軸，上盤一半空圈即天下；一半平實即地。地上朦朧影十八度，蓋昧爽、黃昏也。如欲知時，先以儀上二規竅仰視日景，俯視軸心，垂線在何度，隨將上盤移轉。如本地方北極出地之數，觀其上盤橫線與下盤黃道上節氣線交加，即本時本刻。他如以節氣于正午量日，得赤道離天頂之數，即北極出地數。以上盤加北極出地處，隨節氣、隨地方，即見日出某時某刻、入

某時某刻冬夏長短之度瞭然可見將天頂徑
指赤道則知南海滿剌伽之國無冬無夏晝夜
平恰有兩春兩夏兩秋兩冬光景將天頂徑指
北極或南極則知此處以赤道爲天弦半年一
晝半年一夜隨度不同以活法該定理不能殫
述地平與天際同大者又自人眼論不得不爾
其實地之細尚比不得軸心一點也天頂無處
不中隨人首所頂四周上下更無偏倚以天地
俱圓故

某時某刻，冬夏長短之度，瞭然可見。將天頂徑指赤道，則知南海滿剌伽之國，無冬無夏，晝夜平，恰有兩春、兩夏、兩秋、兩冬光景。將天頂徑指北極或南極，則知此處以赤道爲天弦，半年一晝，半年一夜。隨度不同，以活法該定，理不能殫述。地平與天際同大者，又自人眼論，不得不爾，其實地之細，尚比不得軸心一點也。天頂無處不中，隨人首所頂，四周上下更無偏倚，以天地俱圓故。

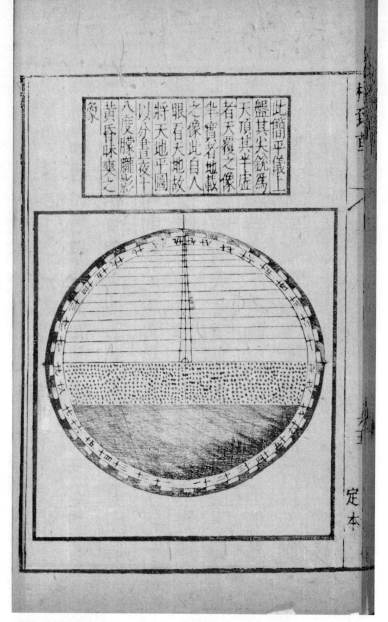

（圖，不著圖名）

　　此簡平儀上盤，其尖鋭爲天頂，其半虚者天覆之像，半實者地載之像。此自人眼看大地，故將天地平圖以分晝夜，十八度朦朧影、黄昏、昧爽之象。

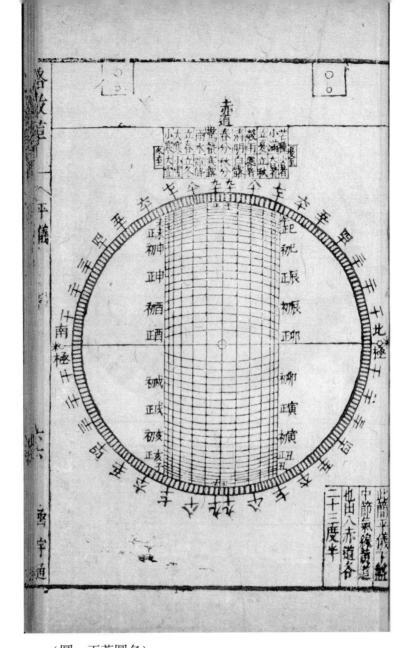

（圖，不著圖名）

此簡平儀下盤，中節氣線，黃道也，出入赤道各二十三度半。

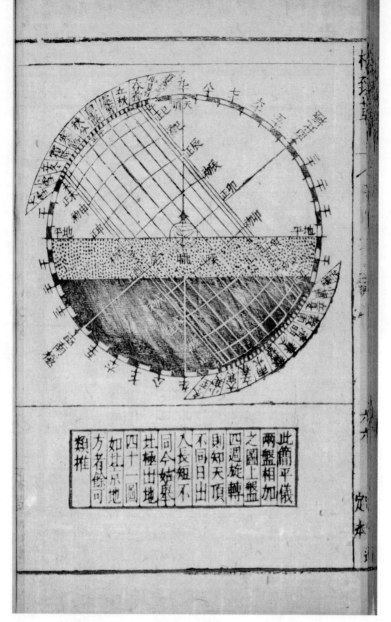

此簡平儀兩盤相加
之圖上盤
四週旋轉
則知天頂
不同日出
入長短不
同今姑舉
北極出地
四十一圖
如北京地
方者餘可
類推

（圖，不著圖名）

此簡平儀兩盤相加之圖。上盤四週旋轉，則知天頂不同，日出入長短不同。今姑舉北極出地四十一，圖如北京地方者，餘可類推。

格言考信

易曰變通莫大乎四時又曰觀乎天文以察
時變　伊川曰天地無適而非中　皇極經
世書曰圓者徑一圍三重之則六方者徑一
圍四重之則八也　晉書曰宣夜之學絕無
師法周髀術數多所遺失　釋迦如來觀三
千大千世界如芥子許

渺論存疑

呂氏春秋曰白人之南建木之下日中無影

平儀　函宇通

格言考信

《易》曰：變通莫大乎四時；又曰：觀乎天文，以察時變。

伊川曰：天地無適而非中。

《皇極經世書》曰：圓者徑一圍三，重之則六；方者徑一圍四，重之則八也。

《晉書》曰：宣夜之學，絕無師法，周髀術數，多所遺失。

釋迦如來：觀三千大千世界，如芥子許。

渺論存疑

《呂氏春秋》曰：白人之南，建木之下，日中無影，

蓋天地之中也　論衡曰儒者論日旦出扶

桑暮入細柳

視差

何爲視差曰如一人在極西一人在極東同一

時仰觀七政則其躔度各不同也七政愈近人

者差愈大愈遠者差愈小月最大日次之熒惑

次之歲星又次之填星最小幾于無有故知月

最近填星最遠至于最近地之雲雷霓暈數百

里便不同觀差有無不差大小也

蓋天地之中也。

《論衡》曰：儒者論，日旦出扶桑，暮入細柳。

視差

何爲視差？曰：如一人在極西，一人在極東，同一時仰觀七政，則其躔度各不同也。七政愈近人者，差愈大，愈遠者，差愈小。月最大，日次之，熒惑次之，歲星又次之，填星最小，幾于無有，故知月最近，填星最遠。至于最近地之雲、雷、霓、暈，數百里便不同，觀差有無，不差大小也。

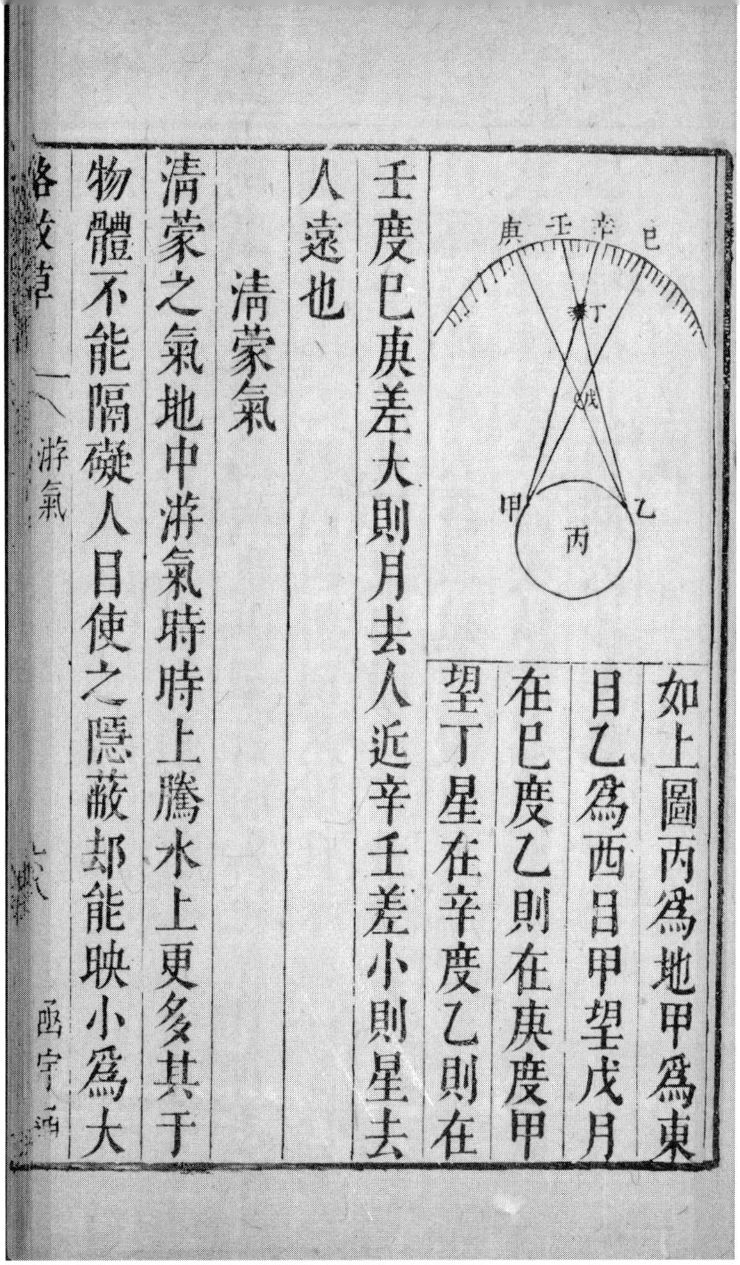

如上圖丙爲地甲爲東目乙爲西目甲望戊月在巳度乙則在庚度甲望丁星在辛度乙則在壬度巳庚差大則月去人近辛壬差小則星去人遠也

清蒙氣

清蒙之氣地中游氣時時上騰水上更多其于物體不能隔礙人目使之隱蔽却能映小爲大

格致草 一 游氣 函宇通

（圖，不著圖名）

如上圖，丙爲地，甲爲東目，乙爲西目。甲望戊月在巳度，乙則在庚度。甲望丁星在辛度，乙則在壬度。巳庚差大，則月去人近；辛壬差小，則星去人遠也。

清蒙氣

清蒙之氣，地中游氣，時時上騰，水上更多。其于物體，不能隔礙人目，使之隱蔽，却能映小爲大，

升卑爲高故日出入人從地平上望之比于中
天則大星座出入人從地平上望之比于中天
則廣此映小爲大也若望日時入地在日月之
間無兩見之理而恒得兩見或日未西没而已
見月食于東日已東出而尚見月食于西此升
卑爲高也如人帶眼鏡物體似大水注盞中盞
底覺浮亦其一證矣清蒙之差測天者最宜詳
宻郭守敬以前諸人不知也

夜測星晷

升卑爲高。故日出入，人從地平上望之，比于中天則大。星座出入，人從地平上望之，比于中天則廣，此映小爲大也。若望日時入，地在日月之間，無兩見之理，而恒得兩見。或日未西没，而已見月食于東；日已東出，而尚見月食于西，此升卑爲高也。如人帶眼鏡，物體似大；水注盞中，盞底覺浮，亦其一證矣。清蒙之差，測天者最宜詳［密］，郭守敬以前諸人不知也。

夜測星晷

周禮夜考極星之法今測星之晷即其遺意然
周時北極一星正與真北極同壤今時久密移
此星去極三度有奇緣極星在恒星之列隨黃
道極運轉真北極平分赤道與極星原不同天
其軸在真子午宗動天笔之黃道極在亥巳故
差三度周官舊法不復可用用重盤星晷上盤
書時刻下盤書節氣展轉相加依近極二星用
時指垂權測知天正時刻所謂夜測星晷也

畫夜晷 晝晷莫精于簡平儀已見前篇夜晷有紫垣晷即後考極星盤是列

測晷

　　《周禮》夜考極星之法，今測星之晷，即其遺意。然周時北極一星，正與真北極同壤，今時久密移，此星去極三度有奇。緣極星在恒星之列，隨黃道極運轉，真北極平分赤道，與極星原不同天，其軸在真子午，宗動天笔之黃道極在亥巳，故差三度。《周官》舊法，不復可用。用重盤星晷，上盤書時刻，下盤書節氣，展轉相加，依近極二星用時指垂權，測知天正時刻，所謂夜測星晷也。

　　畫夜晷 晝晷莫精于簡平儀，已見前篇。夜晷有紫垣晷，即後考極星盤是，列

壺漏之水因人工羅經之針因物情率不能與
天地之位分確合則莫若晝用日暋與表臬夜
用星暋是爲因天而人物不與焉星暋有列宿
大星之暋有紫垣之暋券驗尤易月暋亦可用
然必先筭明月之離度未易率取也又法用密
室開罅置遠鏡窺筩視日中之滓甚辨視日食
邊際更明而陽精晃耀殊不能混然必心眼精
細人乃可辨

宿暋即後分
大星盤是

宿暋即後分大星盤是。

壺漏之水，因人工；羅經之針，因物情。率不能與天地之位分確合，則莫若晝用日暋與表臬，夜用星暋，是爲因天，而人物不與焉。星暋有列宿大星之暋，有紫垣之暋，券驗尤易。月暋亦可用，然必先筭明月之離度，未易率取也。又法，用密室開罅，置遠鏡窺筩，視日中之滓甚，辨視日食邊際更明。而陽精晃耀，殊不能混，然必心眼精細，人乃可辨。

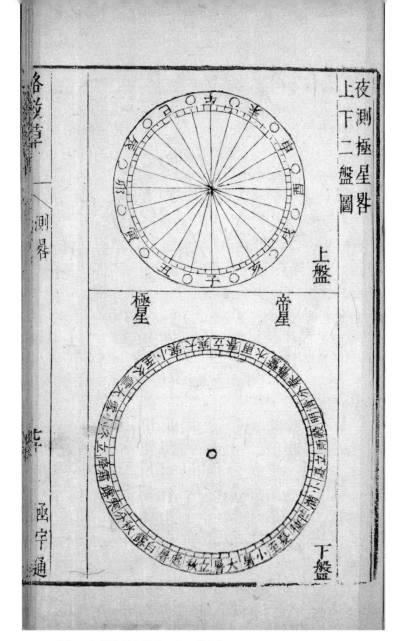

（圖）夜測極星晷上下二盤圖

（圖）夜測極星晷圖

上下二盤相加，中定以軸，軸心垂線，末有小權，用時以午字銳處，向節氣之度窺上方，弦切帝極二星，如平直，其垂權所指即某時。

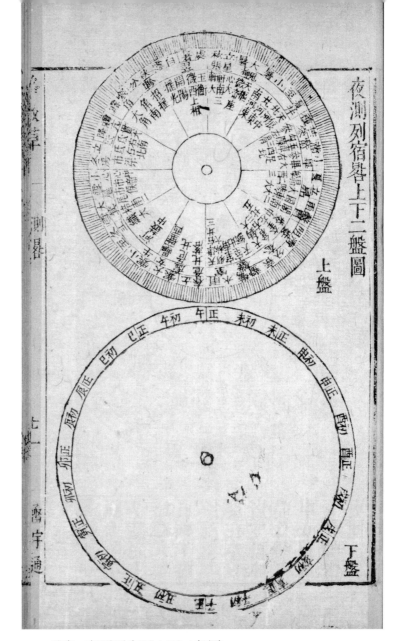

（圖）夜測列宿晷上下二盤圖

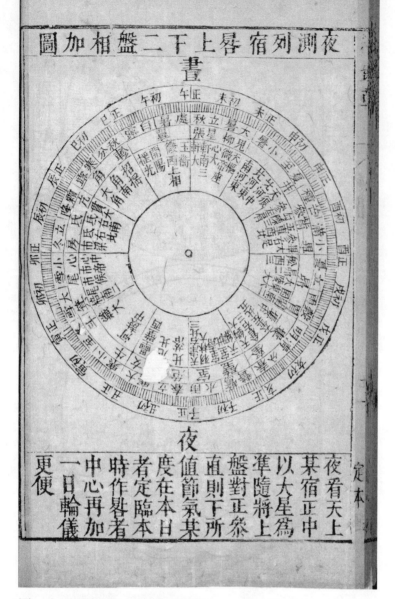

（圖）夜測列宿晷上下二盤相加圖

夜看天上某宿，正中以大星爲準，隨將上盤對正參直，則下所值節氣某度在本日者，定臨本時作晷者，中心再加一日輪儀更便。

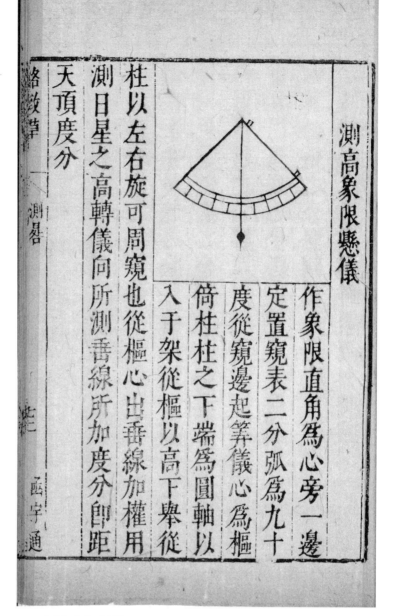

測高象限懸儀

作象限，直角爲心，旁一邊定置窺表二，分弧爲九十度，從窺邊起筭。儀心爲樞，倚柱，柱之下端爲圓軸以入于架。從樞以高下舉，從柱以左右旋，可周窺也。從樞心出垂線，加權，用測日星之高。轉儀向所測，垂線所加度分，即距天頂度分。

（圖，不著圖名）

分野辨

二十八舍主十二州星經云角亢鄭之分野兗
州氐房心宋之分野豫州尾箕燕之分野幽州
南斗牽牛吳越之分野揚州須女虛齊之分野
青州危室壁衞之分野并州奎婁魯之分野徐
州胃昴趙之分野冀州畢觜參魏之分野益州
東井輿鬼秦之分野雍州柳星張周之分野三
河翼軫楚之分野荊州云云夫星光俱有下施
之功能爲人物方隅祥異所繫理或不誣然星

分野辨

二十八舍主十二州。《星經》云：角、亢，鄭之分野，兗州；氐、房、心，宋之分野，豫州；尾、箕，燕之分野，幽州；南斗、牽牛，吳越之分野，揚州；須女、虛，齊之分野，青州；危、室、壁，衞之分野，并州；奎、婁，魯之分野，徐州；胃、昴，趙之分野，冀州；畢、觜、參，魏之分野，益州；東井、輿鬼，秦之分野，雍州；柳、星、張，周之分野，三河；翼、軫，楚之分野，荊州，云云。夫星光俱有下施之功能，爲人物、方隅、祥異所繫，理或不誣。然星經所分，如家人子別籍異財，何視玄昊之不廣且大也。且所分多少迴絕，如鄭、宋、齊、魯，數百餘里，而或分三宿、二宿，已視秦、趙異矣。斗、牛揚州，合江南延袤，匝五千里，僅值二宿，抑何不平之甚乎？或曰：自古占星紀地，史書徵應如券合，何言不平？曰：治亂如循環，有一定之理。星文無變徵，以各地之氣爲變徵，事多符驗。史書于事後牽合傅會，如刻印摹取，此未可以與通人語也。

周髀辨

古言天者有三家一曰蓋天二曰宣夜三曰渾
天蔡邕上書言宣夜之學絕無師承周髀術數
具存考驗多所違失惟渾天近得其情邕所謂
周髀即蓋天之說也髀股也股者表也其言天
似蓋笠地法覆槃天地各中高外下北極之下
爲天地之中其地最高而旁沱四隤三光隱映
以爲晝夜云云不知天地無處而非中亦無處
而非高時時晝時時夜於各地方天頂作如是
觀北極之下春分以後皆晝秋分以後皆夜式

古言：天者有三家，一曰蓋天，二曰宣夜，三曰渾天。蔡邕上書言："宣夜之學，絕無師承，《周髀》術數具存，考驗多所違失，惟渾天近得其情。"邕所謂《周髀》，即蓋天之説也。髀，股也；股者，表也。其言天似蓋笠，地法覆槃，天地各中高外下。北極之下，爲天地之中，其地最高，而旁沱四隤，三光隱映，以爲晝夜云云。不知天地無處而非中，亦無處而非高。時時晝，時時夜，於各地方天頂作如是觀。北極之下，春分以後，皆晝；秋分以後，皆夜。式

以渾天儀轉之其理其勢不得不然也

渾註辨

渾天儀註云天如鷄子地如鷄子中黃孤居于
天內天大而地小固也乃又云天表裏有水天
地各承氣而立載水而行則又不知水與土都
作在地球上和合成體天至高至明安得有水
箸天表裏乎又妄引天在地外水在天外水浮
天而載地以爲黃帝之書其誣甚矣

天中辨

以渾天儀轉之，其理其勢，不得不然也。

渾註辨

《渾天儀》註云："天如鷄子，地如鷄子中黃，孤居于天內，天大而地小。"固也。乃又云："天表裏有水，天地各承氣而立，載水而行。"則又不知水與土都作在地球上，和合成體，天至高至明，安得有水著天表裏乎？又妄引"天在地外，水在天外，水浮天而載地"，以爲黃帝之書，其誣甚矣。

天中辨

鄭玄曰凡景於地千里而差一寸陽城夏至之
日立八尺之表景尺有五寸者南戴日下萬五
千里也以此推之日當去其下地八萬里矣日
斜射陽城則天徑之半也夫指陽城爲天地之
中是眞井蛙夏蟲不知井外更有世界夏外更
有春秋也玄本名儒至亦作此妄語何況其他

五星降人辨

凡五星盈縮失位其精降于地爲人歲星降爲
貴臣熒惑降爲童兒歌謠嬉笑填星降爲老人

鄭玄曰："凡［日］景於地，千里而差一寸。"陽城夏至之日，立八尺之表，景尺有五寸者，南戴日下萬五千里也。以此推之，日當去其下地八萬里矣。日斜射陽城，則天徑之半也。夫指陽城爲天地之中，是眞井蛙夏蟲，不知井外更有世界，夏外更有春秋也。玄本名儒，至亦作此妄語，何況其他？

五星降人辨

凡五星，盈縮失位，其精降于地爲人。歲星降爲貴臣；熒惑降爲童兒，歌謠嬉笑；填星降爲老人、

婦女太白降爲壯夫辰星降爲婦人夫星精降
爲神如傳說之在箕尾雖于書有之然盡信書
不如無書也右云五星所降是何證據

十煇辨

周禮眡祲氏掌十煇之法一曰祲謂陰陽五色
之氣浸淫相侵或曰抱珥背璚之屬如虹而短
是也二曰象謂雲氣成形象如赤烏夾日以飛
之類是也三曰鑴日傍氣刺日形如童子所佩
之鑴四曰監謂雲氣臨在日上也五曰闇謂日

婦女；太白降爲壯夫；辰星降爲婦人。夫星精降爲神，如（傳）[傅] 說之在箕尾，雖于書有之，然盡信書，不如無書也。右云五星所降，是何證據？

十煇辨

《周禮》：眡祲氏掌十煇之法。一曰祲，謂陰陽五色之氣，浸淫相侵，或曰抱珥背璚之屬，如虹而短是也。二曰象，謂雲氣成形，象如赤烏，夾日以飛之類是也。三曰鑴，目傍氣，刺日，形如童子所佩之鑴。四曰監，謂雲氣臨在日上也。五曰闇，謂日月蝕，或曰脱光也。六曰瞢，謂瞢瞢不光明也。七曰彌，謂虹彌天而貫日也。八曰序，謂氣若山而在日上，或曰冠珥背璚，重疊次序，在于日旁也。九曰隮，謂暈氣也，或曰虹也，《詩》所謂"朝隮于西"者也。十曰想，謂氣五色有形想也。夫日位至高，前所云十煇，乃此方國土所見之氣，百里外有不同觀者。眂祲氏以觀妖祥，辨吉凶，止可占于所見國土，若褧牽合于普天之下，理未通矣。

望氣辨

天子氣內赤外黃四方所發之處當有王者若
天子欲遊徙處其地亦先發此氣或如城門隱
隱在氛霧中恒帶殺氣森森然或如華蓋或如
龍馬或雜色鬱鬱衝天者此皆帝王氣呂后謂
漢高曰季所居常有雲氣亞父亦望見龍文在
壩上而宣帝在獄中其兆亦先見非偶然而已
也猛將之氣如龍如獸如火爐如粉沸如黑旌
如張弩軍勝之氣如堤如坂或如火光或如人
持斧向敵負氣如馬肝如灰如偃蓋偃魚如壞

天子氣，內赤外黃，四方；所發之處，當有王者。若天子欲遊徙
處，其地亦先發此氣。或如城門隱隱在氛霧中，恒帶殺氣森森然。
或如華蓋，或如龍馬，或雜色鬱鬱衝天者，此皆帝王氣。呂后謂漢
高曰："季所居常有雲氣。"亞父亦望見龍文在壩上。而宣帝在獄
中，其兆亦先見，非偶然而已也。猛將之氣，如龍，如獸，如火
爐，如粉沸，如黑旌，如張弩。軍勝之氣，如堤，如坂，或如火
光，或如人持斧。向敵負氣，如馬肝，如灰，如偃蓋偃魚，如壞

山如匹布亂穰皆爲敗徵視四方常有大雲五
色具者其下賢人隱也青雲潤澤蔽日在西北
爲舉賢良凡海旁蜃氣爲樓臺廣野氣成宮闕
北夷之氣如牛羊羣畜穹廬南夷之氣類舟船
旛旗凡戰場及寶玉所瘞積久皆有光氣所謂
其本在地而發徵于上人目所至山谿城郭林
樊止可及百里而登高山臨大海亦不能越五
百里如泛棹太湖中早夜若見日月皆自湖中
出入者天無限視力有限也

山，如匹布亂穰，皆爲敗徵。視四方常有大雲，五色具者，其下賢人隱也。青雲潤澤蔽日，在西北，爲舉賢良。凡海旁蜃氣爲樓臺，廣野氣成宮闕。北夷之氣，如牛羊羣畜穹廬；南夷之氣，類舟船旛旗。凡戰塲及寶玉所瘞積久，皆有光氣。所謂其本在地，而發徵于上。人目所至，山谿、城郭、林樊，止可及百里。而登高山、臨大海，亦不能越五百里。如泛棹太湖中，早夜若見日月皆自湖中出入者，天無限，視力有限也。

妖星不由水木辨

天官書曰歲星失次進而東北三月生天棓進
而東南三月生彗星退而西北三月生天欃退
而西南三月生天槍辰星常以辰戌丑未其蚤
爲月食晚爲彗星及天矢天棓彗欃槍夫地氣
所勃發至于火際而止不能遠及星月之天試
以法測視差甚大月食之度數亦可預筭而以
爲皆出于歲辰二星之失次所生則懸揣甚矣

天星平動非轉動辨

妖星不由水木辨

《天官書》曰："歲星失次，進而東北，三月生天棓。進而東南，三月生彗星。退而西北，三月生天〔欃〕。退而西南，三月生天槍。"辰星常以辰、戌、丑、未。其蚤，爲月食；晚，爲彗星及天矢、天棓、彗、欃、槍。夫地氣所勃發，至于火際而止，不能遠及星月之天。試以法測，視差甚大。月食之度數，亦可預筭，而以爲皆出于歲、辰二星之失次所生，則懸揣甚矣。

天星平動非轉動辨

格致草　定本
星非轉動證乃在月凡轉運者必始繇一面隨
轉隨換不得恒見一面今觀月中班影隨時隨
處象勢皆一則月之與星並非轉運可知然所
謂星不自移者第論各星本體之動而非論五
曜各輪之動蓋渾天周動之外五曜又各因本
輪之動也然星動雖平星體却渾大圜所含具
是渾象
星動由地氣閃爍辨
列宿天至高有時而芒角騰動皆人眼從地氣

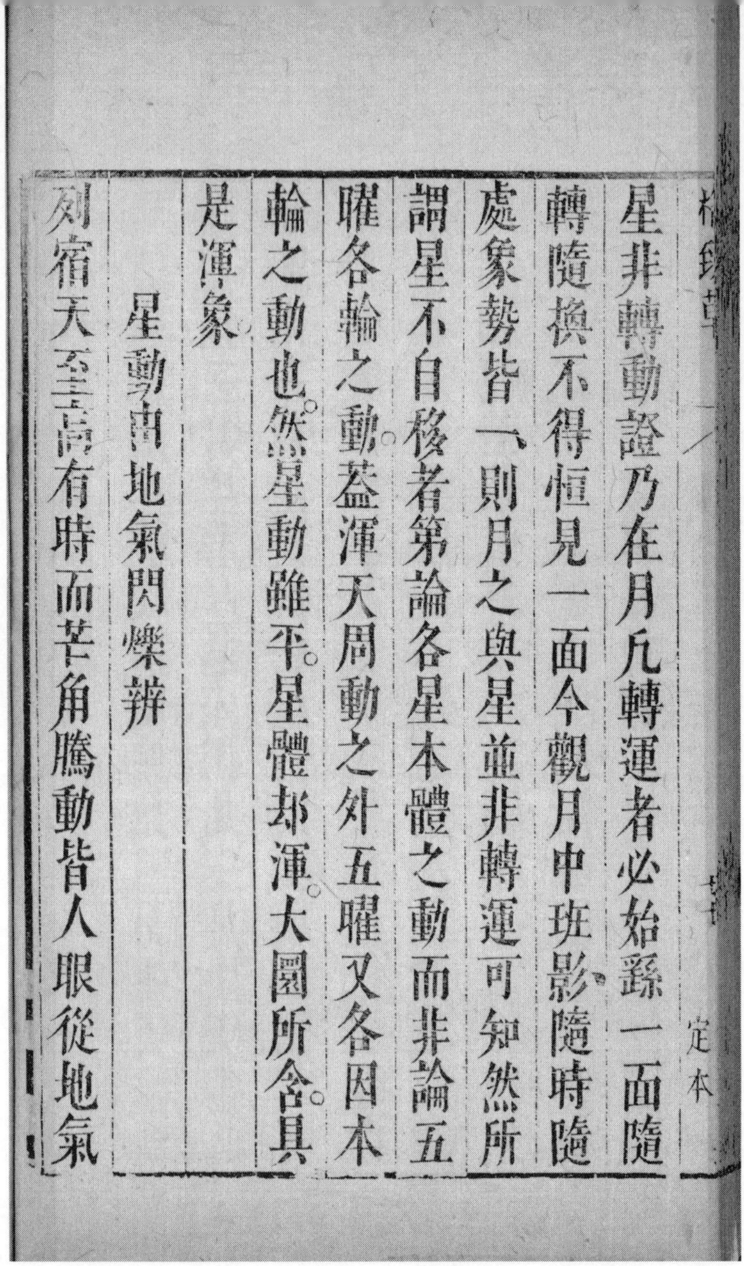

星非轉動，證乃在月。凡轉運者，必始繇一面隨轉隨換，不得恒見一面。今觀月中班影，隨時隨處，象勢皆一，則月之與星並非轉運可知。然所謂星不自移者，第論各星本體之動，而非論五曜各輪之動。蓋渾天周動之外，五曜又各因本輪之動也。然星動雖平，星體却渾，大圜所含，具是渾象。

星動由地氣閃爍辨

列宿天至高，有時而芒角、騰動，皆人眼從地氣中上窺氣動，目光、星光本自如也。若切近地平之星，比于中天者，其閃爍更倍，則以近地之游氣倍厚于中天。若昧爽，日未出數刻之前，地平之星躍動，較他時更倍，亦地氣爲日光蒸起，倍厚于他時耳。故天將曉之候，較夜尤暗，日將出之處，比周天他處尤黑。曉行之人，繇此而知天之將旦，理可類推。

當食不食辨

張衡云："對日之衝，其大如日，日光不照，謂之闇

虛月望行黃道則值闇虛有表裏深淺故月食
有南北多少朱熹頗主是說由是言之日之食
與否當觀月之行黃道表裏月之食與否當觀
所值闇虛表裏大約于黃道驗之也夫闇虛之
說謂對日之衝其大如日謬論也殊不知地影
遮隔至月天漸尖安得與日同大如唐開元盛
際及宋紹興十三年十八年十九年二十四年
二十五年二十八年三十一年隆興二年淳熙
三年四年十六年慶元四年五年六年嘉泰二

虛。"月望行黃道，則值闇虛，有表裏深淺，故月食有南北多少，朱熹頗主是説。由是言之，日之食與否，當觀月之行黃道表裏；月之食與否，當觀所值闇虛表裏，大約于黃道驗之也。夫闇虛之説，謂對日之衝，其大如日，謬論也。殊不知地影遮隔至月天漸尖，安得與日同大？如唐開元盛際，及宋紹興十三年、十八年、十九年、二十四年、二十五年、二十八年、三十一年，隆興二年，淳熙三年、四年、十六年，慶元四年、五年、六年，嘉泰二年三年開禧二年嘉定四年十一年皆有當虧而不虧邵雍云日當食而不食曆筭之誤云唐孔氏曰日月交會謂朔也交會而日月同道則食月或在日道表或在日道裏則不食矣又曆家爲交食之法大率以百七十三日有奇爲限然月先在裏則依限而食者多若月在表雖依限而食者少杜預見其叅差乃云日月動物雖行度有大量不能不少有盈縮故有雖交會而不食或有頻交會而食者此說得之矣孔氏此

年、三年，開禧二年，嘉定四年、十一年，皆有當虧而不虧。邵雍云："日當食而不食，曆筭之誤云。"唐孔氏曰："日月交會，謂朔也，交會而日月同道，則食；月或在日道表，或在日道裏，則不食矣。"又曆家爲交食之法，大率以百七十三日有奇爲限，然月先在裏，則依限而食者多，若月在表，雖依限而食者少。杜預見其（糸）[叅]差，乃云："日月動物，雖行度有大量，不能不少有盈縮，故有雖交會而不食，或有頻交會而食者。"此説得之矣。孔氏此

説猶屬臆揣當食不食畢竟是曆筭之疏邵子
之言爲確張衡朱熹杜預尚隔垣之見也凡春
秋十二公二百四十二年日食三十六穀梁以
爲朔二十六晦七按春秋書日食終於魯定公
之十五年漢史書日食始於高帝之三年其間
二百九十三年搜考史傳書日食者凡七而已
昔春秋二百四十二年日食凡三十六劉向猶
以爲乖氣致異至前漢二百一十二年而日食
五十三則又數於春秋之時後漢百九十六年

説，猶屬臆揣。當食不食，畢竟是曆筭之疏，邵子之言爲确。張衡、朱熹、杜預，尚隔垣之見也。凡春秋十二公，二百四十二年，日食三十六，《穀梁》以爲朔二十六、晦七。按《春秋》書日食，終於魯定公之十五年，漢史書日食，始於高帝之三年，其間二百九十三年，搜考史傳，書日食者凡七而已。昔春秋二百四十二年，日食凡三十六，劉向猶以爲乖氣致異。至前漢二百一十二年，而日食五十三，則又數於春秋之時。後漢百九十六年，

而日食七十二魏晉一百五十年而日食七十
九則愈數于漢西都之世矣春秋降而戰國七
雄兢角爭城爭地斬艾其民伏尸百萬以至始
皇二世生民之禍裂矣世道之變極矣乖氣所
致謫見於天宜不勝書而此二三百年之間日
食僅六七見焉何哉蓋史失其官不書於冊故
後世無繇考焉夫日月食可以推步正因其有
常也其春秋秦漢所記疏密懸絕或曆官之失
或史官之漏或書冊之缺耳日月合朔乃食恐

而日食七十二。魏晉一百五十年，而日食七十九，則愈數于漢西都之世矣。春秋降而戰國七雄兢角，爭城爭地，斬艾其民，伏尸百萬，以至始皇、二世，生民之禍裂矣，世道之變極矣。乖氣所致，謫見於天，宜不勝書，而此二三百年之間，日食僅六七見焉，何哉？蓋史失其官，不書於冊，故後世無繇考焉。夫日、月食，可以推步，正因其有常也。其春秋、秦、漢所記，疏〔密〕懸絕，或曆官之失，或史官之漏，或書冊之缺耳。日月合朔乃食，恐未有月食于晦者。《穀梁》以後，如漢、唐、宋諸志，書晦食者比比，皆曆官未［密］，亥子一差，遂爭兩日耳。日食之難測，苦於陽精晃耀，每先食而後見；月食之難測，苦於游氣紛侵，每先見而後食。

漢唐宋不知歲差之故辨

宋中興《天文志》曰："按《三統曆》，日躔與《堯典》、《月令》不同日行，黃道每歲有差故也。"江默謂歲差者，日躔于一歲之間，行周天度未及餘分，而日已至焉。故每歲常有不及之分，然歲差古無有其

法漢洛下閎雖知太初歷八百年當差一度後
人未究其悉也晉虞喜始覺之歷家祖述其說
自唐堯至漢自漢至本朝冬至日躔各各不同
然後知歲星差之法得天甚密不可廢也然嘗
考歲差諸說不同宋大明歷以四十年差一度
失之太過何承天倍其數以百年退一度又反
不及惟隋劉焯取二家中數以七十五年退一
度故唐一行詳考三家而知劉焯之為尤近遂
以大衍歷推之乃得八十三年而差一度蓋大

法。漢洛下閎雖知《太初歷》八百年當差一度，後人未究其悉也。晉虞喜始覺之，歷家祖述其説，自唐堯至漢，自漢至本朝，冬至日躔，各各不同，然後知歲星差之法，得天甚［密］，不可廢也。然嘗考歲差，諸説不同。宋《大明歷》以四十年差一度，失之太過。何承天倍其數，以百年退一度，又反不及。惟隋劉焯取二家中數，以七十五年退一度。故唐一行詳考三家而知劉焯之為尤近，遂以《大衍歷》推之，乃得八十三年而差一度。蓋《大

衍分一度爲三千四十分其所差之分一歲三
十有六太積至八十三年則差一度又不若本
朝紀元曆以七十八年差一度爲最密也即其
法推之慶曆甲申冬至日在斗五度上距唐開
元甲子三百二十一年日差五度蓋唐志開元
甲子日在赤道斗中一度是也開元甲子上距
漢太初元年丁丑八百二十七年日差十度蓋
唐志以開元大衍曆歲差引而退之則太初元
年冬至日在斗二十度是也太初丁丑上距秦

定本

《衍》分一度爲三千四十分，其所差之分，一歲三十有六太，積至八十三年，則差一度。又不若本朝《紀元曆》，以七十八年差一度，爲最［密］也。即其法推之，慶曆甲申冬至，日在斗五度，上距唐開元甲子三百二十一年，日差五度，蓋唐志開元甲子，日在赤道斗中（一）［十］度是也。開元甲子，上距漢太初元年丁丑八百二十七年，日差十度。蓋唐志以開元《大衍曆》歲差引而退之，則太初元年冬至，日在斗二十度是也。太初丁丑，上距秦

莊襄王元年一百四十五年日差二度冬至日
在斗二十二度蓋月令云日在斗是也秦莊襄
王元年上距堯甲子二千二十八年日差二十
八度冬至日在虛一度日沒而昴中故堯典言
日短星昴也說者不知歲差之法以堯典較之
月令逮于今日不啻差一次求其說而不可得
遂以爲節氣有初中之殊又謂古以午爲中皆
失之遠矣宋志如此云云是漢唐宋以來言歲
差者祗于年分度數課疏密竟未曉其所以差

格致草 一 歲差 解字通

莊襄王元年一百四十五年，日差二度，冬至日在斗二十二度，蓋《月令》云"日在斗"是也。秦莊襄王元年，上距堯甲子二千二十八年，日差二十八度，冬至日在虛一度，日沒而昴中，故《堯典》言"日短，星昴"也。説者不知歲差之法，以《堯典》較之《月令》，逮于今日，不啻差一次，求其説而不可得，遂以爲節氣有初中之殊。又謂古以午爲中，皆失之遠矣。宋志如此云云，是漢、唐、宋以來言歲差者，（祗）［祗］于年分度數課疏密，竟未曉其所以差

之故。由列宿天東行二萬五千餘年而一周也。
東行之天。以黃道極爲軸。不獨有東西差。更因
有南北差矣。

列宿天震動圖說辨

列宿一天。如木節在板不似五星。另有附輪宜
其萬古行度畫一乃精于候星者或見其自南
而北復自北而南于東西出沒地平之際候之
其度不常謂之一進一退之動。此春秋分之所
以有南北差也。右旋之動是其本動、左旋之動

之故，由列宿天東行二萬五千餘年而一周也。東行之天，以黃道極爲軸，不獨有東西差，更因有南北差矣。

列宿天震動圖説辨

列宿一天，如木節在板，不似五星，另有附輪，宜其萬古行度畫一。乃精于候星者，或見其自南而北，復自北而南，于東西出沒地平之際候之，其度不常，謂之一進一退之動，此春秋分之所以有南北差也。右旋之動，是其本動；左旋之動，

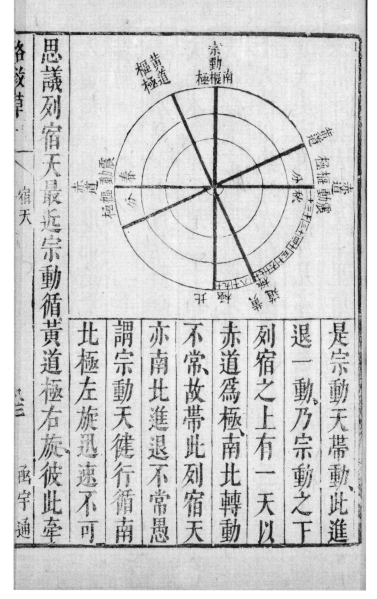

思議列宿天最近宗動循黃道極右旋彼此牽

宿天　□□　西宇通

是宗動天帶動、此進
退一動、乃宗動之下
列宿之上有一天以
赤道為極南北轉動
不常故帶此列宿天
亦南北進退不常愚
謂宗動天健行循南
北極左旋迅速不可

是宗動天帶動。此進退一動，乃宗動之下、列宿之上，有一天以赤道為極，南北轉動不常，故帶此列宿天，亦南北進退不常。愚謂宗動天健行，循南北極左旋，迅速不可思議。列宿天最近宗動，循黃道極右旋，彼此牽

（圖，不著圖名）

掣，未免微有震動之差，其差亦小。不似五星出入黃道，差至八度而遠，更不必于宗勳下，又設震動一天也。

水星至小可見（辯）［辨］

夫土、木二星，大地二十餘倍，火星半倍，其明隱大小，繇天之遠近，其可見固也。即金星小地三十六倍，以地球九萬里算之，亦庶幾大三千里，其天處水月之上，可見亦固也。獨水星小地萬餘倍，計其大不及十里，所處又在月天之上，宜

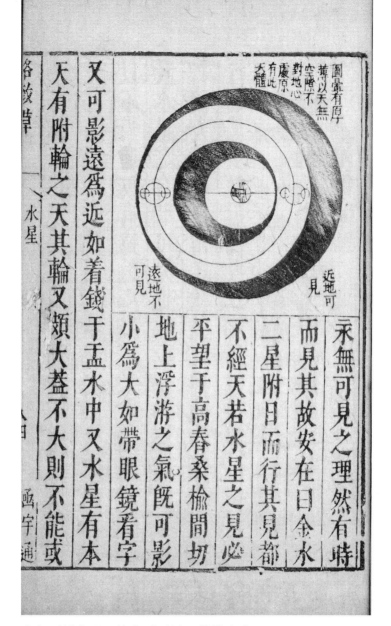

圓暈有原厚薄，以天無空隙，不對地心處，原有此大體。

近地可見

遠地不可見

格致草　水星　函宇通

又可影遠爲近，如着錢于盂水中。又水星有本天，有附輪之天，其輪又類大，蓋不大則不能或

天有附輪之天，其輪又類大，蓋不大則不能或

永無可見之理，然有時而見，其故安在？曰：金、水二星，附日而行，其見都不經天。若水星之見，必平望于高春桑榆間，切地上浮游之氣，既可影小爲大，如帶眼鏡看字，又可影遠爲近，如着錢于盂水中。

永無可見之理，然有时而見，其故安在？

曰：金、水二星，附日而行，其見都不經天。若水星之見，必平望于高春桑榆間，切地上浮游之氣，既可影小爲大，如帶眼鏡看字，又可影遠爲近，如着錢于盂水中。又水星有本天，有附輪之天，其輪又頗大，蓋不大則不能或

（圖，不著圖名）

圓暈有厚薄，以天無空隙，不對地心處，原有此天體。

近地可見。

遠地不可見。

在日前或在日後也附輪而行有遠地之輪弦
又有近地之輪弦而其本天之心又不對地心
以不對運既有遠地心之處又有近地心之處
故水星之有時可見也以平望切浮游之氣影
之使大又其所循之輪弦既與地切而本天之
行動又與地近備此三端所以可見
星大于地以視界合儀測定其當然然理尚
難測每見燈懸遠地連籠視爲一體則近星
之天體透亮從下視之并爲星體矣如遠燈
之光體大不踰寸乃望之則盈尺者豈非籠
紙所瑛游氣所影
此尚當細思

定本

在日前，或在日後也。附輪而行，有遠地之輪弦，又有近地之輪弦，而其本天之心又不對地心，以不對運，既有遠地心之處，又有近地心之處，故水星之有時可見也。以平望切浮游之氣，影之使大，又其所循之輪弦，既與地切，而本天之行動又與地近，備此三端，所以可見。星大于地，以視界合儀測定其當然，然理尚難測。每見燈懸遠地，連籠視爲一體，則近星之天體透亮，從下視之，并爲星體矣。如遠燈之光體，大不踰寸，乃望之，則盈尺者，豈非籠紙所（瑛）［映］，游氣所影乎？此尚當細思。

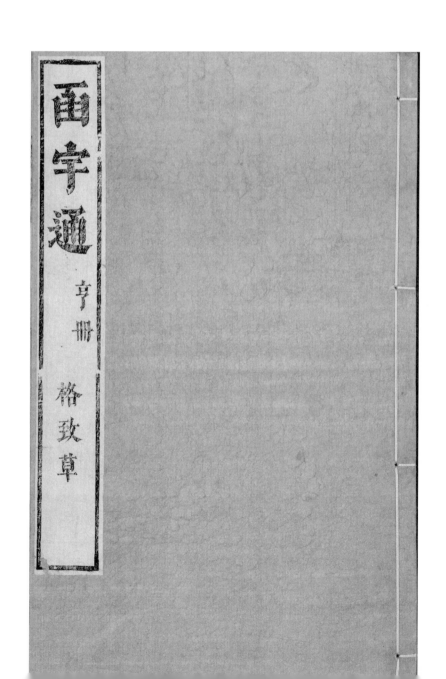

格致草　進賢熊明遇良孺著

化育論

夫天地以不貳，生物不測，則兩儀、四象、庶類，總通於一。一之間，無論四象、庶類，不得與天地貳，即地亦不得與天貳。古人合祀天地於南郊，良有以也。蓋地乃天之一點，中氣處於至靜，而樞軸九天之動，風、雲、雷、雨，皆自地上變化，而成天功；山、河、江、海，要爲天所噓籥，而成地德。一之爲

用妙矣哉孔子曰天有四時春秋冬夏風雨霜
露無非教也地載神氣神氣風霆風霆流形庶
物露生無非教也則天地之神氣合體流形豈
非萬世不刊之至論乎若二之爲二五之爲五
各就其變化氤氳徵爲不測亦宜殫論儒曰五
行金木水火土釋曰四大地火水風西方之人
曰四大元行水火土烾蓋以金木在天地間不
能敵水火土之用也故邵子皇極經世書取水
火土石四配柔剛不言金木曰風曰烾總不外

用，妙矣哉。孔子曰："天有四時，春秋冬夏，風雨霜露，無非教也。地載神氣，神氣風霆，風霆流形，庶物露生，無非教也。"則天地之神氣，合體流形，豈非萬世不刊之至論乎？若二之爲二，五之爲五，各就其變化，氤氳徵爲不測，亦宜殫論。儒曰：五行，金、木、水、火、土。釋曰：四大，地、火、水、風。西方之人曰：四大元行，水、火、土、烾。蓋以金木在天地間，不能敵水、火、土之用也。故邵子《皇極經世書》取水、火、土、石四配柔剛，不言金、木，曰風曰烾，總不外吾儒之所爲二氣也。氣行變化，各有定理，即愚者之所怪，智者之所揣，聊舉其凡無可怪、無俟揣也。夫金者，土之精；木者，土之毛。雖其德配春秋，然麗質而生，無騰踔變動之象，不必詳論。石亦土也，更不必盡宗邵説。姑即水、火、土乘炁之上際下蟠，發爲化育之妙，有難以言語形容者，詮説于左，以俟格物君子。

風雲雨露霜霧

風屬火，火在天地間，挾水土之氣而動。若其氣滯而膩，則水分偏勝，多爲雨。若其氣疏越而燥，則火分偏勝，多爲風。火鬱積上騰，天上無濕氣以吸之，地下又無濕氣以助之，所以橫鶩、披叫、震撞、怒枒，如人之噫也。噫隨地氣所在不同，氣重，風頭輕，爲末力。雨屬火，土氣本濃滯，日爲火君，照熱下土，以感動火氣。火炎上，而水土之氣隨之。氣行三際，中際屬冷，氣升離地，漸近冷際，是冷是濕，結而成雲。雲上隔日氣，下隔火氣，冷濕相盪相薄，勢將變化，勝者爲主。雲至冷際，本

多濕情濕情若勝即化爲水水既成質必復于
地是之爲雨雨中有土原挾塵土而上也如人
身悲心感則淚迸欲心感則精逸愧心感則汗
下所爲水中有火乃焚大槐此定理也正如蒸
水因熱上升騰騰作氣雲之象也上及于蓋蓋
是冷際就化爲水既已成水便復下墜雲之行
雨即此類焉若水土濕氣既清且微日中上升
即爲風日所乾迨至夜時升至冷際乃凝爲露
夜半以後去昨已遠寒氣微凉亦如一歲之寒

氣化

函字通

多濕情，濕情若勝，即化爲水。水既成質，必復于地，是之爲雨。雨中有土，原挾塵土而上也。如人身，悲，心感則淚迸；欲，心感則精逸；愧，心感則汗下。所爲"水中有火，乃焚大槐"，此定理也。正如蒸水，因熱上升，騰騰作氣，雲之象也。上及于蓋，蓋是冷際，就化爲水。既已成水，便復下墜，雲之行雨，即此類焉。若水土濕氣，既清且微，日中上升，即爲風日所乾，迨至夜時，升至冷際，乃凝爲露。夜半以後，去昨已遠，寒氣微凉，亦如一歲之寒，盛于日至之後也。當其寒時，氣升稍重，故晨露尤繁。若屆嚴節，遂零爲霜，霜落之時，五更偏厚。夜有烈風，亦受風損，故風盛即露微，風盛即霜亦不降矣。若長夏大旱，了無濕氣，則夜中并無露焉。然亦有密雲不雨者，旱雲益旱者，何也？曰：氣升不等，所具元行，各有偏勝。氣升之際，惟帶熱乾，不帶熱濕。如旱暵之時，雲起于地，孤行獨上，雖至中際，無有濕性與相恊助，或遇大風，飄散其火，故多而不雨，所以晴日雲高而反不雨。

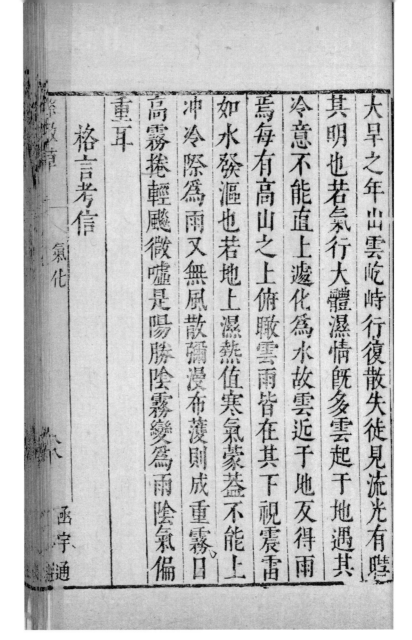

大旱之年，山雲屹峙，行復散失，徒見流光有嘒，其明也。若氣行，大體濕情既多，雲起于地，遇其冷意，不能直上，遽化爲水，故雲近于地，反得雨焉。每有高山之上俯瞰雲雨，皆在其下，視震雷如水發漚也。若地上濕熱，值寒氣蒙蓋，不能上沖冷際爲雨，又無風散，彌漫布護，則成重霧。日高霧捲，輕颸微嘘，是陽勝陰。霧變爲雨，陰氣偏重耳。

格言考信

老子曰飄風不終朝　宋玉曰風生于地起于青蘋之末　莊子曰大塊噫氣其名爲風　禮記曰天降時雨山川出雲　周易曰坎爲雲　說文曰雲山川氣也　呂氏春秋曰山雲草莽水雲魚鱗旱雲煙火雨雲水氣無不比類其所生以示人　兵書曰韓雲如布趙雲如牛楚雲如日宋雲如車魯雲如馬衛雲如犬周雲如輪秦雲如行人魏雲如鼠齊雲如絳衣越雲如龍蜀雲如困　釋名曰雨水

《老子》曰：飄風不終朝。

宋玉曰：風生于地，起于青蘋之末。

《莊子》曰：大塊噫氣，其名爲風。

《禮記》曰：天降時雨，山川出雲。

《周易》曰：坎爲雲。

《説文》曰：雲，山川氣也。

《吕氏春秋》曰：山雲草莽，水雲魚鱗，旱雲煙火，雨雲水氣，無不比類其所生以示人。

《兵書》曰：韓雲如布，趙雲如牛，楚雲如日，宋雲如車，魯雲如馬，衛雲如犬，周雲如輪，秦雲如行人，魏雲如鼠，齊雲如絳衣，越雲如龍，蜀雲如困。

《釋名》曰：雨，水

從雲下也。

《曾子》曰：天地之氣和，則雨。

《論衡》曰：雲霧，雨之徵也。夏則爲露，冬則爲霜，溫則爲雨，寒則爲雪。雨露凍凝者，皆繇地發，不從天降。

《五經通義》曰：和氣津液凝爲露，露從地生。

蔡邕曰：露者，陰之液也。

渺論存疑

《春秋文曜鉤》曰：楚有蒼雲如霓，圍軫七蟠，中有荷斧之人，向軫而蹲。

《湘州記》：曲江縣有銀山，山常多素霧。

原文（竖排影印部分）：

釋名曰霄青天也無雲氣而青碧者也天色在
五行之外青亦非其真體莊生所謂天之蒼蒼
其正色耶其遠而無所至極耶其視下也亦若
是則已矣蓋人眼視遠所至爲蒼平望數里之
外便見莽蒼事可觸類釋名曰霞白雲映日光
而成赤色假日之赤色而成也故字從霞夫雲
氣至清虛五色非有定質因時之早晚候之寒
暑各借日氣之厚薄掩暎人目而呈象亦視境

霄　霞

定本

霄　霞

《釋名》曰："霄，青天也，無雲氣而青碧者也。"天色在五行之外，青亦非其真體。莊生所謂"天之蒼蒼，其正色耶？其遠而無所至極耶？其視下也，亦若是則已矣"，蓋人眼視遠，所至爲蒼，平望數里之外，便見莽蒼，事可觸類。《釋名》曰："霞，白雲映日光而成赤色，假日之赤色而成也，故字從霞。"夫雲氣至清虛，五色非有定質，因時之早晚，候之寒暑，各借日氣之厚薄，掩暎人目而呈象，亦視境

格言考信

《抱朴子》曰：凌厲九霄。　楊雄甘泉賦曰騰青

霄而軼浮景　蜀都賦曰干青霄而秀出舒

丹氣而爲霞　楚辭曰漱正陽而含朝霞

郭璞江賦吸翠霞而夭矯　孫綽天台山賦

赤城霞起以建標

雷　電

雷屬火春夏地氣上升皆因日近照地成熱日

之所幻也。

格言考信

《抱朴子》曰：凌厲九霄。

楊雄《甘泉賦》曰：騰青霄而軼浮景。

《蜀都賦》曰：干青霄而秀出，舒丹氣而爲霞。

《楚辭》曰：漱正陽而含朝霞。

郭璞《江賦》：吸翠霞而夭矯。

孫綽《天台山賦》：赤城霞起以建標。

雷　電

雷屬火，春夏地氣上升，皆因日近，照地成熱。日

爲火母，下火上親，騰踔而起，又挾水土之氣，合进上冲，火性專直，既欲發越，又被濕雲、水氣圍抱壅隔，陰陽相薄，激而成聲。如釜中煑水，覆以釜葢，水沸湯湯，其勢然也。水土之氣，挾帶微質，畧如硝炙，火勢發越，逢其質氣，閃爲電光。火进土騰，土經火煉，凝聚成物，物降于地，是爲劈歷之楔矣。或曰：人間畫雷象如鬼神狀，又有見雷如飛鴉形者，是耶？非耶？曰：氣之所聚，即化爲神，如人身氣旺，便自神壯。天行元氣，豈無神司？偶

爲火母，下火上親，騰踔而起，又挾水土之氣，合进上冲，火性專直，既欲發越，又被濕雲、水氣圍抱壅隔，陰陽相薄，激而成聲。如釜中煑水，覆以金蓋，水沸湯湯，其勢然也。水土之氣，挾帶微質，略如硝炙，火勢發越，逢其質氣，閃爲電光。火进（土）［上］騰，土經火煉，凝聚成物，物降于地，是爲劈歷之楔矣。或曰：人間畫雷象如鬼神狀，又有見雷如飛鴉形者，是耶？非耶？曰：氣之所聚，即化爲神，如人身氣旺，便自神壯。天行元氣。豈無神司？偶

落凡目變爲影像是雷之神非雷之體雷體在火故電光可見而雷不可見畫者作持斧椎鼓狀世俗之陋也

格言考信

莊子曰陰陽交爭爲雷　易曰雷地出奮豫又曰雷風相薄　穀梁傳曰陰陽相薄感而爲雷激而爲霆　史記曰霹靂者陽氣之動也　説苑曰電陰陽激耀　論衡曰圖畫之工圖雷之狀畾畾爲連鼓又圖一人若力士

落凡目，變爲影像，是雷之神，非雷之體。雷體在火，故電光可見，而雷不可見。畫者作持斧椎鼓狀，世俗之陋也。

格言考信

《莊子》曰：陰陽交爭爲雷。

《易》曰：雷（地出）[出地] 奮，豫。又曰：雷風相薄。

《穀梁傳》曰：陰陽相薄，感而爲雷，激而爲霆。

《史記》曰：霹靂者，陽氣之動也。

《説苑》曰：電，陰陽激耀。

《論衡》曰：圖畫之工，圖雷之狀，畾畾爲連鼓。又圖一人若力士，謂之雷公，使之左手引連鼓，右手椎之，世人莫不爲然。原之，虛妄之象。

班史曰：雷電、楲虹、霹靂、夜明者，陽氣之動者也。

渺論存疑

《韓詩外傳》曰：東海上有勇士，曰菑丘訴，以勇遊于天下，過神淵飲馬，馬沉。訴去朝服，拔劍而入，三日三夜，殺二蛟龍而出。雷神隨而擊之，十日十夜，眇其左目。

《投荒雜錄》曰：雷人陰冥雲霧之夕，呼爲雷耕。曉視田中，必有開

墾之迹有是乃爲嘉祥　神異經東王公與
玉女投壺梟而脫誤不接者天爲之笑開口
流光今電是也

彗字　流星　隕星　日月暈

彗屬火火氣從下挾土上升不遇陰雲不成雷
電凌空直突此二等物至于火際火自歸火挾
上之土輕微熱乾畧似炱煤乘勢直衝遇火便
燒狀如藥引今夏月奔星是也其土勢大盛者
有聲有迹下復于地或成落星之石與霹靂楔

函字通

墾之迹，有是乃爲嘉祥。

《神異經》：東王公與玉女投壺，梟而脫誤不接者，天爲之笑，開口流光，今電是也。

彗字　流星　隕星　日月暈

彗屬火，火氣從下挾土上升，不遇陰雲，不成雷電，凌空直突。此二等物，至于火際，火自歸火，挾上之土，輕微熱乾，略似炱煤，乘勢直衝，遇火便燒，狀如藥引，今夏月奔星是也。其土勢大盛者，有聲有迹，下復于地，或成落星之石，與霹靂楔

同理令各處隕石初落之際熱不可摩如埏器
初出于陶焉若更精更厚結聚不散附于火際
即成彗字火氣相從如增薪添油故彗漸長字
漸大然彗本必向日晨見東方則西指夕見西
方則東指火從陽也附麗既久勢盡力衰漸乃
微滅故彗字無百日不滅者或曰若是則彗字
乃地出非天降也何以有經緯星自字如史載
星字大角大角以亡之類者乎曰彗字止從晶
字成象不能至星月之天而隨天左旋大氣所

定本

同理。今各處隕石，初落之際，熱不可摩，如埏器初出于陶焉。若更精更厚，結聚不散，附于火際，即成彗字。火氣相從，如增薪添油，故彗漸長，字漸大。然彗本必向日，晨見東方則西指，夕見西方則東指，火從陽也。附麗既久，勢盡力衰，漸乃微滅。故彗字無百日不滅者。或曰：若是，則彗字乃地出，非天降也，何以有經緯星自字，如史載"星字大角，大角以亡"之類者乎？曰：彗字止從晶字成象，不能至星月之天，而隨天左旋，大氣所

鼓試以彗孛之度與星度易地量測其度必不
同也星孛大角大角以亡當是孛氣爲大角所
吸從下遮上故大角以亡如日月之暈亦從地
上發氣爲日月所吸其暈甚低而百里內外便
有此方見暈彼方不見暈者抱珥背缺理可同
觀楞嚴經曰燈光自如人有目青則見圓影猶
日月之光亦自如此方國土感有惡緣則怪雲
變氣互見彼方國土固自不見

格言考信

九　函宇通

鼓。試以彗孛之度與星度，易地量測其度，必不同也。"星孛大角，大角以亡"，當是孛氣爲大角所吸，從下遮上，故大角以亡。如日月之暈，亦從地上發氣，爲日月所吸，其暈甚低，而百里內外，便有此方見暈，彼方不見暈者。抱珥背缺，理可同觀。《楞嚴經》曰：燈光自如，人有目（青）[眚]，則見圓影，猶日月之光，亦自如。此方國土，感有惡緣，則怪雲變氣互見，彼方國土，固自不見。

格言考信

天文志曰天狗狀如大流星有聲其下止地類狗所墜及望之如火光炎炎中天　天鼓有音如雷非雷音在地而下及地　格澤者如炎火之狀黃白起地而上　蚩尤之旗類彗而後曲　枉矢狀類大流星蚘行而倉黑望如有毛目然　長庚如一疋布着天星墜至地則石也

渺論存疑

淮南子曰晝隨灰而月暈缺　孟康曰歲星

《天文志》曰："天狗，狀如大流星，有聲，其下止地，類狗。所墜及，望之如火光炎炎中天。""天鼓，有音如雷非雷，音在地而下及地。""格澤者，如炎火之狀，黃白，起地而上。""蚩尤之旗，類彗而後曲。""枉矢，狀類大流星，蚘行而倉黑，望如有毛目然。""長庚，如一疋布着天，星墜至地，則石也"

渺論存疑

《淮南子》曰：晝隨灰而月暈缺。

孟康曰：歲星

不見則變爲妖星　班馬多以妖星爲歲星所變太穿鑿矣

雪

雪與雨同理亦挾火氣故將雪之日必先微溫
不溫氣不上升也天有三際近地之際率皆溫
際惟溫則能生萬物溫際以上則爲冷際無冷
際包裹則溫氣直散不復有溫便無雨雪霜露
之澤試在高山六月可以衣褚此其理也冷際
以上復有火際是爲晶宇凡火皆上騰由火之
本所在上試如紙糊一室室外大風作冷室內

格致贊　　氣化　　九四　　齊宇通

不見，則變爲妖星。班、馬多以妖星爲歲星所變，太穿鑿矣。

雪

雪與雨同理，亦挾火氣。故將雪之日，必先微溫，不溫，氣不上升也。天有三際，近地之際，率皆溫際，惟溫則能生萬物。溫際以上，則爲冷際，無冷際包裹，則溫氣直散，不復有溫，便無雨、雪、霜、露之澤。試在高山，六月可以衣褚，此其理也。冷際以上，復有火際，是爲晶宇。凡火皆上騰，由火之本所在上。試如紙糊一室，室外大風作冷，室內

偏溫室外日色盛暑室內偏凉此又其理也雪

花六出何也日凡物方體相等聚成大方必以

八圍一圓體相等聚成大圓必以六圍一此定

理中之定數也凡水居空中在氣行體內氣不

容水急切圍抱不令四散水則聚而自保自保

之極必成圓體此定理中之定勢也氣升成雲

雲薄冷際變而成雨因在氣中一一皆圓初圓

甚微以漸歸併城爲點滴雨既冰體既并復圓

未至地時悉皆圓點冬時氣升成爲同雲遇冷

偏溫；室外日色盛暑，室內偏凉，此又其理也。雪花六出，何也？曰：凡物，方體相等，聚成大方，必以八圍一；圓體相等，聚成大圓，必以六圍一，此定理中之定數也。凡水居空中，在氣行體內，氣不容水，急切圍抱，不令四散，水則聚而自保。自保之極，必成圓體，此定理中之定勢也。氣升成雲，雲薄冷際，變而成雨，因在氣中，一一皆圓。初圓甚微，以漸歸併，城爲點滴。雨既冰體，既并復圓，未至地時，悉皆圓點。冬時氣升，成爲同雲，遇冷

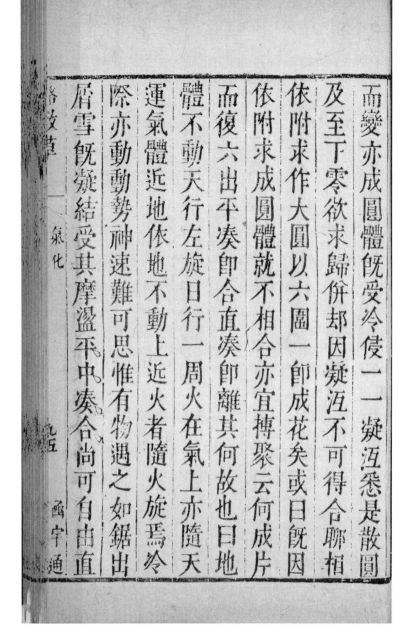

而變亦成圓體旣受冷侵一一凝沍悉是散圓

及至下零欲求歸併却因凝沍不可得合聊相

依附求作大圓以六圍一卽成花矣或曰旣因

依附求成圓體就不相合亦宜摶聚云何成片

而復六出平湊卽合直湊卽離其何故也曰地

體不動天行左旋日行一周火在氣上亦隨天

運氣體近地依地不動上近火者隨火旋焉冷

際亦動動勢神速難可思惟有物遇之如鋸出

屑雪旣凝結受其摩盪平中湊合尚可自由直

而變，亦成圓體，既受冷侵，一一凝沍，悉是散圓。及至下零，欲求歸併，却因凝沍，不可得合。聊相依附，求作大圓，以六圍一，即成花矣。或曰：既因依附，求成圓體，就不相合，亦宜摶聚，云何成片，而復六出，平湊即合，直湊即離，其何故也？曰：地體不動，天行左旋，日行一周，火在氣上，亦隨天運。氣體近地，依地不動，上近火者，隨火旋焉。冷際亦動，動勢神速，難可思惟，有物遇之，如鋸出屑。雪既凝結，受其摩盪，平中湊合，尚可自由，直

處逢迎，勢不可得。正如濕米磨粉，易令作片，難以成（搏）〔搏〕也。

格言考信

《詩》曰：上天同雲，雨雪雰雰。

渺論存疑

《洪範五行》曰：雨雪者，陰之蓄積甚也。

《春秋元命苞》曰：陰氣凝而爲雪。二語俱專言陰氣，不言陽氣，似是而非者也。

雹

雹理不明儒者或謂蜥蝪所噴或謂龍鱗所藏

此真婦人兒子之譚也或者泥爲冬雲成雪原

屬冷凝迺雹亦冰屬偏屬春夏坐是疑爲虫吐

若爲虫吐而夏月有絕大之雹傷及人畜壓損

田苗長過縣里積厚盈尺則必錫大若雲龍飛

千萬如後可或曰是旣知其不然矣然則雹由

冷乎熱乎若由冷也冬何不雹若由熱也熱胡

凝冰反理之由請聞其說曰氣有三際中際爲

冷卽此冷際下近地溫上近火熱極冷之處乃

　　雹理不明，儒者或謂蜥蝪所噴，或謂龍鱗所藏，此真婦人兒子之譚也。或者，泥爲冬雲成雪，原屬冷凝，迺雹亦冰屬，偏屬春夏，坐是疑爲虫吐。若爲虫吐，而夏月有絕大之雹，傷及人畜，壓損田苗，長過縣里，積厚盈尺。則必錫大若雲，龍飛千萬，如後可。或曰：是旣知其不然矣。然則雹由冷乎？熱乎？若由冷也，冬何不雹？若由熱也，熱胡凝冰，反理之由，請聞其說。曰：氣有三際，中際爲冷，卽此冷際，下近地溫，上近火熱，極冷之處，乃

在冷際之中自下而上漸冷漸極三時之雨三
冬之雪蓋至冷之初際卽巳變化下零矣不必
至于極冷之際也所以然者冬月氣升其力甚
緩非大地與雲不能相扶礴以成其勢故雲足
甚廣雲生甚遲必同雲累日徐徐而起漸至冷
際漸亦凝洹因而結體甚微細也自餘二時凡
雲足廣闊雲生遲緩卽雨勢舒徐雨滴微細亦
皆變于冷之初際矣獨是夏月火氣鬱積濃厚
決起上騰力專勢銳故雲足促狹隔塪分壠而

在冷際之中，自下而上，漸冷漸極。三時之雨，三冬之雪，蓋至冷之初際，即已變化下零矣，不必至于極冷之際也。所以然者，冬月氣升，其力甚緩，非大地興雲，不能相扶礴，以成其勢。故雲足甚廣，雲生甚遲，必同雲累日，徐徐而起，漸至冷際，漸亦凝洹，因而結體，甚微細也。自餘二時，凡雲足廣闊，雲生遲緩，即雨勢舒徐，雨滴微細，亦皆變于冷之初際矣。獨是夏月，火氣鬱積濃厚，決起上騰，力專勢銳，故雲足促狹，隔塪分壠，而

略数章

晴雨頓異雲起坌湧膚寸暫合溝澮旋盈蓋因
其專銳故能逕至于冷之深際若升氣愈厚即
騰上愈速入冷愈深變合愈驟結體愈大矣若
其濃厚專直之氣遽升遽入抵于極冷極冷之
處比于冷之初際殆有甚焉以此驟凝爲雹雹
體大小又因入冷深淺爲其等差入冷深淺又
因于氣之厚薄故氣愈厚愈速愈速愈深愈深
愈大也是以雹災所至自有畛畦雹降夏月火
土之體加雪數倍雹因驟凝土隨在焉故雹中

晴雨頓異。雲起坌涌，膚寸暫合，溝澮旋盈，蓋因其專銳，故能逕至于冷之深際。若升氣愈厚，即騰上愈速，入冷愈深，變合愈驟，結體愈大矣。若其濃厚專直之氣，遽升遽入，抵于極冷極冷之處，比于冷之初際，殆有甚焉。以此驟凝爲雹，雹體大小，又因入冷深淺爲其等差，入冷深淺又因于氣之厚薄，故氣愈厚愈速，愈速愈深，愈深愈大也。是以雹災所至，自有畛畦。雹降夏月，火土之體，加雪數倍，雹因驟凝，土隨在焉。故雹中

沙土更多于雪因其驟結并氣包焉故雹體中虛

虛者是氣

格言考信

曾子曰陽之專氣爲雹 此語精甚宜其爲傳道一人

傳曰陰陽相脅而爲雹 《五行傳》曰

仲舒曰雹陰氣脅陽也

渺論存疑

伊川曰世間人說雹是蜥蜴做初恐無是理

看來亦有之只謂之全是蜥蜴則不可自有

沙土，更多于雪，因其驟結并氣包焉。故雹體中虛，虛者是氣。

格言考信

曾子曰：陽之專氣爲雹。此語精甚，宜其爲傳道一人。

《五行傳》曰：陰陽相脅而爲雹。

仲舒曰：雹，陰氣脅陽也。

渺論存疑

伊川曰："世間人説雹是蜥蜴做，初恐無是理。"看來亦有之，只謂之全是蜥蜴，則不可。自有

是上面結作成的也有是蜥蜴做的其少見
十九伯說親見如此　說理不去伊川遂亦騎
曰嘗見十九伯說是
如此然則鄉里父老說
神說鬼遂皆可信爲
經與伊川賢者恐後世
藉口故徑黜之爲澌
論曾子豈欺
我哉

天漢

天漢兩交黃道兩交赤道旁過二極皆一一相
對正與黃道相反斜絡平分爲二故也欲測其
廣無定數大約兩至之外廣于兩至之中從天
津又分爲二至尾宿復合爲一過夏至圈以井

洛故章　河漢　西字通

是上面結作成的，也有是蜥蜴做的，某少見十九伯説親見如此。説理不去，伊川遂亦騎墙，曰："曾見十九伯説是如此。"然則鄉里父老説神説鬼，遂皆可信爲經與？伊川賢者，恐後世藉口，故徑黜之爲澌論，曾子豈欺我哉？

天漢

天漢兩交黃道，兩交赤道，旁過二極，皆一一相對。正與黃道相反，斜絡平分爲二故也。欲測其廣，無定數。大約兩至之外，廣于兩至之中。從天津又分爲二，至尾宿復合爲一。過夏至圈，以井

宿距星為度正切鶉首初度過北極西距二十
三度半前過冬至圈則星紀初度約居具中又
轉至南極東距亦二十三度半而復就夏至總
為過兩至與黃道相反之斜圈也其兩涯所過
星宿在赤道北則從四瀆始南三星當其中北
一星不與焉次水府次井西四星切其左邊天
關一星五車口切其右更前積水在左大
陵從北第二星在右王良所居在其中若洲渚
然次天津橫截之兩端平出其左右河鼓中星

宿距星為度，正切鶉首。初度過北極，西距二十三度半，前過冬至圈，則星紀初度，約居具中。又轉至南極，東距亦二十三度半，而復就夏至。總為過兩至，與黃道相反之斜圈也。其兩涯所過星宿，在赤道北，則從四瀆始，南三星當其中，北一星不與焉。次水府，次井西，四星切其左邊，天關一星五車口切其右；其右更前，積水在左，大陵從北，第二星在右，王良所居在其中，若洲渚然。次天津，橫截之兩端，平出其左右，河鼓中星

在右其對邊爲天市垣齊星此赤道北兩涯所
經諸星也在赤道南者以天升東星爲界次斗
宿第三星次箕南二星其對邊則天市垣宋星尾
起千天稷過弧矢天狼以至赤道此爲赤道南
所經諸星也或問天漢何物耶曰古人以天漢
非星不置諸列宿天之上意其光與映日之輕
雲相類謂在空中月天之下爲恒清氣而已其
實不然以遠鏡窺之明是無數小星蓋因天體

在右，其對邊爲天市、垣、齊星，此赤道北兩涯所經諸星也。在赤道南者，以天升東星爲界，次斗第三星，次箕南二星。其對邊則天市、垣、宋星、尾宿第一星，而入于常隱之界。迨過南極以來，復起（千）[于]天稷，過弧、矢、天狼，以至赤道，此爲赤道南所經諸星也。或問：天漢何物耶？曰：古人以天漢非星，不置諸列宿天之上，意其光與映日之輕雲相類，謂在空中，月天之下，爲恒清氣而已。其實不然，以遠鏡窺之，明是無數小星。蓋因天體通明映徹受諸星之光并合爲一直似清白之氣與鬼宿中白之質大陵積尸氣同理也使其真爲清氣之類與恒星天異體安能亘古常存其所當星宿又安能古今寰宇覩若畫一哉甚矣天載之玄也

渺論存疑

河圖括地象曰河精上爲天河

集林曰昔有人尋河源見婦人浣紗問之曰此天河也乃與一石而歸問嚴君平君平曰此織女支

通明映徹，受諸星之光，并合爲一，直似清白之氣，與鬼宿中白之質，大陵積尸氣同理也。使其真爲清氣之類，與恒星天異體，安能亘古常存？其所當星宿，又安能古今寰宇，覩若畫一哉？甚矣，天載之玄也。

渺論存疑

《河圖括地象》曰：河精上爲天河。

《集林》曰：昔有人尋河源，見婦人浣紗，問之，曰，此天河也。乃與一石，而歸。問嚴君平，君平曰，此織女支機石也。凡烏鵲填河、七夕乞巧之事，皆詞人稗史，語不必信。

天河探穀價

每年逢七月七日，漢光必澹。里諺曰：天河去探穀價，如六日、七日復回，則以定穀價六石、七石。此固可笑，而詞家稗說，遂有牛郎織女相會、烏鵲填橋之說，總屬不經。或曰：河到七夕果澹，六日、七日果復明。其故爲何？曰：孟秋之月，日在星、張間，昏心中，房、心、尾、箕、斗、牛，俱在漢內。初一，日月合朔於星、張間，則月無光。月一日一夜行十

機石也。凡烏鵲填河、七夕乞巧之事，皆詞人稗史，語不必信。
　　天河探穀價
　　每年逢七月七日，漢光必澹。里諺曰："天河去探穀價，如六日、七日復回，則以定穀價六石、七石。"此固可笑，而詞家稗說，遂有牛郎織女相會、烏鵲填橋之說，總屬不經。或曰：河到七夕果澹，六日、七日果復明。其故爲何？曰：孟秋之月，日在星、張間，昏心中，房、心、尾、箕、斗、牛，俱在漢內。初一，日月合朔於星、張間，則月無光。月一日一夜行十

三度強行過六日恰經歷翼軫角亢八十度而躔氐房
正在漢中月將上弦其光漸盛且房心
昏中夜坐恒于更初人易共見月光既盛遂掩
奪漢光人遂以爲七夕河去也不見近月之星
非一二等大星便不可數乎六七日後月又行
過房心尾箕斗牛八十餘度而躔女虛距漢遠
矣故漢光復盛此其理也不獨七月卽他月但
月光躔在漢中漢亦隨澹如東井輿鬼之間亦
然不獨房心諸宿也但未必值在更初故人遂

三度强，行過六日，恰經歷翼、軫、角、亢，八十度而躔氐、房，正在漢中。月將上弦，其光漸盛，且房、心昏中夜坐，恒于更初，人易共見月光。既盛，遂掩奪漢光，人遂以爲七夕河去也，不見近月之星，非一二等大星，便不可數乎？六七日後，月又行過房、心、尾、箕、斗、牛，八十餘度而躔女、虛，距漢遠矣，故漢光復盛，此其理也。不獨七月，即他月，但月光躔在漢中，漢亦隨澹，如東井、輿鬼之間亦然，不獨房、心諸宿也。但未必值在更初，故人遂

忽而不覺云

蟾影

月中有形質微黑者人以爲山河之影非也其
質有常如玉之有瑕也

渺論存疑

淮南子曰羿請不死之藥于西王母姮娥竊
以奔月 凡玉兔桂樹之說俱詞人影語

虹

日在一邊雨在一邊人眼在中間看日雨之氣

忽而不覺云。

蟾影

月中有形質微黑者，人以爲山河之影，非也。其質有常，如玉之有瑕也。

渺論存疑

《淮南子》曰：羿請不死之藥于西王母，姮娥竊以奔月。凡玉兔、桂樹之説，俱詞人影語。

虹

日在一邊，雨在一邊，人眼在中間，看日雨之氣，影射自然有者，故虹朝西而暮東。試于日在東時，將一人西邊噴水，我從中間看其水珠，皆成紅綠之象，亦其理也。對日見虹，而他處復有一虹者，又虹影所自射也。冬，虹藏不見者，天地之氣收斂也。

格言考信

《朱子語類》曰：虹非能止雨也，而雨氣至是已薄，亦是日色射散雨氣耳。有道理語。

《史記》曰：虹者，陽氣之動。

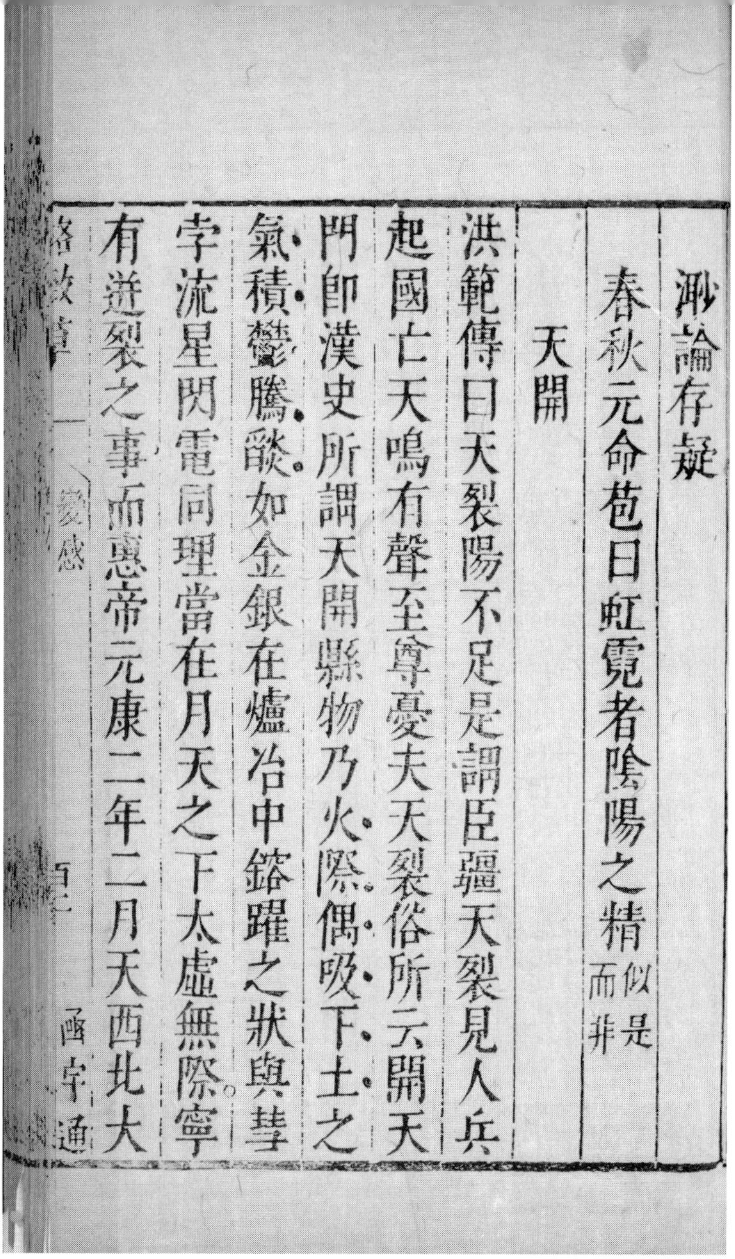

渺論存疑

《春秋元命苞》曰：虹霓者，陰陽之精。似是而非。

天開

《洪範傳》曰："天裂，陽不足，是謂臣（疆）[彊]。天裂見人，兵起國亡。天鳴有聲，至尊憂。"夫天裂，俗所云開天門，即漢史所謂"天開縣物"，乃火際偶吸下土之氣，積鬱騰燄，如金銀在爐冶中鎔躍之狀，與彗、孛、流星、閃電同理，當在月天之下。太虛無際，寧有迸裂之事？而惠帝元康二年二月，天西北大

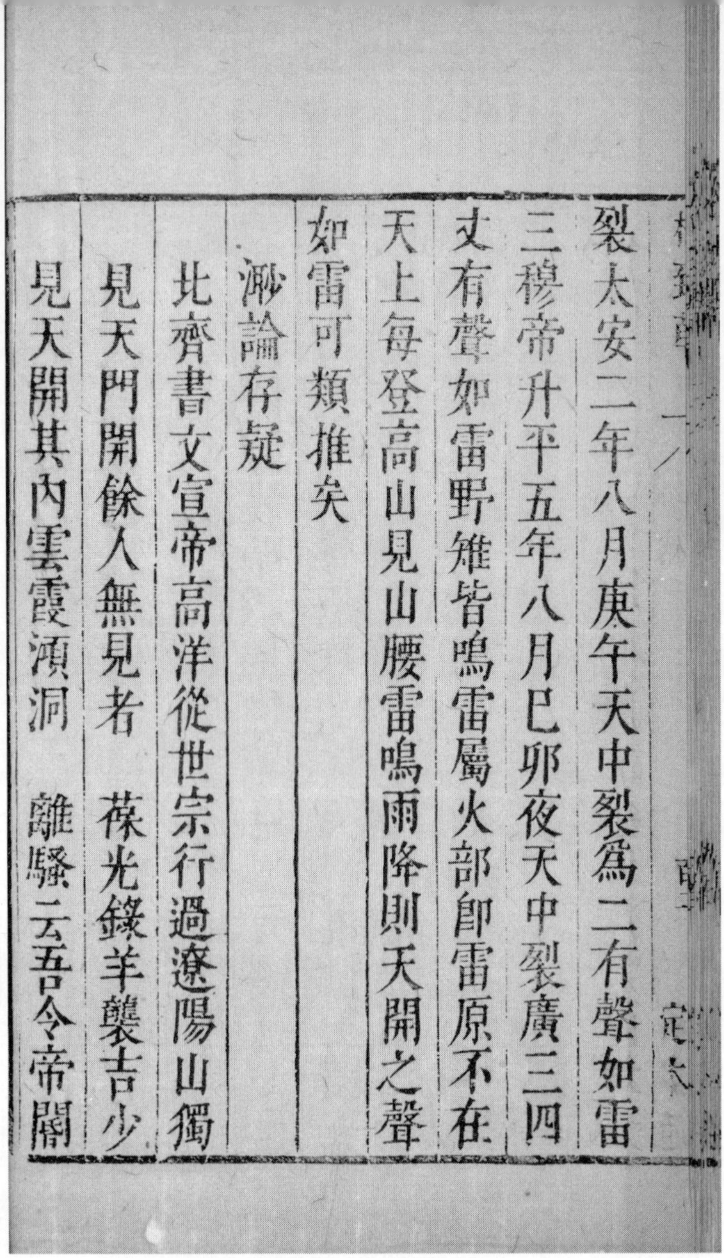

裂太安二年八月庚午天中裂爲二有聲如雷
三穆帝升平五年八月巳卯夜天中裂廣三四
丈有聲如雷野雉皆鳴雷屬火部卽雷原不在
天上每登高山見山腰雷鳴雨降則天開之聲
如雷可類推矣
渺論存疑
北齊書文宣帝高洋從世宗行過遼陽山獨
見天門開餘人無見者　葆光錄羊襲吉少
見天開其內雲霞澒洞　離騷云吾令帝閽

裂；太安二年八月庚午，天中裂爲二，有聲如雷三；穆帝升平五年八月己卯夜，天中裂，廣三四丈，有聲如雷，野雉皆鳴。雷屬火部，即雷原不在天上。每登高山，見山腰雷鳴，雨降，則天開之聲如雷，可類推矣。

渺論存疑

《北齊書》：文宣帝高洋從世宗行過遼陽山，獨見天門開，餘人無見者。

《葆光録》：羊襲吉少見天開，其内雲霞澒洞。

《離騷》云：吾令帝閽

開關兮倚閶闔而望予　淮南十曰排閶闔

渝天門

天鳴

後主至德元年九月丁巳天東南有聲如蟲飛

十二月戊午夜天開自西北至東南其內有青

黃雜色隆隆若雷聲隋文帝開皇二十年四月

乙亥天有聲如瀉水自南而北唐玄宗天寶十

四載五月天鳴聲若雷貞元二十一年八月天

鳴在西北中和三年三月浙西天鳴若轉磨無

開關兮，倚閶闔而望予。

《淮南子》曰：排閶闔，渝天門。

天鳴

後主至德元年九月丁巳，天東南有聲如蟲飛；十二月戊午夜，天開，自西北至東南，其內有青黃雜色，隆隆若雷聲。隋文帝開皇二十年四月乙亥，天有聲如瀉水，自南而北。唐玄宗天寶十四載五月，天鳴，聲若雷。貞元二十一年八月，天鳴，在西北。中和三年三月，浙西天鳴，若轉磨。無

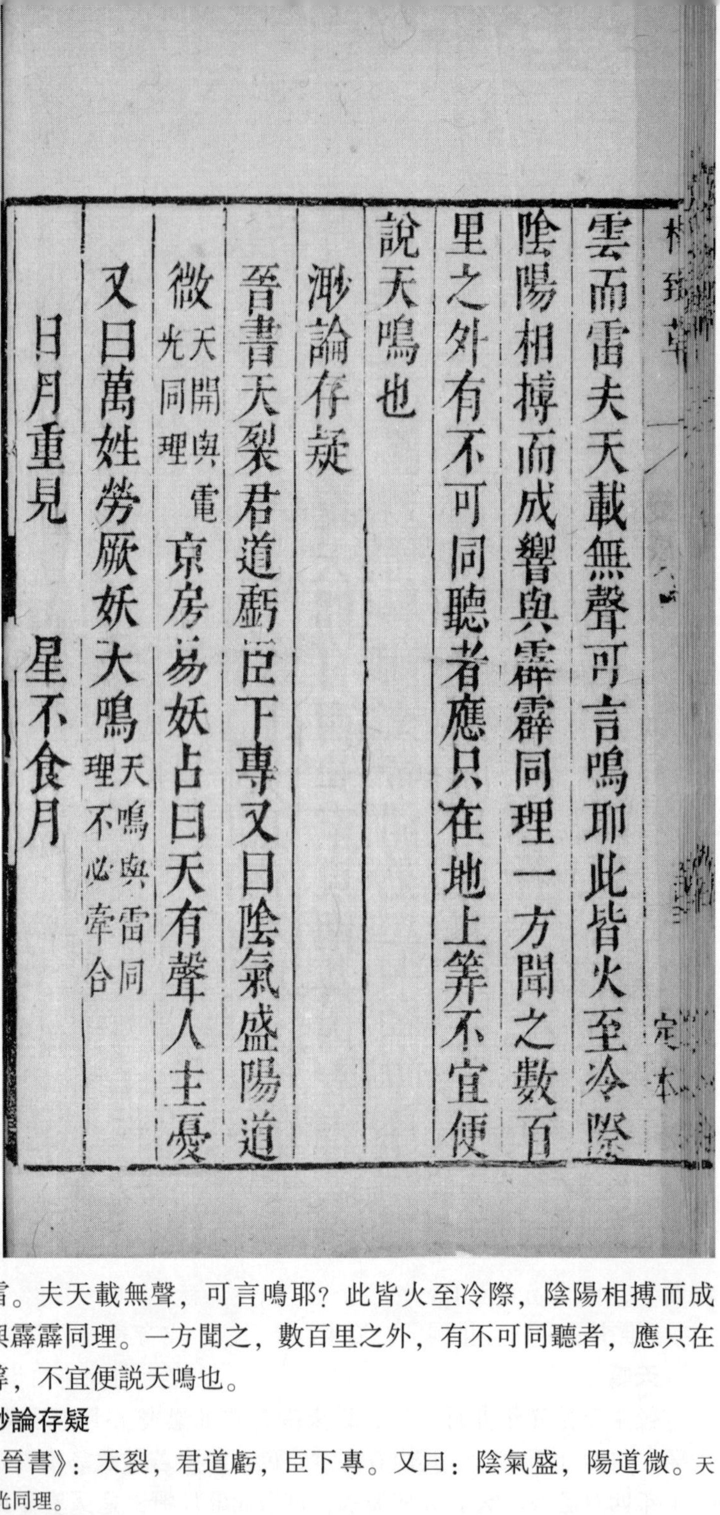

雲而雷。夫天載無聲，可言鳴耶？此皆火至冷際，陰陽相摶而成
響，與霹靂同理。一方聞之，數百里之外，有不可同聽者，應只在
地上筭，不宜便說天鳴也。

渺論存疑

《晉書》：天裂，君道虧，臣下專。又曰：陰氣盛，陽道微。天
開與電光同理。

京房《易妖占》曰：天有聲，人主憂。又曰：萬姓勞，厥妖
天鳴。天鳴與雷同理，不必牽合。

日月重見　星不食月

愍帝建興二年正月辛未，日入于地，又有三日相承，出于西方而東行。唐太宗貞觀初，突厥有五日並照。成帝建始元年八月戊午，晨漏未盡三刻，有兩（日）[月] 重見。梁武帝太清二年五月，兩月相承如鉤，見於西方。西魏文帝大統十四年正月朔，兩月並見。隋煬帝大業九年正月二十七旦，兩月並見。唐太宗貞觀初，突厥有三月並出。孟康曰：星入月，而星見於月中，是爲星食月；月奄星，而星滅不見，是爲月食星。隋《天文志》曰：月

食五星歲以饑熒惑以亂填星以殺太白以強
國戰辰以女亂孝宣本始四年七月甲辰星在
翼月犯之地節元年正月戊午月食熒惑在角
亢成帝建始四年十一月食填星陽朔元年七
月月犯心此其證也夫天無二日亦無兩月其
建興之三日相承貞觀中之突厥五日並照三
月並出建始之兩月重見太清之兩月相承如
鈎大統之兩月並見大業之兩月並見必非真
日月也亦非普天之下所同也故突厥有之而

食五星，歲以饑，熒惑以亂，填星以殺，太白以強國戰，辰以女亂。孝宣本始四年七月甲［辰］，辰星在翼，月犯之。地節元年正月戊午，月食熒惑，在角、亢。成帝建始四年十一月，食填星。陽朔元年七月，月犯心。此其證也。夫天無二日，亦無兩月，其建興之三日相承，貞觀中之突厥五日並照、三月並出，建始之兩月重見，太清之兩月相承如鈎，大統之兩月並見，大業之兩月並見，必非真日月也，亦非普天之下所同也，故突厥有之，而

唐無紀焉蓋由此方之怪氣偶觸日月之光互
相暎射如鏡面水心之景復閃爍于他處又如
塔影倒懸或遠或近或大不必在本塔之
下又如燈燭自如目眚人見之或青紅重疊或
三兩爭明也正與暈蜺同義定為朝昏濁際之
蒙氣所乘中天無是事也夫蒙氣能暎小為大
升卑為高故日月星之體初升甚大而月食間
有日未入地而見者故曆家必立清蒙差法乃
為審近又月天甚低諸星皆在其上孟康云星

唐無紀焉。蓋由北方之怪氣，偶觸日月之光，互相暎射，如鏡面水心之景，復閃爍于他處。又如塔影倒懸，或遠或近，或小或大，不必在本塔之下。又如燈燭自如，目眚人見之，或青紅重疊，或三兩爭明也，正與暈蜺同義，定為朝昏濁祭之蒙氣所乘，中天無是事也。夫蒙氣，能暎小為大，升卑為高，故日、月、星之體，初升甚大，而月食間有日未入地而見者，故曆家必立清蒙差法，乃為密近。又月天甚低，諸星皆在其上，孟康云："星

土氣而成象其土之所產與落槭隕石同理夫

濃重降下皆土雨麥雨荳者非真荳麥亦火煉

雨土火氣挾土而上水氣輕微不能成雨土分

　雨土　雨粟

人遂訛爲一足夔也

日落九烏遂傳訛爲落九日猶云一夔足矣後

堯時十日並出而羿射之非歟曰紀載羿善射

而事之所不經見者月食星則維其常矣或曰

入月而星見于月中是爲星食月又理之所無

入月，而星見于月中，是爲星食月。"又理之所無，而事之所不經見者。月食星，則維其常矣。或曰：堯時十日並出，而羿射之，非歟？曰：紀載羿善射，日落九烏，遂傳訛爲落九日，猶云一夔足矣，後人遂訛爲一足夔也。

雨土　雨粟

雨土，火氣挾土而上，水氣輕微，不能成雨，土分濃重，降下皆土。雨麥、雨荳者，非真荳麥，亦火煉土氣而成象，其土之所產，與落槭、隕石同理。夫

雲氣各象其山川人民所聚積故蜃氣象樓臺

廣野氣成宮闕可類推也

格言考信

晉書凡天地四方昏濛若下塵十日五日已

上或一月或一時雨不沾衣而有土名曰霾

故曰天地霾君臣乖凡占之類惟本地之氣有驗

史蒼頡置字天雨粟鬼夜哭

地震

地如彈丸極重者在中心四面墳起有竅相通

雲氣各象，其山川人民所聚積，故蜃氣象樓臺，廣野氣成宮闕，可類推也。

格言考信

《晉書》：凡天地，四方昏濛若下塵，十日五日已上，或一月，或一時，雨不沾衣而有土，名曰霾。故曰：天地霾，君臣乖。凡占之類，惟本地之氣有驗。

史蒼頡置字，天雨粟，鬼夜哭。

地震

地如彈丸，極重者在中心。四面墳起，有竅相通，

山豈能飛哉正繇火氣鬱蓄地中賁盈欲上而

山飛　地陷

漢書曰維星散勾星信則地動<small>經星無散
伸之理</small>

渺論存疑

洩之西北多震地亢而雨稀也

理江淮之南少震以川瀆多能疏之雨澤多能

噴盈欲舒不得舒如人筋轉脉搖亦與雷霆同

身之水火也儒者爲地震陰有餘非也蓋陽氣

或如蜂窠或如菌瓣水火之氣伏于其中如人

或如蜂窠，或如菌瓣。水火之氣，伏于其中，如人身之水火也。儒者爲地震"陰有餘"，非也。蓋陽氣噴盈欲舒，不得舒，如人筋轉脉搖，亦與雷霆同理。江淮之南少震，以川瀆多能疏之，雨澤多能洩之。西北多震，地亢而雨稀也。

渺論存疑

《漢書》曰：維星散，勾星信，則地動。經星無散伸之理。

山飛　地陷

山豈能飛哉？正繇火氣，鬱蓄地中，噴盈欲上，而

上復爲冷氣所錮不能碦泄鬱蓄之極突杌而
起若人身生疽瘤然其爲山體帶石者火燒土
質而成與陶冶同理俗眼見其素無而有故曰
飛來然必有迅風猛雨者是其火挾水土之盛
也亦與隕石落楔同理但輕而上飛者爲落楔
爲隕石元行質重就地先成故爲飛來山其地
陷山裂亦緜風雨理可反觀

渺論存疑

漢書曰紀星散者山崩龜鼈星不居漢中川

上復爲冷氣所錮，不能發泄。鬱蓄之極，突杌而起，若人身生疽瘤。然其爲山體帶石者，火燒土質而成，與陶冶同理。俗眼見其素無而有，故曰飛來。然必有迅風猛雨者，是其火挾水土之盛也，亦與隕石、落楔同理。但輕而上飛者，爲落楔，爲隕石，元行質重，就地先成，故爲飛來山。其地陷、山裂，亦緜風雨，理可反觀。

渺論存疑

《漢書》曰：紀星散者山崩，龜、鼈星不居漢中，川

有易者　經星
不移

北辰吸磁石

羅經鍼鋒指南思之不得其故一日閱西域書
云北辰有下吸磁石之能以故羅經鍼必用磁
石磨之常與磁石同包而後南北之指方定竊
謂磁石與鍼金類也北屬水豈母必顧子與然
而羅經鍼鋒所指之南非正午常稍東偏在丙
午之介問之浮海者云其在西海又常稍西偏
在午丁之介若求真子午必立表取影者爲確

有易者。經星不移。

北辰吸磁石

羅經鍼鋒指南，思之，不得其故。一日，閱西域書，云"北辰有下吸磁石之能"，以故羅經鍼必用磁石磨之，常與磁石同包，而後南北之指方定。竊謂磁石與鍼，金類也，北屬水，豈母必顧子與？然而羅經鍼鋒所指之南，非正午，常稍東偏，在丙午之介。問之浮海者，云其在西海，又常稍西偏，在午丁之介。若求真子午，必立表取影者爲確。

累爾則堪輿家專用羅經定方位者不覺恍然如失矣

釜鳴

釜不恒鳴其鳴者以水在上火在下金隔之偶吸動本地蘊蒸之氣附會成聲猶春夏陽氣爲日所吸冷際在上火在下雲在中故激薄成雷秋冬少雷以日遠氣清上不重吸則下亦不重蒸若本地無蘊蒸之氣附會五行合而濟鼎烹之和又何鳴焉

果爾，則堪輿家專用羅經定方位者，不覺恍然如失矣。

釜鳴

釜不恒鳴，其鳴者，以水在上，火在下，金隔之。偶吸動本地蘊蒸之氣，附會成聲，猶春夏陽氣爲日所吸，冷際在上，火在下，雲在中，故激薄成雷。秋冬少雷，以日遠氣清，上不重吸，則下亦不重蒸。若本地無蘊蒸之氣附會五行，合而濟鼎烹之和，又何鳴焉？

虹飲

虹為日雨之氣兩射入眼在中故暎而成象其
圜似橋梁暎日之圓體耳說者有謂飲井澗而
洰者豈其有口腹乎不過日與雨交雨不勝日
氣從其類井澗之水遂亦隨氣上升如龍興雲
屬蛟行地折詩註謂蝃蝀乃天地之淫氣并也

石言

石不能言有憑之者不然民聽濫也晉師曠之
論定矣秦始皇三十六年石隕于東郡或刻其

虹飲

虹為日雨之氣，兩射入眼在中，故暎而成象。其圜似橋梁，暎日之圓體耳。說者有謂飲井澗而洰者，豈其有口腹乎？不過日與雨交，雨不勝日，氣從其類，井澗之水，遂亦隨氣上升，如龍興雲屬，蛟行地折。《詩》註謂"（蝃）[蝃] 蝀，乃天地之淫氣"，非也。

石言

石不能言，有憑之者，不然，民聽濫也，晉師曠之論定矣。秦始皇三十六年，石隕于東郡，或刻其石曰："始皇死而地分。"是人之所爲也，語亦竟驗。

柳仆自起

漢昭帝時，上林中柳仆地，自起復生。枝葉有蟲，食其葉，曰："公孫病已立。"柳爲易生之物，焉知非有人扶植？食葉之字，果否蟲出？宣帝立，而事偶合，班史遂志入《五行》矣。

驅山

秦始皇有驅山鐸，能鞭石入海，亦猶鯀盜帝之息壤，陻洪水也。禹鑿龍門，劈高山，雷砥柱，豈人

力也哉記載禹化水物行水啓母見之而成石
則禹之所以稱神或有非尋常可測識者蚩尤
作雲霧黃帝遣應龍上古開天之人制用氣之
精微立裁成輔相之功故周官庶氏掌除毒蠱
晢族氏掌覆夭鳥之巢蟈氏掌去鼃黽焚牡蘜
以灰灑之則死壺涿氏掌除水蟲以象齒午貫
牡橭沉淵中則水神死淵化爲陵庭氏掌射妖
鳥以救日月之弓矢或自有道天地旣定前事
端合歸古聖造化之手若必欲與吞刀吐火之

力也哉？記載禹化水物行水，啓母見之而成石，則禹之所以稱神，或有非尋常可測識者。蚩尤作雲霧，黃帝遣應龍。上古開天之人，制用氣之精微，立裁成輔相之功。故《周官》庶氏掌除毒蠱；晢族氏掌覆夭鳥之巢；蟈氏掌去鼃黽，焚牡蘜，以灰灑之，則死；壺涿氏掌除水蟲，以象齒午貫牡橭沉淵中，則水神死，淵化爲陵；庭氏掌射妖鳥，以救日月之弓矢。或自有道，天地旣定，前事端合，歸古聖造化之手，若必欲與吞刀吐火之眩人，禁妖止祟之巫覡，雷至今日，同類而觀之，則天地靈氣，不應如是之漏泄矣。

金生於日

日氣暖地産金，合水、火、土氣，滋濡陶融而成。日非金母，却爲火君。金在土中，開礦時，純見水砂，砂入鉛冶，金自出焉。鉛、錫初時流於礦石之上，如汗液然，流液漸漬爲質，試看洞中石柱，乳滴倒垂，可以類推。五金八石，固有胚渾遂生，亦有後來滋長。彼空礦封閉，久久復生銀沙，造物之所以無盡藏也。地氣上升，四行畢具空中，間或雨鐵、雨銅、雨石，石中有銅、鐵，實緣四行之氣，冲入火際，如土得陶，與隕星、落楔同理。每見各書所載雨錢之説，眼實未見，盡信爲難。或亦銅、鐵受圓體含鑄，降質似錢，如所雨荳麥之類，僅似荳麥耳。即有肉好面幕逼真者，倘亦與冰凍花鳥之形，葩莖羽距逼真者之理無異耶？元行炁火，功效神速，彼矢彈疾行，間有激動炁火，而丸鏃俱鎔者，不足怪也。《史記》：櫟陽雨金。

既作《化育論》，而以元行之火、土、水、炁變蒸騰動，爲風、雨、露、雷、彗、孛、雪、霜、虹、霓、震，罔諸經怪，約略而論其理矣。然語焉未詳，一事之中，變者、化者，未可更僕數。偶于篋中得二十五年前一舊稿，蓋需次給事之命，閒暇中與四方諸儒極其推論者，再爲演說一通，于以見天地間，大氣鼓盪，雖有不常之事，却有一定之理。愚夫婦日用飲食，而不必知者，士君子業已冠圜冠、履句履，又安可不知也？

五行之質，俱含二氣，惟金、木專以質用，不能變

氣行變化演説

既作《化育論》，而以元行之火、土、水、炁變蒸騰動，爲風、雨、露、雷、彗、孛、雪、霜、虹、霓、震，罔諸經怪，約略而論其理矣。然語焉未詳，一事之中，變者、化者，未可更僕數。偶於篋中得二十五年前一舊稿，蓋需次給事之命，閒暇中與四方諸儒極其推論者，再爲演説一通，於以見天地間，大氣鼓盪，雖有不常之事，却有一定之理。愚夫婦日用飲食，而不必知者，士君子業已冠圜冠、履句履，又安可不知也？

五行之質，俱含二氣，惟金、木專以質用，不能變

化無可殫論若水火土皆挾氣爲質有元質有
變質水土之元質與氣二而一火之元質與氣
一而一氣有兩種其一熱而帶濕蒸爲霧露雨
雪霜霰雲霞其一熱而帶燥亦分兩體一者微
細易於點火爲電爲流星彗孛一者疎散不容
易點火多變爲風帶濕者先觸乎土稍染膠膩
感太陽之熱攝而上騰垂爲景象燥者觸土氣
乾爽著太陽不能高以無膠膩入日氣淺則散
而爲風與風相類者煙也土出之氣本重於水

化，無可殫論。若水、火、土皆挾氣爲質，有元質，有變質。水、土之元質與氣二而一，火之元質與氣一而一。氣有兩種，其一熱而帶濕，蒸爲霧、露、雨、雪、霜、霰、雲、霞；其一熱而帶燥，亦分兩體。一者微細，易於點火，爲電，爲流星、彗孛；一者疎散，不容易點火，多變爲風。帶濕者，先觸乎土，稍染膠膩，感太陽之熱，攝而上騰，垂爲景象。燥者，觸土氣乾爽，着太陽不能高，以無膠膩入，日氣淺則散而爲風。與風相類者，煙也。土出之氣，本重於水，

緣何可噏而高以土性原燥兼之挾膩與日相

合鍾熱氣多且久本質既能含熱熱毋在日一

噏便升無可異者水性薄不能膠連爲日星所

噏至中際遂散無繇冲至晶宇者故彗字之成景

象者土氣爲多與水無涉晶宇者火際也或問

水土之氣果只是熱燥熱濕兩氣乎其一曰止

有濕氣無燥氣如灰是燥終不能變以土不能

緣火雖至烈煅灰終不成物也辨者曰不然若

單是濕氣便無電光流星矣灰何以不能變以

絡敻草　氣行　星　函宇通

二六五

緣何可噏而高？以土性原燥，兼之挾膩，與日相合，鍾熱氣多且久，本質既能含熱，熱毋在日，一噏便升，無可異者。水性薄，不能膠連，爲日星所噏，至中際遂散，無繇冲至晶宇。故彗字之成景象者，土氣爲多，與水無涉。晶宇者，火際也。或問：水土之氣，果只是熱燥、熱濕兩氣乎？其一曰：止有濕氣，無燥氣。如灰是燥，終不能變，以土不能變火，雖至烈煅，灰終不成物也。辨者曰：不然，若單是濕氣，便無電光、流星矣。灰何以不能變？以灰無膩氣故耳又有辨者曰氣之第一熱而燥者化爲電亭第二熱而濕者勢不能高爲霾爲霧第三冷而燥者爲風第四冷而濕者爲雨爲露折之者曰皆非也水性就下冷者沾滯土性沉重抑而不揚必火氣入之水土之氣纔鬆方能蒸爲雲霧攝火而成水土之變者又以日星日星以熱爲體以昭蘇爲用故能輕揚水土使之薄靡上浮而爲風雨雲霧星電也〇地球非渾固之質竅欺相通其竅欺中多冷然冷而不

灰無膩氣故耳。又有辨者曰：氣之第一，熱而燥者，化爲電、亭；第二，熱而濕者，勢不能高，爲霾、爲霧；第三，冷而燥者，爲風；第四，冷而濕者，爲雨、爲露。折之者曰：皆非也，水性就下，冷者沾滯，土性沉重，抑而不揚，必火氣入之，水土之氣纔鬆，方能蒸爲雲霧，攝火而成水土之變者。又以日星，日星以熱爲體，以昭蘇爲用，故能輕揚水土，使之薄靡上浮，而爲風、雨、雲、霧、星、電也。

地球非渾固之質，竅欺相通，其竅欺中多冷，然冷而不

極亦有濕者熱者故物之受變化者有難易之
分竅欿之體有多礌空者有似傘者似蕈者有
脂膩者有琉者多竅之處容易致震以氣在內
欲鼓而奮也氣至空處遇冷成泉故常濕焉濕
冷相幷所受客氣不同故水亦異如寒煖甘苦
香腥硝鹵之不同皆客氣爲之也○空中有三
際地之熱氣向上所至之處爲際火際之下是
上際冷際之中爲中際天下高山絕頂風雨霜
雪皆在其下其頂上沙寫灰劃之字從古不動

極，亦有濕者、熱者，故物之受變化者，有難易之分。竅欿之體，有多礌空者，有似傘者，似蕈者，有脂膩者，有琉者。多竅之處，容易致震，以氣在內，欲鼓而奮也。氣至空處，遇冷成泉，故常濕焉。濕冷相幷，所受客氣不同，故水亦異，如寒煖、甘苦、香腥、硝鹵之不同，皆客氣爲之也。

空中有三際，地之熱氣向上，所至之處爲際。火際之下是上際，冷際之中爲中際。天下高山絕頂，風、雨、霜、雪，皆在其下，其頂上沙寫灰劃之字，從古不動。

空中之氣本性屬熱而不甚因受客氣所以不
同如上際既近火一熱地上之氣冲入變爲電
光飛星之類若添薪然二熱火際近天隨天轉
動動則生陽三熱下際熱氣原彼本性太陽所
被熱更有加氣與熱冒故常溫煖溫煖之氣上
至中際漸次消歸當爲極冷以固下溫上面火
際冷氣難升下面煖氣共相圍抱冷而益冷極
冷之處非上非下當在冷中夏月之雹從此變
化○火之變甚多或爲彪燄或爲跳揚或爲鎗

空中之氣，本性屬熱而不甚，因受客氣，所以不同。如上際既近火，一熱地上之氣冲入，變爲電光、飛星之類，若添薪然；二熱火際近天，隨天轉動，動則生陽；三熱下際熱氣原彼本性，太陽所被熱，更有加氣與熱冒，故常溫煖。溫煖之氣，上至中際，漸次消歸，當爲極冷，以固下溫。上面火際冷氣難升，下面煖氣共相圍抱，冷而益冷。極冷之處，非上非下，當在冷中。夏月之雹，從此變化。火之變甚多，或爲彪燄，或爲跳揚，或爲鎗，

或爲遊星或爲落星或爲墜火或爲愚火或爲
餂火或爲飛龍或爲陰陽或爲霹靂爲電爲彗
其形色動靜方圓長短高下大小不等形色有
明紅有暗綠有烟淡或旋行或冲行或蛇行或
下行或行緩或行急諸所變象皆不麗天如其
麗天便不可見疾如奔星之落非屬天星天星
大過地豈有星星之理如天星散落則世界壓
翻從古以來星無加減自是無落其或久存或
卽消滅或出白日或出黑夜惟白日必其有光

二六九

或爲遊星，或爲落星，或爲墜火，或爲愚火，或爲餂火，或爲飛龍，或爲陰陽，或爲霹靂、爲電、爲彗。其形色、動靜、方圓、長短、高下、大小不等。形色有明紅，有暗綠，有烟淡，或旋行，或冲行，或蛇行，或下行，或行緩，或行急，諸所變象，皆不麗天。如其麗天，便不可見。疾如奔星之落，非屬天星。天星大過地，豈有星星之理！如天星散落，則世界壓翻，從古以來，星無加減，自是無落，其或久存，或即消滅，或出白日，或出黑夜，惟白日必甚有光，

乃可到眼原其初質皆繇土變土出之氣爲日
星所喻帶火上騰久者如添油積薪驟者如吹
燈點引其飈燄長廣昭蘇者一點齊着故白日
亦見跳揚者以氣有毛角手足燃時彼此互動
似物跳然鎗細而長不動遊星以其氣長從頭
蓺尾如星之遊或氣欲上舉被濕雲遮從旁復
走或側轉觸地此等火皆不到上際上際雲不
能到何以遮之令彼墜地其天星夜落如雨多
風之兆也蓋緣中際之冷氣隔之使下流星與

乃可到眼。原其初質，皆繇土變。土出之氣，爲日星所喻，帶火上騰，久者如添油積薪，驟者如吹燈點引。其飈燄長廣，昭蘇者一點齊着。故白日亦見跳揚者，以氣有毛角手足，燃時彼此互動，似物跳然。鎗細而長不動。遊星以其氣長，從頭蓺尾，如星之遊，或氣欲上舉，被濕雲遮，從旁復走，或側轉觸地。此等火皆不到上際，上際雲不能到，何以遮之？令彼墜地，其天星夜落如雨，多風之兆也。蓋緣中際之冷氣，隔之使下，流星與

風俱同一氣但疎散者燃光稠蕩者吹嚏從其
方之所向則知風之所起人見流星有一線條
者原非一線只緣行疾看來作如是觀鬼火其
處低其質膩為夜間冷氣所圍若或膠之所以
稍久極容易搖動值人行或導人前或隨人後
或隨人轉遶是空中氣滿在人前則氣拒而前
在人後則後氣急填行前者之空氣又推之而
前隨人忽轉又或值他氣稍重故又迫之旁行
緣其氣膩故墟墓廟社間多有之以尸氣與燈

風，俱同一氣。但疎散者燃光，稠蕩者吹嚏，從其方之所向，則知風之所起。人見流星有一線條者，原非一線，只緣行疾，看來作如是觀。鬼火，其處低，其質膩，爲夜間冷氣所圍。若或膠之，所以稍久極容易搖動。值人行，或導人前，或隨人後，或隨人轉遶。是空中氣滿，在人前，則氣拒而前；在人後，則後氣急填行。前者之空氣又推之而前，隨人忽轉。又或值他氣稍重，故又迫之旁行，緣其氣膩，故墟墓、廟社間多有之，以尸氣與燈燭氣助之膩，見者不必驚爲鬼也。鮎火是稀鬆之氣，露于人衣及禽獸毛上，挾人獸汗氣，熱而燥，偶然搖動，衣毛成風，不覺點着，微有咋聲。飛龍之火是一等氣，輕鬆不甚膠連。遇着冷雲攔截，其氣爲冷所逼，聚熱氣成團燃着，上冲不能，過之而下，自是蛇行，有似飛龍之象，史所爲枉矢流也。陰陽之火，海上多有之。遇大風後，駐船桅索之上，駐則知風息，亦其體輕飄。其駐之時，以風力將弱也，故木華《海賦》曰：陰火［熠］然。雷聲，

有人說是火入雲中滅于冷濕如紅鐵入水其
聲沸然此說爲繆何者若如是便皆見有煙氣
不應復見電光原是燥熱之氣直逼雲中都被
重雲圍裹四周冷濕之氣包火成團燃着勢昌
旁礴涌沸冷濕嘔欲歛聚燥火又欲迸散東奔
西撞所以轟轟猛勢相逼漲破雲竅或如裂繒
或如鳴鼓有如乾木遇火忽作爆響以木中本
有燥性逢火則其性開發雲氣裹雷當燥濕同
起一至中際濕者欲下燥者欲上自相搏激亦

有人説是火入雲中，滅于冷濕，如紅鐵入水，其聲沸然，此説爲
繆，何者？若如是，便皆見有煙氣，不應復見電光。原是燥熱之
氣，直逼雲中，都被重雲圍裹。四周冷濕之氣，包火成團，燃着勢
昌，旁礴涌沸。冷濕嘔欲歛聚，燥火又欲迸散，東奔西撞，所以轟
轟猛勢相逼，漲破雲竅。或如裂繒，或如鳴鼓，有如乾木遇火，忽
作爆響。以木中本有燥性，逢火則其性開發。雲氣裹雷，當燥濕同
起，一至中際，濕者欲下，燥者欲上，自相搏激。亦

有雲先成而燥氣從下透上漸漸深入終被雲
遮難得直穿者其有雷無電止是燥火之氣與
雲周旋合并亦能發聲不曾點火所以無電其
無雲而雷以地竅出火如放銃然每有掘炭者
炭井火燃雷鳴井口亦此類也電與雷同體火
氣切雲互相摩盪帶上土氣一齊點着乃見電
光光相入目即呈聲氣入耳少待電光之後便
繼急雷見聞遲速之以耳彼先聞雷聲後見電
光者以未曾點火摩盪其常也亦有電而無聲

有雲先成，而燥氣從下透上，漸漸深入，終被雲遮，難得直穿者，其有雷無電，止是燥火之氣，與雲周旋合并，亦能發聲，不曾點火，所以無電。其無雲而雷，以地竅出火，如放銃然。每有掘炭者，炭井火燃，雷鳴井口，亦此類也。電與雷同體，火氣切雲，互相摩盪，帶上土氣，一齊點着，乃見電光。光相入目，即呈聲氣入耳。少待電光之後，便繼急雷，見聞遲速之以耳。彼先聞雷聲、後見電光者，以未曾點火摩盪，其常也。亦有電而無聲

者以雷氣稍疎不消摩盪故也霹靂專直燥烈
之氣入雲點火本性欲上被雲遏住互相搆闘
搖動或雲下稍薄側逼反下出雲之下有象可
觀其氣聚者倒逼入地上則專直下乃之玄此
何以故以性欲上以勢欲下兩者空中相薄而
不相讓頓挫入地亦無三尺之深冬月無雷熱
氣稍微不能點火其帶琉黃氣者或地中原有
琉黃或燥火挾土而上土經火煅亦能煉出琉
黃雷有三種一曰鑽雷一曰湃雷一曰燒雷鑽

格致草　　　　　　氣行　　百三一　函宇通

者，以雷氣稍疎，不消摩盪故也。霹靂專直，燥烈之氣，入雲點火，本性欲上，被雲遏住，互相搆闘搖動。或雲下稍薄，側逼反下，出雲之下，有象可觀。其氣聚者，倒逼入地上，則專直下乃之玄，此何以故？以性欲上，以勢欲下，兩者空中相薄，而不相讓，頓挫入地，亦無三尺之深。冬月無雷，熱氣稍微，不能點火。其帶琉黃氣者，或地中原有琉黃，或燥火挾土而上，土經火煅，亦能煉出琉黃。雷有三種，一曰［鑽］雷，一曰湃雷，一曰燒雷。［鑽］

雷之體尖細如火燄鑿空便過湃雷之體逢物
萌騰燒散燒雷所經便留火跡雷傷高處如塔
頂船桅山冢屋棟之類因雷曲下逢高先撞亦
有直上性慣附高其物而擊者豈有天意
存耶又霹靂之氣着物其物先自搖動而後雷
至何也雷之氣力甚大有至必先也天下物有
逢雷不傷者一爲禽中之鴉雞蠟 西方禽 百鳥之
王一爲海牛預知雷氣便能趨避耳有雷火融
液囊中金鐵而囊如故者有化劍而劍室如故

雷之體，尖細如火燄，鑿空便過。湃雷之體，逢物萌騰燒散。燒雷
所經，便留火跡。雷傷高處，如塔頂、船桅、山冢、屋棟之類，因
雷曲下，逢高先撞，亦有直上，性慣附高。其逢人物而擊者，豈有
天意存耶？又霹靂之氣着物，其物先自搖動，而後雷至，何也？雷
之氣力甚大，有至必先也。天下物有逢雷不傷者，一爲禽中之鴉雞
蠟，西方禽。百鳥之王；一爲海牛，預知雷氣，便能趨避耳。有雷火
融液囊中金鐵，而囊如故者；有化劍而劍室如故

者有木與鐵並處鐵銷而木不焚者有人獸被
雷皮膚不損而骨成泥爐者大約堅剛者傷柔
弱者存雷體迅疾尖細凡質弱鬆軟有竅者不
與相敵堅剛者以體敵雷又無瑕壘少停錘煆
徑化烏有有雷著酒桶桶都燒盡其酒三四日
內渾如桶盛並不流溢者以酒燥熱之氣著雷
燥熱之氣氣聚成痞如硝著火便成塊殼三四
日外其氣消散酒亦傾矣又有酒桶無傷酒盡
乾消者以桶木稀鬆不與雷敵酒敵雷力倏然

者；有木與鐵並處，鐵銷而木不焚者；有人獸被雷，皮膚不損，而骨成泥爐者。大約堅剛者傷，柔弱者存。雷體迅疾尖細，凡質弱鬆軟有竅者，不與相敵。堅剛者，以體敵雷，又無瑕壘，少停錘煆，徑化烏有。有雷著酒桶，桶都燒盡，其酒三四日內渾如桶盛，並不流溢者，以酒燥熱之氣，著雷燥熱之氣，氣聚成痞，如硝著火，便成塊殼。三四日外，其氣消散，酒亦傾矣。又有酒桶無傷、酒盡乾消者，以桶木稀鬆，不與雷敵，酒敵雷力，倏然

炙乾前桶壞者桶木堅剛敵雷也其酒人飲之
則成瘋疾燥氣及硝黃留入酒中也人觸雷則
暈倒若稍遠斯能苟全凡雷所著有毒之物去
毒無毒之物留毒有去一毒而生一毒皆燥火
之所致乎彗乃土氣燥熱者上升膠膩凝結忽
成片段冲入晶宇火際燃着故能久不散亦隨
天轉凡彗將見必多大風或大旱緣燥熱橫滿
空中容易變風未帶濕氣不能變雲所以知彗
之體乃一段空中燥氣彗體時小時大時光時

炙乾。前桶壞者，桶木堅剛，敵雷也。其酒人飲之，則成瘋疾，燥氣及硝黃留入酒中也。人觸雷，則暈倒，若稍遠，斯能苟全。凡雷所著，有毒之物去毒，無毒之物留毒，有去一毒而生一毒，皆燥火之所致乎！彗乃土氣燥熱者上升，膠膩凝結，忽成片段。冲入晶宇，火際燃着，故能久不散，亦隨天轉。凡彗將見，必多大風或大旱。緣燥熱橫滿空中，容易變風，未帶濕氣，不能變雲。所以知彗之體，乃一段空中燥氣。彗體時小時大，時光時

没所以見得是地下氣之所結若是天上原星
則有恒矣量天家每每量彗厥度坐准在月下
月下無天故也亦有天上生一客星與列宿同
行幾年不易位者是又天道之玄微處何以知
彗在上際蓋爲天螸動與天同行因知其位在
上際中際屬冷安能點火凡彗出多在北陸之
北南陸之南而不在黄道黄道太陽專烈易散
客氣燥不能成彗縱或有之不過二三日見其
彗點火之故或以隨天行動之速動則生火或

没，所以見得是地下氣之所結。若是天上原星，則有恒矣。量天家
每每量彗，厥度坐准在月下，月下無天故也。亦有天上生一客星，
與列宿同行，幾年不易位者，是又天道之玄微處。何以知彗在上
際？蓋爲天螸動，與天同行，因知其位在上際，中際屬冷，安能點
火？凡彗出多在北陸之北、南陸之南，而不在黃道。黃道，太陽專
烈，易散客氣，燥不能成彗。縱或有之，不過二三日，見其彗。點
火之故，或以隨天行動之速，動則生火；或

以火際之星流下或雷電之火冲入上際附麗
空中原帶上之土氣封合添增因能久着若如
俗言彗體如鏡借日爲光故成芒耀不知處位
甚低地影障隔便應夜夜蝕矣諸星借日爲光
厥度甚高彗只可稱火不可稱星也四季惟秋
天爲多夏熱易酥冬寒氣弱冲吸不上少則七
日多則八十日絕無以年計者曾有一年在漢
哀帝四十年後其長久者以火原不猛體又膠
凝愈點愈吸附麗客氣遂多從東而西爲天帶

以火際之星流下；或雷電之火，冲入上際，附麗空中，原帶上之土氣，[帮] 合添增，因能久着。若如俗言：彗體如鏡，借日爲光，故成芒耀。不知處位甚低，地影障隔，便應夜夜蝕矣。諸星借日爲光，厥度甚高，彗只可稱火，不可稱星也。四季惟秋天爲多，夏熱易酥，冬寒氣弱，冲吸不上，少則七日，多則八十日，絕無以年計者。曾有一年，在漢哀帝四十年後，其長久者，以火原不猛，體又膠凝，愈點愈吸，附麗客氣遂多，從東而西，爲天帶

動其理易明間有從西而東者何緣質體鬆弱
如爛泥塗壁天亦牽掣不來而空中常行之氣
又似累贅矣厥色之或白或黃或暗或亮各隨
其氣無復他端徵應多風多旱前已言之而主
多荒者以彗見則翕及地上饒澤之氣又主多
震以上面噏氣之緊地中氣欲出來所以搖動
主多災病噏動燥熱流毒人間水澤之處尤甚
地液緣上噏之盡野無所潤王者惡之有土之
主土氣燥壞成象于天自有相當之理其彗如

路攻事

氣行

西宇樋

動，其理易明。間有從西而東者何？緣質體鬆弱，如爛泥塗壁，天亦牽掣不來，而空中常行之氣，又似累贅矣。厥色之或白或黃，或暗或亮，各隨其氣，無復他端。徵應多風多旱，前已言之。而主多荒者，以彗見則翕及地上饒澤之氣；又主多震，以上面噏氣之緊，地中氣欲出來，所以搖動。主多災病，噏動燥熱，流毒人間，水澤之處尤甚。地液緣上噏之盡，野無所潤，王者惡之。有土之主，土氣燥壞，成象于天，自有相當之理。其彗如

四圍芒角似鐵蒺藜者乃是上邊恒星所噏其

氣雖不到星都與星對如日月暈此方見彼方

不見暈氣原低不在日月體上也○漢亘古以

來與列宿同運列宿自西往東垂百年差一度

漢亦垂百年差一度此無疑者其體盡是細星

稠聚自下仰觀不能分別箇數渾成一片光氣

近曆家製有窺筒測見漢中星疎密成體更無

疑此蓋是空中原有此一光雲勢必活動安能

亘古無伸縮加減竟與列宿同行耶○暈乃空

四圍芒角，似鐵蒺藜者，乃是上邊恒星所噏其氣，雖不到星，都與星對。如日月暈，此方見，彼方不見，暈氣原低，不在日月體上也。

漢，亘古以來，與列宿同運。列宿自西往東，垂百年差一度。漢亦垂百年差一度，此無疑者。其體盡是細星稠聚，自下仰觀，不能分別箇數，渾成一片光氣。近曆家製有窺筒，測見漢中星疎密成體，更無疑?[1] 若是空中原有此一光雲，勢必活動，安能亘古無伸縮加減，竟與列宿同行耶?

暈，乃空

1 此處不清，徐光台推測爲"即"。

中之氣，直逼日月之光，圍抱成環，其有缺者，有團者，有抱者，有背者，有薄者，有厚者，皆是氣所注射。又有一等氣在天上，外淺中深，如井者，深係氣厚之處，淺係氣薄之處。日光所照氣厚處，似乎深窈一般；其薄者，日照之故，白色如井欄。暈氣漸稠而黑者，雨徵也。有忽然去一邊、留一邊者，風徵也。忽然全去者，晴徵也。

日，有重疊見兩三者，以雲氣對日，一層雲稍薄，能透光，却被日光所射，後面却又有一層黑而厚者，攩住

日光反透薄雲故成重日之象其旁邊另有雲
又與所透之雲相對復成日象然日在東西平
面下看之則間有午中則無是事以仰觀目力
難及午日陽氣力大沖破雲氣且正中遊氣更
薄于東西也月亦如是亦須望左右兩三日餘
日難見望時月力光大乃能照雲爲月大抵日
月之重皆○虹係雨際雲在一邊日在
一邊我在雲日之中雨際之雲有稍薄處爲日
光所映後面却有黑雲濃厚者日光透過不去

日光，反透薄雲，故成重日之象。其旁邊另有雲，又與所透之雲相對，復成日象。然日在東西平面下，看之則間有，午中則無是事，以仰觀目力難及，午日陽氣力大，沖破雲氣，且正中遊氣，更薄于東西也。月亦如是，亦須望左右兩三日，餘日難見。望時，月力光大，乃能照雲爲月。大抵日月之重，皆雨徵耳。

虹，係雨際雲在一邊，日在一邊，我在雲日之中。雨際之雲，有稍薄處，爲日光所映，後面却有黑雲濃厚者，日光透過不去，

所以成虹特無顔色以日力微耳虹之體穹然
外一層黃中層綠綠裏一層紅隨雲之邊幅外
薄中厚下愈厚故也譬如玻璃鏡以淺色薄物
托之則光微若以鉛錫之類不能透光者托之
則光愈煥發矣其又有片雲成兩虹者是以虹
映虹其黃黑赤之分則相反黃者內紅在外如
以鏡照鏡此鏡之內乃彼鏡之外也其看得是
半圈日雲低圈小而色寬日雲高圈大而色狹
都係人眼看法〇風大槩是燥熱之氣從空變

格致草　　　氣行　　　　西學通

所以成虹。特無顔色，以日力微耳。虹之體穹然，外一層黃，中層綠，綠裏一層紅。隨雲之邊幅，外薄中厚，下愈厚故也。譬如玻璃鏡，以淺色薄物托之，則光微；若以［鉛］、錫之類不能透光者托之，則光愈煥發矣。其又有片雲成兩虹者，是以虹映虹，其黃、黑、赤之分則相反，黃者內，紅在外。如以鏡照鏡，此鏡之內，乃彼鏡之外也。其看得是半圈，日雲低，圈小而色寬；日雲高，圈大而色狹，都係人眼看法。

風，大槩是燥熱之氣，從空變

風日出多風以陽吸日故雪消多風以雪裹藏
有燥氣故空中火色多風以燥氣布聚故彗多
風以彗爲燥氣所成故風能乾以原體帶燥故
風能使船拔木以風有強體故海上多風則有
燥濕之氣浩瀚不同也風力平行者是日星吸
燥熱之氣欲上中至冷際又不能上相激而下
所以平行有力今日有風明日無風今日風大
明日風小係星日吸之輕重蓋空中有常氣風
被日星吸重常氣亦隨而動若吸輕則常氣不

風。日出多風，以陽吸日故。雪消多風，以雪裏藏有燥氣故。空中火色，多風以燥氣布聚故。彗多風，以彗爲燥氣所成故。風能乾，以原體帶燥故。風能使船拔木，以風有強體故。海上多風，則有燥濕之氣，浩瀚不同也。風力平行者，是日、星吸燥熱之氣欲上，中至冷際，又不能上，相激而下，所以平行有力。今日有風，明日無風，今日風大，明日風小，係星、日吸之輕重。蓋空中有常氣，風被日星吸重，常氣亦隨而動。若吸輕，則常氣不

能動矣風性本所自是燥熱隨過地方亦帶濕
氣海方多濕所以東南風濕熱西北距海遠所
以多燥其爲利爲害亦從所經之地分也大都
濕氣多屬有日出而風發者以燥氣爲夜冷氣
所壓口開其冷風遂噓發亦有日出而風息者
陽氣勝而燥濕之氣散也又有日落風起以無
陽氣壓燥熱之氣故亦有日落風止緣日在天
能吸熱氣日落無吸大都太陽出沒動靜靜動
力量甚大大風之所被有此雨而彼陰此涼而彼

能動矣。風性本所自是燥熱，隨過地方，亦帶濕氣。海方多濕，所以東南風濕熱，西北距海遠，所以多燥。其爲利爲害，亦從所經之地分也，大都濕氣多屬。有日出而風發者，以燥氣爲夜冷氣所壓，口開，其冷風遂噓發。亦有日出而風息者，陽氣勝而燥濕之氣散也。又有日落風起，以無陽氣壓燥熱之氣故。亦有日落風止，緣日在天能吸熱氣，日落無吸。大都太陽出沒，動靜、靜動力量甚大，風之所被，有此雨而彼陰，此涼而彼

熱各隨所經之地爲異風暴者以熱氣被冷雲
所圍原質帶濕稍蘇不能點化而爲風開雲突
出故爲暴風夏江湖多有之赤道下天有片雲
即有巨風以日近故旋風有自上下者有自下
上者海中能吸舟船春秋冬夏各有風信者亦
隨時隨地爲之不能一律也問一氣耳何以能
變風變火及雷雨諸類之不同耶曰氣原不同
耳氣母雖一而其所出之體或重或輕或密或
鬆或膩或爽又兼帶客氣隨其所出各各不同

熱，各隨所經之地爲異。風暴者，以熱氣被冷雲所圍，原質帶濕，稍蘇，不能點化而爲風，開雲突出，故爲暴風。夏，江湖多有之。赤道下，天有片雲，即有巨風，以日近故。旋風，有自上下者，有自下上者，海中能吸舟船。春秋冬夏，各有風信者，亦隨時隨地爲之，不能一律也。

問：一氣耳，何以能變風、變火，及雷、雨諸類之不同耶？曰：氣原不同耳。氣母雖一，而其所出之體，或重或輕，或密或鬆，或膩或爽，又兼帶客氣，隨其所出，各各不同，

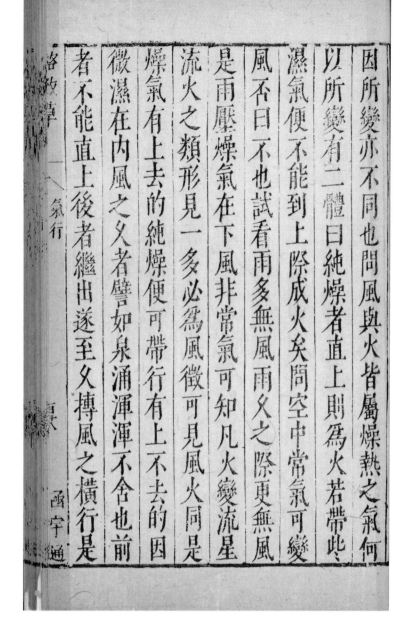

因所變亦不同也。

問：風與火，皆屬燥熱之氣，何以所變有二體？曰：純燥者，直上則爲火，若帶此濕氣，便不能到上際成火矣。

問：空中常氣可變風否？曰：不也。試看雨多無風，雨久之際更無風，是雨壓燥氣在下，風非常氣可知。凡火變流星、流火之類，形見一多，必爲風徵，可見風火同是燥氣。有上去的，純燥便可帶行；有上不去的，因微濕在內。風之久者，譬如泉涌，渾渾不舍也。前者不能直上，後者繼出，遂至久搏。風之橫行，是

孰推之蓋燥氣直上爲冷濕所壓而下其體稀
疎又入地不得只得橫行冷與濕是風之對頭
避其對頭勢必旁鶩凡稀鬆之氣力量甚大如
炮火之類其氣亦稀鬆故地震亦稀鬆中布氣
搖撞所致又風有風向何也譬如煙出于突逢
牆在南體便過北秋冬北風多以冷氣在北夏
天南風多以冷氣在南中國之下即赤道以南
之冬也大抵天地如人身五藏之官雖該五行
而通身布濩全藉火力火爲牝以水爲牝牝必

孰推之？蓋燥氣直上，爲冷濕所壓而下，其體稀疎，又入地不得，只得橫行。冷與濕，是風之對頭，避其對頭，勢必旁鶩。凡稀鬆之氣，力量甚大，如炮火之類，其氣亦稀鬆，故地震亦稀鬆，中布氣搖撞所致。又，風有風向，何也？譬如煙出于突，逢牆在南，體便過北。秋冬北風，多以冷氣在北；夏天南風，多以冷氣在南，中國之下，即赤道以南之冬也。大抵天地如人身，五藏之官，雖該五行，而通身布濩，全藉火力，[離]火爲[虛]牝，以[坎]水爲[蒲]牡，牝必

求牡牝配合濕熱均停所以長生試觀春夏
積水一值日照便生蟲豸濕熱相合之故濕偏
勝者其病爲蠱爲腫熱偏勝者其病爲瘟爲癆
所以養形之家甚善養陰而陽附焉陰虛極者
火無所附火遂騰越出體便致暴卒皮膚燥痒
熱則生風疿疥蠱戾肋轉脉搖正如彗孛震虩
地清明在躬志氣如神則雲潤星輝風揚月至
之象故曰人身小天地人身不必根抵虛空動
作神滿其中天地安頓亦不必根抵虛空變化

求牡，牡牝配合，濕熱均停，所以長生。試觀春夏積水，一值日照，便生蟲豸，濕熱相合之故。濕偏勝者，其病爲蠱、爲腫；熱偏勝者，其病爲瘟、爲癆。所以養形之家，甚善養陰而陽附焉。陰虛極者，火無所附，火遂騰越出體，便致暴卒。皮膚燥痒，熱則生風，疿疥蠱戾，肋轉脉搖，正如彗孛震虩也。清明在躬，志氣如神，則雲潤星輝，風揚月至之象。故曰：人身，小天地。人身不必根抵虛空動作，神滿其中；天地安頓，亦不必根抵虛空變化，

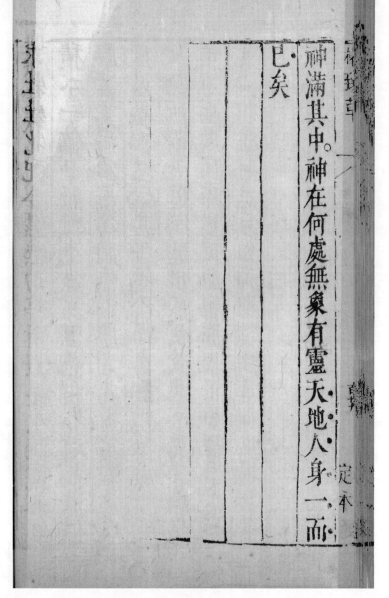

神滿其中。神在何處？無象有靈，天地人身，一而已矣。

格致草　　進賢熊明遇良孺著

黄河清

黄河從星宿海發源，初亦不渾。踰數百里，（惝）［湍］悍之勢，刷動泥土，始成濁河。然猶衣帶耳，入陝之涇渭始大。比踰龍門砥柱，則如天上來矣。一石水，五斗泥，其黄固也。然有時澄清數十里者，何故？假使全河皆清，猶曰源流通改。然僅僅里計，若分截然，上流之泥滓至此，遂若淘洗乎？此必

二九三

函宇通

格致草　　進賢熊明遇良孺著

黄河清

黄河從星宿海發源，初亦不渾。踰數百里，（惝）［湍］悍之勢，刷動泥土，始成濁河。然猶衣帶耳，入陝之涇渭始大。比踰龍門砥柱，則如天上來矣。一石水，五斗泥，其黄固也。然有時澄清數十里者，何故？假使全河皆清，猶曰源流通改。然僅僅里計，若分截然，上流之泥滓至此，遂若淘洗乎？此必

其下有蛟蜃、龍精、水母之屬據之，其性能化土爲水。濁泥至此，一感其氣，頓作清泓，過此，依然復濁。如山上出蛟，山土皆化，巨波自洞中湧出，漂屋浸原，其一證也。又，諺云：蛟龍搔雲如鐵，搔土如雪，此所以上流與下流皆渾，此段獨清。每見河清之處，先數日必滾白浪花，震盪異常，則水族之精靈者爲之耳。酸、鹹、苦、澀之氣，皆能斂凝澄澱，沙乘火土亦澱。

火災

火行本所，雖在氣行之上，而藏于木，壅閼于水

土以利生人之用疏散則光明鬱聚則騰越鄉
村之民剪茅蓋屋未見恒爐城市高明之麗反
虞閼伯疏散與鬱聚之分耳然猶曰借人火以
發也乃宮殿寺觀棟隆隆然輒有非人之火蓋
木爲火母棟幹皆徵數千年之材克㓚羅列既
林林有火象而其極高大之處或有兩木及金
石相摩風日吹照久而生煙人不及覺故人家
積油千石者必火與椎油新布疊貯則燃事可
通論也

土，以利生人之用。疏散則光明，鬱聚則騰越。鄉村之民，剪茅蓋屋，未見恒爐，城市高明之麗，反虞閼伯，疏散與鬱聚之分耳。然猶曰借人火以發也，乃宮殿寺觀棟隆隆然，輒有非人之火。蓋木爲火母，棟幹皆徵數千年之材，克㓚羅列，既林林有火象，而其極高大之處，或有兩木及金石相摩，風日吹照，久而生煙，人不及覺。故人家積油千石者，必火與椎油新布疊貯，則燃事可通論也。

海

造物之初渾淪剖判四氣之行各有本所火之
體質最爲輕眇居最上水之體質稍輕于土附
地居焉惟地形質獨爲至重凝結水下萬形萬
質莫不就之水既在地地有崇卑海之爲處于
地甚卑故百川滙爲巨壑也

海潮汐

月爲陰精水之母也凡寰宇之濕潤陰寒皆月
主之月爲濕本濕能下施故方諸對月而得水

海

造物之初，渾淪剖判，四氣之行，各有本所。火之體質，最爲輕妙，居最上；水之體質，稍輕于土，附地居焉。惟地形質，獨爲至重，凝結水下，萬形萬質，莫不就之。水既在地，地有崇卑，海之爲處，于地甚卑，故百川滙爲巨壑也。

海潮汐

月爲陰精，水之母也，凡寰宇之濕潤陰寒，皆月主之。月爲濕本，濕能下施，故方諸對月而得水

焉月既下濟水亦上行欲就于月故月輪所至
水爲之長而成潮汐也當潮長時江河溪澗以
及盆盎無處不長長則氣入水爲之輕潮降氣
出水没故重今人以缾盛水每日權之輕重不
等則潮升時輕潮降時重耳獨小水之處升降
甚微人所不覺海水既大灌注江河升降盈涸
事理顯然故獨稱海潮也不獨水也凡水族之
物月望氣盈晦即氣縮故月虛而魚腦減月滿
而蚌蛤實也又不獨水族也草木百昌苟資濕

焉。月既下濟，水亦上行，欲就于月，故月輪所至，水爲之長，而成潮汐也。當潮長時，江河溪澗以及盆盎，無處不長。長則氣入，水爲之輕；潮降氣出，水没故重。今人以［瓶］盛水，每日權之，輕重不等，則潮升時輕，潮降時重耳。獨小水之處，升降甚微，人所不覺。海水既大，灌注江河，升降盈涸，事理顯然，故獨稱海潮也。不獨水也，凡水族之物，月望氣盈，晦即氣縮，故月虛而魚腦減，月滿而蚌蛤實也。又不獨水族也，草木百昌，苟資濕

潤以爲生氣無不應月虧盈月滿氣濕月虛氣

燥故上弦以後下弦以前不宜伐竹木以爲材

用如是者易蠹生氣在中也下弦以後上弦以

前伐而爲材卽不作蠹爲少脂潤空質而已亦

猶春夏氣滋秋冬氣歛斧斤時入之意也由此

而言月爲水主月輪所在諸水上升海潮應月

斯著明矣

海鹽海外之國有一日七潮者或地竅水
勢相礴之故乎

夫鹹者生于火也火然薪木旣已成灰用水淋

潤，以爲生氣，無不應月虧盈。月滿氣濕，月虛氣燥，故上弦以後、下弦以前，不宜伐竹木，以爲材用，如是者易蠹，生氣在中也。下弦以後、上弦以前，伐而爲材，卽不作蠹，爲少脂潤，空質而已。亦猶春夏氣滋，秋冬氣歛，斧斤時入之意也。由此而言，月爲水主，月輪所在，諸水上升，海潮應月，斯著明矣。

海鹽海外之國，有一日七潮者，或地竅水勢相礴之故乎？

夫鹹者，生于火也。火然薪木，旣已成灰，用水淋

化非獨水也海中山島或悉是鹽故鹹重歸海
于地中爲最卑下諸鹹就之積鹹既多淡入亦
門泄其淡水下乃卤焉鹹重淡輕亦其證也海
數丈乃得卤焉又鹽池雨多水味必淡作爲斗
蜀道鹽井先鑿得泉悉是淡水以箭隔之更鑿
鹹味寄于海水足徵四味浮輕鹹性沉重矣今
性尤多下墜試觀五味辛甘酸苦皆寄草木獨
中得火既多燥乾燥乾遇水即成鹹味鹹者之
灌即成灰卤燥乾之極遇水即鹹此其驗也地

灌，即成灰卤，燥乾之極，遇水即鹹，此其驗也。地中得火，既多燥乾，燥乾遇水，即成鹹味。鹹者之性，尤多下墜。試觀五味，辛、甘、酸、苦，皆寄草木，獨鹹味寄于海水，足徵四味浮輕，鹹性沉重矣。今蜀道鹽井，先鑿得泉，悉是淡水，以箭隔之，更鑿數丈，乃得卤焉。又鹽池雨多，水味必淡，作爲斗門，泄其淡水，下乃卤焉。鹹重淡輕，亦其證也。海于地中爲最卑下，諸鹹就之，積鹹既多，淡入亦化，非獨水也。海中山島，或悉是鹽，故鹹重歸海，

海水爲鹽也試觀人溺人汗俱作鹹味亦由火
故理可類觀溺處生硝硝爲火藥亦一端也或
曰鹹既因火火因于日日遍大地大地之下悉
有鹽乎曰豈不然乎蜀道鹽井三晉鹽池西域
有海名曰地中實不通海而是鹹水西戎北狄
多有鹽澤彼以鹹故悉名爲海足徵大地之下
無不有鹽矣或曰大地之下既皆有鹽緣何鹽
井以深鹽池鹽澤以淺曰鹹生于火火淺鹹淺
火深鹹深也又鹹能固物使之不腐却能歛物

海水爲鹽也。試觀人溺、人汗，俱作鹹味，亦由火故，理可類觀。溺處生硝，硝爲火藥，亦一端也。或曰：鹹既因火，火因于日，日遍大地，大地之下，悉有鹽乎？曰：豈不然乎！蜀道鹽井，三晉鹽池。西域有海，名曰地中，實不通海，而是鹹水。西戎北狄，多有鹽澤，彼以鹹故，悉名爲海。足徵大地之下，無不有鹽矣。或曰：大地之下，既皆有鹽，緣何鹽井以深，鹽池、鹽澤以淺？曰：鹹生于火，火淺鹹淺，火深鹹深也。又，鹹能固物，使之不腐，却能歛物，使之不生。火在地中，藉温煖，多所變化，[倘]居地上，任其焚燒，有何不滅？若火與鹹，俱令在地，動植之物，悉皆泯矣。故日生熱，因熱生火，旋用水土壅閼，內經君火，相火之旨。恒使在下，助生萬物，有時有處，間一發見，即歸本所。因火生鹹，亦令性重，歸藏于海，爲人作味，不令侵出地上，以爲物害也。且海益于人，不止作味，鹹水生物，美于淡水，故海中之魚，旨于江河之魚。鹹水厚重，載物則强，故入江河而沉者，或入海而浮也。試以江河之舟載物入

海載物不減驗其水痕頓淺尺許此理何故蓋
緣燥熱之情本自堅勁加有鹹味比之凡水稠
而審理故載物獨強也又海水夜光江河不光
江河之水滅火海水入大火如益膏油反加熾
盛則鹹爲火情章章著矣蜀犍爲有火井可以
代油理亦相類

格言考信

文選曰地以四海爲紀　尚書曰江漢朝宗
于海　孟子曰禹以四海爲壑　木華著滄

海，載物不減，驗其水痕，頓淺尺許，此理何故？蓋緣燥熱之情，本自堅勁，加有鹹味，比之凡水，稠而［密］理，故載物獨強也。又，海水夜光，江河不光。江河之水滅火，海水入大火，如益膏油，反加熾盛，則鹹爲火情，章章著矣。蜀犍爲有火井，可以代油，理亦相類。

格言考信

《文選》曰：地以四海爲紀。

《尚書》曰：江漢朝宗于海。

孟子曰：禹以四海爲壑。

木華著《滄

海賦陰火熠然　火海也中鹹水夜明時爲海白　爲水之精潮有大小月有虧盈　物理論曰月　十洲記曰　東海之別有滇海員海南海之別有漲海後　書曰交阯貢獻皆從漲海出入　西海大海之東小水名海者漢　有蒲昌海蒲類海青海鹿渾海　海一名蒲昌　漢書曰蒲昌海一名鹽澤　北海大海之別有瀚海　老子曰忽兮若海　渺論存疑　海中氣轉皆報變忽之一字形容最妙　玄中記曰天下之強者東海之惡燋焉水灌

海賦》：陰火熠然。海中鹹水夜明，火也，時爲海白。

《物理論》曰：月爲水之精，潮有大小，月有虧盈。

《十洲記》曰：東海之別，有滇海、員海。南海之別，有漲海。《後漢書》曰：交阯貢獻，皆從漲海出入。西海大海之東，小水名海者，有蒲昌海、蒲類海、青海、鹿渾海。《漢書》曰：蒲昌海，一名鹽澤。北海大海之別，有瀚海。

老子曰：忽兮若海。海中氣轉，皆〔輒〕變，忽之一字，形容最妙。

渺論存疑

《玄中記》曰：天下之強者，東海之惡燋焉，水灌而不已。惡燋者，山名也，在東海南方三萬里，海水灌之而即消。

佛氏曰：大海中，有四燋然光明大［寶］，布在其地，性極猛熱，能飲縮百川所注無量大水，是大海無有增減。一名日藏，二名離潤，三名火燄光，四名盡無餘。佛亦作此怪語動人。

《莊子》曰：海水三歲一周，流波相薄，故地動。

《十洲記》曰：扶桑在碧海之（卯）［中］，地一面萬里。太帝之宮，太真東皇君所治處。

《［博］物志》曰：舊説，天河與海通。又曰：天地四方，皆海水

相通地在其中蓋無幾也　史記曰燕王使

人至蓬萊方丈瀛洲此三神山在海中去人

不遠有至者望之如雲及至三山反在水下

有仙人不死藥焉黃金白銀爲宮闕　關令

內傳曰天有五億五萬五千五百五十里地

亦如之各以四海爲脉　神仙傳曰麻姑謂

王方平曰自接待以來見滄海三爲桑田向

至蓬萊水乃淺于往者畧平也豈復爲陵陸

乎方平曰東海行復揚塵耳　山海經曰大

相通，地在其中，蓋無幾也。

《史記》曰：燕王使人至蓬萊、方丈、瀛洲，此三神山在海中，去人不遠。有至者，望之如雲，及至三山，反在水下，有仙人、不死藥焉。黃金、白銀爲宮闕。

《關令內傳》曰：天有五億五萬五千五百五十里，地亦如之，各以四海爲脉。

《神仙傳》曰：麻姑謂王方平曰：自接待以來，見滄海三爲桑田。向至蓬萊，水乃淺于往者，略（平）〔半〕也，豈復爲陵陸乎？方平曰：東海行復揚塵耳。

《山海經》曰：大

荒中有山名曰天臺海水所入焉

江河

夫水性就下歸于海矣江河視海爲高水從高
出何自來乎蓋江河者生下海者也何以知之
江河終古入海而海不溢故以海水之下地脉
潛通火氣蒸運復爲江河如喉舌嚥津甫下胃
膈旋復滿口也海水既鹹復爲江河何緣得淡
曰水爲元行元行無味鹹水體從外合焉凡可
合者即復可離海水入地經砂過土滋液滲灑

荒中有山，名曰天臺，海水所入焉。

江河

　　夫水性就下，歸于海矣。江河視海爲高，水從高出，何自來乎？蓋江河者，生下海者也，何以知之？江河終古入海，而海不溢，故以海水之下，地脉〔潛〕通，火氣蒸運，復爲江河。如喉舌嚥津，甫下胸膈，旋復滿口也。海水既鹹，復爲江河，何緣得淡？曰：水爲元行，元行無味，鹹水體從外合焉。凡可合者，即復可離，海水入地，經砂過土，滋液滲灑，去其鹹味，且水性就下，何緣得上？或受日溫，隨氣上騰；或受月攝，因時而長。當其上時，皆如蒸餾。今用鹹鹵之水，如法蒸之，所得餾水，其味悉淡，故海水蒸雲，海雲作雨，雨亦淡焉。有此二端，故江河復淡也。亦有山下出泉，積聚成川，沿流會合，成其深廣。今人疑江河之水，悉本山泉，不知江河之底，以及平地，隨處出泉，開河掘井，足為徵驗，不盡由山。若雨雪之水，山阜田原，悉歸江河，以注于海。此理易明，無勞詮說。

格言考信

《墨子》曰：江河不惡（出）［小］谷之滿巳也，故能大。

《老子》曰：江（河）［海］所以能爲百谷王者，以其善下也。

《釋名》曰：江，（工）［公］也。（諸）［小］水流入其中，所公共也。

《禹貢》：三江既入，震澤底定。

《周官》：揚州，其川三江。

《爾雅》曰：江、河、淮、濟爲四瀆。

《淮南子》曰：河以逶迤，故能遠。

《說文》曰：河者，下也，隨地下流而通也。

渺論存疑

春秋元命苞曰牛女爲江潮江潮者所以開

神潤化故其氣喘息　春秋運斗樞曰瑤光

得則江吐大貝　紀年曰周穆王東至于九

江叱黿鼉以爲梁　王子年拾遺記曰丹丘

千年一燒黃河千年一清　齊人王延年上

書漢武帝請令水工開大河上嶺出之胡中

東注之海關東無水災北邊無匈奴憂上壯

之然大禹所導恐難更改　楚辭曰魚鱗屋

兮龍堂紫貝闕兮朱宮　河圖曰舜卽位與

《春秋元命苞》曰：牛女爲江潮，江潮者，所以開神潤化，故其氣（喘）［耑］（息）［急］。

《春秋運斗樞》曰：瑤光得，則江吐大貝。

《紀年》曰：周穆王東至于九江，叱黿鼉以爲梁。

王子年《拾遺記》曰：丹丘千年一燒，黃河千年一清。

齊人王延年上書漢武帝，請令水工開大河上嶺，出之胡中，東注之海。關東無水災，北邊無匈奴憂。上壯之，然大禹所導，恐難更改。

《楚辭》曰：魚鱗屋兮龍堂，紫貝闕兮朱宮。

《河圖》曰：舜卽位，與

三公臨河觀黃龍五采負圖出置舜前以黃
玉爲柙白玉爲檢黃金爲繩紫芝爲泥章曰
天黃帝璽

山泉

凡山皆以石爲體自非石體昔當胚渾之際不
能成山也因其石體下有洞穴洞穴之中純是
土性其處最寒天地之間悉無空際凡有空際
氣悉滿焉洞穴既空爲氣所入氣情本煖煖氣
遇寒變成水體如蒸餾爲酒錫甑之上蓋以冷

三公臨河，觀黃龍五采負圖出，置舜前。以黃玉爲柙，白玉爲檢，黃金爲繩，紫芝爲泥，章曰：天黃帝璽。

山泉

凡山，皆以石爲體，自非石體。昔當胚渾之際，不能成山也。因其石體下有洞穴，洞穴之中，純是土性，其處最寒。天地之間，悉無空際，凡有空際，氣悉滿焉。洞穴既空，爲氣所入，氣情本煖，煖氣遇寒，變成水體。如蒸餾爲酒，錫甑之上，蓋以冷

水酒乃下注也石罅之氣積潅尋出是爲泉眼

亦有洞穴深長潛引地脉海水相通因而攝受

不俟氣化者故曰山澤通氣山下出泉也凡水

羹茗泉水勝井雨水勝泉蓋井受鹵質泉亦經

由土石惟雨從空落不受外合淡體不損所由

獨佳

格言考信

易曰山下出泉　爾雅曰濫泉正出正出涌

出也沃泉懸出懸下出也氿泉仄出仄出旁

水，酒乃下注也。石罅之氣，積潅尋出，是爲泉眼。亦有洞穴深長，[潛] 引地脉，海水相通，因而攝受，不俟氣化者。故曰：山澤通氣，山下出泉也。凡水羹茗，泉水勝井，雨水勝泉。蓋井受鹵質，泉亦經由土石，惟雨從空落，不受外合，淡體不損，所由獨佳。

格言考信

《易》曰：山下出泉。

《爾雅》曰：濫泉正出，正出，涌出也。沃泉懸出，懸，下出也。氿泉仄出，仄出，旁

出也。異出同流曰瀵天台山賦曰石泉湧溜

于陰渠

渺論存疑

《括地圖》曰：負丘之山有赤泉飲之不老神宮

有英泉飲之眠三百歲乃覺不知死　淮南

子曰崑崙四水者帝之神泉以和百藥以潤

萬物

井泉

凡地之中必有水伏流焉其源也或本于海或

出也。異出同流曰瀵。

《天台山賦》曰：(石)[醴]泉湧溜于陰渠。

渺論存疑

《括地圖》曰：負丘之山有赤泉，飲之不老。神宮有英泉，飲
之，眠三百歲乃覺，不知死。

《淮南子》曰：崑崙四水者，帝之神泉，以和百藥，以潤萬物。

井泉

凡地之中，必有水伏流焉。其源也，或本于海，或

本于泉其委也或入于河或入于海皆有條理
宛如人身脉絡砂土之脉其行散漫俗稱溝水
溝水之來廣或尋丈深一二寸山石之脉其流
專一俗稱泉眼泉眼所出或徑寸許乃至數寸
故掘井者惟下地澤國所在得泉不論脉理其
他山鄉高亢必尋水脉不得水脉終不及泉尋
脉之法聊舉數端第一氣試當夜水氣恒上騰
日出即止今欲知此地水脉安在宜掘一地窖
于天辨色時人入窖以目切地望地面有氣如

本于泉；其委也，或入于河，或入于海，皆有條理，宛如人身脉絡。砂土之脉，其行散漫，俗稱溝水。溝水之來，廣或尋丈，深一二寸。山石之脉，其流專一，俗稱泉眼。泉眼所出，或徑寸許，乃至數寸。故掘井者，惟下地澤國，所在得泉，不論脉理。其他山鄉高亢，必尋水脉，不得水脉，終不及泉。尋脉之法，聊舉數端。第一，氣試。當夜水氣恒上騰，日出即止。今欲知此地水脉安在，宜掘一地窖，于天辨色時，人入窖，以目切地，望地面有氣如

煙騰騰上出者水氣也氣所出處水脉在其下
第二盤試望氣之法曠野則可城邑之中室居
之側氣不可見宜掘地三尺廣長任意用銅錫
盤一具清油微微遍擦之窖底用木高一二寸
以揸盤偃置之盤上乾草蓋之草上土蓋之越
一日開視盤底有水欲滴者其下則泉也第三
缶試近陶家之處取瓶子一具如前銅盤法用
之有水氣沁入瓶缶者其水泉也無陶之處以
土甖代之或用羊羢代之羊羢者不受濕得水

煙，騰騰上出者，水氣也。氣所出處，水脉在其下。第二，盤試。
望氣之法，曠野則可，城邑之中，室居之側，氣不可見。宜掘地三
尺，廣長任意，用銅錫盤一具，清油微微遍擦之，窖底用木，高一
二寸，以揸盤偃置之。盤上乾草蓋之，草上土蓋之。越一日，開視
盤底，有水欲滴者，其下則泉也。第三，缶試。近陶家之處，取瓶
子一具，如前銅盤法用之，有水氣沁入瓶缶者，其水泉也。無陶之
處，以土甖代之，或用羊羢代之。羊羢者，不受濕，得水

氣必足見也第四火試掘地如前籌火其底煙
氣上升蜿蜒曲折者是水氣所滯其下則泉也
直上者否又有工于井者辨視石色即知泉眼
所在如玉人辨璞也鑿井之處山麓爲上蒙泉
所出陰陽適宜園林室屋所在向陽之地次之
曠野又次之山腰者居陽則太熱居陰則太寒
爲下而鑿井于山鄉高亢之地又宜避震氣鑿
時覺有氣颯颯侵人急起避之俟泄盡更下鑿
之欲候知氣盡者縋燈火下視之火不滅是氣

氣，必足見也。第四，火試。掘地如前，籌火其底，煙氣上升，蜿蜒曲折者，是水氣所滯，其下則泉也，直上者否。又有工于井者，辨視石色，即知泉眼所在，如玉人辨璞也。鑿井之處，山麓爲上，蒙泉所出，陰陽適宜。園林室屋所在，向陽之地次之，曠野又次之。山腰者，居陽則太熱，居陰則太寒，爲下。而鑿井于山鄉高亢之地，又宜避震氣。鑿時覺有氣颯颯侵入，急起避之，俟泄盡，更下鑿之。欲候知氣盡者，縋燈火下視之，火不滅，是氣

盡也水之良者無滓烹水熟貯磁器中下有沙
土者質惡也置青白磁器中向日下令日光正
射水視日光中若有塵埃絪縕如游氣者質惡
也分各種水以一器量交酌而稱之輕者良以
舌試之淡者良以瑩白紙絹以水蘸而乾之無
跡者良

格言考信

易曰井冽寒泉又云井甃無咎　易傳曰井
通也物所通用也　世本云伯益作井　禮

盡也。水之良者，無滓。烹水熟，貯磁器中，下有沙土者，質惡也。置青白磁器中，向日下，令日光正射水，視日光中，若有塵埃絪縕如游氣者，質惡也。分各種水，以一器量，交酌而稱之，輕者良。以舌試之，淡者良。以瑩白紙絹，以水蘸而乾之，無跡者良。

格言考信

《易》曰：井冽寒泉。又云：井甃，無咎。

《易傳》曰：井，通也，物所通用也。

《世本》云：伯益作井。

《禮

記曰井與門戸竈中霤爲五祀

渺論存疑

山海經曰崑崙墟高萬仞上有九井以玉爲檻　南康記云雩都盤固山其峰有井大銅人常守之五十年一涌水起數十丈銅人每以手掩之

温泉

火在地中濟助土氣發生萬物五金八石及諸珎寶皆鎔于火陶煉成質其餘諸物不可勝計

記》曰：井與門、戸、竈、中霤爲五祀。

渺論存疑

《山海經》曰：崑崙墟，高萬仞，上有九井，以玉爲檻。

《南康記》云：雩都盤固山，其峰有井，大銅人常守之。五十年一涌，水起數十丈，銅人每以手掩之。

温泉

火在地中，濟助土氣，發生萬物。五金八石，及諸珍寶，皆鎔于火，陶煉成質。其餘諸物，不可勝計。

諸物之中最近火性者無如硫黄硫黄所在水
脉經之則成溫泉故溫泉沐浴能療冷氣虛痺
與硫同治而溫泉不鹹何也繇火能成硫硫即
非火水因硫溫隔越于火如鐺煑水火爲鐺隔
水不遇灰不成鹵矣今溫泉嗅之多作硫氣亦
有不作硫氣者是水來之處復與硫隔如重湯
煑物但得其熱不染其味也或云不作硫氣者
本之朱砂礜石無是理焉

格言考信

諸物之中，最近火性者，無如硫黃。硫黃所在，水脉經之，則成溫泉。故溫泉沐浴，能療冷氣虛痺，與硫同治。而溫泉不鹹，何也？繇火能成硫，硫即非火，水因硫溫，隔越于火，如鐺煑水，火爲鐺隔，水不遇灰，不成鹵矣。今溫泉嗅之，多作硫氣，亦有不作硫氣者。是水來之處，復與硫隔，如重湯煑物，但得其熱，不染其味也。或云：不作硫氣者，本之朱砂、礜石，無是理焉。

格言考信

博物志曰凡水源有石流黄其泉則溫　宜

都山川記銀山縣有溫泉注大溪夏纔煖冬

則大熱上常有霧氣百病久疾入浴此水多

愈　零陵縣記曰縣有溫泉泉中有伏石分

流其陰清水常寒其陽溫泉漏沸　劉義慶

幽明錄曰艾縣輔山有溫冷二泉發源相去

咫尺熱泉可煑物冷泉若冰雙流數丈而合

于一溪　王廙洛都賦曰鶏頭溫水魯陽神

泉　魏都賦溫泉毖涌而自浪華清盪邪而

《(愽)[博]物志》曰：凡水源有石流黄，其泉則溫。

《宜都山川記》：銀山縣有溫泉，注大溪，夏纔煖，冬則大熱。上常有霧氣，百病久疾，入浴此水多愈。

《零陵縣記》曰：縣有溫泉，泉中有伏石分流。其陰清水常寒，其陽溫泉涌沸。

劉義慶《幽明錄》曰：艾縣輔山有溫冷二泉，發源相去咫尺。熱泉可煑物，冷泉若冰，雙流數丈，而合于一溪。

王廙《洛都賦》曰：鶏頭溫水，魯陽神泉。

《魏都賦》：溫泉毖涌而自浪，華清盪邪而

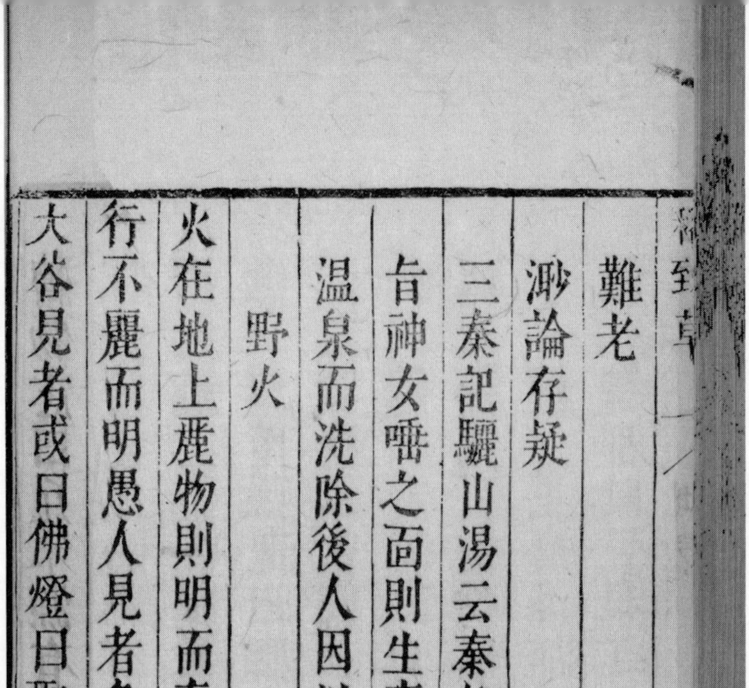

難老

渺論存疑

三秦記驪山湯云秦始皇與神女遊而忤其
旨神女唾之面則生瘡始皇怖謝神女爲出
溫泉而洗除後人因以爲驗

野火

火在地上麗物則明而春夏之夜率多野火羣
行不麗而明愚人見者多稱爲鬼燐而從深山
大谷見者或曰佛燈曰聖燈皆無稽之譚也夫

難老。

渺論存疑

《三秦記·驪山湯》云：秦始皇與神女遊而忤其旨，神女唾
之，面則生瘡，始皇怖，謝神女，爲出溫泉而洗除，後人因以
爲驗。

野火

火在地上，麗物則明，而春夏之夜，率多野火羣行，不麗而
明。愚人見者，多稱爲鬼燐。而從深山大谷見者，或曰佛燈，曰聖
燈，皆無稽之譚也。夫

野血化爲燐腐草化爲螢具以氣質滲漉土上
爲風雨日露所滋照其質雖化其氣尚在故或
爲螢爲燐春夏間地氣上升火隨氣出然得風
日疏散使其上歸晶宇下歸地中則不作光怪
惟久雨乍晴上下皆有冷氣致火不能散去橫
鶩地上偶逢膏膩之氣則燃而成光氣類所感
兩兩三三或牛馬人畜血濺之處膏膩稍重其
光遂轉大有一等愚火光燄幽幽然如拳數點
聯珠人逐之則退人去又復依人者何也其理

〔寰宇通〕

野血化爲燐，腐草化爲螢，具以氣質滲漉土，上爲風、雨、日、露所滋照，其質雖化，其氣尚在，故或爲螢，爲燐。春夏間，地氣上升，火隨氣出，然得風日疏散，使其上歸晶宇，下歸地中，則不作光怪。惟久雨乍晴，上下皆有冷氣，致火不能散去，橫鶩地上，偶逢膏膩之氣，則燃而成光。氣類所感，兩兩三三，或牛、馬、人畜血濺之處，膏膩稍重，其光遂轉，大有一等。愚火光燄，幽幽然如拳，數點聯珠，人逐之則退，人去又復依人者，何也？其理亦膩氣所致，體質輕微，人行衣衫動處皆有微風逐之則風噓故退反則風吸故復依人又有一等專在墳墓上出入又或在荒壇冷廟遞相傳走見者必驚以為鬼神似也不知墳墓有尸氣之膏膩壇廟有燈燭牲血氣之膏膩也至于地火燒禾更當觸類此必久雨乍晴當夏而冷乃有之田面既有濕氣在地上又有陰冷氣在空中當夏火氣不能疏越逼入禾葉如腐草延燒農家急放田水令乾乃可免蓋水乾則下面

亦膩氣所致，體質輕微，人行衣衫動處，皆有微風，逐之則風噓，故退；反則風吸，故復依人。又有一等，專在墳墓上出入，又或在荒壇冷廟，遞相傳走，見者必驚，以為鬼神似也。不知墳墓有尸氣之膏膩，壇廟有燈燭牲血氣之膏膩也。至于地火燒禾，更當觸類。此必久雨乍晴，當夏而冷，乃有之。田面既有濕氣在地上，又有陰冷氣在空中，當夏火氣不能疏越，逼入禾葉，如腐草延燒。農家急放田水令乾，乃可免。蓋水乾則下面

冷氣藏斯令火氣稍疏不至燒禾葉理也故軍中刀鎗上火起其理亦與野血同

格言考信

列子曰羊肝化為地皋馬血之為轉燐也人血之為野火也莊子曰水中有火乃焚大槐淮南子曰兩木相摩而然金火相守而流戰國策曰楚王遊雲夢野火之起若雲蜺傳物志曰積油萬石則自然生火泰始中武庫火積油所致也

左傳曰人火曰火天火

冷氣減，斯令火氣稍疏，不至燒禾葉，理也。故軍中刀鎗上火起，其理亦與野血同。

格言考信

《列子》曰：羊肝化爲地皋，馬血之爲轉燐也，人血之爲野火也。

《莊子》曰：水中有火，乃焚大槐。

《淮南子》曰：兩木相摩而然，金火相守而流。

《戰國策》曰：楚王遊雲夢，野火之起若雲蜺。

《〔博〕物志》曰：積油萬石，則自然生火。泰始中，武庫火，積油所致也。

《左傳》曰：人火曰火，天火

日災

渺論存疑

《山海經》曰：厭火國，獸身黑色，火出其口中

《拾遺錄》曰：丹丘，千年之燒。抱朴子曰南海

蕭丘之中，有自生之火，常以春起而秋滅

玄中記曰南方有炎山焉，在扶南國之東，加

營國之北諸薄國之西山從四月而火生，十

二月火滅正月二月火不然山上但出雲氣

以上四論似涉荒唐然歐邏巴人常與余言

彼國有山火燄常不滅環山之下水草茂美

日災。

渺論存疑

《山海經》曰：厭火國，獸身黑色，火出其口中。

《拾遺錄》曰：丹丘，千年之燒。

《抱朴子》曰：南海蕭丘之中，有自生之火，常以春起而秋滅。

《玄中記》曰：南方有炎山焉，在扶南國之東，加營國之北，諸薄國之西。山從四月而火生，十二月火滅，正月、二月火不然，山上但出雲氣。

以上四論，似涉荒唐，然歐邏巴人常與余言，彼国有山，火燄常不滅，環山之下，水草茂美，

塔放光

京省各寺院多有塔放光神其說者則曰下藏
舍利子乃佛力使然又或曰地方祥瑞之氣上
爀依窣堵波湧出耳其實非也蓋地中眞火以
上騰爲本性而壅閼和合于水土故蒸爲溫氣
發育萬物風雲雷雨霜露虹電無之而非是者
上騰之性每依直物而起偶此塔有蘊膩凝滯
之氣相觸則附麗發光與野燐同理試觀乎雷

或亦不誣也。

塔放光

　　京省各寺院多有塔放光，神其説者，則曰：下藏舍利子，乃佛力使然。又或曰：地方祥瑞之氣上燭，依窣堵波涌出耳。其實非也。蓋地中真火，以上騰爲本性，而壅閼和合于水土，故蒸爲溫氣，發育萬物，風、雲、雷、雨、霜、露、虹、電無之而非是者。上騰之性，每依直物而起，偶此塔有蘊膩凝滯之氣，相觸則附麗發光，與野燐同理。試觀乎雷，

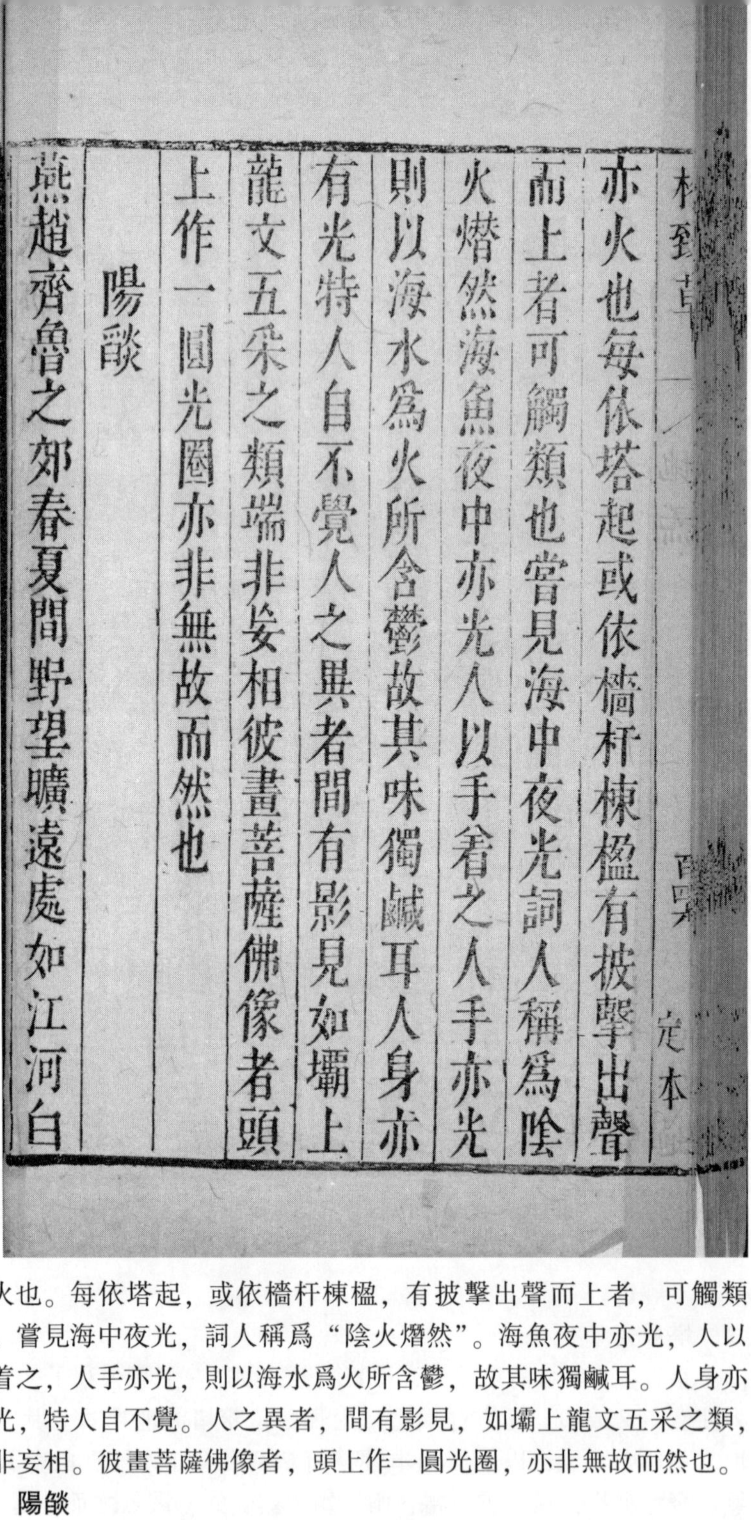

亦火也每依塔起或依檣杆棟楹有披擊出聲而上者可觸類也嘗見海中夜光詞人稱爲陰火熠然海魚夜中亦光人以手着之人手亦光則以海水爲火所含鬱故其味獨鹹耳人身亦有光特人自不覺人之異者間有影見如壩上龍文五采之類端非妄相彼畫菩薩佛像者頭上作一圓光圈亦非無故而然也

陽燄

燕趙齊魯之郊春夏間野望曠遠處如江河白

亦火也。每依塔起，或依檣杆棟楹，有披擊出聲而上者，可觸類也。嘗見海中夜光，詞人稱爲“陰火熠然”。海魚夜中亦光，人以手着之，人手亦光，則以海水爲火所含鬱，故其味獨鹹耳。人身亦有光，特人自不覺。人之異者，間有影見，如壩上龍文五采之類，端非妄相。彼畫菩薩佛像者，頭上作一圓光圈，亦非無故而然也。

陽燄

燕、趙、齊、魯之郊，春夏間野望曠遠處，如江河白水盪漾近之則復不見土人稱爲陽燄蓋真火之氣望日上騰而爲濕潤之水土所鬱留搖颺薰蒸故遠見其動（莽）蒼之色得氣而凝厚故又見其一片浩然如江河之流也地出硝山出硫皆屬火化磽瀉之原冬寒生鹻其理亦同若江南沮洳則但見莽蒼不見陽燄而硝與硫與鹻皆不自此產矣

雨徵

竈突發煙平遠望之亭亭直上晴之候也蜻蜓

水盪漾，近之則復不見，土人稱爲“陽燄”。蓋真火之氣，望日上騰，而爲濕潤之水土所鬱留，搖颺薰蒸，故遠見其動。（莽）[莽]蒼之色，得氣而凝厚，故又見其一片浩然，如江河之流也。地出硝，山出硫，皆屬火化。磽瀉之原，冬寒生鹻，其理亦同。若江南沮洳，則但見莽蒼，不見陽燄，而硝與硫與鹻，皆不自此產矣。

雨徵

竈突發煙，平遠望之，亭亭直上，晴之候也。蜻蜓而起，如欲上不得者，雨徵也。蓋雲將成雨，空中氣行皆成濕性，煙爲濕礙，不得上升，故至宛曲。將雨礎潤，將雨燈爆，理可同觀。朝日出，光黯淡，色蒼白者，雨徵也。日出時，雲多破漏，日光散射者，雨徵也。密雲四布，牛羊齕草如常者，不雨；若啖食匁遽，似求速飽，雨徵也。蠅蚋[蚊]虻，匁遽哑食，雨徵也。蟛蛣之屬，倉皇飛鶩，雨徵也。穴處之蟲，羣出于外，雨徵也。朔日至于上弦，視月兩角，近日一角，稍稍豐滿，雨徵也。月暈白，主晴；赤，主

風色如鉛者雨徵也

格言考信

詩曰鶺鴒鳴于垤　語曰巢居知風穴處知雨

渺論存疑

史曰江星動人涉水　經星不動
詩曰月離于畢俾滂沱矣　月行廿七日必離畢南方雨常多不必離畢北方少雨即離畢亦未見必雨也

凍成花鳥草木之形

嘗見紀載稱河凍有魚龍花草形或在屋瓦上

風；色如鉛者，雨徵也。

格言考信

《詩》曰：鶺鴒鳴于垤。

語曰：巢居知風，穴處知雨。

渺論存疑

《史》曰：江星動，人涉水。經星不動。

《詩》曰：月離于畢，俾滂沱矣。月行廿七日，必離畢。南方雨常多，不必離畢；北方少雨，即離畢，亦未見必雨也。

凍成花鳥草木之形

嘗見紀載，稱河凍有魚龍花草形，或在屋瓦上

有之總於祥異無関崇禎壬申臘月余居屋後
舖房樓簷一間其瓦盡凍爲花草獅鳳之形花
草之葩蕚芒刺獅鳳之毛羽喙足卽畫繪所難
及當取其瓦數片日曝之則融是夜又置之露
地明早復有其形此何理也曰天事恒象如蜃
氣象樓臺廣野氣成宮闕是凍亦偶然合之如
雨荳雨麥多非真荳麥偶象荳麥耳松蟲之毛
象松柑蟲之色象柑濕熱所蒸頃刻漫山布嶺
耳目口鼻腸胃畢具可以通觀又如落星爲石

有之，總於祥異無関。崇禎壬申臘月，余居屋後舖房樓簷一間，其瓦盡凍爲花草獅鳳之形。花草之葩蕚芒刺，獅鳳之毛羽喙足，卽畫繪所難及。當取其瓦數片，日曝之則融，是夜，又置之露地，明早復有其形，此何理也？曰：天事恒象，如蜃氣象樓臺，廣野氣成宮闕，是凍亦偶然合之。如雨荳、雨麥，多非真荳麥，偶象荳麥耳。松蟲之毛象松，柑蟲之色象柑，濕熱所蒸，頃刻漫山布嶺，耳目、口鼻、腸胃畢具，可以通觀。又如落星爲石，象狗首，便曰天狗，世共以爲異。不知星豈可落，緣是火吸土氣，或至火際，一經鎔鍊，如陶土成磚，故初落甚熱，不可摩槎。又見星石久藏，大變爲小，亦緣火初煉土，急切成質，苞含有氣，久則氣消，而質自歙。如雹裹沙土，復有虛竅，虛竅亦緜急切成凍，抱氣在中。雪、霜、霧、露之後，微風飄漾，徃徃成紋。

制氣

　　上古之世，如黄帝與蚩尤，驅虎、豹、犀、象、應龍以戰。又如劉累能豢龍，何也？語曰：龍之所以爲靈，

以其不可生得也□可豢可驅其故安在夫上世
物各有官玄冥爲水官凡水中物各因其氣以
制之故周官猶有登蛟伐鼍之説今水失其官
久矣龍安可得而狎也禽之制在氣出於陰符
經如即且甘帶乃蜘蛛蜓蝍又能制之蚊噆鱉
則鱉立死乃鱉骨又能薰蚊鷄食蜈蚣蜈蚣又
專嗜鷄炙鯉魚乘雨能飛而鱉守之啄木禹步
而蟲出焉明珠可以辟火琥珀可以辟虎之類
蓋物無制則偏戾騰越氣乘於五行如金木水

以其不可生得也。可豢可驅，其故安在？夫上世物各有官，玄冥爲水官，凡水中物，各因其氣以制之，故《周官》猶有登蛟伐鼍之説。今水失其官久矣，龍安可得而狎也？禽之制在氣，出於《陰符經》。如即且甘帶，乃蜘蛛、蜓蝍又能制之。蚊噆鱉，則鱉立死，乃鱉骨又能薰蚊。鷄食蜈蚣，蜈蚣又專嗜鷄炙。鯉魚乘雨能飛，而鱉守之。啄木禹步，而蟲出焉。明珠可以辟火，琥珀可以辟虎之類，蓋物無制，則偏戾騰越。氣乘於五行，如金、木、水、火、土，交相制，亦互相生也。然則狎龍驅虎之官失傳，天何意也？蓋上古之世，事簡而民情質，聖人偶一出其奇，可也。使今日猶有狎龍驅虎之術，則天人紛紛不安矣。

南北風寒溫之異

問曰：千里不同風，其吹噫一也，何以南風濕、北風寒？曰：風屬于火，日爲火君，地發燥熱，橫披直驚。從日而噓，則爲南風。君火之氣，與風俱舒，故溫。從日而吸，則爲北風。君火既縮，而又吸動地

面飄揚之氣故寒試觀人口噓氣則唇溫吸氣
則唇冷理可類推中國所處日恒在南是以有
噓吸之異又問東風溫潤西風高燥何也曰海
氣在東故溫潤山氣在西故高燥又曰以東方
爲來氣以西爲去氣斯其所以異也

南北方雨暘之異

問曰北方地亢春夏少雨僅伏秋雨數日南方
雨恒多何也曰日在于南近日之處火土之氣
時爲太陽暴照如人身熱則汗液也北方遠日

面飄揚之氣，故寒。試觀人口，虛氣則唇溫，吸氣則唇冷，理可類推。中國所處，日恒在南，是以有噓吸之異。又問：東風溫潤，西風高燥，何也？曰：海氣在東，故溫潤；山氣在西，故高燥。又，日以東方爲來氣，以西爲去氣，斯其所以異也。

南北方雨暘之異

問曰：北方地亢，春夏少雨，僅伏秋雨數日，南方雨恒多，何也？曰：日在于南，近日之處，火土之氣，時爲太陽暴照，如人身熱，則汗液也。北方遠日，

又春夏多風致火土之氣疏越故雨恒少閩中

春月恒雨夏月日出則酷暑旋復有雨乃所聞

滿剌伽國處赤道之下四時皆裸賴日日有雨

以解其蘊隆可見暘爲雨之根也

登高可以望遠

人在地平上仰觀星日雖窮無窮極無極之遠

瞭然可數一二惟在地平上直視百里外便失

泰山海上觀大舶亦然只因地與水俱是圓形

故也圓球以着足之處穹起爲至高四餘漸漸

又春夏多風，致火土之氣疏越，故雨恒少。閩中春月恒雨，夏月日出則酷暑，旋復有雨。乃所聞滿剌伽國，處赤道之下，四時皆裸，賴日日有雨，以解其蘊隆，可見暘爲雨之根也。

登高可以望遠

人在地平上，仰觀星日，雖窮無窮、極無極之遠，瞭然可數一二。惟在地平上，直視百里外，便失泰山，海上觀大舶亦然。只因地與水俱是圓形故也。圓球以着足之處，穹起爲至高，四餘漸漸

低下其穹起近處便遮隔低下遠處譬船開距

岍一二百里人立開船地平之處只見桅頂船

形全不可見若値開船之地有樓登樓一望全

船具取諸眼矣

　　圓地總無罅礙

地形既圓水抱地氣抱水火抱氣與星月諸天

層層相抱必渾爲圓不然則重重相接之間容

有虛罅豈理也哉雖無虛罅却無窒礙航海者

如循環然人第見水之東流不曰地平則曰地

低下。其穹起近處，便遮隔低下遠處。譬船開距（岍）［岸］一二百里，人立開船地平之處，只見桅頂，船形全不可見。若值開船之地有樓，登樓一望，全船具取諸眼矣。

圓地總無罅礙

地形既圓，水抱地，氣抱水，火抱氣，與星月諸天，層層相抱，必渾爲圓。不然則重重相接之間，容有虛罅，豈理也哉。雖無虛罅，却無窒礙，航海者如循環。然人第見水之東流，不曰地平，則曰地

爲東下此就一隅着眼耳若將山河海陸渾作
一丸而着隨人所戴履處處是高四面處處是
下所謂天地無處非中也圓地水多陸少以南
北極爲經線赤道爲緯線畫則測日夜則測星
二線高下距近之間即見圓地可航而歷也　宋
又言海那一岸與天相粘子皆屬管中之窺後
坤輿圖原是渾圓經線也行線海俱依其南行比極在地爲地上東西
衡貫者則赤道南見南極出地三十餘度則二十
測量却在天上如進赤道北見北極出地三十
餘度則二處正爲人足相對總以天頂爲比其餘行度多
處可類推瞻納歐邏利未南墨五大行州度也多

爲東下，此就一隅着眼耳。若將山河、海陸渾作一丸而看，隨人所戴履，處處是高，四面處處是下，所謂天地無處非中也。圓地，水多陸少，以南北極爲經線，赤道爲緯線。晝則測日，夜則測星，二線高下，距近之間，即見圓地，可航而歷也。宋儒言：天旋如磨，下許多粉子，凝結爲地。可一大噱。又言：海那一岸，與天相粘，皆屬管中之窺。後坤輿圖，原是渾圓，經線俱依南北極爲軸，東西衡貫者，則赤道線也。行海者，其行雖在地上，其測量却在天上。如行赤道南，見南極出地三十餘度；又進赤道北，見北極出地三十餘度，則二處正爲人足相對。總以天頂爲上，其餘行度多寡，可類推。瞻納、歐邏、利未、南墨、北墨五大州也。

（圖，坤輿萬國全圖）

北極下爲冰海，春分後皆晝，秋分後皆夜。南極下可以通觀，但南極無人到也。

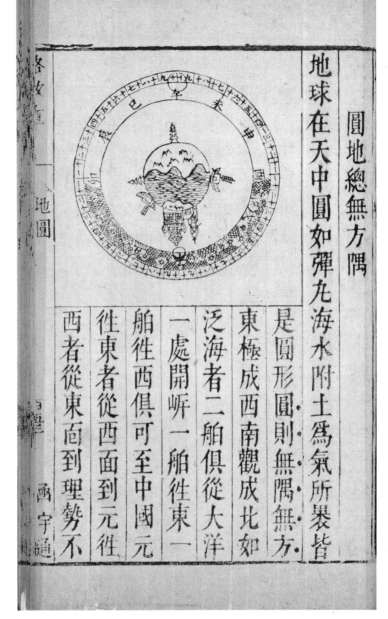

（圖，不著圖名）

圓地總無方隅

地球在天中，圓如彈丸，海水附土，爲氣所裹，皆是圓形。圓則無隅無方，東極成西，南觀成北。如泛海者，二舶俱從大洋一處開［岸］，一舶徃東，一舶徃西，俱可至中國。元徃東者，從西面到；元徃西者，從東面到，理勢不

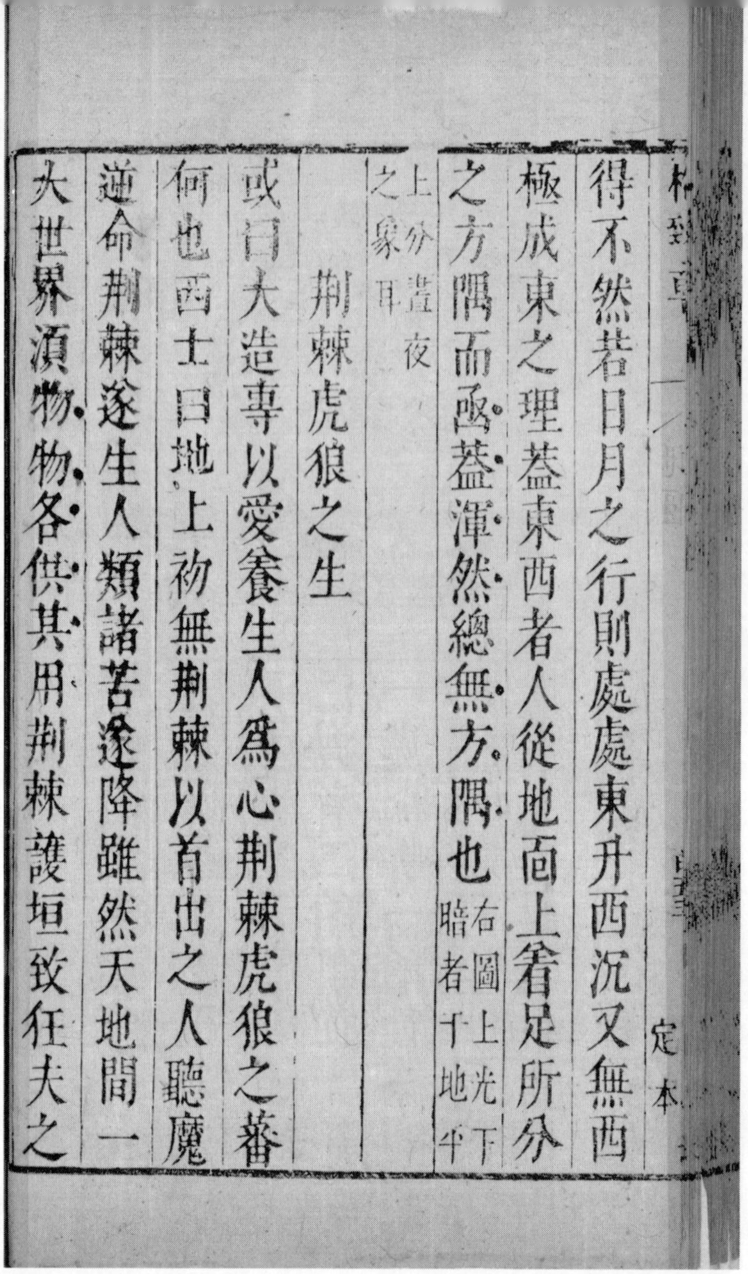

得不然若日月之行則處處東升西沉又無西極成東之理蓋東西者人從地面上着足所分之方隅而函蓋渾然總無方隅也

右圖上光下暗者于地平上分晝夜之象耳

荊棘虎狼之生

或曰大造專以愛養生人爲心荊棘虎狼之蕃何也西士曰地上初無荊棘以首出之人聽魔逆命荊棘遂生人類諸苦遂降雖然天地間一大世界須物物各供其用荊棘護垣致狂夫之

得不然。若日月之行，則處處東升西沉，又無西極成東之理。蓋東西者，人從地面上着足所分之，方隅而函，蓋渾然總無方隅也。右圖，上光下暗者，于地平上分晝夜之象耳。

荊棘虎狼之生

或曰：大造專以愛養生人爲心，荊棘虎狼之蕃，何也？西士曰：地上初無荊棘，以首出之人，聽魔逆命，荊棘遂生，人類諸苦遂降。雖然天地間一大世界，須物物各供其用，荊棘護垣，致狂夫之

瞿瞿虎狼率野利獵者之赴赴大造成寰宇以
各備為全譬如優人登塲設皆為王亦不成劇
烏頭附子可以已病梟破獍可以祠黃帝則荊
棘虎狼之生豈非大造之仁耶

蚊虻蠅蚋之生

或曰荊棘虎狼于人利害相半聞之矣若蚊虻
蠅蚋絕無利而可猒其生也何謂曰是蜘蛛蝙
蝠鷄雀之所為食也鷄雀無論矣蜘蛛蝙蝠良
醫用以入匕則其所藉以為生之需曷可廢乎

瞿瞿；虎狼率野，利獵者之赴赴。大造成寰宇，以各備為全。譬如，優人登塲，設皆為王，亦不成劇。烏頭附子可以已病，梟、破獍可以祠黃帝，則荊棘虎狼之生，豈非大造之仁耶？

蚊虻蠅蚋之生

或曰：荊棘虎狼于人，利害相半，聞之矣。若蚊虻蠅蚋，絕無利而可厭，其生也何謂？曰：是蜘蛛、蝙蝠、鷄雀之所為食也。鷄雀無論矣，蜘蛛、蝙蝠，良醫用以入匕，則其所藉以為生之需，曷可廢乎？

蚓與蟬至無求者也然皆藥籠中物若蚓語而知春蟬鳴而知秋又孰謂二物之生大造無意于時也

化濕卵胎之生

言化生莫備于譚子言濕生莫備于莊子凡以利人之用造物非無爲也飛者卵生龜鼈之屬卵而未必盡翼行者胎生蝙蝠之屬翼而未嘗不胎蓋凡不繇牝牡交者皆可化若繇牝牡交若謂之全性永不能化鷹化爲鳩雀入大水爲

蚓與蟬，至無求者也，然皆藥籠中物。若蚓語而知春，蟬鳴而知秋，又孰謂二物之生，大造無意于時也。

化濕卵胎之生

言化生，莫備于譚子；言濕生，莫備于莊子。凡以利人之用，造物非無爲也。飛者卵生，龜鼈之屬，卵而未必盡。翼行者胎生，蝙蝠之屬，翼而未嘗不胎。蓋凡不繇牝牡交者，皆可化。若繇牝牡交者，謂之全性，永不能化。鷹化爲鳩，雀入大水爲蛤，是雌雄之交者也。而田鼠化鴽，又豈盡胎生者乎？田鼠至多，疑于與蝌蚪、蝦、蛤同一化濕之生矣。即人家之鼠，亦有不繇胎生，繇化生者。

聖賢愚賤之生

造物以愛育生人為大德，則人之生也，即不能盡聖賢，而靈性通賦，亦宜造質不遠；即不能盡富貴，而利用通亨，亦宜造位不遠。何乃聖賢不數數，而庸愚偏多，甚有庸愚之極者？富貴不數數，而貧賤偏多，甚有貧賤之極者？君子曰：此正造物之所以愛育生人也。兩賢不相事，兩貴不相使。假如堯、舜、湯、武之世，元、愷、伊、周在位，舉朝野之人，亦皆元、愷、伊、周其才，則是滿朝野之人，皆當執政，皆當富貴，層纍相使，誰爲隸臣，誰爲胥史，誰爲輿臺，亂之道也。故必有共、驩、桀、紂之至不仁，以顯堯、舜、湯、武之至仁，而又有唐、虞、殷、周之臣，庶以供元、愷、伊、周之任用。[庶]幾大小相維，德賢相役，上不失官，民狃其野，而厝天地于清寧之極，造物愛育生人之德，孰大于是？

人身營魄變化

人·身·小天地四大升降生息無刻有停無論五
臟六腑之官傳送停泄與風雨露雷相應即皮
膜之間一小筋皆有爲而生飲食所納初化爲
膏餳再化爲精液皆藉眞火甄鎔最麤則後降
火必求妃妃乃在水陰實則坎離交陰虛則陽燄
騰如天地之火非藉水土壅合以利民生則
橫驚飈發不可禦矣至于寸靈包括宇宙記憶
今古安頓果在何處皆資腦髓藏受髓之清嫩

人身營魄變化

人身小天地，四大升降，生息無刻有停。無論五臟六腑之官，傳、送、停、泄，與風、雨、露、雷相應，即皮膜之間一小筋，皆有爲而生。飲食所納，初化爲膏餳，再化爲精液，皆藉真火甄鎔最［粗］，則後降火必求妃，妃乃在水。陰實則坎離交，陰虛則陽燄騰。如天地之火，非藉水土壅合以利民生，則橫驚飈發，不可禦矣。至于寸靈，包括宇宙，記憶今古，安頓果在何處？皆資腦髓藏受。髓之清嫩者，則聰明，易記而易忘，若印板摹字；髓之濁滯者，則愚鈍，難記亦難忘，若堅石鐫文。人身命根，安託任督之脉，玄牝之門，與天地同。天地原從虛廓生，物即于虛廓栽根。宰天地者，天地內外，莫載莫破；宰人身者，膚骨內外，無歉無贏，而竟莫測其何象，此之謂真宰。腦血未減，心景不偏。沐則心覆，古有斯言。

神鬼妖怪

神之爲道，充斥形氣，幹運無方，而不滯於形氣。大如天地，小如人身，形氣之內，形氣之外，靈應動盪，何處非神？何處是神？天地所以不毀，人身所以常存，皆神爲之。必指其事象，以求一事一象，各具其神。萬事萬象，統體其神，謂神爲道，可也。或曰：祭祀而洋洋在上，在左右，非與？曰：是一象一事之神也。文王之神，於昭于天，陟降帝之左右。大聖魂氣上升，照臨于下，精爽不〔憍〕〔攜〕貳，而衷正聰明。生爲明聖，沒爲明神，固也。若《國語》所載，"神降于莘"。非神也，亡國之兆，矯誣之氣，結爲聲象耳。內史過遂指謂丹朱馮身，以儀房后，而生穆王，以照臨周之子孫，是穆王之後，非文、武之苗裔矣，豈不誕乎？又號公夢在廟，有神人面白毛虎爪，執鉞立於西阿。史嚚占之曰"蓐收"，此亦非蓐收也。五行之官，實列受氏姓，祀爲貴神。木正曰勾芒，火正曰祝融，金正曰蓐收，水正曰玄冥，土正曰后土。實掌天地之五方，而司令播氣，以成萬物、養萬姓，乃區區魄兆于亡國之君乎？蓋虢公元神漓薄，刑神見，景顛倒，無主氣，宜其令國中賀夢也。大抵明神之志，不震於〔怪〕。其以威福詠人者，則鬼矣。鬼之爲説，如子産所云："用物宏，取精多。"彼良宵之能爲厲事，誠有之。聚氣成形，間亦落人睹聽，然實非凡人皆得睹聽，如衆目共視燈光，眚者獨見暈影耳。若周宣王之見杜伯，齊襄公之見彭生，吕后之見戚姬，田蚡之見竇嬰、灌夫，其根心一點虧歉，至此特現。如將死之人，（讖）［懺］悔生平所作不善，蓋亦此類。又諺云"疑心生暗鬼"，如弓影杯蛇之類，疑解則病去，説在乎莊生皇子之論矣。至于妖，類徵與鬼

異如草木禽獸之老而成魅者率多憑依于物
以爲震若狐精之侵人者亦必其人神氣先自
受侵非無舋而入也至于怪孔子不語然亦曰
丘聞之木石之怪曰夔魍魎水之怪曰龍罔象
土之怪曰墳羊太都所不經見之物皆是怪也
然河出圖洛出書澤馬來器車出紫脱華朱英
秀鳳凰降集黃龍登興東海貢白雉南郡馴白
虎自是興王隆盛氣象故讀十月雷電山崩水
溢則知番趣蹶踽之在朝讀關雎兔罝騶虞麟

異。如草木禽獸之老而成魅者，率多憑依于物，以爲震。若狐精之侵人者，亦必其人神氣先自受侵，非無舋而入也。至于怪，孔子不語，然亦曰："丘聞之，木石之怪，曰夔、魍魎；水之怪，曰龍、罔象；土之怪，曰墳羊。"太都所不經見之物，皆是怪也。然河出圖，洛出書，澤馬來，器車出，紫脱華，朱英秀，鳳凰降集，黃龍登興，東海貢白雉，南郡馴白虎，自是興王隆盛氣象。故讀《十月》雷電、山崩、水溢，則知（番）[番]、（趣）[聚]、蹶、（踽）[楀]之在朝；讀《關雎》、《兔罝》、《騶虞》、《麟

格致草　八　神怪　　　　函宇通

趾則知文武周召之持世氣與象之常變一自人事釀成之君子反經而已矣經正則庶民興斯豈有邪慝哉

格言考信

觀射父曰神以精明臨民者也　左傳夫神聰明正直而一之者也　禮記清明在躬志氣如神　莊子生天生地神鬼神帝　中庸曰至誠如神　傳曰匹夫匹婦強死其魂魄猶能憑依於人以爲淫厲　鬼有所歸乃不

趾》，則知文、武、周、召之持世。氣與象之常變，一自人事釀成之，君子反經而已矣。經正則庶民興，斯豈有邪慝哉？

格言考信

觀射父曰：神，以精明臨民者也。

《左傳》：夫神，聰明正直而一之者也。

《禮記》：清明在躬，志氣如神。

《莊子》：生天生地，神鬼神帝。

《中庸》曰：至誠如神。

《傳》曰：匹夫、匹婦強死，其魂魄猶能憑依於人，以爲淫厲。鬼有所歸，乃不

爲厲

莊子桓公田於澤管仲御見鬼焉公
撫管仲之手曰仲父何見對曰臣無所見公
反誤詒爲病數日不出齊士有皇子敖者曰
公則自傷鬼烏能傷公夫忿滀之氣散而不
反則爲不足上則使人善怒不上不下中身當心則爲病
桓公曰然則有鬼乎曰有沈有履竈有髻戶
內之煩壤雷霆處之東北方之下者倍阿鮭
蠪躍之西北方之下者則洸陽處之水有罔

爲厲。

《莊子》：桓公田於澤，管仲御，見鬼焉。公撫管仲之手曰：
"仲父何見？"對曰："臣無所見。"公反，誤詒爲病，數日不出。
齊士有皇子敖者曰："公則自傷，鬼烏能傷公？夫忿滀之氣，散而
不反，則爲不足；上而不下，則使人善怒；下而不上，則使人善
忘；不上不下，中身當心則爲病。"桓公曰："然則有鬼乎？"曰：
"有，沈有履，竈有髻，戶內之煩壤，雷霆處之；東北方之下者，
倍阿鮭蠪躍之；西北方之下者，則洸陽處之。水有罔

象丘有峷山有夔野有方皇澤有委蛇公曰
請問委蛇之狀皇子曰其大如轂其長如轅
紫衣而朱冠其爲物也惡聞雷車之聲則捧
其首而立見之者殆乎霸桓公囅然而笑曰
此寡人之所見也於是正衣冠不終日而不
知病之去也〔漆園此語殊悉人鬼情理〕
狂斬委蛇腦方良囚耕父於清冷溺女魃於
神潢殘夔虛與罔象殪野仲而殲游光八靈
爲之震攝況蚑蟪與畢方　漢書妖由人興

文選捎魑魅折獝

象，丘有（峷）［峷］，山有夔，野有方皇，澤有委蛇。"公曰：
"請問委蛇之狀？"皇子曰："其大如轂，其長如轅，紫衣而朱冠。
其爲物也，惡聞雷車之聲，則捧其首而立。見之者，殆乎霸。"桓
公囅然而笑曰："此寡人之所見也。"於是正衣冠，不終日而不知病
之去也。漆園此語，殊悉人鬼情理。

《文選》：捎魑魅，折獝狂。斬委蛇，腦方良，囚耕父於清冷，
溺女魃於神潢。殘夔虛與罔象，殪野仲而殲游光。八靈爲之震攝，
況蚑蟪與畢方。

《漢書》：妖由人興。

仁勝妖邪德除不祥　凡草木之類謂之妖

蟲豸之類謂之孽六畜謂之䘼及人謂之疴

甚則異物生謂之眚　周道敝孔子述春秋

則乾坤之陰陽效洪範之咎徵天人之道粲

然著矣　中庸曰索隱行怪後世有述焉吾

弗爲之矣　論語子不語怪　華嚴經一國

人同感惡緣覩諸一切不祥彼國衆生本所

不見　鄙語曰見怪不怪其怪自敗　泰誓

故曰朕夢恊于朕卜襲于休祥戎商必克

仁勝妖邪，德除不祥。

　凡草木之類謂之妖，蟲豸之類謂之孽，六畜謂之（䘼）［禍］，及人謂之疴，甚則異物生謂之眚。

　周道敝，孔子述《春秋》，則乾坤之陰陽，效《洪範》之咎徵，天人之道粲然著矣。

　《中庸》曰：索隱行怪，後世有述焉，吾弗爲之矣。

　《論語》：子不語怪。

　《華嚴經》：一國人同感惡緣，覩諸一切不祥。彼國衆生，本所不見。

　鄙語曰：見怪不怪，其怪自敗。

　《（秦）［泰］誓》故曰：朕夢恊于朕卜，襲于休祥，戎商必克。

仙佛

上古無稱仙者惟記載黃帝鑄鼎荊山升龍而上羣臣攀者墮龍髯遺弓名烏號云然黃帝之冢實葬橋山前說疑後來僞托而赤松綠圖天姥桂父昌容琴俗王子喬之徒紛紛見列仙傳矣周穆八駿舞瑤池之陰恐亦子書之妄惟彭祖老壽歷二帝夏殷之世然實人也或言竟死或言徙流沙求仙之銳莫秦皇漢武若竟未有所致劉安謀逆伏法自殺乃謂雞犬在雲中乎

仙佛

上古無稱仙者，惟記載黃帝鑄鼎荊山，升龍而上，羣臣攀者，墮龍髯，遺弓名烏號云。然黃帝之冢，實葬橋山，前說疑後來僞托。而赤松、綠圖、天姥、桂父、昌容、琴（俗）[高]、王子喬之徒，紛紛見《列仙傳》矣。周穆八駿，舞瑤池之陰，恐亦子書之妄。惟彭祖老壽，歷二帝、夏殷之世，然實人也。或言竟死，或言徙流沙。求仙之銳，莫秦皇、漢武若，竟未有所致。劉安謀逆，伏法自殺，乃謂雞犬在雲中乎？

鴻寶書中方論後亦不驗則淮南好士招致怪
迂譌說相文耳仙蹟晉時最多至今惟許旌陽
以爭明忠孝傳唐張果宋陳摶寥寥無關人筆
舌我朝僅周顛仙張三丰著于草昧然當時
顯設後時究竟亦無考則仙固若斯之難遇耶
抑從前稱仙者都未必覈耶獨老子生于苦縣
爲周室柱下史主藏吾夫子之所爲猶龍也五
千文字範圍宇宙曲成萬物精微廣大古今不
可磨滅之至道與儒釋鼎足持世其視黃冶變

鴻寶書中方論，後亦不驗，則淮南好士，招致怪迂譌説相文耳。仙蹟，晉時最多，至今惟許旌陽以净明忠孝傳。唐張果、宋陳摶，寥寥無關人筆舌。我朝僅周顛仙、張三丰，著于草昧，然當時顯設，後時究竟亦無考，則仙固若斯之難遇耶？抑從前稱仙者，都未必覈耶？獨老子生于苦縣，爲周室柱下史，主藏，吾夫子之所爲猶龍也。五千文字，範圍宇宙，曲成萬物，精微廣大，古今不可磨滅之至道，與儒釋鼎足持世。其視黃冶變

化登遐倒景則又淺小不足置論矣中國古無
佛自周魯二莊昭夜景之鑒漢晉兩明勒丹青
之餘既而白馬馱經青鴛作寺僧刹之多南朝
四百八十北魏一萬三千道觀玄宮遠遜其盛
而楞嚴圓覺諸經士大夫幾屈首讀之矣蓋空
諸一切見性明心細天地而渺今古近於中庸
尊德性致廣大亦未易徑竇窺之迺佛道二家
互相詆毀莫提其衡而著夷夏論以平之者其
語殊可採如云佛號正真道稱正一一歸無死

仙佛

寰宇通

化，登遐倒景，則又淺小不足置論矣。中國古無佛，自周魯二莊，昭夜景之鑒，漢晉兩明，勒丹青之餘。既而白馬馱經，青鴛作寺，僧刹之多，南朝四百八十，北魏一萬三千。道觀玄宮，遠遜其盛。而《楞嚴》、《圓覺》諸經，士大夫幾屈首讀之矣。蓋空諸一切，見性明心，細天地而渺今古，近於《中庸》尊德性、致廣大，亦未易徑。（寶）［歡］窺之，迺佛道二家，互相詆毀，莫提其衡，而著《夷夏論》，以平之者。其語殊可採，如云"佛號正真，道稱正一。一歸無死，

真會無生但無生之教賒無死之化切切法可
以進謙弱賒法可以退夸強佛教文而博道教
質而精精非粗人所信博非精人所能佛言華
而引道言實而抑抑則明者獨進引則昧者競
前佛說煩而顯道論簡而幽幽則妙門難見顯
則正路易遵云云諸語可謂二法破的今天下
生齒日繁機智日增就二法粗處 辨宗正指 亦能使饑者
得食獰者廻心況道之因應靜篤佛之虛空圓
覺豈易學者哉吾儒之宗皎日中天自不可少

真會無生。但無生之教賒，無死之化切。切法可以進謙弱，賒法可以退夸強。佛教文而博，道教質而精，精非粗人所信，博非精人所能。佛言華而引，道言實而抑。抑則明者獨進，引則昧者競前。佛說煩而顯，道論簡而幽。幽則妙門難見，顯則正路易遵"云云，諸語可謂二法破的。今天下生齒日繁，機智日增，就二法粗處，辨宗正指。亦能使饑者得食，獰者廻心。況道之因應靜篤，佛之虛空圓覺，豈易學者哉？吾儒之宗，皎日中天，自不可少，此星月以成大象。但專治而欲精之，則蔽甚矣。

召魔

魔祟所附，隨月盛衰。月浸盈，則人苦魔亦浸劇。星亦有爲魔所藉者，故凡妖術測得某星相助相制，或用一草、一石、一禽獸以召魔，其魔即來。蓋緣月主人腦，其光浸盈，則其性情之感，腦受其動，人蓄物像於腦，魔於時，撓亂其人，動其蓄象，作諸惡想，是繇魔能測月，乘機借氣，而非月有施於魔也。彼先測某時某星相助相制，又能

此星月以成大象，但專治而欲精之，則蔽甚矣。

召魔

魔祟所附，隨月盛衰。月浸盈，則人苦魔亦浸劇。星亦有爲魔所藉者，故凡妖術測得某星相助相制，或用一草、一石、一禽獸以召魔，其魔即來。蓋緣月主人腦，其光浸盈，則其性情之感，腦受其動，人蓄物像於腦，魔於時，撓亂其人，動其蓄象，作諸惡想，是繇魔能測月，乘機借氣，而非月有施於魔也。彼先測某時某星相助相制，又能

知人肉軀情態便於誘引緣此設惑使人誤信
某星有命己之權轉相襄讖亦非星之有助於
魔也月主腦不獨是人魚蛤犀兔之類皆然

　　煉丹

丹家之說爲者費于渺茫漢武不能成黄金何
況其它庶幾遇者亦繇水火濕熱之氣與丹砂
水銀諸藥齊偶然湊合萬中成一或曰神仙皆
能之晉以來神仙幾何人凡夫以貪心堕奸詐
設財者術中眞可笑也

知人肉軀情態，便於誘引，緣此設惑，使人誤信某星有命己之權，轉相襄讖，亦非星之有助於魔也。月主腦，不獨是人，魚、蛤、犀、兔之類皆然。

煉丹

丹家之說，爲者費于渺茫。漢武不能成黄金，何況其它。庶幾遇者，亦繇水火濕熱之氣，與丹砂、水銀諸藥齊，偶然湊合，萬中成一。或曰：神仙皆能之。晉以來，神仙幾何人？凡夫以貪心堕奸詐設財者術中，真可笑也。

周禮司巫掌羣巫之政令若國大旱則帥巫而
舞雩國有大烖則帥巫而造巫恒男巫掌望祀
望衍授號旁招以茅冬堂贈無方無算春招彌
以除疾病女巫掌歲時祓除釁浴旱暵則舞雩
凡邦之大災則歌哭而請國語在男曰覡在女
曰巫是使制神之處位次主而爲之牲器時服
而能知山川之號宗廟之事禮節之宜威儀之
則是巫之職事畧與祝同不過禋絜祈禱而已

巫

《周禮》：司巫掌羣巫之政令。若國大旱，則帥巫而舞雩。國有大烖，則帥巫而造巫恒。男巫掌望祀望衍授號，旁招以茅。冬堂贈，無方無算。春招彌，以除疾病。女巫掌歲時（被）［祓］除、釁浴。旱暵，則舞雩。凡邦之大災，則歌哭而請。《國語》：在男曰覡，在女曰巫。是使制神之處位次主，而爲之牲器時服，而能知山川之號、宗廟之事、禮節之宜、威儀之則。是巫之職事，略與祝同，不過禋潔祈禱而已。

格致草　定本

乃大禹三戒式列巫風懼恒歌恒舞之流濫聖
人誠慎防其端觀於後世巫蠱之禍豈真鬼神
爲祟妖皆繇人興也西門豹沉巫嫗而河伯自
此不娶婦豈非明徵哉至于今司巫失官渫惡
民謾以符咒惑村鄙兒女子或有爲使鬼之術
者其爲人取屋犯鎮宅邪率皆僞爲甚至祈雨
用法師達官亦不憚邏拜彼且妄曰我能驅雷
致龍旱久豈不或雨雷如可驅龍而可致湯無
七年之旱矣周禮之所謂舞雩即國語之所謂

乃大禹三戒式列巫風，懼恒歌、恒舞之流濫，聖人誠慎防其端。觀於後世巫蠱之禍，豈真鬼神爲祟，妖皆繇人興也。西門豹沉巫嫗，而河伯自此不娶婦，豈非明徵哉？至于今司巫失官，渫惡民，謾以符咒，惑村鄙兒女子，或有爲使鬼之術者，其爲人取屋犯、鎮宅邪，率皆僞爲。甚至祈雨用法師，達官亦不憚邏拜，彼且妄曰：我能驅雷致龍。旱久豈不或雨，雷如可驅，龍而可致，湯無七年之旱矣。《周禮》之所謂“舞雩”，即《國語》之所謂

格致草 （巫術）

齋敬之勤忠信之質而恪共明神以祈也若今
之書符念咒作謾語觸褻天地神遂震而與之
雨豈理也哉

格言考信

左傳昔齊有彗星齊侯使禳之晏子曰祇取
誣焉天道不謟不式其命若之何禳之也

鄭裨竈言於子產宋衛陳鄭將同日火若我
用瓘斝玉瓚鄭必不火子產弗與四國皆火

裨竈曰不用吾言鄭又將火子產曰竈焉知

“齋敬之勤”，“忠信之質”，而恪共明神以祈也。若今之書符、念咒、作謾語觸褻天地，神遂震而與之雨，豈理也哉？

格言考信

《左傳》：昔齊有彗星，齊侯使禳之。晏子曰：“祇取誣焉，天道不謟，不（式）[貳] 其命，若之何禳之也？”

鄭裨竈言於子產：“宋、衛、陳、鄭將同日火，若我用瓘斝玉瓚，鄭必不火。”子產弗與，四國皆火。裨竈曰：“不用吾言，鄭又將火。”子產曰：“竈焉知

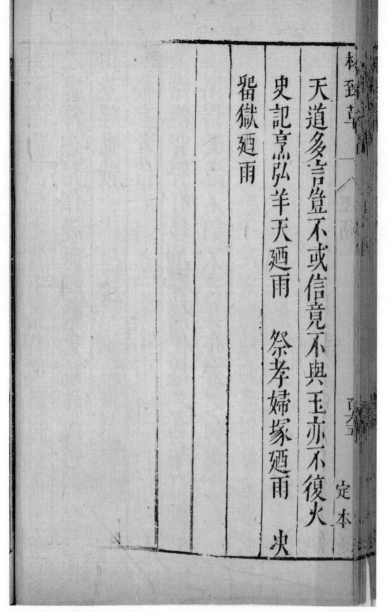

天道，多言豈不或信？"竟不與玉，亦不復火。

《史記》：烹弘羊，天迺雨。

祭孝婦塚，迺雨。

決留獄，迺雨。

格致草　進賢熊明遇良孺著

大造恒論　六合內外，蒙莊存而不論，論而不議。蓋以鴻洞深昧之理，未可臆譚，與其揣摩啟疑，不若緘縢存信。然大造者，天與人之所受造也。立本知化，端非高遠儒者，莫要于窮理。民可使由也，儒者不可不使知也。

逸史氏曰：學者多言大造矣。然口耳傳授，未嘗深思其元本，動則舉大造，而歸之曰天，不知天亦受造者，非造造者。《中庸》諸書，蓋備言之。其曰：

三六五

函宇通

格致草　進賢熊明遇良孺著

　　大造恒論六合內外，蒙莊存而不論，論而不議。蓋以鴻洞深昧之理，未可臆譚，與其揣摩啟疑，不若緘縢存信。然大造者，天與人之所受造也。立本知化，端非高遠儒者，莫要于窮理。民可使由也，儒者不可不使知也。

　　逸史氏曰：學者多言大造矣。然口耳傳授，未嘗深思其元本，動則舉大造，而歸之曰天，不知天亦受造者，非造造者。《中庸》諸書，蓋備言之。其曰：

小德川流大德敦化此天地之所以爲大又曰
君子之道費而隱語大天下莫能載焉語小天
下莫能破焉又曰鬼神之爲德其盛矣乎又曰
大哉聖人之道洋洋乎發育萬物峻極于天又
曰天地之道可一言而盡其爲物不貳則聖門
固明標一大造之眞宰云小德者鬼神之屬也
峻極于天猶爲天所包也至云大德敦化及天
地之道不貳又云天下莫載莫破是天地之上
明明有天天地地者老子曰無名天地之始有

小德川流，大德敦化，此天地之所以爲大。又曰：君子之道費而隱。語大，天下莫能載焉；語小，天下莫能破焉。又曰：鬼神之爲德，其盛矣乎！又曰：大哉聖人之道，洋洋乎！發育萬物，峻極于天。又曰：天地之道，可一言而盡，其爲物不貳，則聖門固明，標一大造之眞宰。云小德者，鬼神之屬也，峻極于天，猶爲天所包也。至云大德敦化，及天地之道不貳。又云天下莫載莫破，是天地之上明明有天天地地者。《老子》曰：無名，天地之始；有

名萬物之母關尹子曰天非自天有爲天者地
非自地有爲地者莊子曰生天生地神鬼神帝
語意具可參考今夫萬物芸芸無主則亂帝王
于人其顯且大者也鳥鳳獸麟蜂房蟻垤尚必
有王長況以天地之大時行物生來寒往暑際
上蟠下限蠻隔夷雲潤星輝風揚月至止一氣
之自消自息耶圓則九重孰營度之其運其處
孰主張之孰居無事而推行之其有機緘不能
自已耶其有眞君存焉屈莊之言與中庸合者

名，萬物之母。《關尹子》曰：天非自天，有爲天者；地非自地，有爲地者。《莊子》曰：生天生地，神鬼神帝。語意具可參考。今夫萬物芸芸，無主則亂，帝王于人，其顯且大者也。鳥鳳、獸麟、蜂房、蟻垤，尚必有王長，況以天地之大，時行物生，來寒往暑，際上蟠下，限蠻隔夷，雲潤星輝，風揚月至，止一氣之自消自息耶？圓則九重，孰營度之？其運其處，孰主張之？孰居無事而推行之，其有機緘不能自已耶？其有眞君存焉？屈莊之言，與《中庸》合者，又不一而足矣。試觀江艎、海舶、越艇、蜀舲，乘風盪漢，渡［岸］凌波，指使如意，豈舟之能哉？有舵帥操之，若神者在焉。大造之宰，先天無始，後天無終，其樞軸之全能，合于《中庸》“無爲”之成。夫豈落人思議，而耑以愛育斯人，造出天地間種種，以利人用。愛人之生身，多方以養之、治之，其暫焉者也。愛人之靈性，最耑且久。彰善者，升之于高天之光明；癉惡者，沉之于重地之幽黑。如華嚴榮享法華，苦惡靈性所受，永無休除。衆庶營營

逐逐日用不知識認真宰之管攝驅而納諸罟
獲陷阱之中良可矜已蓋天地間一切落于形
氣者皆有對待有對待斯有生尅斯有
始終惟大造之宰無始無終人之靈性同天地
有始無終其餘則皆有始有終蓋大造之真與
人之靈性皆不落形質無對待而靈性之所以
有始者始于真宰之賦畀也人在胎中男四十
日畀靈女八十日畀靈墮地之後無論妖壽此
靈萬古不滅殊與禽獸草木不同草木偏有生

逐逐日用，不知識認真宰之管攝，驅而納諸罟獲陷阱之中，良可矜已。蓋天地間一切，落于形氣者，皆有對待。有對待斯有生尅，有生尅斯有始終。惟大造之宰，無始無終，人之靈性同天地，有始無終，其餘則皆有始有終。蓋大造之真與人之靈性，皆不落質，無對待，而靈性之所以有始者，始于真宰之賦畀也。人在胎中，男四十日畀靈，女八十日畀靈。墮地之後，無論（妖）[夭]壽，此靈萬古不滅，殊與禽獸、草木不同。草木偏有生魂，禽獸有生魂兼覺魂，惟人則生覺兼具，一靈獨炳，悉受真宰默攝。所以禽獸交則必胎氣與魂俱行也，人道交未必胎靈魂，必待真宰畀也。人同天地，人性有所待而畀，天地有所待而開，宇宙真一圈矣。烏乎！開闢至今，垂六千年，氣運升降，今日已不如上古，則億萬斯年之後，天地豈復如今日乎？嘗閱天學諸書，備載大造真宰始終天地萬物之故，人有始無終之故，則吾人當置夏蟲井蛙之見，以翔乎寥廓，返照于不歇之靈根，本天親上矣。三月成胚，方具心竅，此時方能受灵。

大造畸説 既作《大造論》矣，蓋從孔子、老子、莊子間特爲拈出畸説者，偶于西域圖經中見其持有，故言成理，不與吾道悖馳者，爲之譯其意云。

原夫大造厥始，化成天地。地土沉墊，水冒溟濛。爰命出光，光有二道。萬象初元，功成一日。此約繹經文，語大造第一日事也。初是化成有形之天，先成静天。光景極明，有上、中、下之分，其中與上，光明無極，其向地下域之一面，則盡無光。從静天至下，皆爲水包。水如重霧層雲，其質踈亮，不似今水。第一日所造四件：静天也、水也、地也、天神也。至第二日，乃以水體

造成列宿天與在其上其下諸天永界既撥遂

造火氣二行之界令火行接天氣行接火因二

行之性令各得其本所　自列宿天以下至水上
諸天經文統謂之曰堅定

定靜天水地三物
經文謂之化成

造有惟取首日所化成之物轉造他物至第三

日大造命天以下水各滙一處令乾見土水土

爰分瀦水爲海山谷攸判發厥草木草自苞種

樹自結實　地堂所以生人之處風氣
完美無此後爲洪水所盪至第四日

大造命明出麗天司分晝夜高天布光射照大

至第二日以後更不必以無

造成列宿天與在其上、其下諸天。水界既撥，遂造火、氣二行之界，令火行接天，氣行接火，因二行之性，令各得其本所。自列宿天以下，至水上諸天，經文統謂之曰堅定。靜天、水、地三物，經文謂之化成。至第二日以後，更不必以無造有，惟取首日所化成之物，轉造他物。至第三日，大造命天以下水，各滙一處。令乾見土，水土爰分。瀦水爲海，山谷攸判。發厥草木，草自苞種，樹自結實。地堂所以生人之處，風氣完美無（此）［比］，後爲洪水所盪。至第四日，大造命明出麗天，司分晝夜。高天布光，射照大地。爰造二大明，鉅者主晝，次者主夜。亦造厥星，森布在天。或曰：三日以前，既無三辰之光，何名爲日？曰：元有白光二道，照暎旋轉，以其一轉爲一日耳。至第五日，空中造鳥，水中造魚，水、氣二界，各有飛躍之象。至第六日，地出走獸，已乃造人，男女各一。祝諭之曰：生長傳類，率土咸服，乃掌水中魚、地中獸、空中鳥，與諸有魂之屬。大造造成三才，六日而訖。至于七日，是爲聖日。七日爲人日，其來已久。以其時考之，則仲春之分也。夫大造六日以前，造三

地。爰造二大明，鉅者主晝，次者主夜。亦造厥星，森布在天。或曰：三日以前，既無三辰之光，何名爲日？曰：元有白光二道，照暎旋轉，以其一轉爲一日耳。至第五日，空中造鳥，水中造魚，水、氣二界，各有飛躍之象。至第六日，地出走獸，已乃造人，男女各一。祝諭之曰：生長傳類，率土咸服，乃掌水中魚、地中獸、空中鳥，與諸有魂之屬。大造造成三才，六日而訖。至于七日，是爲聖日。七日爲人日，其來已久。以其時考之，則仲春之分也。夫大造六日以前，造三

光三光既明造庶物庶物咸若葢尚待生人之
利用而人爲最貴云其造人之始西經所載自
年洪水稽天僅留善者數人種傳賢聖分掌天
下意盤古當在此時自洪水至分人之年一百三
三十有一至漢哀帝朝二千四百二十有八通歷五千
至于崇禎元年一千六百二十有九
七百一十三年克時洪水蓋大洪水
已消不過河渠未清故史禹治之

光。三光既明，造庶物。庶物咸若，蓋尚待生人之利用，而人爲最貴云。其造人之始，西經所載，自人生後一千六百五十六年，洪水稽天，僅留善者數人，種傳賢聖，分掌天下。意盤古當在此時。自洪水至分人之年，一百三十有一。至漢哀帝朝，二千四百二十有八。以至于崇禎元年，一千六百二十有九。通歷五千七百一十三年。堯時洪水，蓋大洪水已消，不過河渠未清，故（史）[使]禹治之。

洪荒辯信

熊子曰書契以前若覺若夢矣惟羲農以後始
有帝王本紀唐堯初元距今崇禎元年三千九
百七十七年緜堯遡伏羲五百有餘歲而炎帝
之胤垂三百大約四千八百而奇云其自盤古
至伏羲年歲無所考史稱三皇萬有餘歲者訛
也先儒南湖丁氏辯之甚詳意羲農去開闢亦
不甚遠而西曆所記開闢至今未滿六千據其
譜系代數皆有的然之文字則羲農以前似不

洪荒辯信

　　熊子曰：書契以前，若覺若夢矣。惟羲、農以後，始有帝王本紀。唐堯初元距今崇禎元年三千九百七十七年，緜堯遡伏羲五百有餘歲，而炎帝之胤垂三百，大約四千八百而奇。云其自盤古至伏羲，年歲無所考。史稱三皇萬有餘歲者，訛也。先儒南湖丁氏，辯之甚詳，意羲、農去開闢亦不甚遠；而西曆所記，開闢至今，未滿六千。據其譜系代數，皆有的然之文字，則羲、農以前，似不

及千年事理或信惟是所稱洪水盪世僅餘諾
阨三子分傳天下則不能無疑焉西曆載洪水
初至今四千五十七年以堯元三千九百七十
四年合之則洪水僅先堯元年八十爾堯登年
一百九十八歲在位七十二年是洪水初堯生
巳四十六歲而堯父帝嚳在位七十年登年一
百五歲于時上而軒黃聖神迭起下而元凱賢
哲挺生康衢擊壤之衆熙熙皥皥無可慮數其
不借傳于諾阨端可知矣乃洪水懷山襄陵與

及千年，事理或信。惟是所稱洪水盪世，僅餘諾阨三子，分傳天下，則不能無疑焉。西曆載，洪水初至今四千五十七年，以堯元三千九百七十四年合之，則洪水僅先堯元年八十爾。堯登年一百九十八歲，在位七十二年。是洪水初，堯生已四十六歲，而堯父（音）[帝]嚳在位七十年，登年一百五歲。于時上而軒黃，聖神迭起，下而元（凱）[愷]，賢哲挺生，康衢擊壤之衆，熙熙皥皥，無可慮數，其不借傳于諾阨，端可知矣。乃洪水懷山襄陵，與

西方之時券合豈比時西方慆淫成俗上帝必

淘洗淨盡而中土神聖繼興即有庸回象恭之

徒殛罰無逃故雖懷襄之勢而熙皞猶存堯使

禹一經疏瀹遂居平土則皇矣之臨下有赫者

監觀惟明不肯舉敷天而付之滔滔也此事理

之斷然者

真宰引據曰中庸曰郊社之禮所以祀上帝也詩
曰皇矣上帝臨下有赫又文王陟降在帝左右又惟
此文王小心翼翼昭事上帝老子曰有物混成先天
地生寂兮寥兮獨立而不改周行而不殆可以爲
天下母吾不知其名字之曰

西方之時券合，豈比時西方慆淫成俗，上帝必淘洗净盡，而中土神聖繼興。即有庸回象恭之徒，殛罰無逃，故雖懷襄之勢，而熙皞猶存。堯使禹一經疏瀹，遂居平土，則皇矣之。臨下有赫者，監觀惟明，不肯舉敷天而付之滔滔也，此事理之斷然者。

真宰引據。《中庸》曰：郊社之禮，所以（祀）[事]上帝也。

《詩》曰：皇矣上帝，臨下有赫。又：文王陟降，在帝左右。又：惟此文王，小心翼翼，昭事上帝。

《老子》曰：有物混成，先天地生。寂兮寥兮，獨立而不改，周行而不殆，可以爲天下母，吾不知其名，字之曰

義農去開闢不遠引據　　紀年引據

古天官

昔之傳天數者高辛之前重黎於唐虞羲和有

道，强爲之名曰大。

詩註曰：以其形體爲之天，以其主宰爲之帝。

紀年引據。薛方山作《甲子會紀》，自黃帝八年至今七十二甲子，今距薛又一甲子矣。

羲農去開闢不遠引據。丁南湖氏曰：方崑山氏之論曰："堯、舜至于今，纔三千餘年耳。三代已不如唐虞，漢、唐、宋已不如三代，世道升降，不過二三百年，則一變矣。豈有開闢之後四五萬年，風氣尚未開，人文尚未著，水土尚未平，生民尚未粒食，直待羲、農、黃帝、堯、舜迭興而後治也？竊謂羲、農去盤古之時必不遠，可以千計，不可以萬計也。"

古天官

昔之傳天數者，高辛之前，重、黎。於唐、虞，羲、和。有

夏昆吾殷商巫咸周室史佚萇弘於宋子韋鄭
則裨竈在齊甘公楚唐昧魏石申趙尹皋漢之
爲天數者星則唐都氣則王朔占歲則魏鮮重
黎羲和察日月五星之行以定時令巫咸以後
漸以占候爲職矣

古歷譜

上元太初等歷皆以建寅爲正謂之孟春顓頊
夏禹亦以建寅爲正惟黃帝及殷周並建子秦
正建亥漢初因之武帝元封七年始改用太初

夏，昆吾。殷（商）〔商〕，巫咸。周室，史佚、萇弘。於宋，子
韋。鄭，則裨竈。在齊，甘公。楚，唐昧。魏，石申。趙，尹皋。
漢之爲天數者，星則唐都，氣則王朔，占歲則魏鮮。重、黎、羲、
和，察日、月、五星之行，以定時令。巫咸以後，漸以占候爲
職矣。

古歷譜

上元、太初等歷，皆以建寅爲正，謂之孟春。顓頊、夏禹亦以
建寅爲正。惟黃帝及殷、周並建子。秦正建亥，漢初因之。武帝元
封七年，始改用《太初

歷仍以周正建子爲十一月朔旦冬至改元太
初歷焉黄帝考定星歷建立五行起消息正閏
餘於是有天地物類之官是謂五官各司其序
不相亂也夫曰考定曰建立曰消息曰閏餘是
真歷法之導師天官之鼻祖也後世至武帝招
致方士唐都分其天部而巴落下閎運筭轉歷
然後日辰之度與夏正同曰都分曰運筭即今
測量加減象限之法

五星廟

歷》，仍以周正建子爲十一月朔旦冬至，改元《太初歷》焉。黄帝考定星歷，建立五行，起消息，正閏餘，於是有天地物類之官，是謂五官。各可其序，不相亂也。夫曰考定，曰建立，曰消息，曰閏餘，是真歷法之導師、天官之鼻祖也。後世至武帝，招致方士唐都，分其天部；而巴落下閎運筭轉歷，然後日辰之度與夏正同，曰都分，曰運筭，即今測量加減象限之法。

五星廟

営室為清廟，歳星廟也。心為明堂，熒惑廟也。南斗為文太室，填星廟也。亢為疏廟，太白廟也。七星為員官，辰星廟也。太史公世掌天官，其于五星入廟之論，端自有説。然烏項為員官，焉可與清廟、明堂比論？而方位所屬，又與五曜無取義，不能不俟之天士。

今月令

孟春之月，日在虛、危，昏昴中，旦心中。

仲春之月，日在壁、奎，昏東井中，旦南斗中。

営室為清廟，歳星廟也。心為明堂，熒惑廟也。南斗為文太室，填星廟也。亢為疏廟，太白廟也。七星為員官，辰星廟也。太史公世掌天官，其于五星入廟之論，端自有説。然烏項為員官，焉可與清廟、明堂比論？而方位所屬，又與五曜無取義，不能不俟之天士。

今月令

孟春之月，日在虛、危，昏昴中，旦心中。

仲春之月，日在壁、奎，昏東井中，旦南斗中。

季春之月日在婁胃昏輿鬼中旦牽牛中

孟夏之月日在昴畢昏張中旦危中

仲夏之月日在參井昏角中旦營室中

季夏之月日在井鬼昏亢中旦奎中

孟秋之月日在星張昏心中旦昴中

仲秋之月日在翼軫昏南斗中旦東井中

季秋之月日在角亢昏牽牛中旦輿鬼中

孟冬之月日在房心昏危中旦張中

仲冬之月日在箕斗昏營室中旦角中

季春之月，日在婁、胃，昏輿鬼中，旦牽牛中。

孟夏之月，日在昴、畢，昏張中，旦危中。

仲夏之月，日在參、井，昏角中，旦營室中。

季夏之月，日在井、鬼，昏亢中，旦奎中。

孟秋之月，日在星、張，昏心中，旦昴中。

仲秋之月，日在翼、軫，昏南斗中，旦東井中。

季秋之月，日在角、亢，昏牽牛中，旦輿鬼中。

孟冬之月，日在房、心，昏危中，旦張中。

仲冬之月，日在箕、斗，昏營室中，旦角中。

季冬之月日在牛女昏奎中旦氐中
經星天東旋二萬五千餘年一周每日皆有密
移但其度甚微如堯時冬至日在虛今在箕積
為歲差職此之故彼呂氏月令孟春之月日在
營室昏參中旦尾中仲春之月日在奎昏弧中
旦建星中季春之月日在胃昏七星中旦牽牛
中孟夏之月日在畢昏翼中旦婺女中仲夏之
月日在東井昏氐中旦危中季夏之月日在柳
昏火中旦奎中孟秋之月日在翼昏建星中旦

季冬之月，日在牛、女，昏奎中，旦氐中。

經星天，東旋二萬五千餘年一周，每日皆有［密］移，但其度甚微。如堯時冬至，日在虛，今在箕，積爲歲差。職此之故，彼呂氏《月令》："孟春之月，日在營室，昏參中，旦尾中"；"仲春之月，日在奎，昏弧中，旦建星中"；"季春之月，日在胃，昏七星中，旦牽牛中"；"孟夏之月，日在畢，昏翼中，旦婺女中"；"仲夏之月，日在東井，昏氐中，旦危中"；"季夏之月，日在柳，昏火中，旦奎中"；"孟秋之月，日在翼，昏建星中，旦

畢中仲秋之月日在角昏牽牛中旦觜巂中季
秋之月日在房昏虛中旦柳中孟冬之月日在
尾昏危中旦七星中仲冬之月日在斗昏東壁
中旦軫中季冬之月日在婺女昏婁中旦氐中
與今時之昏旦較其差遠矣學者引古文入今
天所謂習矣而不察其誤者要之一月之中有
二節昏旦密移茲指一宿為中亦大畧分其部
限耳觀者無執一可也
淮南子曰六合孟春與孟秋為合仲春與仲秋

畢中"；"仲秋之月，日在角，昏牽牛中，旦觜巂中"；"季秋之月，日在房，昏虛中，旦柳中"；"孟冬之月，日在尾，昏危中，旦七星中"；"仲冬之月，日在斗，昏東壁中，旦軫中"；"季冬之月，日在婺女，昏婁中，旦氐中"。與今時之昏旦較，其差遠矣。學者引古文入今天，所謂習矣，而不察其誤者。要之，一月之中有二節，昏旦密移。茲指一宿為中，亦大略分其部限耳，觀者無執一，可也。

《淮南子》曰："六合，孟春與孟秋為合，仲春與仲秋

為合季春與季秋為合孟夏與孟冬為合仲夏
與仲冬為合季夏與季冬為合加孟春昏昴中
旦心中孟秋昏心中旦昴中是其合處呂氏月
令尚多參差
史記天官書臘之明日人衆卒歲一會飲酒癸
陽氣故曰初歲晉書慱士張亮議曰俗謂臘之
明日為初歲秦漢以來有賀此古昔之遺語也
而楚辭曰獻歲癸春兮又曰開春發歲兮既臘
而春于茲獻歲此夏時之得其正也若建子建

北極出度

為合，季春與季秋為合，孟夏與孟冬為合，仲夏與仲冬為合，季夏與季冬為合。"如孟春，昏昴中，旦心中；孟秋，昏心中，旦昴中，是其合處。呂氏《月令》尚多參差。

《史記·天官書》："臘之明日，人衆卒歲，一會飲酒，發陽氣，故曰初歲。"《晉書》，[博]士張亮議曰："俗謂臘之明日為初歲，秦漢以來有賀，此古昔之遺語也。"而《楚辭》曰："獻歲發春兮。"又曰："開春發歲兮。"既臘而春，于茲獻歲，此夏時之得其正也。若建子建

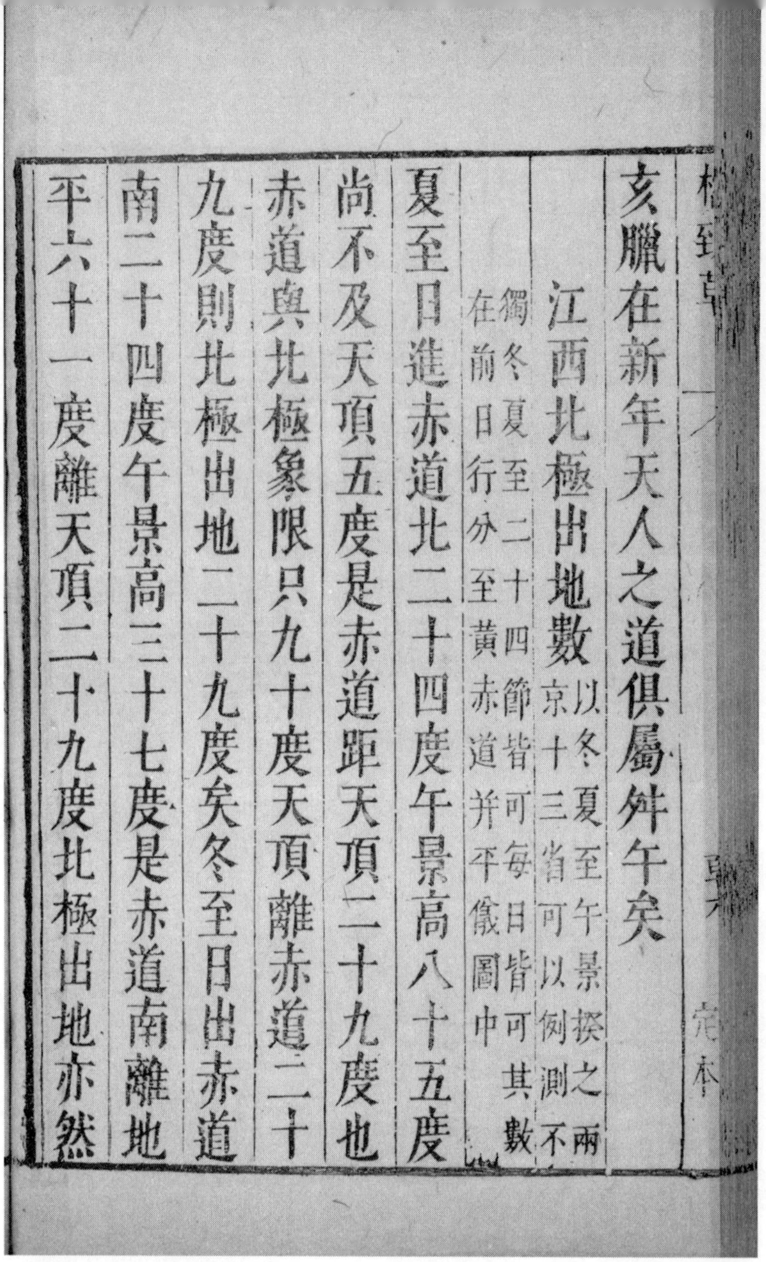

亥臘在新年天人之道俱屬舛午矣

江西北極出地數京以冬夏至午景揆之兩
十夏至午景揆之兩
京十三省可以例測不

獨冬夏至二
十四節皆可每日
行分至黃
赤道并平儀圖中

夏至日進赤道北二十四度午景高八十五度
尚不及天頂五度是赤道距天頂二十九度也
赤道與北極象限只九十度天頂離赤道二十
九度則北極出地二十九度矣冬至日出赤道
南二十四度午景高三十七度是赤道南離地
平六十一度離天頂二十九度比極出地亦然

亥，臘在新年，天人之道，俱屬舛午矣。

江西北極出地數，以冬、夏至午景揆之，兩京十三省，可以例測。不獨冬、夏至，二十四節皆可，每日皆可。其數在前，日行分至黃、赤道，并平儀圖中。

夏至，日進赤道北二十四度，午景高八十五度，尚不及天頂五度，是赤道距天頂二十九度也。赤道與北極象限只九十度，天頂離赤道二十九度，則北極出地二十九度矣。冬至，日出赤道南二十四度，午景高三十七度，是赤道南離地平六十一度，離天頂二十九度，北極出地亦然。

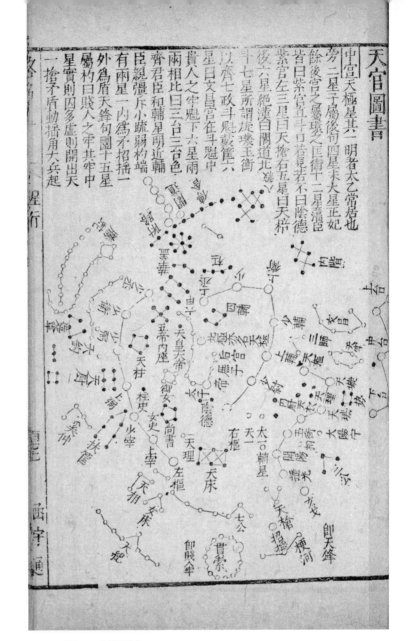

（圖，不著圖名）

天官圖書

中宮 天極星，其一明者，太乙常居也，旁二星子屬。後句四星，末大星，正妃，餘後宮之屬。環之匡衛十二星，藩臣，皆曰紫宮。直斗口，若見若不，曰陰德。紫宮左三星曰天槍，右五星曰天棓，後六星絕漢曰閣道。北斗七星，所謂旋璣玉衡，以齊七政。斗魁戴匡六星曰文昌宮，在斗魁中，貴人之牢。魁下六星，兩兩相比，曰三台。三台色齊，君臣和。輔星明近，輔臣親〔強〕；斥小，疏弱。杓端有兩星：一內為矛，招搖；一外為盾，天鋒。句圜十五星，屬杓，曰賤人之牢。其牢中星實則囚多，虛則開出。天一、槍、矛、盾，動搖，角大，兵起。

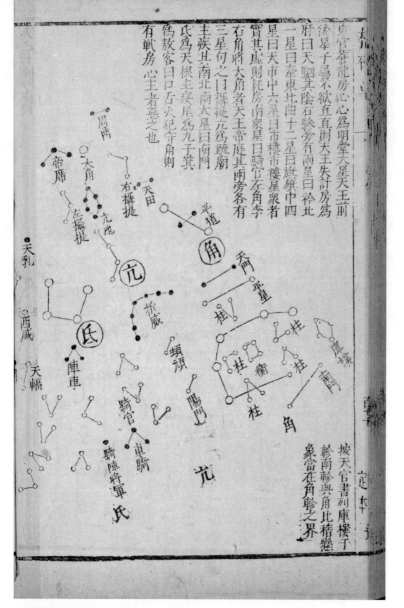

（圖，不著圖名）

東宮 蒼龍，房、心。心爲明堂，大星天王，前後星子屬。不欲直，直則天王失計。房爲府，曰天駟。其陰，右驂。旁有兩星曰衿，北一星曰牽。東北曲十二星曰旗，旗中四星曰天市，中六星曰市樓。市樓星衆者實，其虛則耗。房南衆星曰騎官。左角，李；右角，將。大角者，天王帝庭。其兩旁各有三星，句之，曰攝提。亢爲疏廟，主疾。其南北兩大星，曰南門。氐爲天根，主疫。尾爲九子。箕爲敖客，曰口舌。火犯守角，則有戰。房、心，王者惡之也。

按，《天官書》：列庫樓于軫南，軫與角比稽，懸象當在角、軫之界。

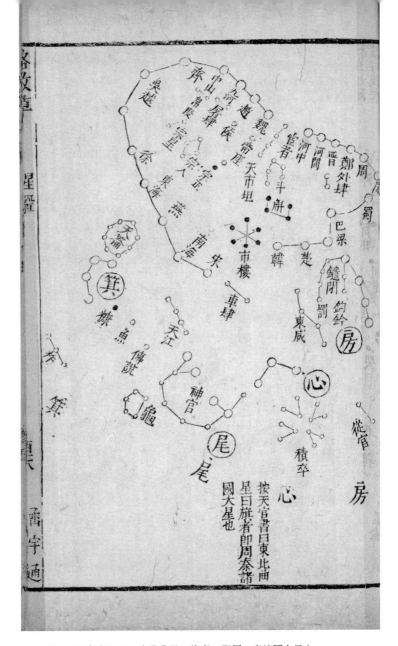

按，《天官書》曰：東北曲星曰旗者，即周、秦諸國大星也。

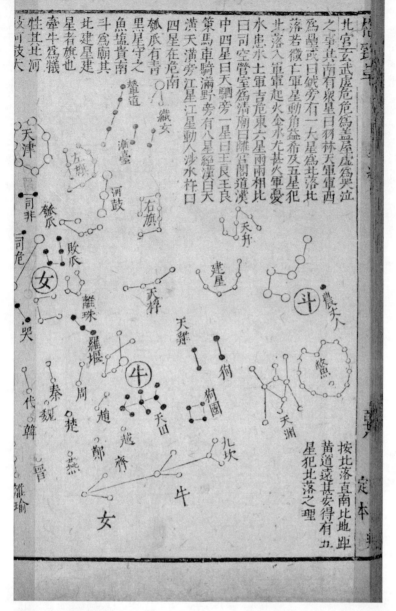

（圖，不著圖名）

北宮　玄武，虛、危。危為蓋屋；虛為哭泣之事。其南有眾星，曰羽林天軍。軍西為壘，或曰鉞。旁有一大星為北落。北落若（徵）[微]亡，軍星動角益希，及五星犯北落，入軍，軍起。火、金、水尤甚。火，軍憂；水，[水]患；[木]、土，軍吉。危東六星，兩兩相比，曰司空。營室為清廟，曰離宮、閣道。漢中四星，曰天駟。旁一星，曰王良。王良策馬，車騎滿野。旁有八星，絕漢，曰天潢。天潢旁，江星。江星動，人涉水。杵、臼四星，在危南。瓠瓜，有青黑星守之，魚鹽貴。南斗為廟，其北建星。建星者，旗也。牽牛為犧牲。其北河鼓。河鼓大

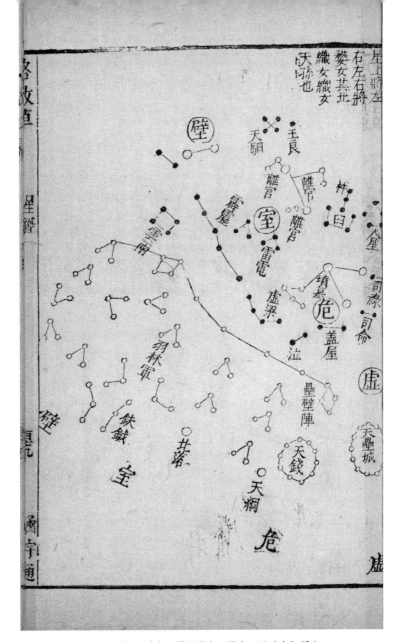

星，上將；左右，左右將。婺女，其北織女。織女，天〔女〕孫也。

按，北落直南北地，距黃道遠甚，安得有五星犯北落之理？

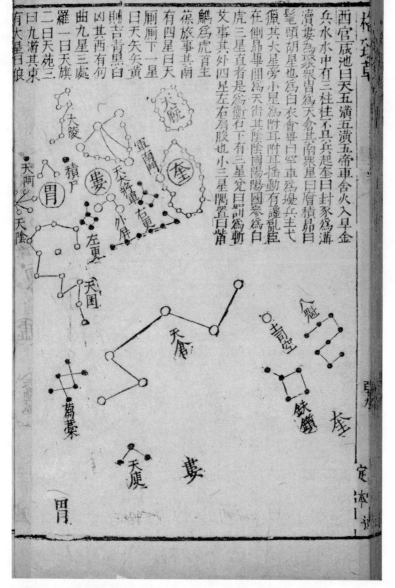

西宮咸池曰天五潢五潢五帝車舍火入旱金
兵水水中有三柱柱不具兵起奎曰封豕爲溝
瀆婁爲聚眾胃爲天倉其南眾星曰廥積昴曰
髦頭胡星也爲白衣會畢曰罕車爲邊兵主弋
獵其大星旁小星爲附耳附耳搖動有讒亂臣
在側昴畢間爲天街其陰陰國陽陽國參爲白
虎三星直者是爲衡石下有三星兌曰罰爲斬
艾事其外四星左右肩股也小三星隅置曰觜
觿爲虎首主葆旅事其南
有四星曰天厠厠下一星
曰天矢矢黃則吉青黑白
凶其西有句曲九星三處
羅一曰天旗二曰天苑三
曰九游其束有大星曰
狼

（圖，不著圖名）

西宮 咸池，曰天五潢。五潢，五帝車舍。火入，旱。金，兵。水，水。中有三柱；柱不具，兵起。奎曰封豕，爲溝瀆。婁爲聚眾。胃爲天倉。其南眾星曰廥積。昴曰髦頭，胡星也，爲白衣會。畢曰罕車，爲邊兵，主弋獵。其大星旁小星爲附耳。附耳搖動，有讒亂臣在側。昴、畢間爲天街。其陰，陰國；陽，陽國。參爲白虎。三星直者，是爲衡石。下有三星，兌，曰罰，爲斬艾事。其外四星，左右肩股也。小三星隅置，曰觜觿，爲虎首，主葆旅事。其南有四星，曰天厠。厠下一星，曰天矢。矢黃則吉，青、黑、白，凶。其西有句曲九星，三處羅：一曰天旗，二曰天苑，三曰九游。其東有大星曰狼。

盜賊下有四
星曰弧直狼
比地有大星
曰南極老人
老人見治安
不見兵
起常以
秋分時
候之于
南郊附
耳入畢
中兵起

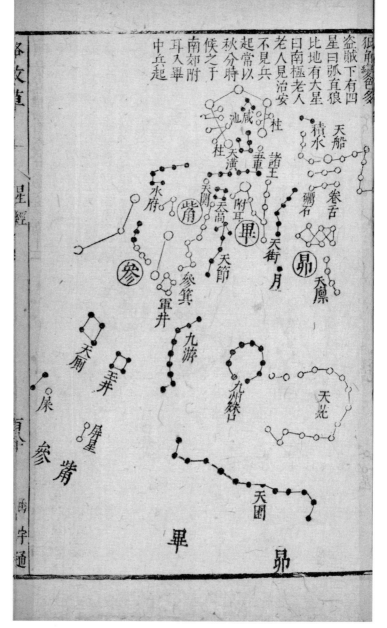

　　狼角變色，多盜賊。下有四星曰弧，直狼。比地有大星，曰南極老人。老人見，治安；不見，兵起。常以秋分時候之于南郊。附耳入畢中，兵起。

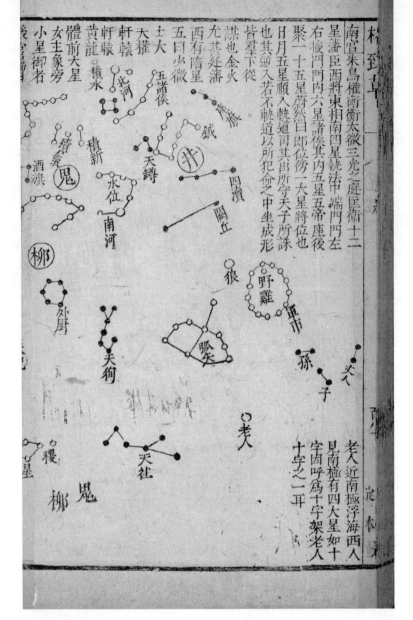

（圖，不著圖名）

南宮朱鳥，權、衡。衡，太微，三光之庭。匡衛十二星，藩臣：西，將；東，相；南四星，執法；中，端門；門左右，掖門。門內六星，諸侯。其內五星，五帝座。後聚一十五星蔚然，曰郎位；傍一大星，將位也。日、月、五星順入，軌道，司其出，所守，天子所誅也。其逆入，若不軌道，以所犯命之；中坐，成形，皆群下從謀也。金、火尤甚。廷藩西有隋星五，曰少微，士大夫。權，軒轅。軒轅，黃龍體。前大星，女主象；旁小星，御者後宮屬。

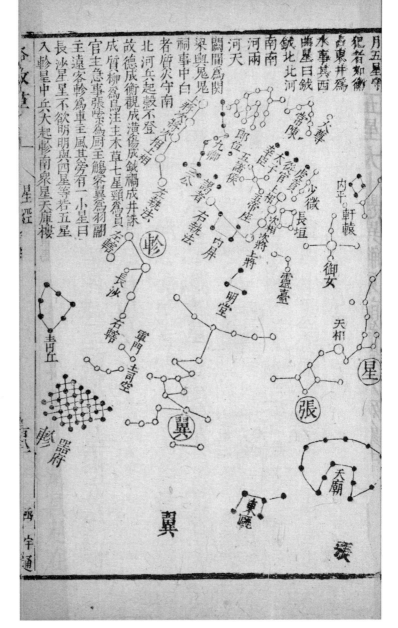

月五星守犯者如衡占東井爲水事其西曲星曰鉞鉞北北河南南河河天兩關間爲關梁輿鬼鬼祠事中白者質火守南北河兵起穀不登故德成衡觀成潢傷成鉞禍成井誅成質柳爲鳥注主木草七星頸爲員官主急事張素爲廚主觴客翼爲羽翮主遠客軫爲車主風其旁有一小星曰長沙星星不欲明明與四星等若五星入軫星中兵大起軫南衆星天庫樓

月、五星守犯者，如衡占。東井爲水事。其西曲星曰鉞。鉞北，北河；南，南河；兩河、天闕間爲關梁。輿鬼，鬼祠事；中白者質。火守南北河，兵起，穀不登。故德成衡，觀成潢，傷成鉞，禍成井，誅成質。柳爲鳥注，主木草。七星，頸，爲員官，主急事。張，素，爲廚，主觴客。翼爲羽翮，主遠客。軫爲車，主風。其旁有一小星，曰長沙，星星不欲明；明與四星等，若五星入軫星中，兵大起。軫南衆星天庫樓，

　　老人近南極，浮海西人見南極有四大星，如十字，因呼爲十字架，老人，十字之一耳。

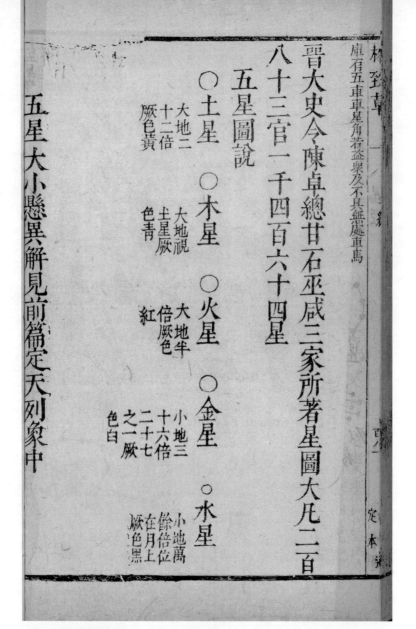

（圖，不著圖名）

庫有五車。車星角若益眾，及不具，無處車馬。

晉大史令陳卓總甘、石、巫咸三家所著星圖，大凡二百八十三官，一千四百六十四星。

五星圖説

土星。大地二十二倍，厥色黃。

木星。大地視土星，厥色青。

火星。大地半倍，厥色紅。

金星。小地三十六倍二十七之一，厥色白。

水星。小地萬餘倍，位在月上，厥色黑。

五星大小懸異，解見前篇《定天列象》中。

附南極諸星圖說

北京北極出地四十度積減至閩粵以南止出地二十四度南極因之入地二十四度則後圖南極左右前後諸星汎海者見其煌煌爛爛而甘石星經都所未載人域是域乃臺史目境所限非天固私秘之專照海外也華夷一統萬國梯航白雉火珠尚侈圖史而況麗天之文曜儒者可以目境自封因仍巫咸之缺使南極之光不燿于簡編乎考一統志輿地圖凡屬國越在

格致草　一　星經

函宇通

附南極諸星說

　　北京，北極出地四十度，積減至閩粵以南止，出地二十四度。南極因之，入地二十四度。則後圖南極左右前後諸星，汎海者見其煌煌爛爛，而《甘石星經》都所未載。人域是域，乃臺史目境所限，非天固私秘之專照海外也。華夷一統，萬國梯航，白雉火珠，尚侈圖史，而況麗天之文曜，儒者可以目境自封，因仍巫咸之缺，使南極之光不燿于簡編乎？考《一統志·輿地圖》，凡屬國越在

萬里之外皆得附載何獨畧于天文如海南諸

國近在襟帶所見星辰歷歷指掌惟是向來無

象無名今從徐太史翻譯原名特爲圖表俾普

天之文曜域于人目不域于人心亦

熙朝盛事也

查滿剌加國處赤道下南北二極皆比地可測

春秋分日正麗天頂冬夏至日距頂各二十三

度有奇彼人目境常見晝夜平亦常見南北極

麗天諸星無一隱者從閩廣南行六千里卽其

萬里之外，皆得附載，何獨畧于天文？如海南諸國，近在襟帶，所見星辰，歷歷指掌。惟是向來無象無名，今從徐太史翻譯原名。特爲圖表，俾普天之文曜，域于人目，不域于人心，亦熙朝盛事也。

　　查滿剌加國，處赤道下，南北二極，皆（比）［此］地可測。春秋分，日正麗天頂；冬夏至，日距頂各二十三度有奇。彼人目鏡常見晝夜平，亦常見南北極麗天諸星，無一隱者。從閩廣南行六千里，卽其

地猶是中國闉闍之前非蒙莊所云六合之外
可存而不論者也
後圖各星有麗東宮卯辰寅北宮丑子亥而缺
西南二宮者以各星距南極稍遠西南二宮偶
無星麗耳若最後圓圖老人星在鶉首則南宮
矣其海石金魚飛鳥小斗附白諸曜于南極甚
近近極星之度最細審故十二宮皆有所麗不
得不為圓圖也

南極諸星圖

地猶是中國闉闍之前，非蒙莊所云"六合之外，可存而不論"者也。

後圖各星有麗，東宮，卯、辰、寅，北宮，丑、子、亥，而缺西、南二宮者，以各星距南極稍遠，西、南二宮偶無星麗耳。若最後圓圖，老人星在鶉首，則南宮矣。其海石、金魚、飛鳥、小斗、附白諸曜，于南極甚近。近極星之度最細［密］，故十二宮皆有所麗，不得不爲圓圖也。

南極諸星圖

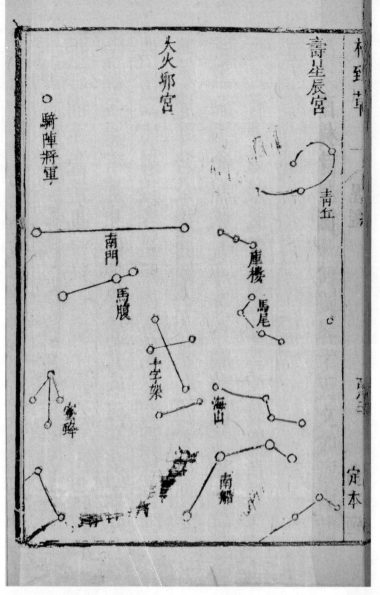

（圖，不著圖名）

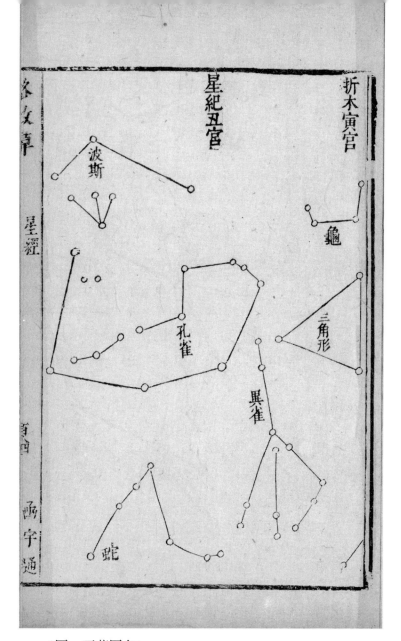

（圖，不著圖名）

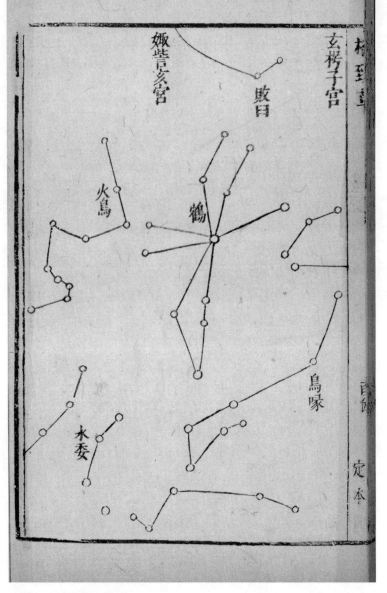

（圖，不著圖名）

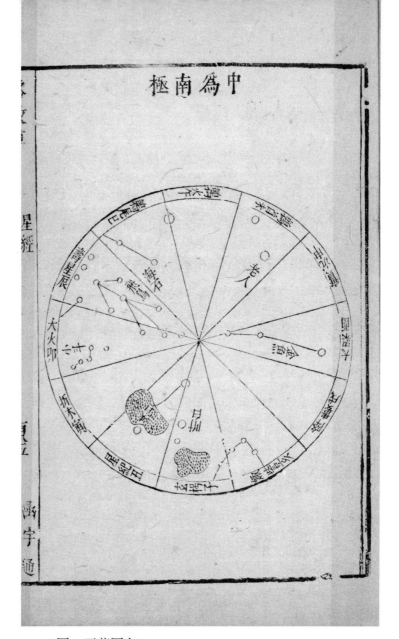

（圖，不著圖名）

圖書在版編目（ＣＩＰ）數據

函宇通（上、下）/ [明]熊明遇、熊人霖撰；魏毅整理. — 長沙：湖南科學技術出版社，2022.12

（中國科技典籍選刊. 第五輯）

ISBN 978-7-5710-1973-0

Ⅰ. ①函…　Ⅱ. ①熊…　②熊…　③魏…　Ⅲ. ①自然科學史－中國－古代　Ⅳ. ① N092

中國版本圖書館 CIP 數據核字(2022)第 233532 號

中國科技典籍選刊（第五輯）

HAN YU TONG

函宇通（上）

撰　　者：[明]熊明遇　熊人霖

整　　理：魏　毅

出 版 人：潘曉山

責任編輯：楊　林

出版發行：湖南科學技術出版社

社　　址：湖南省長沙市芙蓉中路一段 416 號泊富國際金融中心

網　　址：http://www.hnstp.com

郵購聯係：本社直銷科 0731-84375808

印　　刷：長沙鴻和印務有限公司

　　　　　（印裝質量問題請直接與本廠聯係）

廠　　址：長沙市望城區普瑞西路 858 号

郵　　編：410200

版　　次：2022 年 12 月第 1 版

印　　次：2022 年 12 月第 1 次印刷

開　　本：787mm×1092mm　1/16

本冊印張：25.75

本冊字數：497 千字

書　　號：ISBN 978-7-5710-1973-0

定　　價：420.00 圓（共兩冊）

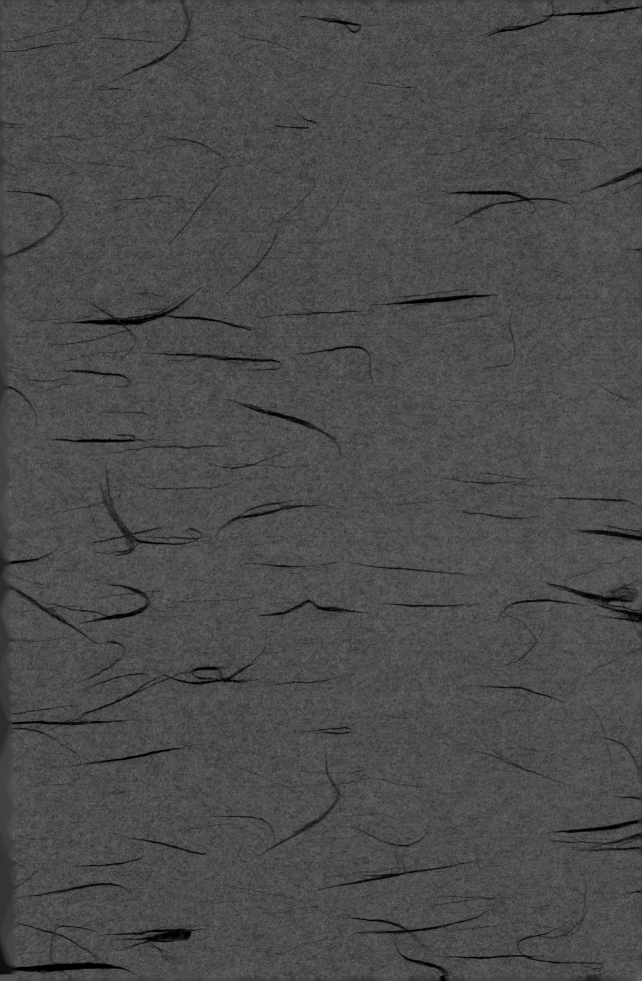

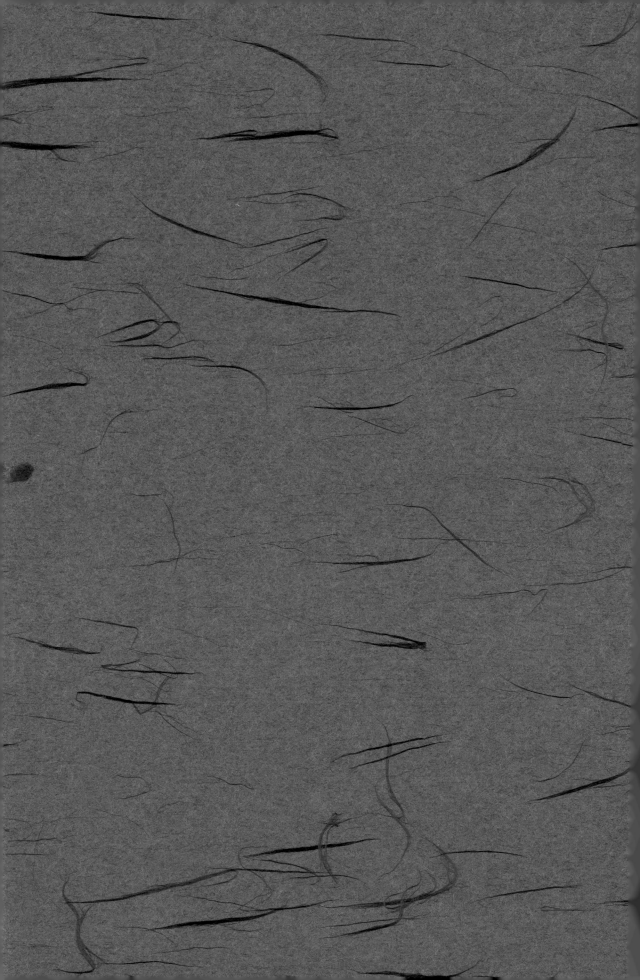

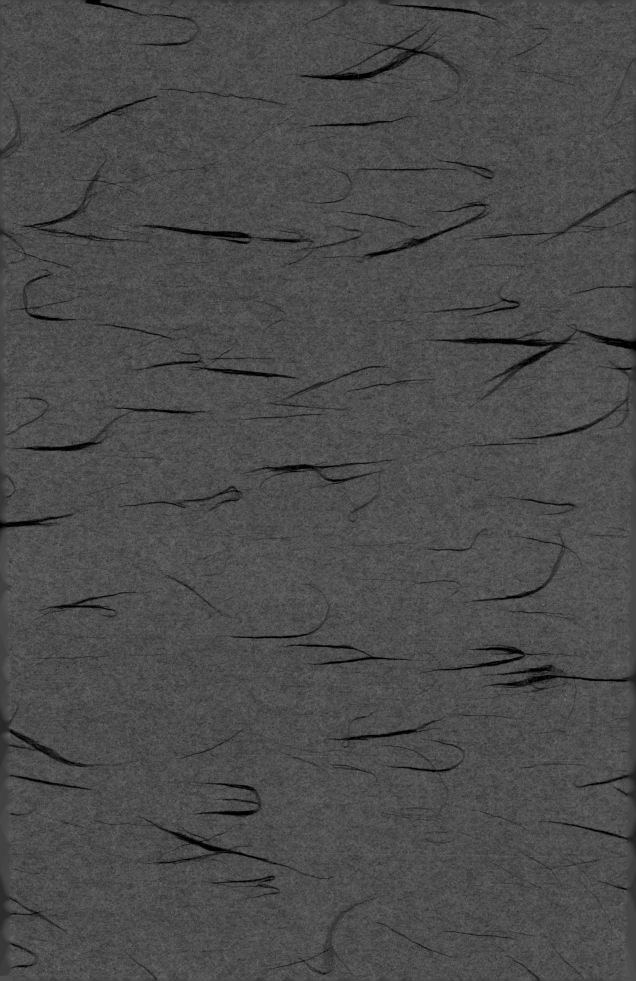

中國科技典籍選刊

第五輯　叢書主編：孫顯斌

中國國家圖書館藏順治五年本

函宇通【下】

［明］熊明遇

熊人霖◇撰　魏毅◇整理

國家古籍整理出版專項經費資助項目

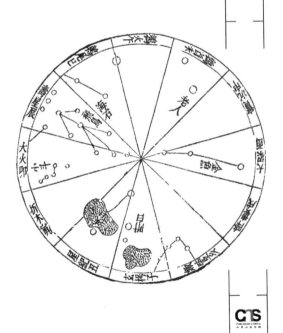

湖南科學技術出版社

《中國科技典籍選刊》總序

我國有浩繁的科學技術文獻，整理這些文獻是科技史研究不可或缺的基礎工作。竺可楨、李儼、錢寶琮、劉仙洲、錢臨照等我國科技史事業開拓者就是從解讀和整理科技文獻開始的。二十世紀五十年代，科技史研究在我國開始建制化，相關文獻整理工作有了突破性進展，涌現出許多作品，如胡道靜的力作《夢溪筆談校證》。

改革開放以來，科技文獻的整理再次受到學術界和出版界的重視，這方面的出版物呈現系列化趨勢。巴蜀書社出版《中華文化要籍導讀叢書》（簡稱《導讀叢書》），如聞人軍的《考工記導讀》、傅維康的《黃帝內經導讀》、繆啓愉的《齊民要術導讀》，胡道靜的《夢溪筆談導讀》及潘吉星的《天工開物導讀》。上海古籍出版社與科技專家合作，爲一些科技文獻作注釋並譯成白話文，刊出《中國古代科技名著譯注叢書》（簡稱《譯注叢書》），包括程貞一和聞人軍的《周髀算經譯注》、聞人軍的《考工記譯注》、郭書春的《九章算術譯注》、繆啓愉的《東魯王氏農書譯注》、陸敬嚴和錢學英的《新儀象法要譯注》、潘吉星的《天工開物譯注》、李迪的《康熙幾暇格物編譯注》等。

二十世紀九十年代，中國科學院自然科學史研究所組織上百位專家選擇並整理中國古代主要科技文獻，編成共約四千萬字的《中國科學技術典籍通彙》（簡稱《通彙》）。它共影印五百四十一種書，分爲綜合、數學、天文、物理、化學、地學、生物、農學、醫學、技術、索引等共十一卷（五十册），分別由林文照、郭書春、薄樹人、戴念祖、郭正誼、唐錫仁、苟翠華、范楚玉、余瀛鰲、華覺明等科技史專家主編。編者爲每種古文獻都撰寫了『提要』，概述文獻的作者、主要內容與版本等方面。自一九九三年起，《通彙》由河南教育出版社（今大象出版社）陸續出版，受到國內外中國科技史研究者的歡迎。近些年來，國家立項支持《中華大典》數學典、天文典、理化典、生物典、農業典等類書性質的系列科技文獻整理工作。類書體例內容易割裂原著的語境，這對史學研究來說多少有些遺憾。

總的來看，我國學者的工作以校勘、注釋、白話翻譯爲主，也研究文獻的作者、版本和科技內容。例如，潘吉星將《天工開物校注及研究》分爲上篇（研究）和下篇（校注），其中上篇包括時代背景，作者事跡，書的內容、刊行、版本、歷史地位和國際影響等方面。

《導讀叢書》、《譯注叢書》和《通彙》等爲讀者提供了便于利用的經典文獻校注本和研究成果，也爲科技史知識的傳播做出了重要貢獻。

不過，可能由於整理目標與出版成本等方面的限制，這些整理成果不同程度地留下了文獻版本方面的缺憾。《導讀叢書》、《譯注叢書》和其他校注本基本上不提供保持原著全貌的高清影印本，並且錄文時將繁體字改爲簡體字，改變版式，還存在截圖、拼圖、換圖中漢字等現象。《通彙》的編者們儘量選用文獻的善本，但《通彙》的影印質量尚需提高。

科技文獻整理工作被列爲國家工程。例如，萊布尼兹（G. W. Leibniz）的手稿與論著的整理工作於一九○七年在普魯士科學院與法國科學院聯合支持下展開，文獻內容包括數學、自然科學、技術、醫學、人文與社會科學，萊布尼兹所用語言有拉丁語、法語和其他語種。該項目因第一次世界大戰而失去法國科學院的支持，但在普魯士科學院支持下繼續實施。第二次世界大戰後，項目得到東德政府和西德政府的資助。迄今，這個跨世紀工程已經完成了五十五卷文獻的整理和出版，預計到二○五五年全部結束。

二十世紀八十年代以來，國際合作促進了中文科技文獻的整理和研究。我國科技史專家與國外同行發揮各自的優勢，合作整理與研究《九章算術》、《黄帝內經素問》等文獻，並嘗試了新的方法。郭書春分別與法國科研中心林力娜（Karine Chemla）、美國紐約市立大學道本周（Joseph W. Dauben）和徐義保合作，先後校注成中法對照本《九章算術》（Les Neuf Chapters, 二○○四）和中英對照本《遠西奇器圖説録最》（Nine Chapters on the Art of Mathematics, 二○一四）。中科院自然科學史研究所與馬普學會科學史研究所的學者合作校注《九章算術》，在提供高清影印本的同時，還刊出了相關研究專著《傳播與會通》。

按照傳統的説法，誰占有資料，誰就有學問，我國許多圖書館和檔案館都重「收藏」輕「服務」。在全球化與信息化的時代，國際科技史學者們越來越重視建設文獻平臺、整理、研究、出版與共享寶貴的科技文獻資源。德國馬普學會（Max Planck Gesellschaft）的科技專家們提出「開放獲取」經典科技文獻整理計劃，以「文獻研究＋原始文獻」的模式整理出版重要典籍。編者盡力選擇稀見的手稿和經典文獻的善本，向讀者提供展現原著面貌的複製本和帶有校注的印刷體轉録本，甚至還有與原著對應編排的英語譯文。同時，編者爲每種典籍撰寫導言或獨立的學術專著，包含原著的內容分析、作者生平、成書與境及參考文獻等。

任何文獻校注都有不足，甚至引起對某些內容解讀的争議。真正的史學研究者不會全盤輕信已有的校注本，而是要親自解讀原始文獻，希望看到完整的文獻原貌，並試圖發掘任何細節的學術價值。與國際同行的精品工作相比，我國的科技文獻整理與出版工作還可以精益求精，比如從所選版本截取局部圖文，甚至對所截取的內容加以「改善」，這種做法使文獻整理與研究的質量打了折扣。

實際上，科技文獻的整理和研究是一項難度較大的基礎工作，對整理者的學術功底要求較高。他們須在文字解讀方面下足够的功夫，並且準確地辨析文本的科學技術內涵，瞭解文獻形成的歷史與境。顯然，文獻整理與學術研究相互支撑，研究决定着整理的質量。隨着研究的深入，整理的質量自然不斷完善。整理跨文化的文獻，最好藉助國際合作的優勢。如果翻譯成英文，還須解決語言轉换的難題，找到合適的以英語爲母語的合作者。

在我國，科技文獻整理、研究與出版明顯滯後於其他歷史文獻，這與我國古代悠久燦爛的科技文明傳統不相稱。相對龐大的傳統科技遺産而言，已經系統整理的科技文獻不過是冰山一角。比如《通彙》中的絶大部分文獻尚無校勘與注釋的整理成果，以往的校注工作集中在幾十種文獻，并且没有配套影印高清晰的原著善本，有些整理工作存在重複或雷同的現象。近年來，國家新聞出版廣電總局加大支持古籍整理和出版的力度，鼓勵科技文獻的整理工作。學者和出版家應該通力合作，借鑒國際上的經驗，高質量地推進科技文獻的整理與出版工作。

鑒於學術研究與文化傳承的需要，中科院自然科學史研究所策劃整理中國古代的經典科技文獻，并與湖南科學技術出版社合作出版，向學界奉獻《中國科技典籍選刊》。非常榮幸這一工作得到圖書館界同仁的支持和肯定，他們的慷慨支持使我們倍受鼓舞。國家圖書館、上海圖書館、清華大學圖書館、北京大學圖書館、日本國立公文書館、早稻田大學圖書館、韓國首爾大學奎章閣圖書館等都對『選刊』工作給予了鼎力支持，尤其是國家圖書館陳紅彥主任、上海圖書館黄顯功主任、清華大學圖書館馮立昇先生和劉薔女士以及北京大學圖書館李雲主任還慨允擔任本叢書學術委員會委員。我們有理由相信有科技史、古典文獻與圖書館學界的通力合作，《中國科技典籍選刊》一定能結出碩果。這項工作以科技史學術研究爲基礎，選擇存世善本進行高清影印和録文，加以標點、校勘和注釋，排版採用圖像與録文、校釋文字對照的方式，便於閲讀與研究。另外，在書前撰寫學術性導言，供研究者和讀者參考。受我們學識與客觀條件所限，《中國科技典籍選刊》還有諸多缺憾，甚至存在謬誤，敬請方家不吝賜教。

我們相信，隨着學術研究和文獻出版工作的不斷進步，一定會有更多高水平的科技文獻整理成果問世。

張柏春　孫顯斌
於中關村中國科學院基礎園區
二〇一四年十一月二十八日

目録

函宇通
利册 地緯

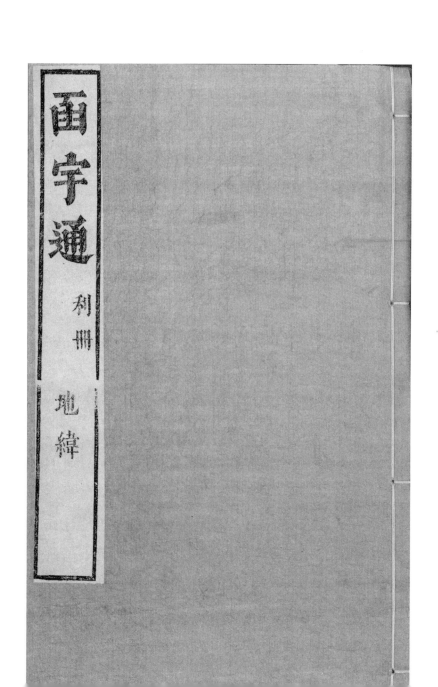

函宇通
利册 地緯

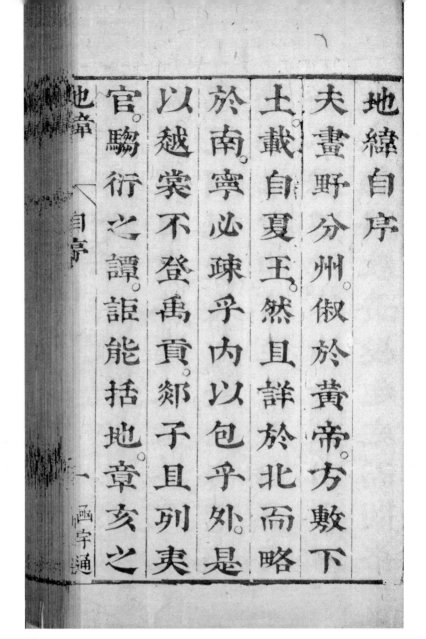

地緯自序

夫畫野分州，倣於黃帝；方敷下土，載自夏王。然且詳於北而略於南，寧必疏乎內以包乎外。是以越裳不登《禹貢》，郯子且列夷官，驪衍之譚，詎能括地，章亥之步。豈合蓋天。何也。虛以實名。性爲形域。目窮於我。耳窮於人。又惡足以覩厥大全。彙茲曠覽者乎。余未有知。幼從大人宦學。賜金半購甲經。持節曾隣西穴。周遊赤縣。請教黃髮。趨庭而問格

步，豈合蓋天，何也？虛以實名，性爲形域，目窮於我，耳窮於人，又惡足以〔覩〕厥大全，彙茲曠覽者乎？余未有知。幼從大人宦學，賜金半購甲經，持節曾隣西穴。周遊赤縣，請教黃髮。趨庭而問格

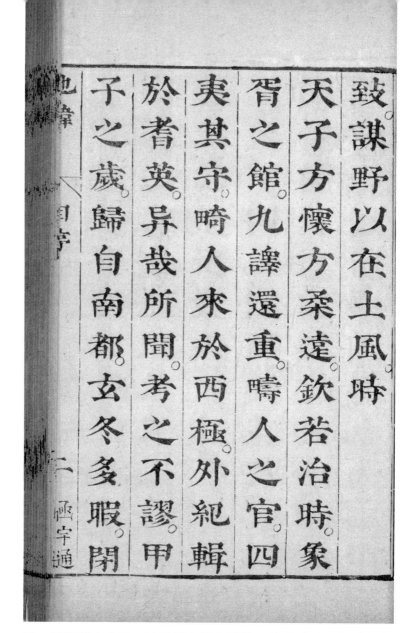

致，謀野以在土風。時天子方懷方柔遠，欽若治時，象胥之館，九譯還重，疇人之官，四夷其守。《畸人》來於西極，《外紀》輯於耆英，异哉所聞，考之不謬。甲子之歲，歸自南都，玄冬多暇，閉

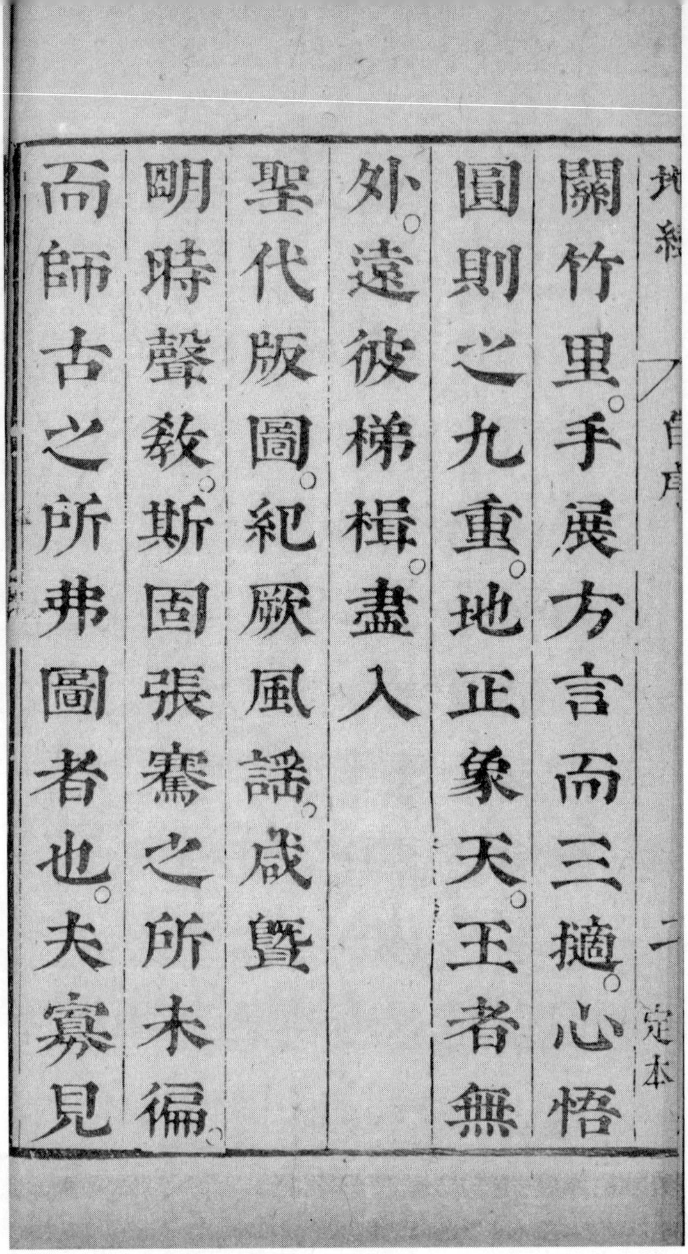

關竹里。手展方言而三擿。心悟
圓則之九重。地正象天。王者無
外。遠彼梯楫盡入
聖代版圖。紀厥風謠咸暨
明時聲教。斯固張騫之所未徧。
而師古之所弗圖者也。夫寡見

關竹里。手展《方言》而三擿，心悟圓則之九重，地正象天，王者無外，遠彼梯楫，盡入聖代版圖，紀厥風謠。咸暨明時聲教，斯固張騫之所未徧，而師古之所弗圖者也。夫寡見

好遁，玄亭所嘆；小知拘墟，漆園所鄙。儒者之學，格物致知，六合之內，奚可存而弗論也。於是仰稽赤道二極之躔度，遐考黃壚四懸之廣長，稽之典冊，〔參〕以傳聞。夫渾四維而幹五緯，天道弘也。振河海而載山川。地道厚也。一情紀而合流貫。人靈茂也。故欲明天經。必緯地緯。風雲雷雨。皆從地出。山河江海。統屬天嘘。爲物不二。生物不測。又別有可得而言者矣。爾其方國既分。人

也；振河海而載山川，地道厚也；一情紀而合流貫，人靈茂也。故欲明天經，必緯地緯。風雲雷雨，皆從地出；山河江海，統屬天噓。爲物不二，生物不測，又別有可得而言者矣。爾其方國既分，人

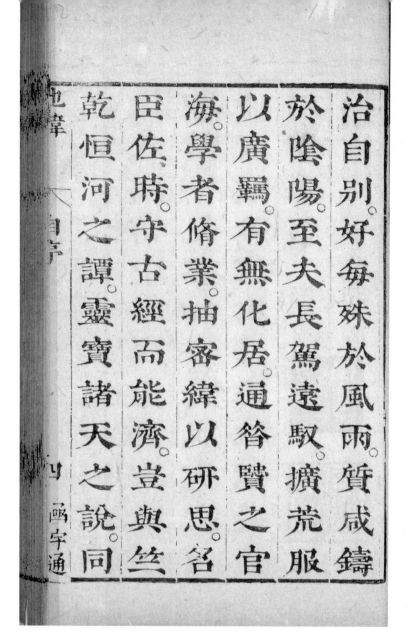

治自別，好每殊於風雨，質咸鑄於陰陽。至夫長駕遠馭，擴荒服以廣羈；有無化居；通昔贄之官海。學者脩業，抽密緯以研思；名臣佐時，守古經而能濟。豈與竺乾恒河之譚，靈寶諸天之說，同其謬悠者哉。余以此書弱冠少作。久塵笥中。甲戌上公車。卧子陳君。一見謬加青黃。戊寅之夏。仲馭錢君。復爲慫憑。輒以授梓。用備采芻。

其謬悠者哉！余以此書弱冠少作，久塵笥中。甲戌上公車，卧子陳君，一見謬加青黃。戊寅之夏，仲馭錢君，復爲慫憑。輒以授梓，用備采芻。

甲第世臣（印）
汝作霖雨（印）

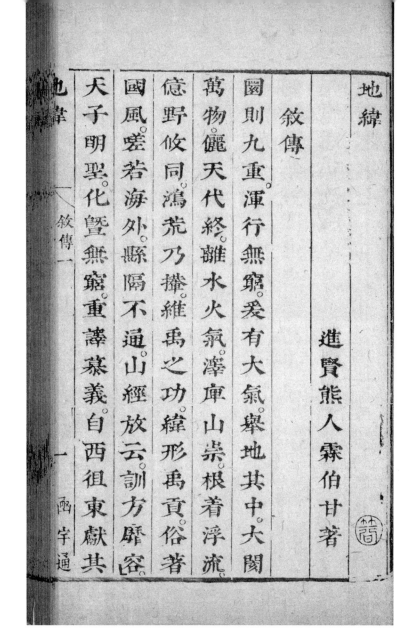

地緯

進賢熊人霖伯甘著

敘傳

　　圜則九重，渾行無窮，爰有大氣，舉地其中。大閎萬物，儷天代終，離水火氣，澤庫山崇。根着浮流，億野攸同，鴻荒乃攬，維禹之功。緯形《禹貢》，俗著《國風》，嗟若海外，縣隔不通。《山經》放云，《訓方》靡容。天子明聖，化曁無窮，重譯慕義，自西徂東，獻其

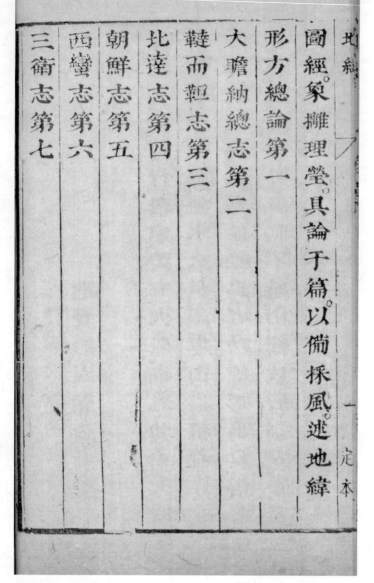

圖經，象攤理瑩，其論于篇，以備採風，述《地緯》。

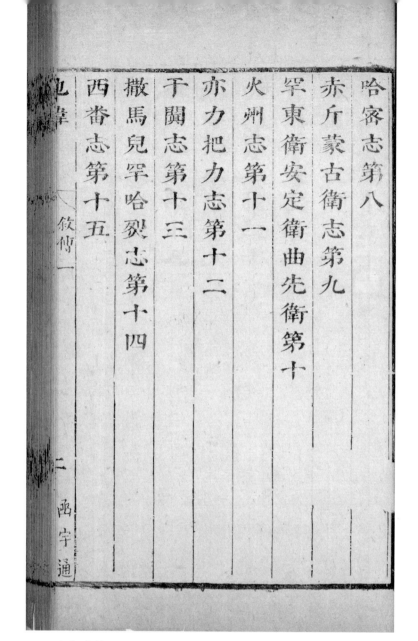

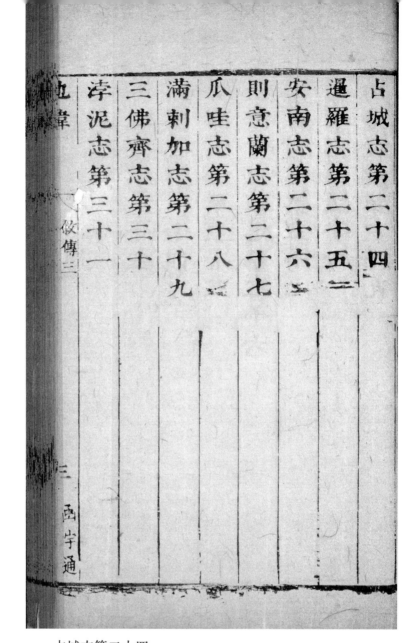

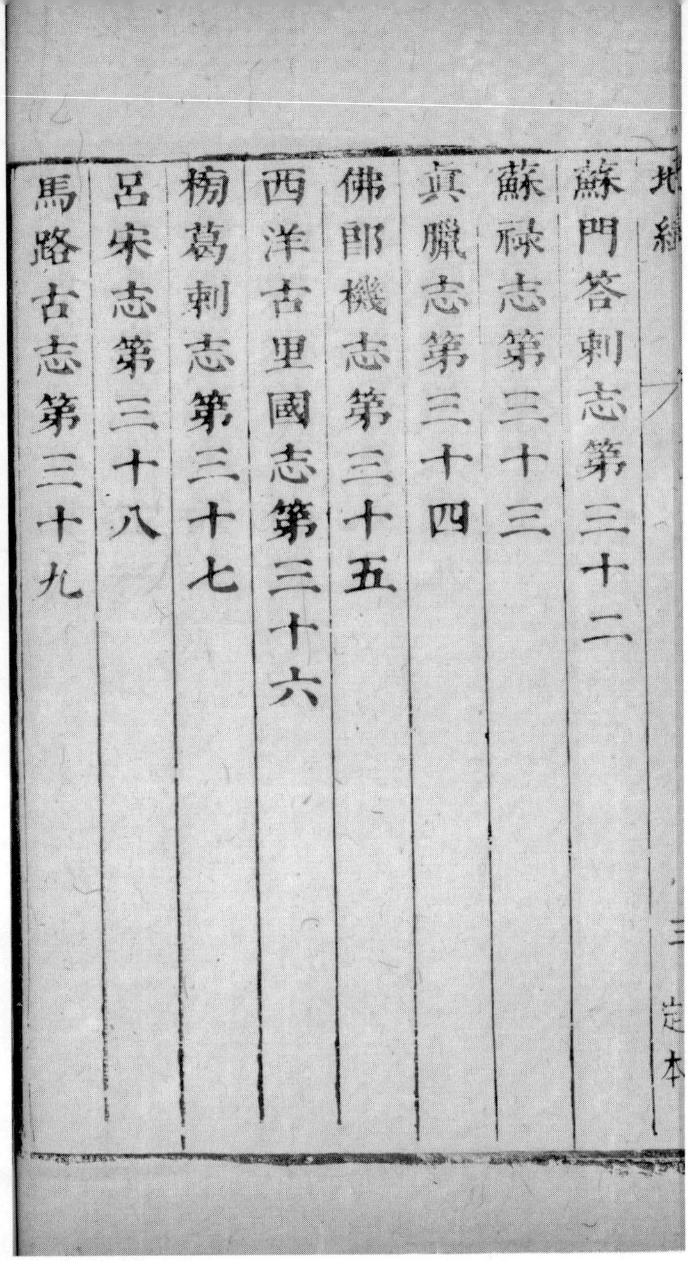

地緯

蘇門答剌志第三十二
蘇禄志第三十三
真臘志第三十四
佛郎機志第三十五
西洋古里國志第三十六
榜葛剌志第三十七
吕宋志第三十八
馬路古志第三十九

定本

蘇門答剌志第三十二
蘇禄志第三十三
真臘志第三十四
佛郎機志第三十五
西洋古里國志第三十六
榜葛剌志第三十七
吕宋志第三十八
馬路古志第三十九

邊韋　叙傳四

定太

敘傳五

五　函宇通

敍傳六

〔西宇通〕

凡爲志八十一篇以象陽數論一篇應天圖一卷應地繫一卷應人以象三才

凡爲志八十一篇，以象陽數。論一篇，應天；圖一卷，應地；繫一卷，應人，以象三才。

1 本書以波浪線代替。
2 本書以直線代替。
3 本書以紅色標識代替。

地緯

凡例

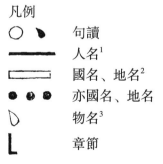

句讀

人名[1]

國名、地名[2]

亦國名、地名

物名[3]

章節

天啓甲子歲
著于竹里

地勢圓。正象天。天度三百有六十。地度三百有
六十。而世傳天圓地方。則是四隅將懸水而縋
行也。蓋曾子曰天道曰圓。地道曰方。天有南北
極爲運樞兩極相距之中界爲赤道是分南
北。其黃道斜與赤道交。南北俱出二十三度半日
躔黃道。日行一度。自西而東。第九重行健之天
振之。則自東而西。一日一週天矣。日輪正交赤

形方總論

　　地勢圓，正象天。天度三百有六十，地度三百有六十，而世傳天圓地方，則是四隅將懸水而縋行也。蓋曾子曰："天道曰圓，地道曰方。"天有南北極爲運樞，兩極相距之中界，爲赤道，是分南北。其黃道斜與赤道交，南北俱出二十三度半。日躔黃道，日行一度，自西而東，第九重行（健）［健］之天振之，則自東而西，一日一［週］天矣。日輪正交赤

道際爲春秋二分規。南出赤道二十三度半者。
冬至規。北出赤道二十三度半者夏至規。黃道
樞。離赤道樞二十三度半。地在天中。勢與天通。
如赤道下若南北二樞下。各二十三度半。二極
二至規外。四十三度也。是分五界。其赤道下二
至規內一帶者日輪常行頂上。故爲熱界。自夏
至規以北。至北極規冬至規以南。至南極規之
二界者日輪不甚遠不甚近爲溫界。北極規與

定本

道際，爲春秋二分規；南出赤道二十三度半者，冬至規；北出赤道二十三度半者，夏至規。黃道樞，離赤道樞二十三度半。地在天中，勢與天通。如赤道下若南北二樞下，各二十三度半。二極二至規外，四十三度也。是分五界：其赤道下二至規內一帶者，日輪常行頂上，故爲熱界；自夏至規以北，至北極規，冬至規以南，至南極規之二界者，日輪不甚遠，不甚近，爲溫界；北極規與

南極規內之二界者，日輪止照歲之半爲冷界。赤道之下，終歲晝夜均平，自赤道以北，夏至晝漸長，是故有十二時之晝，有一月之晝，有三月之晝矣。赤道南如之，稽之以南北距度。其在東西同界之地，凡南北極出入相等者，晝夜寒暑節候俱同。其時則有先後，或差一百八十度，則此地之子，彼地之午。九十度，則此地之子，彼地之卯矣。人居赤道之

〔形方總論二〕

〔函宇通〕

南極規内之二界者，日輪止照歲之半，爲冷界。赤道之下，終歲晝夜均平；自赤道以北，夏至晝漸長，是故有十二時之晝，有一月之晝，有三月之晝；至北極之下，有半年之晝矣；赤道南如之，稽之以南北距度。其在東西同界之地，凡南北極出入相等者，晝夜寒暑，節候俱同。其時則有先後，或差一百八十度，則此地之子，彼地之午；九十度，則此地之子，彼地之卯矣。人居赤道之

下者平望南北二極。離南之北。每二百五十里。則北極出地一度。南極入地一度。行二萬二千五百里。見北極當冠。出地九十度。當履矣。之南如之。此南北為經之度也。至若東西為緯之度。則天渾行無定不可據七政量之。隨方可為初度。而天文家又立算術瑩之。以第九重行健之天一周。則日晝夜行三百六十度。每時得三十度。若兩處相差一時。則知

下者，平望南北二極。離南之北，每二百五十里，則北極出地一度，南極入地一度。行二萬二千五百里，見北極當冠。出地九十度，而南極入地九十度，當履矣。之南如之，此南北為經之度也。

至若東西為緯之度，則天渾行無定，不可據。七政量之，隨方可為初度。而天文家又立算術瑩之，以第九重行（徤）［健］之天一周，則日晝夜行三百六十度，每時得三十度。若兩處相差一時，則知

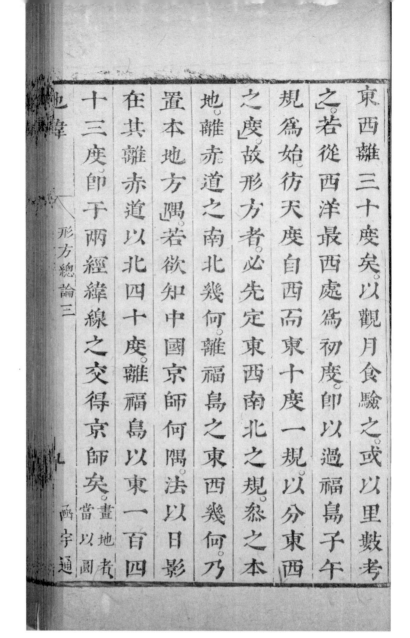

東西離三十度矣。以觀月食驗之。或以里數考之。若從西洋最西處爲初度。即以過福島子午規爲始。彷天度自西而東十度一規。以分東西之度。故形方者。必先定東西南北之規。[參]之本地。離赤道之南北幾何。離福島之東西幾何。乃置本地方隅。若欲知中國京師何隅。法以日影在其離赤道以北四十度。離福島以東一百四十三度。即于兩經緯線之交得京師矣。畫地者。當以圓

也海

兩宇通

東西離三十度矣。以觀月食驗之，或以里數考之。若從西洋最西處爲初度，即以過福島子午規爲始。彷天度自西而東十度一規，以分東西之度。

故形方者，必先定東西南北之規，［參］之本地，離赤道之南北幾何，離福鳥之東西幾何，乃置本地方隅。

若欲知中國京師何隅，法以日影在其離赤道以北四十度，離福島以東一百四十三度，即于兩經緯線之交得京師矣。畫地者，當以圓

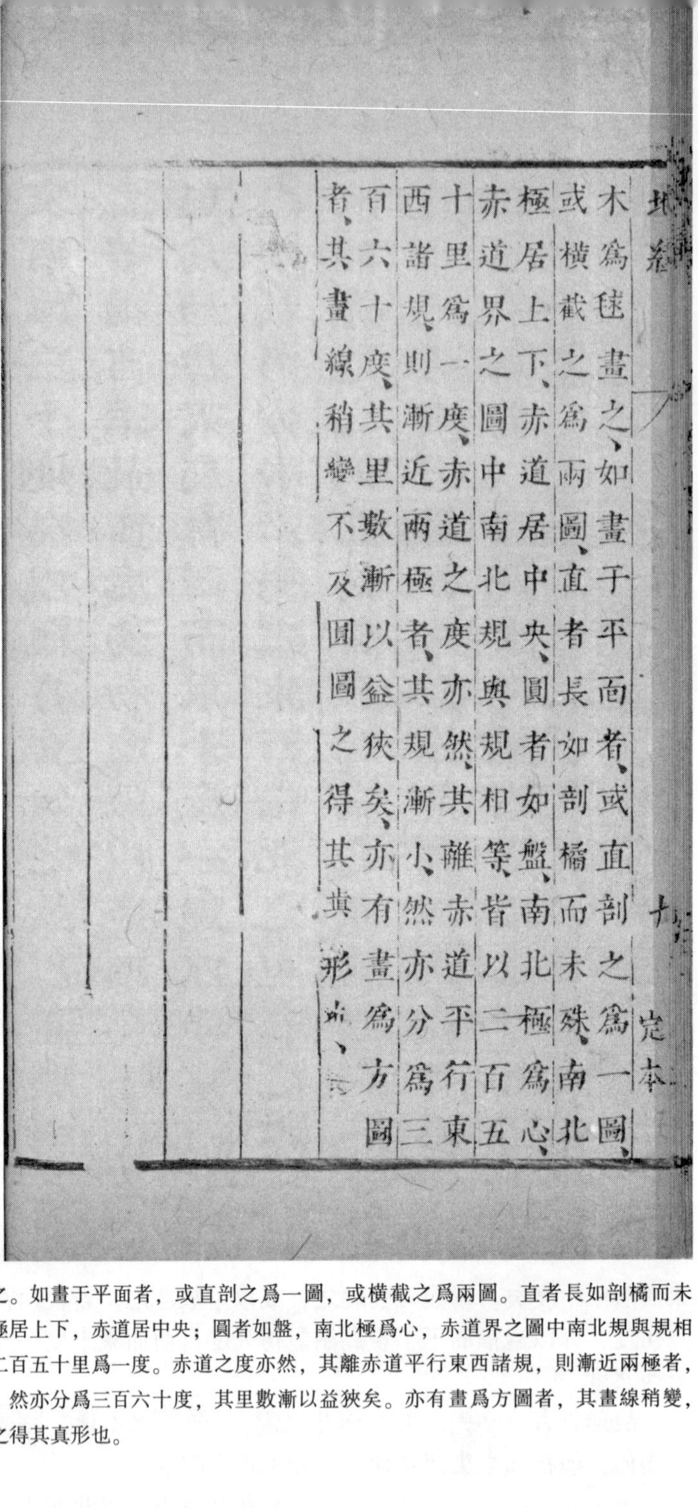

木爲毬畫之、如畫于平面者、或直剖之爲一圖、或橫截之爲兩圖、直者長如剖橘而未殊、南北極居上下、赤道居中央、圓者如盤、南北極爲心、赤道界之圖中南北規與規相等、皆以二百五十里爲一度、赤道之度亦然、其離赤道平行東西諸規、則漸近兩極者、其規漸小、然亦分爲三百六十度、其里數漸以益狹矣、亦有畫爲方圖者、其畫線稍變、不及圓圖之得其真形而、

木爲毬畫之。如畫于平面者，或直剖之爲一圖，或橫截之爲兩圖。直者長如剖橘而未殊，南北極居上下，赤道居中央；圓者如盤，南北極爲心，赤道界之圖中南北規與規相等，皆以二百五十里爲一度。赤道之度亦然，其離赤道平行東西諸規，則漸近兩極者，其規漸小，然亦分爲三百六十度，其里數漸以益狹矣。亦有畫爲方圖者，其畫線稍變，不及圓圖之得其真形也。

大瞻納者。天下一大州也。人類肇生之地。聖賢首出之鄉。其地西起那多理亞。離福鳥六十二度。東至亞尼俺峽。離一百八十度南起爪_{音擭}哇。在赤道南十二度。北至冰海在赤道北十二度。

其國以百餘數。中國最大。次者曰韃而靼。曰回回。曰印弟亞。曰莫臥爾。曰百兒西亞。曰度兒格。曰如德亞。海中有島焉。絕大曰則意蘭。曰蘇門

大瞻納總志

大瞻納者，天下一大州也，人類肇生之地，聖賢首出之鄉。其地西起那多理亞，離福鳥六十二度；東至亞尼俺峽，離一百八十度；南起爪_{音擭}。哇，在赤道南十二度；北至冰海，在赤道北十二度。

其國以百餘數，中國最大，次者曰韃而靼，曰回回，曰印弟亞，曰莫臥爾，曰百兒西亞，曰度兒格，曰如德亞。海中有島焉，絕大曰則意蘭，曰蘇門

答剌曰爪哇曰渤泥曰吕宋曰馬路古夏有地中海諸島亦屬此州壇内中國則居其東南天地所合四時所交聖哲迭興道法大盛東西盡冠蓋之民南北極寒暑之和地勝物豐實萬方之宗也其北極出地之度南自瓊州出地一十八度北至開平出地四十二度從南涉北共得二十四度徑六千里東西畧同傳志既多有不其論論其職方所未僃者使好學深思之士得

答剌，曰爪哇，曰渤泥，曰吕宋，曰馬路古。

（夏）［更］有地中海諸島，亦屬此州（壇）［疆］内。

中國則居其東南，天地所合，四時所交，聖哲迭興，道法大盛。東西盡冠蓋之民，南北極寒暑之和，地勝物豐，實萬方之宗也。

其北極出地之度，南自瓊州，出地一十八度；北至開平，出地四十二度。從南涉北，共得二十四度，徑六千里，東西畧同。傳志既多有，不具論。論其職方所未（僃）［備］者，使好學深思之士，得

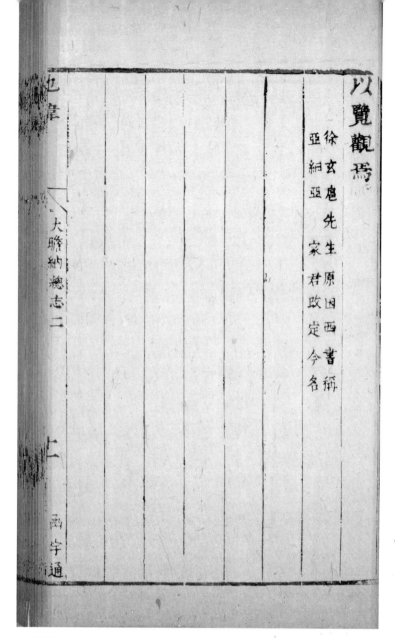

以覽觀焉。

徐玄扈先生原因西書稱亞細亞，家君改定今名。

鞑而靼

中國之北，迤而西，抵歐邏巴東界，山十之六而過，水十之一而不及，平地多沙，總稱鞑而靼。大者曰意貌，界大瞻納之南北，其北皆鞑而靼種也。氣候寒肅，冬不雨，夏五月乃有霖沐。其俗少城郭居室，屋於車，逐水草遷徙。其產牛、羊、駱駝，而人嗜馬肉，以馬頭爲珍絕羞。（責）［貴］者道行飢渴，即飲所乘馬血。嗜酒，以醉爲榮，以病死爲辱。其

事尤有大異者。或夜行而晝伏。或衣鹿皮。或以
鐵絚懸尸於樹。或食虺蛇蟥蟻蜘蛛。又有人身
羊足夏月履二尺冰者。有長狄善距。距躍三丈
行水上如行陸者。孔子曰人長不過一丈。記曰
大秦人長丈五尺。好騎駱駝。蓋是類也。此皆韃
而靼東北諸種云。迤西故有女子國曰亞瑪作搦
驍勇敢戰。嘗破一名都曰厄弗俗。祠其地。絕
宏麗為天下异觀。俗以春月納男子生子男也

十一　定本

事尤有大異者，或夜行而晝伏，或衣鹿皮，或以鐵絚懸尸於樹，或食虺蛇、蟥蟻、蜘蛛。又有人身羊足，夏月履二尺冰者。有長狄善距，距躍三丈，行水上如行陸者。孔子曰：人長不過一丈；《記》曰：大秦人長丈五尺，好騎駱駝。蓋是類也。此皆韃而靼東北諸種云。

迤西故有女子國，曰亞瑪作搦，驍勇敢戰，嘗破一名都，曰厄弗俗，祠其地，絕宏麗，爲天下异觀。俗以春月納男子，生子男也，

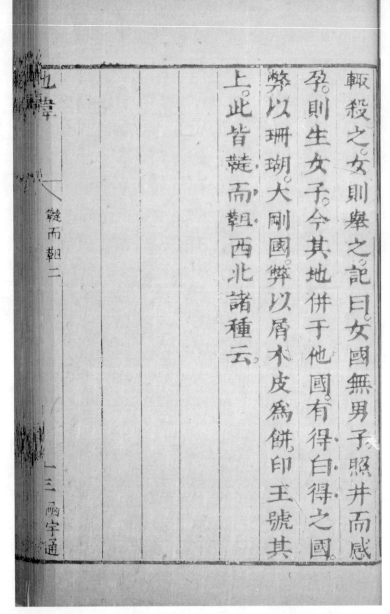

輒殺之，女則舉之。《記》曰：女國無男子，照井而感孕，則生女子。今其地併于他國。有得白得之國，（弊）［幣］以珊瑚。大剛國，（弊）［幣］以屑木皮爲餅，印王號其上。此皆鞑而靼西北諸種云。

比達

比達種落不一，其界薊遼、宜、大、山西、延、寧諸邊者，號曰北狄。其地東抵兀良哈，西連撒馬兒罕，北盡河漠。本獯鬻之遺也，在周曰"玁狁"，秦漢曰"匈（如）[奴]"。自漢武帝斥塞數擊匈（如）[奴]，至元帝呼韓邪稱臣，其後匈（如）[奴]益陵夷，而烏桓興。鮮卑滅烏桓，而後蠕蠕興。蠕蠕滅，突厥興。唐李靖征突厥，突厥滅，契丹復強。已蒙古并契丹，遂闖位中國，號曰元。

明興洪武元年。上命大將軍徐達副
將軍常遇春將二十五萬衆討元元主遁應昌。
二年卒而子愛猷識里達臘立李文忠破應昌。
達臘走和林十一年卒而次子益王脫古思帖
木兒立九年營捕魚兒海藍玉以五萬騎擊之。
益王走永樂時元嗣王本雅失里稱可汗而強
臣馬哈木太平把禿字羅據瓦刺三分其衆叩
關請封所謂順寧王賢義王安樂王也永樂七

曰"元"。明興，洪武元年，上命大將軍徐達、副將軍常遇春，將二十五萬衆討元，元主遁應昌，二年卒，而子愛猷識里達臘立。李文忠破應昌，達臘走和林，十一年卒，而次子益王脫古思帖木兒立。九年，營捕魚兒海，藍玉以五萬騎擊之，益王走。

永樂時，元嗣主本雅失里稱可汗，而強臣馬哈木、太平、把禿字羅[1]據瓦刺，三分其衆，叩關請封，所謂順寧王、賢義王、安樂王也。永樂七

1 原文姓名下劃線誤作"太平把、禿字羅"。

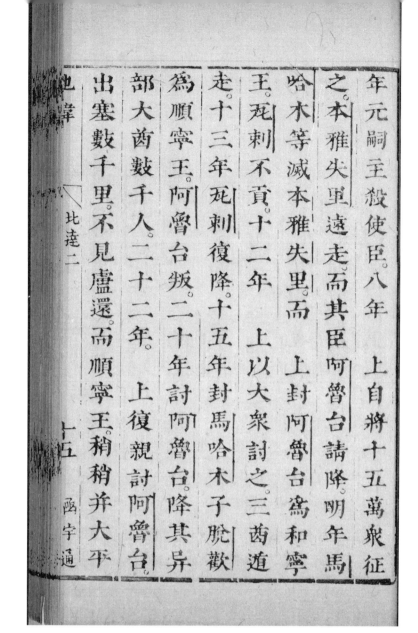

1 原文標識爲人名，誤，改爲國名、地名標識。

年，元嗣主殺使臣。八年，上自將十五萬衆征之，本雅失里遠走，而其臣阿魯台請降。明年，馬哈木等滅本雅失里，而上封阿魯台爲和寧王，瓦剌[1]不貢。十二年，上以大衆討之，三酋遁走。十三年，瓦剌復降。十五年，封馬哈木子脫歡爲順寧王，阿魯台叛。二十年，討阿魯台，降其異部大酋數千人。二十二年，上復親討阿魯台，出塞數千里，不見（盧）［虜］還，而順寧王稍稍并（大）［太］平、

孛羅之衆。至宣德九年。遂急擊殺阿魯台。行求
故元後脫脫不花。王爲主。以阿魯台衆歸之。居
河漠。正統時脫歡死。子也先益強盛。數犯邊。十
四年破大同之師。中人王振挾上親征。王師
潰於土木也。先詭稱送　上還。潰紫荊。躪畿輔。
犯京師。尚書于謙禦之。也先大掠而去。會中國
立景帝也。先失所挾。乃奉　上歸。天順四年。
也先遂弑脫脫不花。自王。成化中也。先死。諸子

孛羅之衆。至宣德九年，遂急擊殺阿魯台，行求故元後脫脫不花王爲主，以阿魯台衆歸之，居河漠。正統時，脫歡死，子也先益強盛，數犯邊。十四年，破大同之師，中人王振挾上親征，王師潰於土木。也先詭稱送上還，潰紫荊，躪畿輔，犯京師。尚書于謙禦之，也先大掠而去。會中國立景帝，也先失所挾，乃奉上歸。天順四年，也先遂弑脫脫不花，自王。成化中，也先死，諸子

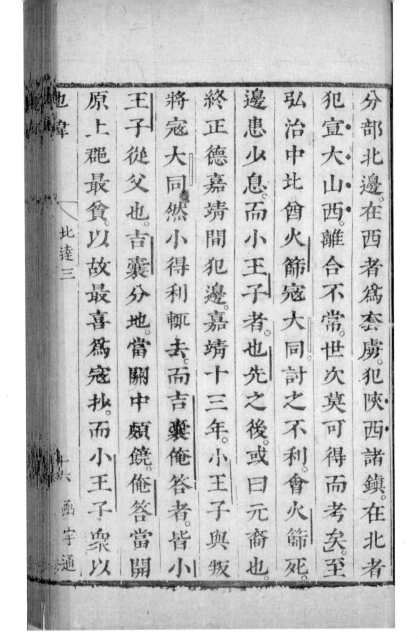

地緯

比達三

十六　函宇通

分部北邊，在西者爲套虜，犯陝西諸鎮；在北者，犯宣、大、山西。離合不常，世次莫可得而考矣。

至弘治中，北酋火篩寇大同，討之不利。會火篩死，邊患少息。而小王子者，也先之後，或曰元裔也，終正德、嘉靖間犯邊。嘉靖十三年，小王子與叛將寇大同，然小得利輒去。而吉囊、俺答者，皆小王子從父也。吉囊分地，當關中，頗饒。俺答當開原上[郡]，最貧，以故最喜爲寇抄。而小王子衆以饒故。射獵自娛而巳。益厭兵稀發吉囊俺荅衆各十餘萬騎。而前後掠中國人埒之。小王子雛號爲君長不相攝黃毛者盧別種也兇悍虜或峙淺入。黃毛輒從後掠繳子女玉帛虜苦之遂合衆急擊破黃毛。以是無內顧得併力我巳亥辛丑連歲入山西圍太原。十六日始解吉囊死。諸子不相屬。分居西邊。而俺荅日益強。有子曰黃台吉臂偏短善用兵丙午自宣府入隆慶總

定本

饒故，射獵自娛而（巳）［已］，益厭兵稀發。吉囊、俺荅衆各十餘萬騎，而前後掠中國人埒之。小王子雛號爲君長，不相攝。黃毛者，（盧）［虜］別種也，［凶］悍。虜或時［深］入。黃毛輒從後，掠繳子女玉帛。虜苦之，遂合衆急擊破黃毛，以是無內顧，得併力我。（巳）［己］亥、辛丑，連歲入山西，圍太原，十六日始解。

吉囊死，諸子不相屬，分居西邊，而俺荅日益強。有子曰黃台吉，臂偏短，善用兵。丙午，自宣府入隆慶，總

督翁萬達拒之。庚戌夏，（慮）〔虜〕數萬騎潰大同，取二將軍首去。八月，寇古北口，我師敗績，狄大殺掠懷柔、順義吏民。俄而犯京城，遊騎掠通州、三河。旬日仇鸞以大同兵、楊守謙以保定兵、徐仁以延綏兵入援。又五日，而遼東、宣府、山西援兵悉至，有詔拜鸞為平（盧）〔虜〕大將軍，盡護諸將軍令躡賊。是時，兵部丁汝夔為尚書，而楊守謙新拜侍郎。汝夔故嚘唶，不能料敵決賞罰。守謙持重，不

比達四

西宇通

督翁萬達拒之。庚戌夏，（慮）［虜］數萬騎潰大同，取二將軍首去。八月，寇古北口，我師敗績，狄大殺掠懷柔、順義吏民。俄而犯京城，遊騎掠通州、三河。旬日，仇鸞以大同兵、楊守謙以保定兵、徐仁以延綏兵入援。又五日，而遼東、宣府、山西援兵悉至，有詔拜鸞為平（盧）［虜］大將軍，盡護諸將軍令躡賊。是時，兵部丁汝夔為尚書，而楊守謙新拜侍郎。汝夔故嚘唶，不能料敵決賞罰。守謙持重，不

敢急擊虜。上遂誅汝襲梟首而當守謙棄市。虜前後既剽掠男女、羸畜財物。金帛梱載巨萬。徐徐從東行。循諸陵而北。而鸞所護諸將軍軍。相視錯鍔。不敢發一矢。董尾之出而收斬遺稚弱馬者或降者上首應八十以捷聞鸞既爲政。始議開馬市以中慮欲。而寬其淡入之謀然尚小小爲寇。如恒時。其後犯遼東。犯大同右衛。然貪漢繒物。且不能屋居火食。不敢淡入。故數叛

敢急擊虜。上遂誅汝襲梟首，而當守謙棄市。虜前後既剽掠男女、羸畜、財物、金帛，梱載巨萬，徐徐從東行，循諸陵而北。而鸞所護諸將軍軍，相視錯（鍔）[愕]，不敢發一矢，董尾之出。而收斬遺稚弱馬者或降者，上首（慮）[虜]八十，以[捷]聞。鸞既爲政，始議開馬市，以中（慮）[虜]欲，而寬其[深]入之謀。然尚小小爲寇，如恒時。其後犯遼東，犯大同右衛，然貪漢繒物，且不能屋居火食，不敢[深]入，故數叛

數服。隆慶間俺答執叛人來獻詔封俺答。順義
王。而授其子黄台吉青台吉官有差。至今款貢
如故。虜眾隨水草畜牧以氊為穹盧。其精兵戴
鐵浮圖馬具鎧長刀大鏃。一望如冰。其俗私會
而後昏病則燒石熨之。葬則謳舞送之。其畜馬
牛羊橐駝。其奇畜羱羊〈似吳羊而角大〉角端〈狀似牛角可爲號〉
其山之名于中國者。陰山狼居胥山。則漢武帝
之雄風在焉。金微山燕然山。則留漢明帝之績

〈比達五〉

數服。

隆慶間，俺答執叛人來獻，詔封俺答順義王，而授其子黄台吉、青台吉官有差，至今款貢如故。虜眾隨水草畜牧，以氊爲穹盧。

其精兵戴鐵浮圖，馬具鎧，長刀大鏃，一望如冰。

其俗私會而後昏，病則燒石熨之，葬則［歌］舞送之。其畜馬、牛、羊、橐駝，其奇畜羱羊、似吳羊而角大。角端。狀似牛角，可爲號。其山之名于中國者，陰山、狼居胥山，則漢武帝之雄風在焉。金微山、燕然山，則留漢明帝之績

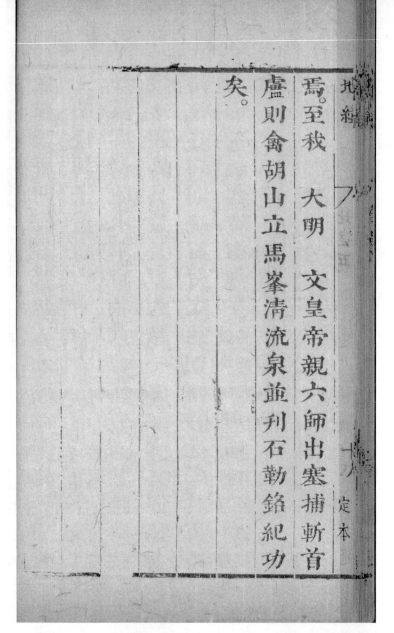

焉。至我大明文皇帝親六師出塞，捕斬首（盧）［虜］，則禽胡山、立馬峰、清流泉，並刊石勒銘紀功矣。

朝鮮在中國東北直遼東周箕子之封也秦屬
遼東外徼漢武帝誅右渠置眞番臨屯玄菟樂
浪之郡晉末陷于高麗高麗故扶餘別種其王
高璉居平壤城唐征高麗拔平壤五代時王建
代高氏闢地并新羅百濟都神嵩山一曰松嶽
以平壤爲西京明興洪武初上表賀即位賜璽
書黃金印封高麗國王其後嗣王昏迷其臣李

朝鮮

朝鮮

朝鮮在中國東，北直遼東，周箕子之封也，秦屬遼東外徼。漢武帝誅右渠，置真番、臨屯、玄菟、樂浪之郡。晉末［陷］于高麗。高麗，故扶餘別種，其王高璉，居平壤城。唐征高麗，拔平壤。五代時，王建代高氏，闢地，并新羅、百濟，都神嵩山，一曰松嶽，以平壤爲西京。

明興，洪武初，上表賀即位，賜璽書黃金印，封高麗國王。

其後，嗣王昏迷，其臣李

馬韓之都也。東北曰咸鏡，故高勾麗地，西北曰

韓地，此所謂三韓也。西南曰忠清，黃山鎮焉，亦

馬韓地。南曰金羅，故卞韓地，東南曰慶尚，故辰

江導焉。東曰江源，故穢貊地。西曰黃海，故朝鮮

國都僞稱曰京畿，其北有山焉，曰白岳之山，驪

子爲朝鮮國王。世世貢獻，稱外藩。國分八道，其

求封。天子以荒服羈縻勿絶，永樂初，封其

成桂廢王自立也，是都漢城，而稽首塞下，請命

成桂廢王自立也，是都漢城，而稽首塞下，請命求封。天子以荒服羈縻勿絶，永樂初，[更] 封其子爲朝鮮國王。世世貢獻，稱外藩。

國分八道，其國都僞稱曰京畿。其北有山焉，曰白岳之山，驪江導焉。東曰江源，故穢貊地。西曰黃海，故朝鮮馬韓地；南曰金羅，故卞韓地；東南曰慶尚，故辰韓地，此所謂三韓也。西南曰忠清，黃山鎮焉，亦馬韓之都也。東北曰咸鏡，故高勾麗地。西北曰

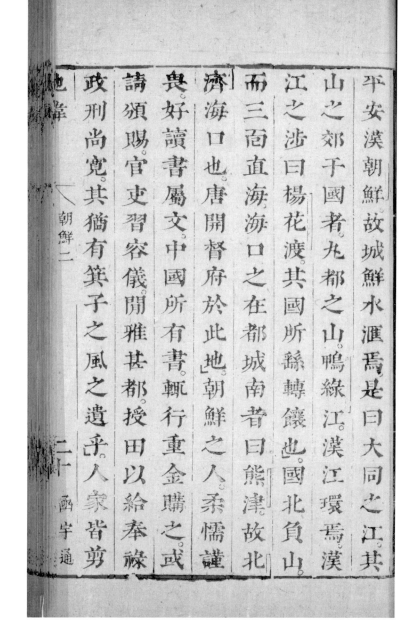

平安，漢朝鮮故城，鮮水匯焉，是曰大同之江。其山之郊于國者，丸都之山，鴨緑江、漢江環焉。漢江之涉，曰楊花渡，其國所緜轉饟也。

國北負山，而三面直海，海口之在都城南者，曰熊津，故（北）〔百〕濟海口也，唐開督府於此地。

朝鮮之人，柔懦謹畏。好讀書屬文，中國所有書，輒行重金購之，或請頒賜。官吏習容儀，閑雅甚都。授田以給奉禄，政刑尚寬，其猶有箕子之風之遺乎。

人家皆剪

茅茨爲居，甚治。衣多麻苧，士人褒衣廣褒，首戴折風巾。男女羣聚，相悅即婚。死三年而後葬。以秔爲酒，狼尾爲筆，筆跗稍長，而置膠多。有白硾紙，最堅韌。蒲花席，屈之不折。其草性柔。黃漆以飾器物，黃倅兼金。其樹似櫻，六月取汁。人參、牡丹、海豹皮、果下馬、長尾雞最多。中國若有所册命詔諭，則以翰林、給事、行人充使臣往。萬曆壬辰倭寇朝鮮，王棄王京，走平壤。顯皇帝以其累世恭順，視遠東

茅茨爲居，甚治。衣多麻苧，士人褒衣廣褒，首戴折風巾。男女羣聚，相悅即婚。死三年而後葬。以秔爲酒，狼尾爲筆，筆跗稍長，而置膠多。有白硾纸，最堅韌。蒲花席，屈之不折。其草性柔。黃漆以飾器物，黃倅兼金。其樹似（櫻）[棕]，六月取汁。人參、牡丹、海豹皮、果下馬、長尾雞最多。中國若有所册命詔諭，則以翰林、給事、行人充使臣往。萬曆，壬辰。倭寇朝鮮，王棄王京，走平壤。顯皇帝以其累世恭順，視遠東

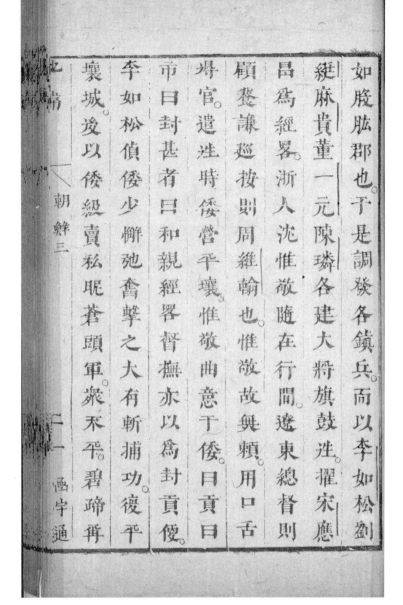

如股肱郡也。于是調發各鎮兵。而以李如松劉綎麻貴董一元陳璘各建大將旗鼓往。擢宋應昌爲經畧浙人沈惟敬隨在行間遼東總督則顧養謙巡按則周維翰也。惟敬故無賴用口舌得官。遣進特倭營平壤。惟敬曲意于倭曰貢曰市曰封甚者曰和親經畧督撫亦以爲封貢便。李如松偵倭少懈弛奮擊之大有斬捕功復平壤城。後以倭級賣私眤蒼頭軍衆不平。碧蹄再

〔朝鮮三〕

一画字通

如股肱郡也，于是調發各鎮兵，而以李如松、劉綎、麻貴、董一元、陳璘各建大將旗鼓往，擢宋應昌爲經略，浙人沈惟敬隨在行間，遼東總督則顧〔养〕謙，巡按則周維翰也。惟敬故無賴，用口舌得官，遣往時倭營平壤，惟敬曲意于倭，曰貢，曰市，曰封，甚者曰和親，經略、督撫亦以爲封貢便。李如松偵倭少懈弛，奮擊之，大有斬捕功，復平壤城。後以倭級賣私眤蒼頭軍，衆不平。碧蹄再

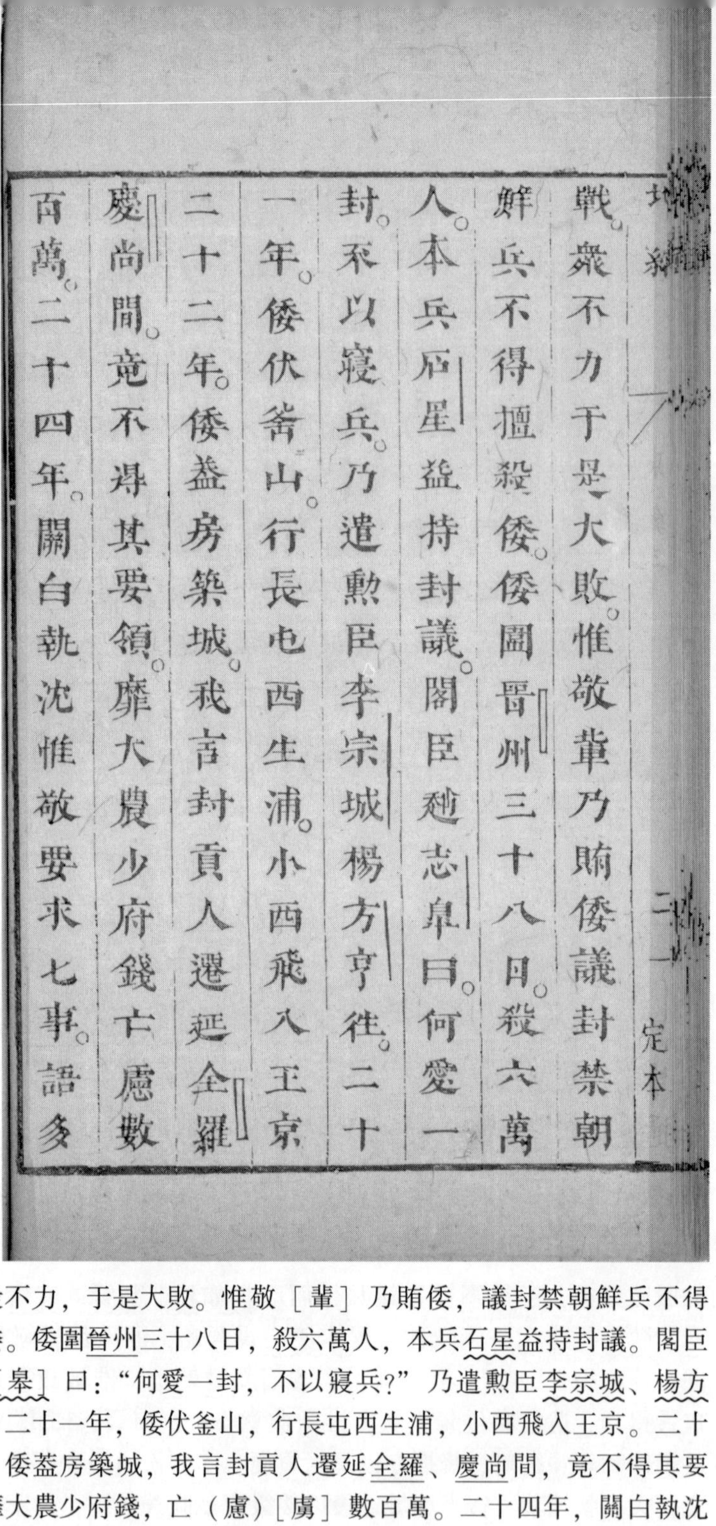
戰。衆不力于是大敗。惟敬輩乃賄倭議封禁朝
鮮兵不得擅殺倭。倭圍晋州三十八日。殺六萬
人。本兵石星益持封議。閣臣赵志皐曰。何愛一
封。不以寢兵。乃遣勲臣李宗城楊方亨往。二十
一年。倭伏釜山。行長屯西生浦。小西飛入王京
二十二年。倭葢房築城。我言封貢人遷延全羅
慶尚間。竟不得其要領。靡大農少府錢亡慮數
百萬。二十四年。關白執沈惟敬要求七事。語多

戰，衆不力，于是大敗。惟敬［輩］乃賄倭，議封禁朝鮮兵不得擅殺倭。倭圍晉州三十八日，殺六萬人，本兵石星益持封議。閣臣赵志［皋］曰：“何愛一封，不以寢兵？”乃遣勲臣李宗城、楊方亨往。二十一年，倭伏釜山，行長屯西生浦，小西飛入王京。二十二年，倭蓋房築城，我言封貢人遷延全羅、慶尚間，竟不得其要領，靡大農少府錢，亡（慮）［虜］數百萬。二十四年，關白執沈惟敬要求七事，語多

悖。宋應昌罷歸，繼應昌經略爲邢玠。繼養謙總督爲孫鑛，巡撫遼東爲趙燿。而邢玠經略時，又勅楊鎬經理朝鮮地。戊戌正月，鎬爲倭所敗。上罷鎬，用萬世德代。會福建巡撫金學曾報平秀吉病死，清正、行長次續遁。我將士麻貴、劉綖、陳璘乘機勢追擊，焚死石曼子。我副將鄧子龍陣亡，餘倭竄錦山，殱焉。或云石曼子先跳也。捷聞，上念東征將吏勞苦，巳交兵部覆奏，制曰：皇天

〔朝鮮四　西宇通〕

悖。宋應昌罷歸，繼應昌經略爲邢玠，繼［养］謙總督爲孫鑛，巡撫遼東爲趙燿。而邢玠經略時，又勅楊鎬經理朝鮮地。戊戌正月，鎬爲倭所敗。上罷鎬，用萬世德代。會福建巡撫金學曾報平秀吉病死，清正、行長次續遁，我將士麻貴、劉綖、陳璘乘機勢追擊，焚死石曼子，我副將鄧子［龍］陣亡，餘倭竄錦山，殱焉。或云石曼子先逃也。捷聞，上念東征將吏勞苦，已交兵部覆奏，制曰：皇天

助順，俾朕得誅暴亂，興滅繼絕，東顧之懷方慰，大小文武將吏，凡與東事，（肴）［着］其陞廩賞賚有差。而棄師楊元、通倭沈惟敬，先後伏法棄市矣。朝鮮既全，感中國恩厚，奉外藩滋益恭。余見朝鮮疏表，其詞順比婉衍，益澤于箕子之文教者久也。

（劯）［助］順，俾朕得誅暴亂，興滅繼絕，東顧之懷方慰，大小文武將吏，凡與東事，（肴）［着］其陞廩賞賚有差。而棄師楊元、通倭沈惟敬，先後伏法棄市矣。朝鮮既全，感中国恩厚，奉外藩滋益恭。余見朝鮮疏表，其詞順比婉衍，益澤于箕子之文教者久也。

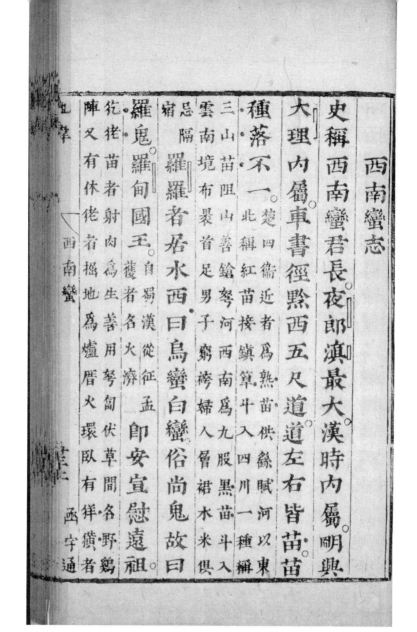

西南蠻志

　　史稱西南蠻君長，夜郎、滇最大，漢時内屬。明興，大理内屬。車書徑黔西五尺道，道左右皆苗。苗種落不一。楚四衛近者爲熟苗，供縣賦。河以東北稱紅苗，接鎮筸。斗入四川一種稱三山苗，阻山，善鎗弩。河西南爲九股黑苗。斗入雲南境，布裹首足，男子窮袴，婦人層裙，水米俱忌隔宿。羅羅者，居水西，曰烏蠻、白蠻，俗尚鬼，故曰羅鬼。羅甸國王，自蜀漢從征孟獲者，名火濟。即安宣慰遠祖。仡佬苗者，射肉爲生，善用弩，匐伏草間，名野鷄陣。又有休佬者，掘地爲爐，厝火環臥。有犷獷者，迆石阡、施秉、龍里、龍泉界。有仲家者，椎鬟躐蹻，好樓居。室女奔而不禁，嫁則禁。俗貴銅鼓，言是諸葛所藏。有蔡家、宋家者，相傳楚子蠶食宋、蔡，俘其民，放之南徼。世世連婚，吹木藥而索偶。有龍家者，蓋徙筰驪氏之裔。婦人斑衣，飾五色藥珠。立木于野，少男女旋躍而擇對。衣尚白，喪則青。有冉家者，筰冉氏之裔，散處沿河佑溪、婺川間。有丹砂坑。僰人，即漢犍爲郡。峝人，男子科頭跣木履，婦人短裙長袴，前後垂刺繡。猺人，五溪、南極、嶺海迆巴蜀皆有之，椎結斑衣，兒時燒石烙蹠，沁以

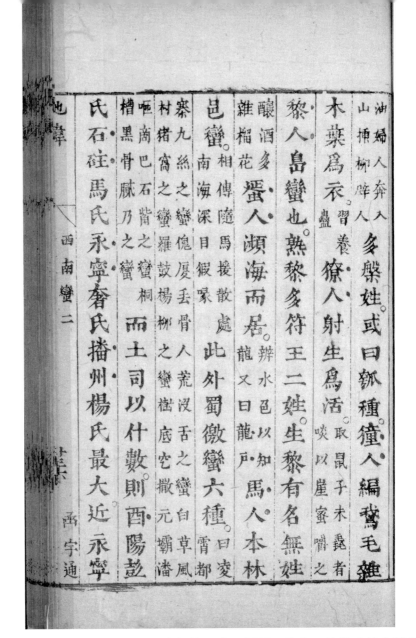

油，婦人奔入山，插柳辟人。多槃姓，或曰瓠種。獞人，編鵞毛雜木葉爲衣。習養蠱。獠人，射生爲活。取鼠子未毳者，唉以崖蜜嚼之。黎人，島蠻也。熟黎多符、王二姓，生黎有名無姓。釀酒多雜榴花。蜑人，瀕海而居。辨水色以知龍，又曰龍户。馬人，本林邑蠻。相傳隨馬援散處南海，深目猨喙。此外，蜀徼蠻六種。曰凌霄、都寨、九絲之蠻，傀厦、丟骨、人荒、没舌之蠻，白草、風村、猪窩之蠻，羅鼓、楊柳之蠻，樹底、亢撒、元壩、潘嘔、（商）［商］巴、石觜之蠻，桐槽、黑骨、膩乃之蠻。而土司以什數，則酉陽彭氏、石砫馬氏、永寧奢氏、播州楊氏最大，近永寧、播州地入漢。

　　黔徼蠻四種，曰苗坪、夭漂之寨，永寧、普安之寨，貴陽、都勻、銅仁、小橋、十八營之寨，印水、皮林、清平、凱囤之寨。而土司則水西安氏最大，今入漢。

　　滇徼蠻四種，曰鐵銷、赤崖、烏壩之酋，大波那、你甸、和甸、楚腸之酋，木茶喇、大松坪、羌浪、金且之酋，俄打、小赤石、阿你之酋。皆僰人也。猓玀無籍屬，緬甸最大，土司龍氏、禄氏、普氏，以什數。普最小，最倔强。廣西土司則田州爲大，歸順、龍州、憑祥、思明皆有土司。王文成經營著閥焉。若斷藤峽、府江之戰，則韓襄毅抗國家威稜矣。

三衛

朵顔三衛者。故山戎地。秦爲遼西郡北境。漢爲奚。後屬契丹國初爲兀良哈。洪武中爲蒙古所抄乞降。高帝爲置三衛統之。自大寧前抵喜峰近宣府曰朵顔。自錦義歷廣寧至遼河曰泰寧。自黃泥窪逾瀋陽鐵嶺至開原曰福餘唯朵顔最强。久之仍叛附蒙古。文帝從燕起靖難。使使招兀良哈以騎來從戰有功。先是即古會

三衛

朵顔三衛者，故山戎地。秦爲遼西郡北境，漢爲奚，後屬契丹。國初爲兀良哈。洪武中，爲蒙古所抄，乞降。高帝爲置三衛統之。自大寧前抵喜峰近宣府，曰朵顔；自錦義歷廣寧至遼河，曰泰寧；自黃泥窪逾瀋陽、鐵嶺至開原，曰福餘。唯朵顔最强，久之仍叛附蒙古。文帝從燕起靖難，使使招兀良哈以騎來，從戰有功。先是即古會

州地，設大寧都司、營州等衛爲外邊，使寧王鎮焉。文帝乃移王與其軍內地，而以其地界兀良哈等，使仍爲三衛，其官都督至指揮千百戶有差，約以爲外藩，歲給牛具、種、布帛、酒食良厚。亡何復叛，附阿魯台，二十年，上親征阿魯台，還討之，大敗其眾於屈烈河，斬馘無算。

宣德三年，上出獵巡邊，駐蹕遵化。適其眾萬餘入寇，上以鐵騎三千逆擊，大破之，獲首數千級。正

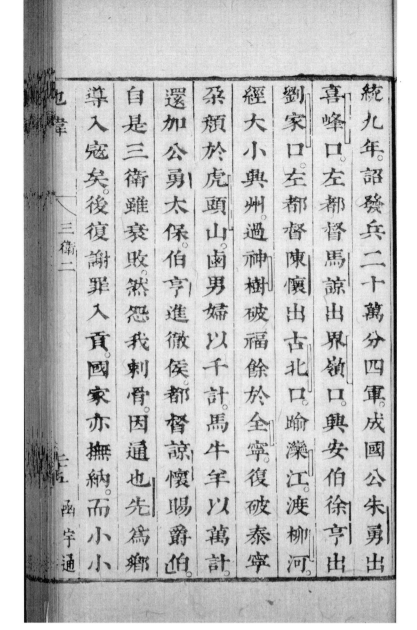

統九年，詔發兵二十萬，分四軍，成國公朱勇出喜峰口，左都督馬諒出界嶺口，興安伯徐亨出劉家口，左都督陳懷出古北口，踰灤江，渡柳河，經大小興州，過神樹，破福餘於全寧，復破泰寧、朵顏於虎頭山，鹵男婦以千計，馬牛羊以萬計。還加公勇太保，伯亨進徹侯，都督諒、懷賜爵伯。

　　自是三衛雖衰敗，然怨我刺骨，因通也先，爲鄉導入寇矣。後復謝罪入貢，國家亦撫納，而小小為寇抄不絕。至正德間闌入邊。射殺叅將陳乾。
薊兵討之走。最後都督馬永為薊帥。有威信三
衛夷畏而親之。不敢動。嘉靖中。薊鎮撫臣貪功。
尋郤而掩之。獲首百餘。復走誘俺答大舉入塞。
庚戌之變。固三衛導之也。仇鸞既當國。知三衛
弱。欲發兵擣其地以為功。督臣何棟持不可。宛
轉解乃止。入貢如初。大抵其俗喜偷剽。時入漠
北盜馬。三四人驅千百匹。比以衆來攻不敵則

為寇抄不絕，至正德間，闌入邊，射殺叅將陳乾，薊兵討之走。最
後，都督馬永為薊帥，有威信，三衛夷畏而親之，不敢動。嘉靖
中，薊鎮撫臣貪功，尋郤而掩之，獲首百餘，復走誘俺答大舉入
塞。庚戌之變，固三衛導之也。仇鸞既當國，知三衛弱，欲發兵擣
其地以為功，督臣何棟持不可，宛轉解乃止，入貢如初。大抵其俗
喜偷剽，時入漠北盜馬，三四人驅千百匹。北以衆來攻，不敵則

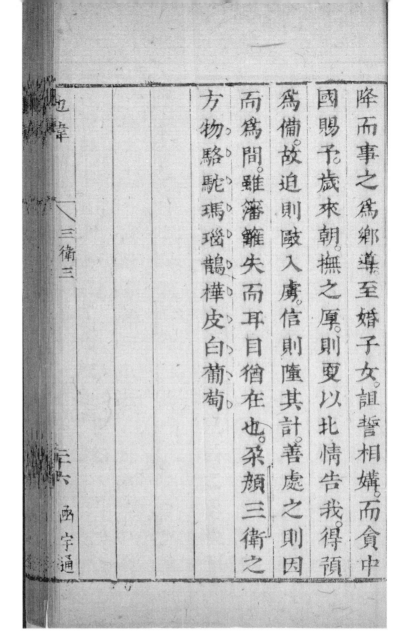

降，而事之爲鄉導。至婚子女，詛誓相媾。而貪中國賜予，歲來朝，撫之厚，則叕以北情告我，得預爲備。故迫則敺入虜，信則墮其計，善處之，則因而爲間，雖藩籬失而耳目猶在也。朵顏三衛之方物，駱駝、瑪瑙、鵲樺皮、白葡萄。

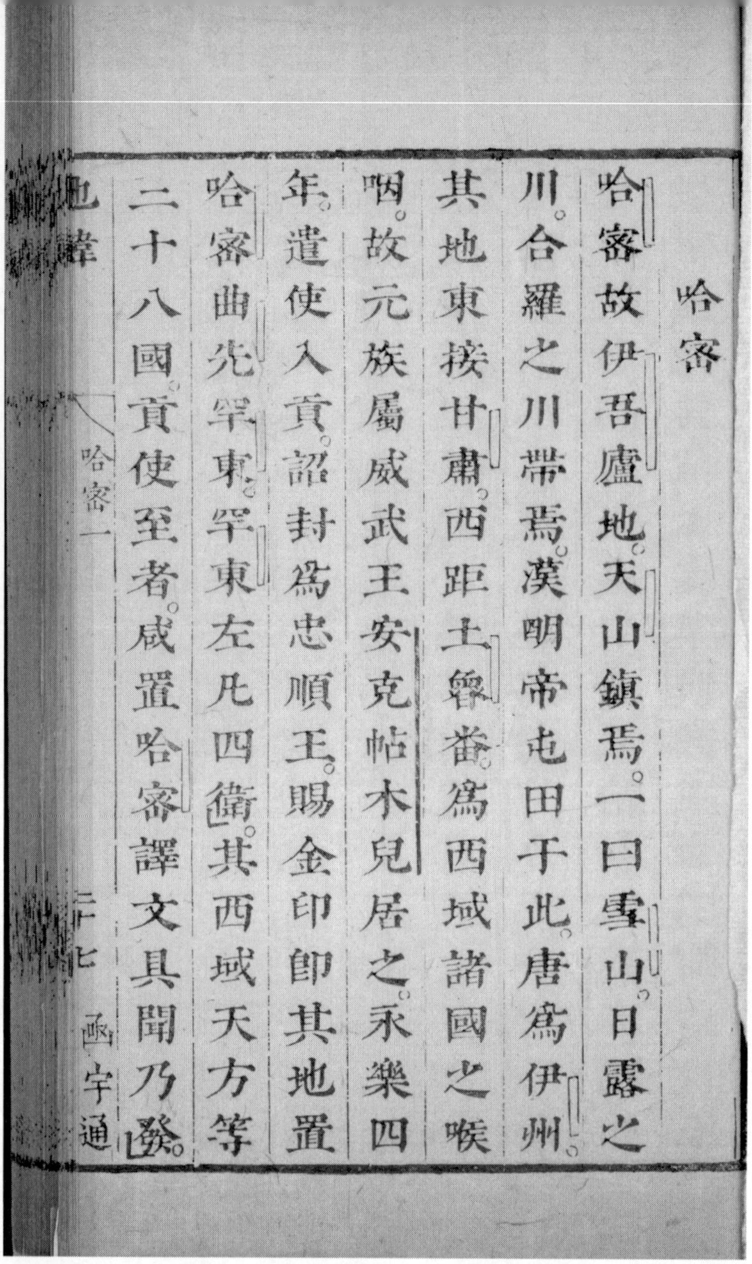

哈密

哈密故伊吾盧地天山鎮焉一曰雪山日露之川合羅之川帶焉漢明帝屯田于此唐爲伊州其地東接甘肅西距土魯番爲西域諸國之喉咽故元族屬威武王安克帖木兒居之永樂四年遣使入貢詔封爲忠順王賜金印即其地置哈密曲先罕東罕東左凡四衛其西域天方等二十八國貢使至者咸置哈密譯文具聞乃發

地緯　哈密一　二十七　函宇通

哈密

哈密，故伊吾盧地，天山鎮焉。一曰雪山，日露之川、合羅之川帶焉。漢明帝屯田于此，唐爲伊州。其地東接甘肅，西距土魯番，爲西域諸國之喉咽。故元族屬威武王安克帖木兒居之。永樂四年，遣使入貢，詔封爲忠順王，賜金印，即其地置哈密、曲先、罕東、罕東左，凡四衛。

其西域天方等二十八國，貢使至者，咸置哈密，譯文具聞乃發。

而土魯番者強番也控弦可五萬騎忠順王三
傳而至脫脫其子孛羅帖木兒立爲其下者林
所弑王母弩溫答力守國成化中土魯番酋阿
力調其衆掠赤斤蒙古不從恚即以兵劫王母
及金印歸王母之外孫罕慎遁蕭州久之甘肅
守臣奏納罕慎復王哈密而阿力死子阿黑代
之罕慎貪而殘失夷衆心弘治初阿黑麻挾詐
殺罕慎據其城上言罕慎非王裔不稱請自王

而土魯番者，強番也，控弦可五萬騎。忠順王三傳而至脫脫，其子孛羅帖木兒立，爲其下者林所弑，王母弩溫答力守國。成化中，土魯番酋阿力調其衆，掠赤斤蒙古，不從，恚，即以兵劫王母及金印歸。

王母之外孫罕慎，遁蕭州。久之，甘肅守臣奏納罕慎，復王哈密，而阿力死，子阿黑代之。罕慎貪而殘，失夷衆心。弘治初，阿黑麻挾詐殺罕慎，據其城。上言罕慎非王裔，不稱，請自王

哈密下兵部尚書馬文升議不許仍賜璽書切
責。阿黑麻悔懼。上金印。及還所據城詔褒予金
幣有差乃行求忠順之近族。故安定王裔孫陝
巴爲王。使哈密頭目阿木郎輔之。阿木郎勾引
哈剌灰夷掠土魯番阿黑麻怒。復以兵入劫陝
巴及金印而支解阿木郎以殉。弘治六年事聞。
命侍郎張海都督緱謙經畧之。戍土魯番使四
十餘人於兩廣。阿黑麻遂自稱可汗。畧罕東諸

哈[密]。下兵部尚書馬文升議，不許，仍賜璽書切責。阿黑麻悔
懼，上金印，及還所據城，詔褒予金幣有差，乃行求忠順之近族、
故安定王裔孫陝巴爲王，使哈[密]頭目阿木郎輔之。阿木郎勾
引哈王剌灰夷掠土魯番，阿黑麻怒，復以兵入劫陝巴及金印，而支
解阿木郎以殉。弘治六年，事聞，命侍郎張海、都督緱謙經略之，
戍土魯番使四十餘人於兩廣。阿黑麻遂自稱可汗，略罕東諸

衛。聲欲取甘州。而海等以奉使不稱。下獄謫免矣。八年阿黑麻留其將牙蘭守哈密。精兵不過四百騎。甘肅撫臣許進帥臣劉寧諜知之。乃以三千騎襲破哈密。牙蘭走。獲牛羊三千。宥其脅從者八百人。以陝巴妻女還。陞賞各有差。九年阿黑麻復據哈密。乃奏送回陝巴及金印城池。易故四十餘使戍者。詔起前咸寧伯王越帥諸路。議還其使。陝巴至則復故封。遣兵護之國。所

四七一

衛，聲欲取甘州。而海等以奉使不稱，下獄謫免矣。八年，阿黑麻留其將牙蘭守哈密，精兵不過四百騎。甘肅撫臣許進、帥臣劉寧諜知之，乃以三千騎襲破哈[密]，牙蘭走，獲牛羊三千，宥其脅從者八百人，以陝巴妻女還，陞賞各有差。九年，阿黑麻復據哈[密]，乃奏送回陝巴及金印城池，易故四十餘使戍者，詔起前咸寧伯王越，帥諸路，議還其使。陝巴至，則復故封，遣兵護之國，所

以勞賜阿黑麻艮厚。十七年哈密諸部以陜巴嗜酒掊尅。欲迎阿黑麻次子真帖木兒來爲王。陜巴懼跳之沙州而會阿黑麻死諸兄弟爭立真帖木兒弗果來都督寫亦虎僊等部誅謀叛者迎陜巴復之。十七年卒子拜牙卽立。時真帖木兒以亂故依中國畱甘州而其兄滿速兒稍定國亂自立矣。上書求真帖木兒未許正德六年始議遣還湯沐衣幣護之出境而滿速兒已

地緯　　　〔哈密三〕　　　三七　函宇通

以勞賜阿黑麻良厚。十七年，哈 [密] 諸部，以陜巴嗜酒掊尅，欲迎阿黑麻次子真帖木兒來爲王。陜巴懼，[逃] 之沙州。而會阿黑麻死，諸兄弟爭立，真帖木兒弗果來，都督寫亦虎僊等部誅謀叛者，迎陜巴復之。十七年，卒，子拜牙卽立。

時真帖木兒以亂故，依中國，留甘州。而其兄滿速兒稍定國亂，自立矣，上書求真帖木兒，未許。正德六年，始議遣還，湯沐衣幣，護之出境。而滿速兒已

復襲下哈密，逐拜牙即走。詔左都御史彭澤帥師往經畧之。澤宿將也，度未易兵定。乃以繒綺二千，白金器皿，入土魯番庭，說令和好。滿速兒喜，因請還金印及城池。而澤不俟報，輒上書言事定乞歸，召還掌院事。滿速兒諜知兵罷，即不肯遽還金印城池。所要求無已，而使出入肅州不絕。且頗與肅降夷欵。兵備副使陳九疇疑之，悉捕下獄。而阻勞賜金幣不出關。於是滿速兒

復襲下哈〔密〕，逐拜牙即走。詔左都御史彭澤帥師往經略之。澤宿將也，度未易兵定，乃以繒綺二千，白金器皿，入土魯番庭，説令和好。滿速兒喜，因請還金印及城池。而澤不俟報，輒上書言事定乞歸，召還掌院事。滿速兒諜知兵罷，即不肯遽還金印城池，所要求無已，而使出入肅州不絕，且頗與肅降夷款。兵備副使陳九疇疑之，悉捕下獄，而阻勞賜金幣不出關。於是滿速兒

以萬騎寇肅州。游擊芮寧出戰不利亡八百騎。九疇嬰城自守。復疑其使內應悉捶殺之。而使使媾瓦剌達兵掠土魯番部落。速兒狼狽走。軍從後徼之。頗有斬獲。而兵部尚書王瓊與澤有郄。發其辱國欺罔及陳九疇輕率專擅。激變喪師上聞大學士楊廷和等。雅與彭澤善。不獲已奪官。又捕陳九疇下之獄。亡何武宗崩給事御史劾王瓊挾私忌功。廷和爲內主乃逮瓊戍之。

哈密四　　函宇通

以萬騎寇肅州，游擊芮寧出戰不利，亡八百騎。九疇嬰城自守，復疑其使內應，悉捶殺之，而使使媾瓦剌達兵，掠土魯番部落，速兒狼狽走，軍從後徼之，頗有斬獲。而兵部尚書王瓊與澤有郄，發其辱國欺罔及陳九疇輕率專擅、激變喪師上聞，大學士楊廷和等，雅與彭澤善，不獲已奪官，又捕陳九疇下之獄。亡何，武宗崩，給事御史劾王瓊挾私忌功。廷和爲內主，乃逮瓊戍之，

起彭澤為兵部尚書。出陳九疇于獄以都御史
撫甘肅。尋速壇兒以二萬騎入甘州焚廬舍剽
人畜。九疇拒之出境斬獲亦相當又遇海西虜
亦不剌敗之鹵首百餘即上言速壇中流矢死
矢捷聞遷秩有差會廷和坐議禮罷彭澤亦罷
新用事者璁廷和讐也知王瓊怨之故力薦
為西帥瓊復上書辨澤九疇事且言速壇兒實
不死按驗當九疇誣罔論戍而瓊出揚兵境上。

四七五

起彭澤爲兵部尚書，出陳九疇于獄，以都御史撫甘肅。尋速壇兒以二萬騎入甘州，焚廬舍，剽人畜。九疇拒之出境，斬獲亦相當。又遇海西虜亦不剌，敗之，鹵首百餘，即上言速壇中流矢死矣。捷聞，遷秩有差。會廷和坐議禮罷，彭澤亦罷。新用事者璁〔尊〕，廷和讐也，知王瓊怨之，故力薦爲西帥。瓊復上書辨澤、九疇事，且言速壇兒實不死，按驗當九疇誣罔論戍。而瓊出揚兵境上，喻速壇兒利害，遷哈〔密〕、罕東諸部，散之近地。速壇兒讐，不敢為寇。諸國稍通貢。然哈〔密〕竟不復城。而金印失矣。哈密之人，以土為室。其方物玉、鑌鐵之乃得。礦石中剖大尾羊。大者三斤小者香棗。一斤肉味美

喻速壇兒利害，遷哈〔密〕、罕東諸部，散之近地。速壇兒讐，不敢為寇，諸國稍通貢，然哈〔密〕竟不復城，而金印失矣。哈〔密〕之人，以土為室。其方物，玉、鑌鐵、礦石中剖之，乃得。大尾羊、大者三斤，小者一斤，肉味美。香棗。

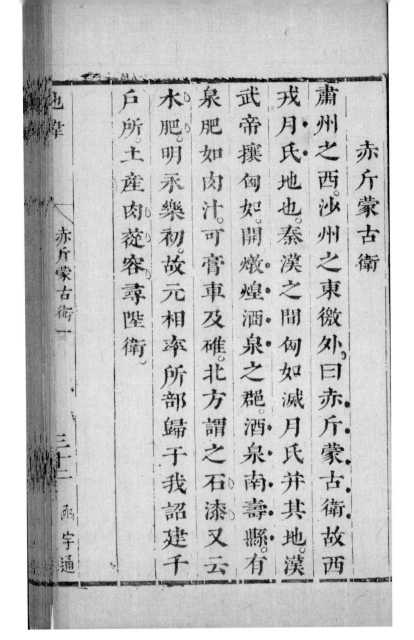

赤斤蒙古衛

肅州之西，沙州之東徼外，曰赤斤蒙古衛，故西戎月氏地也。秦、漢之間，匈（如）[奴]滅月氏，并其地。漢武帝攘匈（如）[奴]，開燉煌、酒泉之[郡]。酒泉南壽縣，有泉肥如肉汁，可膏車及碓，北方謂之石漆，又云水肥。明永樂初，故元相率所部歸于我，詔建千戶所。土産肉蓯容。尋陞衛。

罕東衛　安定衛　曲先衛

罕東衛故西戎部落在甘州西南明洪武間通貢置衛官其酋長指揮僉事其西連安定衛。

安定者韃靼別部也明洪武中朝貢置安定可端二衛其地產玉產橐駝俗以馬乳為酒無城郭宮室以毡為穹盧北抵沙州而西連曲先衛。

曲先者故西戎部落在肅州南徼外明永樂初置衛是多真珠朱砂珊瑚各馬而色尚白喪服

……韓

罕東衛、安定衛、曲先衛

罕東衛，故西戎部落，在甘州西南。明洪武間通貢，置衛官，其酋長指揮僉事。其西連安定衛。

安定者，韃靼別部也。明洪武中朝貢，置安定、（可）［阿］端二衛。其地產玉，產橐駝，俗以馬乳爲酒。無城郭宮室，以毡爲穹盧。北抵沙州，而西連曲先衛。

曲先者，故西戎部落，在肅州南徼外。明永樂初置衛。是多真珠、朱砂、（珊）［册］瑚、名馬。而色尚白，喪服

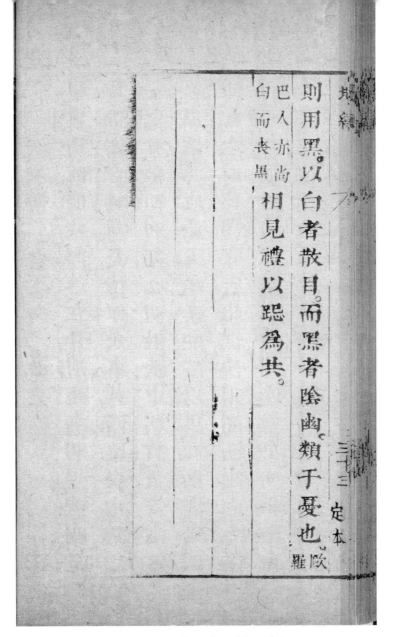

則用黑，以白者散目，而黑者陰幽，類于憂也。欧羅巴人亦尚白而喪黑。相見禮以跽爲共。

肅州之西北徼外夷，在哈〔密〕之西者曰火州，故土魯番也。唐置交河縣，國朝名火州。永樂、宣德間，數遣使貢馬。

交河者，河也，唐置縣，受河名。其大山曰祈連之山，一曰天山。又有山曰靈山，留羅漢削髮涅槃之蹟。

其大澤曰蒲類之海，一曰婆悉之海，一曰鹽澤，其廣四百里，葱嶺之水滙焉。

又有海曰瀚海，其上皆積沙。是多金剛之

火州

　　肅州之西北徼外夷，在哈〔密〕之西者曰火州，故土魯番也。唐置交河縣，國朝名火州。永樂、宣德間，數遣使貢馬。

　　交河者，河也，唐置縣，受河名。其大山曰祈連之山，一曰天山。又有山曰靈山，留羅漢削髮涅槃之蹟。

　　其大澤曰蒲類之海，一曰婆悉之海，一曰鹽澤，其廣四百里，葱嶺之水滙焉。

　　又有海曰瀚海，其上皆積沙。是多金剛之

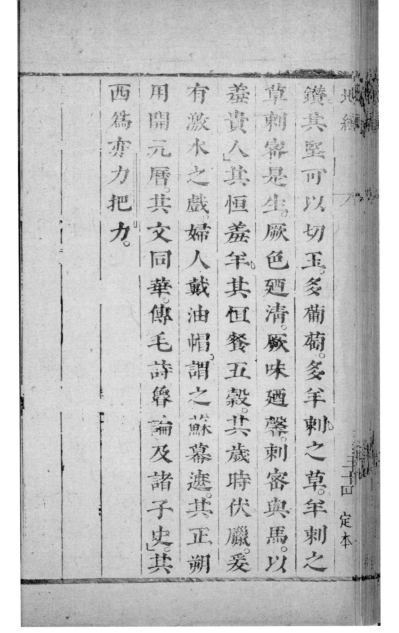

鑽，其堅可以切玉。多葡萄。多羊（刺）[剌]之草。羊（刺）[剌]之草，刺（密）[蜜]是生，厥色廼清，厥味廼馨。（刺）[剌]（密）[蜜]與馬，以羞貴人。

其恒羞羊，其恒餐五穀，其歲時伏臘，爰有激水之戲。婦人戴油帽，謂之蘇幕遮。其正朔用開元曆，其文同華，傳《毛詩》、《魯論》及諸子史。

其西爲亦力把力。

亦力把力

亦力把力者，居肅州西北徼外沙漠間，或曰故焉耆國也，或曰〔龜〕兹。

其酋自洪武以來，數入貢。其俗食氊肉、酪漿，逐水草以居，席地坐而踞見客。

其山有葱嶺，其水有熱海。史所謂身熱、頭痛、縣度之阨者也。

其鳥有孔雀，其貨有胡粉。于闐之國在其南。

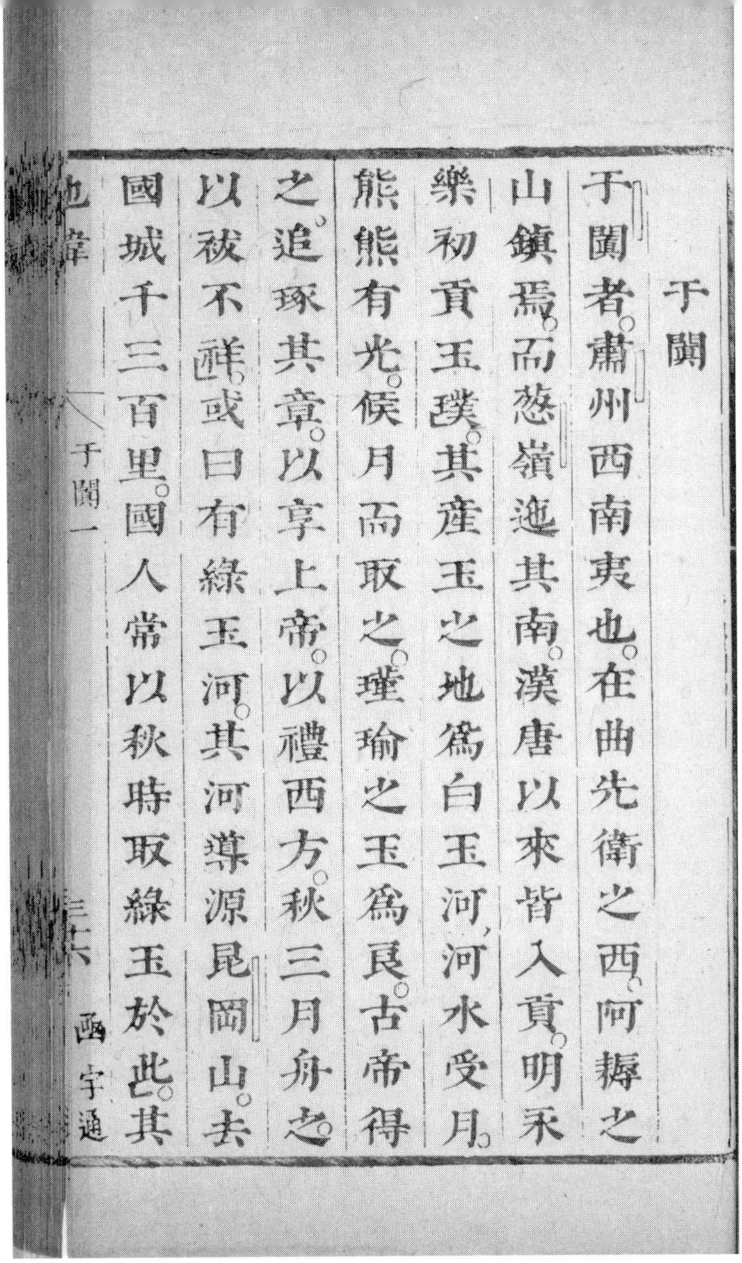

于闐
于闐者。肅州西南夷也。在曲先衛之西。阿耨之
山鎮焉。而葱嶺迤其南。漢唐以來皆入貢。明永
樂初貢玉璞。其産玉之地爲白玉河。河水受月。
熊熊有光。候月而取之。瑾瑜之玉爲良。古帝得
之。追琢其章。以享上帝。以禮西方。秋三月舟之
以祓不祥。或曰有綠玉河。其河導源昆岡山。去
國城千三百里。國人常以秋時取綠玉於此。其

于闐

于闐者，肅州西南夷也，在曲先衛之西，阿耨之山鎮焉，而葱嶺迤其南。漢、唐以來皆入貢，明永樂初貢玉璞。

其産玉之地爲白玉河，河水受月，熊熊有光，候月而取之，瑾瑜之玉爲良。古帝得之，追琢其章，以享上帝，以禮西方。秋三月舟之，以祓不祥。

或曰有緑玉河，其河導源昆岡山，去國城千三百里，國人常以秋時取緑玉於此。

其

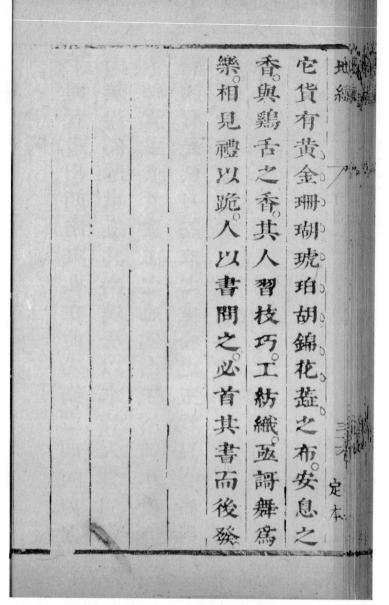

它貨有黃金、珊瑚、琥珀、胡錦、花〔蕊〕之布、安息之香與雞舌之香。其人習技巧，工紡織，亟〔歌〕舞為樂，相見禮以跪。人以書問之，必首其書而後發。

撒馬兒罕　哈烈

撒馬兒罕者故罽賓國蕭州西徼外夷也洪武
永樂正統間來貢玉石橐駝馬其俗善營室屋
器以黃金白金二等而不設匕箸市列以金銀
為錢文為騎馬幕為人面其主冠素而國屬酒
禁地產珊瑚琥珀花蕋布國人守鐵門峽為隘
險夷人以為重關而西與哈烈錯壤
哈烈者環大山而居直蕭州西徼洪武中詔諭

撒馬兒罕、哈烈

撒馬兒罕者，故罽賓國，蕭州西徼外夷也。洪武、永樂、正統間來貢玉石、橐駝、馬。其俗善營室屋，器以黃金、白金二等，而不設匕箸。市列以金銀為錢，文為騎馬，幕為人面。其主冠素，而國屬酒禁。地产珊瑚、琥珀、花［蕋］布。國人守鐵門峽為隘險，絕壁高數十仞，夷人以為重關。而西與哈烈錯壤。

哈烈者，環大山而居，直蕭州西徼。洪武中，詔諭

酋長賜金帛。永樂間貢馬。正統間又來貢。其俗

無正朔。有學舍。裁金碧以飾身。而色尚白。其果

饒巴旦杏。其貨貴瑣伏。織成文若羅綺 一名梭服以鳥毳 花毯。

不易色 極細密久 其寶有珠珊瑚。

酋長賜金帛。永樂間，貢馬。正統間，又來貢。其俗無正朔，有學舍。裁金碧以飾身，而色尚白。其果饒巴旦杏，其貨貴瑣伏、一名梭服，以鳥毳織成，文若羅綺。花毯。極細［密］，久不易色。其寶有珠、珊瑚。

西番一曰烏思藏。漢曰羌。唐曰吐番。凡百餘種。散處河湟江岷間。元爲郡縣。明初詔各族酋長。舉故官失職者。至京授職。自是番僧有封灌頂國師者贊善王者闡化王者。正覺大乘法王者。如來大寶法王者俱賜銀印。三年一朝。西番之俗。推尊如鬪尚佛法事咀呪。君臣如朋友。無文字無宮室。居毛帳中。衣氊裘。聲上琴瑟。味上酪。

西番

西番一曰烏思藏，漢曰 [羌]，唐曰吐番，凡百餘種，散處河、湟、江、岷間。元爲郡縣，明初，詔各族酋長，舉故官失職者，至京授職。自是，番僧有封灌頂國師者、贊善王者、闡化王者、正覺大 [乘] 法王者、如來大寶法王者，俱賜銀印，三年一朝。

西番之俗，推魯好 [鬪]，尚佛法，事咀 [呪]。君臣如朋友，無文字，無宮室，居毛帳中。衣氊裘，聲上 [琴] 瑟，味上酪。

崑崙之山鎮焉，崑崙山高二千五百里，亘五百里，積雪不消，日月隱蔽，黃河之水出焉，從地臍沸涌出，色甚白。東北流匯爲大澤，導源又東流爲赤〔賓〕河，徑規期山雜土，合忽蘭諸河，厥色正黃，遂稱黃河。東北入中國，至蘭州，遶賀蘭山爲河套。又東北遶沙漠，折流南入山西，帶河南，遶徐、邳，合淮水入海。

西番又有水，曰可跋之海，東南流入雲南，合西洱河，號漾備水。又東南出會

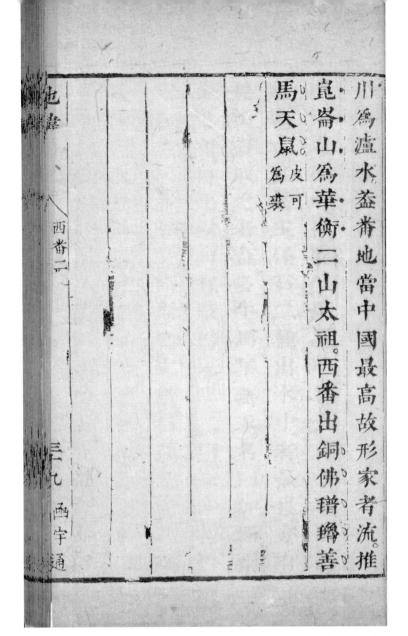

川，爲瀘水。葢番地當中國最高，故形家者流，推崑崙山爲華、衡二山太祖。西番出銅佛、氆氌、善馬、天鼠。皮可爲裘。

中國之西北。出嘉峪關。逕哈密。土魯番。有國焉。多高山。產良玉。怪石二種。出水中者最良。亦有焚山石取之者。畜多牛馬羊。無豕。名曰加斯爾加之國。自此以西有撒馬兒罕之國。有革利哈大藥之國。有加非爾斯當之國。杜爾格當之國。查理之國。加木爾之國。古查之國。蒲加剌得之國。總稱回回焉。其人習戰鬥。亦有好學者。初宗

回回

中國之西北，出嘉峪關，逕哈〔密〕、土魯番，有國焉。多高山，產良玉、怪石二種，出水中者最良，亦有焚山石取之者，畜多牛、馬、羊，無豕，名曰加斯爾加之國。自此以西，有撒馬兒罕之國，有革利哈大藥之國，有加非爾斯當之國、杜爾格當之國、查理之國、加木爾之國、古查之國、蒲加剌得之國，總稱回回焉。

其人習戰〔鬥〕，亦有好學者，初宗

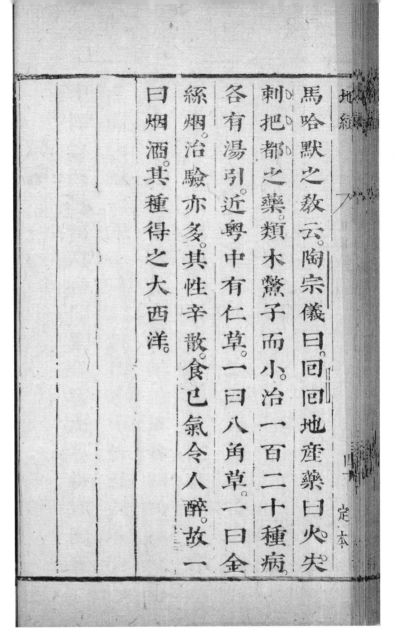

馬哈默之教云。陶宗儀曰。回回地產藥曰火失
剌把都之藥類木鱉子而小。治一百二十種病。
各有湯引。近粵中有仁草。一曰八角草。一曰金
絲烟。治驗亦多。其性辛散。食已氣令人醉。故一
曰烟酒。其種得之大西洋。

馬哈默之教云。陶宗儀曰：“回回地產藥，曰火失剌把都之藥，類木鱉子而小，治一百二十種病，各有湯引。”近粵中有仁草，一曰八角草，一曰金絲烟，治驗亦多，其性辛散，食已氣令人醉，故一曰烟酒。其種得之大西洋。

天方

天方，故筠冲地，一曰天堂，一曰西域。時和地豐。用回回
曆。與《大統曆》前後差三日。牧中多馬，馬高八尺，人以馬酪和飯食
之，故人多肥白。男女皆辮髮。

其方物，白玉、珊瑚、琥珀、犀角、金。其奇物，玻璃之鏡，
眼之〔視〕物倍明，〔視〕小物倍明；金剛之〔鑽〕，切玉。

宣德中來貢，其使道嘉峪關。

默德那即回回祖國也。初國王謨罕驀德生而靈異西域諸國皆臣而服焉號之曰別諳援爾猶華言天使云其教以事天爲本而無像設其經有三十藏三千六百餘卷旁行以爲書記亦有篆楷草三體今西域書皆用之其星曆陰陽醫藥之學及雕文刻鏤織紝器械之事皆精絶隋開皇中其教始入中國每日西向拜以事天

〔默德那一〕

四廿一函字通

默德那

默德那，即回回祖國也。初，國王謨罕驀德，生而靈異，西域諸國，皆臣而服焉，號之曰別諳援爾，猶華言天使云。其教以事天爲本，而無像設。其經有三十藏，三千六百餘卷。旁行以爲書記，亦有篆、楷、草三體，今西域書皆用之。其星曆、陰陽、醫藥之學，及雕文、刻鏤、織〔纴〕、器械之事，皆精絶。

隋開皇中，其教始入中國。每日西向拜以事天，

每歲齋一月。更衣遷坐。平居不食彘，非同類殺者不食。國人信從其教。雖適殊方。累世不敢遷也。其國有城池宮室田畜市列頗類江淮風土。其地近天方。宣德中遣使隨天方陪臣來貢。大西洋人爲余言，回回之人，好利，視善地，輒趨之如鶩，故天下被其教者，往往而是，其古經與大西洋頗同，及馬哈默自恃聰明，變亂舊教，近其說大行，遂與耶蘇之學互爲輸墨矣。

每歲齋一月，更衣遷坐。平居不食彘，非同類殺者，不食。國人信從其教，雖適殊方，累世不敢遷也。

其國有城池、宮室、田畜、市列，頗類江淮風土。其地近天方，宣德中遣使，隨天方陪臣來貢。大西洋人爲余言，回回之人，好利，視善地，輒趨之如鶩，故天下被其教者，往往而是。其古經與大西洋頗同，及馬哈默自恃聰明，變亂舊教，近其說大行，遂與耶蘇之學互爲輸墨矣。

中國之西南曰印第亞。即天竺五印度也。在印
度河左右國人面色皆紫南土之人頗好學曉
天文習技巧以錐畫貝葉爲書王不傳子以姊
妹之子嗣王。親子弟給奉祿自澹男子不衣僅
以一尺布蔽陰女子有以布纏首至足者。劉昭
曰。夏禹入裸國而解下裳其此國即四民世其
業最貴者曰婆羅門次曰乃勒大抵奉佛巫齋

地草

〔印弟亞一〕

馬十三函字通

印弟亞

中國之西南，曰印弟亞，即天竺五印度也。在印度河左右，國人面色皆紫。南土之人頗好學，曉天文，習技巧，以錐畫貝葉爲書。王不傳子，以姊妹之子嗣王，親子弟給奉禄自澹。男子不衣，僅以一尺布蔽陰，女子有以布纏首至足者。劉昭曰"夏禹入裸國而解下裳"，其此國耶？

四民世其業，最貴者曰婆羅門，次曰乃勒，大抵奉佛，巫齋

醮。其地有山焉，曰加得之山。山之南，自立夏至秋分，無日不雨，而冬春恒暘。有風焉，自海而西來者，巳至申；自山而東來者，亥至寅。草木異狀者，留僕未足數。椰樹最良，實已飢，漿已渴，又可釀爲酒，與爲醢、爲膏、爲飴；木之錯節，可剡爲釘，殼可盛，瓢可索，葉可葺屋，幹則舟人、車人之所材也。

又有二奇木，其一曰陰樹，花如茉莉，旦（翎）[翕] 宵炕，向晨盡落。國人好事者，常偃臥樹下，朝起，

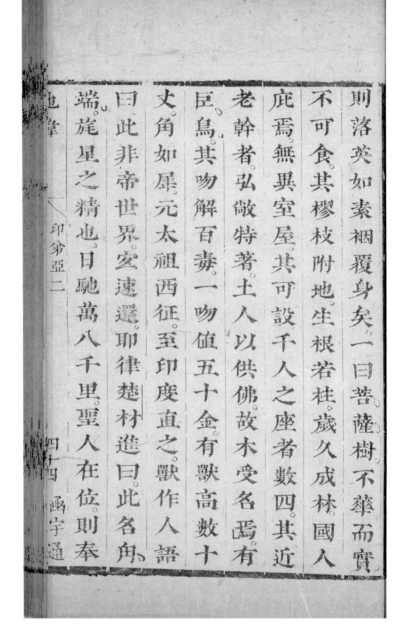

則落英如素裯覆身矣。一曰菩薩樹，不華而實，不可食，其樛枝附地，生根若柱，歲久成林，國人庇焉，無異室屋，其可設千人之座者數四。其近老幹者，弘敞特著，土人以供佛，故木受名焉。

有巨鳥，其吻解百毒，一吻值五十金。有獸高數十丈，角如犀。元太祖西征，至印度直之，獸作人語曰："此非帝世界，[宜]速還。"耶律楚材進曰："此名角端，旄星之精也，日馳萬八千里，聖人在位，則奉

書而至。稽相如賦有麒麟角端不聞其能人言
楚材豈口給以廣帝意耶。有象識人言語。或命
負物。至某地。輒不爽。他國象遇之。則蹲伏。有獸
各獨角額間一角。其角解百毒。此地恒有毒蛇
蛇所飲水。人及百獸飲之必死。百獸雖渴。濱水
而不敢飲。俟此獸來。以角攪水。百獸始飲焉。勿
搦祭亞之國其主藏稱有兩角爲國寶或曰利
未亞亦有之。有獸形如牛。大如象而少痺。有兩

書而至。”稽相如賦有“麒麟角端”，不聞其能人言，楚材豈口給以廣帝意耶？有象識人言語，或命負物，至某地，輒不爽，他國象遇之，則蹲伏。

有獸名獨角，額間一角，其角解百毒。此地恒有毒蛇，蛇所飲水，人及百獸飲之必死。百獸雖渴，[濱] 水而不敢飲。俟此獸來，以角攪水，百獸始飲焉。勿搦祭亞之國，其主藏稱有兩角，爲國寶，或曰利未亞亦有之。有獸形如牛，大如象而少（痺）[卑]，有兩

角。一在鼻上。一在項背間。皮甲堅。若重盾。比次如鎧。掌如鯊魚之皮。大頭短尾。居水中可數十日，百獸憎伏。尤憎象與馬。偶值必逐殺之。其骨、肉、齒、角、皮、蹄、矢。皆藥也。其駒亦可豢。西洋甚重之。名曰罷達之獸。蓋史所稱天祿、辟邪之類云。

有蝠。大如猫。此其地勢若織女之跂。末銳處。廣不百步東西氣候相謬。霽與滂沱。燠與冱寒。警湍怒濤與水波如鏡。故海舶有乘順風至者。過

1 原文斷句爲"比次如鎧，犖如鯊魚之皮"，誤，依《職方外紀》改。

角，一在鼻上，一在項背間，皮甲堅，若重盾，比次如鎧（犖）[甲]，如鯊魚之皮，[1] 大頭短尾，居水中可數十日，百獸憎伏，尤憎象與馬，偶值必逐殺之。其骨、肉、齒、角、皮、蹄、矢，皆藥也，其駒亦可豢，西洋甚重之，名曰罷達之獸。蓋史所稱天祿、辟邪之類云。

有蝠，大如猫。此其地勢，若織女之跂，末銳處，廣不百步。東西氣候相謬，霽與滂沱，燠與冱寒，警湍怒濤與水波如鏡。故海舶有 [乘] 順風至者，過

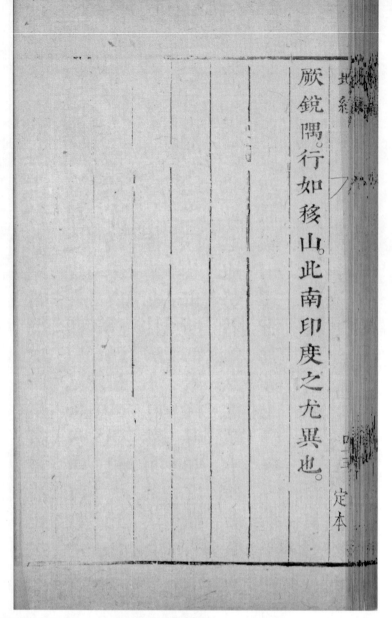

厥銳隅，行如移山，此南印度之尤異也。

莫臥爾

印度有五，惟存南印度，餘皆併入于莫臥爾。莫臥爾之國甚廣，分國爲十四道，象至三千餘。有大河名曰安日之河，浴之祓不祥，除罪辜。

其東近滿剌加處，國人各奉四元行之一。四元行者，水、火、土、氣也。死則以所奉之行藏之，奉土者掩，奉火者焚，奉水者沉，奉氣者縣。

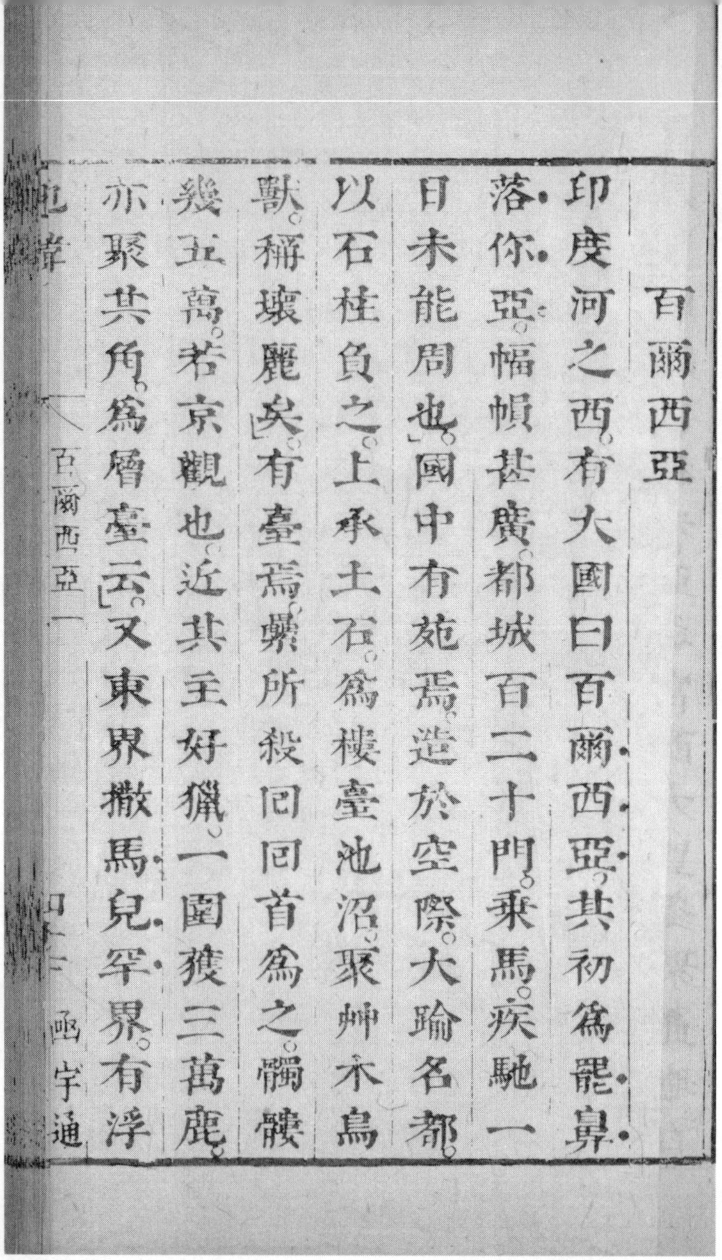

百爾西亞

印度河之西有大國曰百爾西亞其初爲罷鼻落你亞幅幀甚廣都城百二十門乘馬疾馳一日未能周也國中有苑焉造於空際大踰名都以石柱負之上承土石爲樓臺池沼聚艸木鳥獸稱瓌麗矣有臺焉纍所殺回回首爲之髑髏幾五萬若京觀也近其主好獵一圍獲三萬鹿亦聚其角爲層臺云又東界撒馬兒罕界有浮

地緯　百爾西亞　一　函宇通

百爾西亞

印度河之西，有大國曰百爾西亞，其初爲罷鼻落你亞，幅員甚廣，都城百二十門。乘馬，疾馳一日未能周也。國中有苑焉，造於空際，大踰名都，以石柱負之，上承土石，爲樓臺池沼，聚［草］木鳥獸，稱［瑰］麗矣。

有臺焉，纍所殺回回首爲之，髑髏幾五萬，若京觀也。近其主好獵，一圍獲三萬鹿，亦聚其角，爲層臺云。

又東界撒馬兒罕界，有浮

屠焉黃金砌而裁金剛之石爲頂頂如胡桃其
光夜照十五里有河焉水漲所及即生奇花其
南有島焉曰忽魯謨斯此赤道之北二十七度
也其地純鹽或硫黃之屬草木鳥獸不生或曰
有人其人著皮履遇雨過履底一日輒敗地多
震氣候熱人坐臥水中沒至口方解絶無淡水
水從海外載至以其地居三大州之中也凡亞
細亞歐邏巴利未亞之富商大賈多聚此地百

四十定本

屠焉，黃金砌而裁金剛之石爲頂，頂如胡桃，其光夜照十五里。有河焉，水漲所及，即生［奇］花。其南有島焉，曰忽魯謨斯[1]，此赤道之北二十七度也。

其地純鹽，或硫黃之屬，草木鳥獸不生。或曰有人，其人著皮履，遇雨過，履底一日輒敗。地多震，氣候熱，人坐臥水中，沒至口，方解。絶無淡水，水從海外載至。以其地居三大州之中也，凡亞細亞、歐邏巴、利未亞之富商大賈，多聚此地。百

1 此处下画线及断句有误，改之。

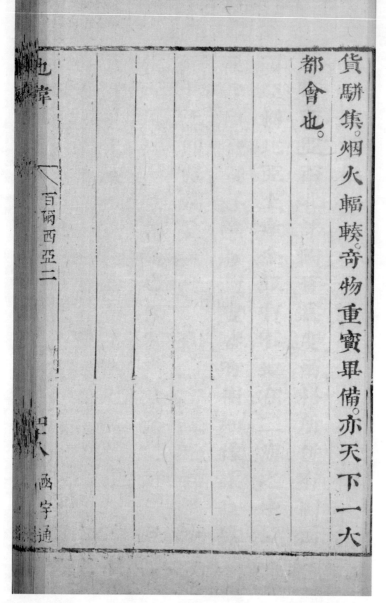

貨駢集，烟火輻輳，奇物重〔寶〕畢備，亦天下一大都會也。

度爾格

百爾西亞西北諸國，皆爲度爾格所併。有國焉，曰亞剌比亞。土産金銀［寶］石，地在二海之中，氣候常和，一歲再熟，百物豐盛，有樹如橡栗，夜露墜其上，即凝爲蜜。

其地有沙海，廣二千餘里，沙［乘］大風如浪，行旅過之，偶爲所壓，［倏］忽上成丘山。凡欲渡者，以指南車辨方測道，多備粮糗，載兼旬之水，乘以駱駝。駝行甚疾，日可四五百里，

松脂不能沉物其色一日屢變日照之爲五色

百里水味極鹹性凝結不生波浪嘗湧大塊如

北舊有瑣奪馬其地有海焉其長四百里其廣

其盡也止此一鳥而已名曰弗尼思之鳥其西

焚骨肉遺灰化而爲虫虫又化而爲鳥傳不知

聚香木爲陵立其上天氣亢熱則搖尾燃火自

剖駝飲其腹中水有鳥焉其壽四五百歲將死

一飲可度五六日其腹容水甚多容或泛水則

一飲可度五六日。其腹容水甚多，容或泛水，則剖駝飲其腹中水。

有鳥焉，其壽四五百歲，將死，聚香木爲陵，立其上，天氣亢熱，則搖尾燃火自焚，骨肉遺灰，化而爲虫，虫又化而爲鳥，傳不知其盡也，止此一鳥而已，名曰弗尼思之鳥。

其西北，舊有瑣奪馬，其地有海焉，其長四百里，其廣百里，水味極鹹，性凝結，不生波浪，嘗湧大塊，如松脂，不能沉物。其色一日屢變，日照之爲五色

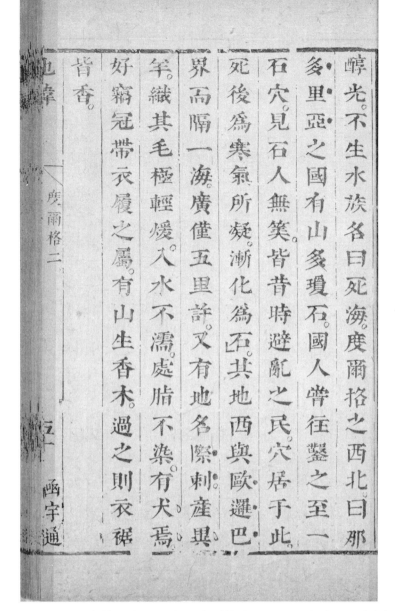

醇光，不生水族，名曰死海。度爾格之西北，曰那多里亞之國。有山多瓊石，國人嘗往鑿之，至一石穴，見石人無［算］，皆昔時避亂之民，穴居于此，死後爲寒氣所凝，漸化爲石。

其地西與歐邏巴界，而隔一海，廣僅五里許。又有地，名際刺，產異羊，織其毛極輕煖，入水不濡，處脂不染。有犬焉，好竊冠帶衣履之屬。有山生香木，過之則衣裾皆香。

如德亞

亞細亞之西，近地中海有國焉，曰如德亞之國。其史能記載六千年之事之言。地土豐厚烟火稠密。有享上帝之殿，黃金塗白玉砌，雜厠百寶爲飾，環奇異等，費凡三千萬萬。其人多賢知。如德亞之西有國名達馬斯谷産絲厨刀劍丹艧青艧之屬。城有二層不基土石，大樹糾結纈密無罅，峻不可攀。有藥焉，食之巳百病解百毒各

〔如德亞一〕

西宇通

〔五十一〕

如德亞

　　亞細亞之西，近地中海，有國焉，曰如德亞之國。其史能記載六千年之事之言。地土豐厚，烟火稠 [密]。有享上帝之殿，黃金塗，白玉砌，雜厠百 [寶] 爲 [飾]，環奇異等，費凡三千萬萬。其人多賢知。如德亞之西，有國名達馬斯谷，産絲厨、刀 [劍]、丹艧、青艧之屬。城有二層，不基土石，大樹糾結，纈 [密] 無罅，峻不可攀。有藥焉，食之已百病、解百毒，名

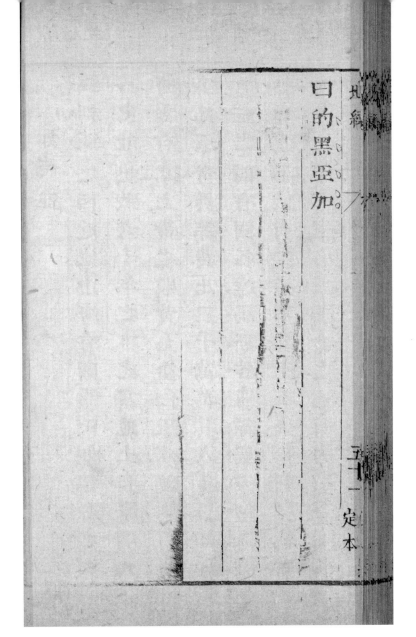

曰的黑亞加。

占城

占城國在雲南之東眞臘之北安南之南東北
直廣東而西負海秦時置林邑象郡漢隸日南
郡唐元和初寇驩愛安南都護張丹擊破之棄
林邑走占城因庚國號國朝洪武中來朝詔
封爲王王其國其地安稻食稻與梹榔以榔爲
酒常羞山羊水兕國無繭絲以白氎布約身首
椎結而後垂髻足跣皮屨婦人服餙容止同于

〈占城一〉

函宇通

占城

占城國，在雲南之東，真臘之北，安南之南，東北直廣東，而西負海。秦時置林邑、象郡，漢隸日南郡，唐元和初寇驩愛，安南都護張丹擊破之，棄林邑，走占城，因庚國號。國朝洪武中來朝，詔封爲王，王其國。其地 [宜] 稻，食稻與梹榔，以椰爲酒，常羞山羊、水兕。國無繭絲，以白氎布約身，首椎結而後垂髻，足 [跣] 皮屨，婦人服 [飾] 容止，同于男子。其王披吉貝之衣，戴金華之冠，襍厠七寶爲纓絡。國中出入，乘象與馬。俗以元日牽象遶宅行，徐駈出郭，以達春氣。孟夏櫂舟爲水嬉，仲冬望爲冬至，季冬望以木爲浮屠城下。王以下襍置衣物、香草浮屠上，燔而祀天。有山在林邑，石皆赤色，至則金從石中飛出，狀若螢火光，景動人民，是曰金山。有山臨林邑之浦，輸有罪論死者歸之。是曰不勞之山。其王之來朝也。厥

五一一

男子。其王披吉貝之衣，戴金華之冠，雜厠七［寶］爲纓絡。國中出入，乘象與馬。俗以元日牽象遶宅行，徐駈出郭，以達春氣。孟夏櫂舟爲水嬉，仲冬望爲冬至，季冬望以木爲浮屠城下。王以下雜置衣物、香草浮屠上，燔而祀天。有山在林邑，石皆赤色，至［夜］則金從石中飛出，狀若螢火，光景動人民，是曰金山。

有山臨林邑之浦，輸有罪論死者歸之，是曰不勞之山。其王之來朝也，厥

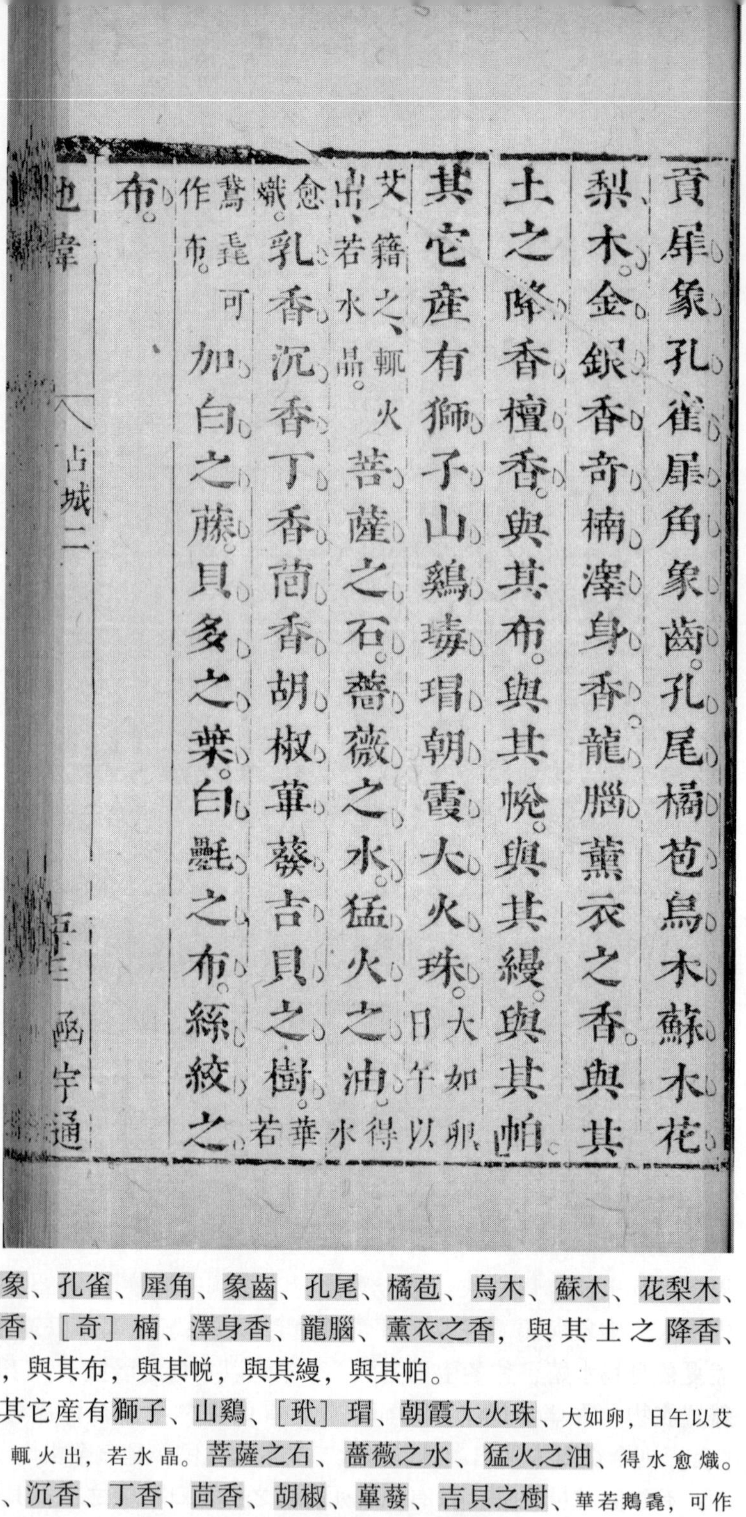

貢犀象孔雀犀角象齒孔尾橘苞烏木蘇木花梨木金銀香奇楠澤身香龍腦薰衣之香與其土之降香檀香與其布與其帨與其縵與其帕其它産有獅子山鷄瑇瑁朝霞大火珠大如卵日午以艾籍之輒火出若水晶菩薩之石薔薇之水猛火之油得水愈熾乳香沉香丁香茴香胡椒蓽茇吉貝之樹華若鵞毳可作布加白之藤貝多之葉白氎之布絲絞之布

地緯〈占城二〉　函宇通

貢犀象、孔雀、犀角、象齒、孔尾、橘苞、烏木、蘇木、花梨木、金銀香、［奇］楠、澤身香、龍腦、薰衣之香，與其土之降香、檀香，與其布，與其帨，與其縵，與其帕。

其它産有獅子、山鷄、［玳］瑁、朝霞大火珠、大如卵，日午以艾籍之，輒火出，若水晶。菩薩之石、薔薇之水、猛火之油、得水愈熾。乳香、沉香、丁香、茴香、胡椒、蓽茇、吉貝之樹、華若鵝毳，可作布。加白之藤、貝多之葉、白氎之布、絲絞之布。

暹羅在占城南。其先有暹國有羅斛國或曰暹，故赤眉遺種也。土瘠不宜稼印給于羅斛元至正間暹降于羅斛明興。高帝即位。其王遣陪臣奉金葉表入賀貢方物受正朔已遣王子來朝貢。上遣使賜璽書勞之令帶漢印其文曰暹羅國王之印。文帝時復修歲事來貢請量衡從之并賜金綺及古今列女傳以其國中事

暹羅一　　寰宇通

暹羅

暹羅，在占城南，其先有暹國，有羅斛國。或曰，暹，故赤眉遺種也。土瘠不［宜］稼，［仰］給于羅斛。元至正間，暹降于羅斛。明興，高帝即位，其王遣陪臣奉金葉表入賀，貢方物，受正朔。已遣王子來朝貢，上遣使賜璽書勞之，令帶漢印，其文曰暹羅國王之印。文帝時，復修歲事來貢，請量衡，從之，并賜金綺，及《古今列女傳》，以其國中事

無大小咸取決女子也其貢物生物白象六足
龜重物寶石珊瑚金弭環布則苾布油紅布白
纏頭布紅撒哈剌布紅地絞節布西洋布與諸
厠豰設色之布與其衾裯流蘇貨則藥物香草
片腦米腦糠腦腦油腦柴齒則象角則犀羽毛
則孔翠介則龜其方物犀象翠羽蘇木薪如賤
斛香香氣極清而已餘皆產于近地或易之西南
者蓋詩稱淮夷貢元龜象齒大畧南金意也其

無大小，咸取決女子也。

其貢物，生物：白象；六足龜；重物；寶石、珊瑚、金弭環。

布則苾布、油紅布、白纏頭布、紅撒哈剌布、紅地絞節布、西洋布與諸厠豰設色之布，與其衾裯、流蘇。貨則藥物、香草、片腦、米腦、糠腦、腦油、腦柴。

齒則象，角則犀，羽毛則孔翠，介則龜。其方物，犀、象、翠羽、蘇木、賤如薪。羅斛香香氣極清。而已。餘皆產于近地，或易之西南夷者，蓋《詩》稱淮夷貢元龜、象齒，大畧南金意也。

其

它産有白鼠花錫不以貢。凡諸夷所貢、不盡方物、其餘貢物、多同、或中國有者、不盡錄。其貿遷以海貝子為幣。暹人好樓居、樓皆栽檳榔密置貫之、以藤為固。男女皆椎髻、婚則破瓜而血其額。王者宮闕罘罳甚盛、首一幅布白色。而腰繫嵌絲之帨。加錦綺乘象而行。或兩人舁之行。凡合暹與羅斛之地可千里環羅大山、地氣溽熱。大抵喜浮屠。習水戰而聲音頗與中國廣東侔。王世貞曰今四夷酒以暹羅

地葦 〈暹羅二〉 五七五 西学通

它産有白鼠、花錫，不以貢。凡諸夷所貢，不盡方物，其餘貢物，多同，或中國有者，不盡録。

其貿遷，以海［蚆］子為幣。暹人好樓居，樓皆栽檳榔，（宓）［密］置貫之，以藤為固。男女皆椎髻，婚則破瓜而血其額。王者宮闕罘罳甚盛，首一幅布白色，而腰繫嵌絲之帨，加錦綺，［乘］象而行，或兩人舁之行。凡合暹與羅斛之地，可千里環羅大山，地氣溽熱。大抵喜浮屠，習水戰，而聲音頗與中國廣東侔。王世貞曰：“今四夷酒，以暹羅

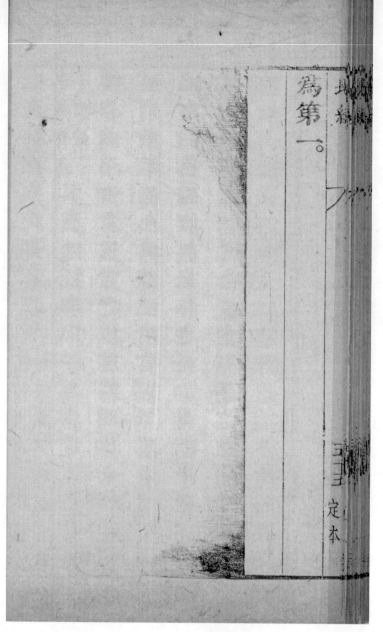

為第一。"

安南志

安南。故南交地。秦爲象郡。漢武帝平南越。置交趾。九眞日南三郡。唐政交州。至宋黎氏始自國焉。易李陳者二姓。而我明高皇帝既平元。使學士張以寧等持璽書諭降之。自是職貢無闕。後王陳日焜爲其臣黎季犛所弑。季犛改國曰大虞。稱太上皇。使其子胡奔爲國主。詐稱陳氏絕無後。而奔其甥也。請權國事。文皇帝許之。

〔安南志一〕

西宇通

安南志

安南，故南交地。秦爲象郡，漢武帝平南越，置交趾、九眞、日南三郡。唐改交州，至宋，黎氏始自國焉，易李、陳者二姓。而我明高皇帝既平元，使學士張以寧等持璽書諭降之，自是職貢無闕。後王陳日焜爲其臣黎季犛所弑，季犛改國曰大虞，稱太上皇，使其子胡奔爲國主，詐稱陳氏絕無後，而奔其甥也，請權國事，文皇帝許之。

右副將軍討之。成國公新城侯二十五將軍將
將軍西平侯沐晟爲左副將軍新城侯張輔爲
城訴其吞併狀。有指乃拜成國公朱能爲征夷
天平及薛（嵓）授表於境。事聞　上大怒而會占
黃中大理卿薛（嵓）以兵五千護之國。伏兵起殺
天平安南國王。胡奆爲順化郡公。使都督呂毅
其實有詔切責胡奆。奆懼　上表請天平還國。封
俄而陳氏之孫天平者。間道縣老擁傳至京懇

俄而陳氏之孫天平者，間道縣老擁傳至京，懇其實，有詔切責胡奆。奆懼，上表請天平還國，封天平安南國王，胡奆爲順化郡公，使都督呂毅、黃中，大理卿薛（嵓）［嵓］以兵五千護之國。伏兵起，殺天平及薛（嵓）［嵓］，授表於境。事聞，上大怒，而會占城訴其吞併狀，有指，乃拜成國公朱能爲征夷將軍，西平侯沐晟爲左副將軍，新城侯張輔爲右副將軍，討之。成國公、新城侯二十五將軍，將

兩京、湖廣、浙江、福建、廣東西軍，從廣西思明府進；西平侯十餘將軍，將四川、建昌、雲貴軍，從雲南臨安府進。及境，成國公薨，詔新城侯輔行大將軍事，兵躡坡壘、隘留二關而入，底富良江。西平侯亦破猛烈關，突宣光江口，出洮水，度富良江，與大軍會於三帶州。賊悉衆立柵屯守，師夜度，大破之，（楚）［焚］柵烟餤屬天，［乘］勝攻下西都，燒其宮室，前後斬首三萬七千級。又破賊艘於木丸

五一九

安南志二

江斬萬餘級。又大破賊於鹹水關。江水爲赤。遂
窮追季犛父子於奇羅海口。悉獲之。安南平。得
戶三百一十二萬。象馬牛羊
舟糧器械無筭捷
聞。詔求陳王後。已絕乃即其地立交阯布政司
都指揮司按察司爲府十七。州四十七。縣一百
五十七。衛十一。守禦千戶所三。論功進封侯輔
爲英國公。侯晟黔國公。餘爵賞有差。下季犛等
獄繫弗誅。亡何餘孽簡定作亂。僞稱日南王旣

江，斬萬餘級。又大破賊於鹹水關，江水爲赤。遂窮追季犛父子於奇羅海口，悉獲之。安南平。得戶三百一十二萬，象、馬、牛、羊、舟、糧、器械無（筭）［算］，（捉）［捷］聞。

詔求陳王後，已絕，乃即其地立交阯布政司、都指揮司、按察司，爲府十七、州四十七、縣一百五十七、衛十一、守禦千戶所三。

論功，進封侯輔爲英國公、侯晟黔國公，餘爵賞有差。下季犛等獄，繫弗誅。

亡何，餘孽簡定作亂，僞稱日南王，旣

復僭號大越。改元興慶。黔國公討之不利。大臣死焉。英國公輔復爲大將率兵討破擒之。非其黨陳希葛等礫於京。踰年而陳季擴復叛。季擴即簡定從子也。稱陳氏後以惑衆。其勢重於定。輔復率衆往討轉戰連歲。始獲之。自輔之下交南。凡三獲僞王。威震西南夷中。遂留填其地。而尚書黃福。掌布按二司事有威惠衆脅息莫敢動。尋召輔歸福亦以久得代。而中貴人馬騏者。

〔八安南志三〕

五十八　酉字通

復僭號大〔越〕，改元興慶。黔國公討之不利，大臣死焉。英國公輔復爲大將，率兵討破擒之，并其黨陳希葛等，礫於京。踰年，而陳季擴復叛，季擴即簡定從子也，稱陳氏後以惑衆，其勢重於定。輔復率衆往討，轉戰連歲，始獲之。自輔之下交南，凡三獲僞王，威震西南夷中，遂留填其地。而尚書黃福，掌布、按二司事，有威惠，衆脅息莫敢動。

尋召輔歸，福亦以久得代。而中貴人馬騏者，

伏發橋壞。升中釼死。大軍聞之逆自潰。成山侯
所勇而輕。自以千騎爲前鋒。敗利兵遂前追之。
告急詔安遠侯柳升以精兵七萬往掎角平賊。
凡十餘戰勝負畧相當。利益盛遂前逼交州。通
山侯王通佩將印。發二廣兵四萬并鎮兵討之。
十數特詔赦之。爲升華知府。利攻剽自如。命成
以爲土巡簡。不奉命復討之。不勝所攻没郡邑
貪而煩苛失衆心。黎利遂乘之反。初捕之不勝

貪而煩苛，失衆心，黎利遂〔乘〕之反。初捕之，不勝，以爲土巡簡，不奉命；復討之，不勝，所攻没郡邑十數，特詔赦之，爲升華知府。利攻剽自如，命成山侯王通佩將印，發二廣兵四萬并鎮兵討之，凡十餘戰，勝負畧相當。利益盛，遂前逼交州，通告急詔安遠侯柳升，以精兵七萬往掎角平賊。升勇而輕，自以千騎爲前鋒，敗利兵，遂前追之，伏發，橋壞，升中〔劍〕死。大軍聞之，逆自潰。成山侯

懼不敢出，乃與利約和，以交阯棄之，引兵還。利
於是送還安遠侯將印，文武吏四百七十人，兵
萬三千一百七十名，馬千二百匹，進代身金銀
香象布帛謝罪，且乞封。而宣宗用大學士士
奇、榮筹，遣禮部左侍郎李琦、工部右侍郎羅汝
敬等，持璽書赦利，且推求陳氏後立之。利詭陳
氏已絕，凡再往返，始遣禮部右侍郎章敞、右通
政徐琦，册爲權署安南國事。利遣使入謝，解歲

懼不敢出，乃與利約和，以交阯棄之，引兵還。利於是送還安遠侯將印，文武吏四百七十人，兵萬三千一百七十名，馬千二百匹，進代身金、銀、香、象、布帛謝罪，且乞封。而宣宗用大學士士奇、榮筹，遣禮部左侍郎李琦、工部右侍郎羅汝敬等，持璽書赦利，且推求陳氏後立之。利詭陳氏已絕，凡再往返，始遣禮部右侍郎章敞、右通政徐琦，册爲權署安南國事。利遣使入謝，解歲

金五萬兩然已改元順天帝其國中矣宣德癸
丑利死子麟立一名龍遣使告哀以代身金人
來册權署國事正德丙辰復遣偽國公阮叔惠
來求封許之遣兵部左侍郎李郁左通政蔡亨
持節册爲安南國王賜駝紐金印以方物入謝
久之麟死子濬嗣一名基隆請册朝貢不絶天
順已卯庶兄琮弒之自立明年頭目黎壽域等
起兵殺琮而立濬弟灝一名思誠請册成化初

金五萬兩，然已改元順天，帝其國中矣。

宣德癸丑，利死，子麟立，一名龍，遣使告哀，以代身金人來，册權署國事。正德丙辰，復遣偽國公阮叔（惠）［惠］來求封，許之，遣兵部左侍郎李郁、左通政蔡亨，持節册爲安南國王，賜駝紐金印，以方物入謝。久之，麟死，子濬嗣，一名基隆，請册，朝貢不絶。天順己卯，（庶）［庶］兄琮弒之自立。明年，頭目黎壽域等起兵殺琮，而立濬弟灝，一名思誠，請册。成化初，

與鎮安土官守岑宗紹相攻為岑氏所敗占城
王茶全攻其化州灝自率兵救之占城退走乘
勝逐北抵其都破虜王茶全以歸弘治丁巳灝
死子暉嗣一名鐏請冊甲子暉死子敬嗣未踰
年而死遺命立其弟誼請冊誼立四年死於弒
其頭目黎廣度黎坰鄭江等表曰誼寵信母黨
阮种阮伯勝等正德四年十一月二十六日阮
种等遷誼別宅逼令日盡欲立阮伯勝本月二

〔安南志五〕

函宇通

五
二
五

與鎮安土官守岑宗紹相攻，爲岑氏所敗。占城王茶全攻其化州，灝自率兵救之，占城退走，[乘]勝逐北，抵其都，破虜王茶全以歸。

弘治丁巳，灝死，子暉嗣，一名鐏，請冊。甲子，暉死，子敬嗣，未踰年而死，遺命立其弟誼，請冊。誼立四年，死於弒，其頭目黎廣度、黎坰、鄭江等表曰：誼寵信母黨阮种、阮伯勝等。正德四年十一月二十六日，阮种等遷誼別宅，逼令（日）[自]盡，欲立阮伯勝。本月二十八日，臣等與國人共聲，其黨與盡伏誅。臣等竊見故國王黎灝，弟子故臣黎珰之（弟）[第]三子黎珝，堪任國事，乞賜襲封王爵，詔許之。

珝，一名（瑩）[瀅]。初，灝生二子，長即暉，次子珆，一名鑌，偽封錦江王。暉生敬、誼，珆生灝、珝。誼被害時，珆與灝俱先死，故國人立珝，而灝之子偽沱陽王譓及弟慶以兄子不得立。灝妻鄭綏女，譓妻鄭惟（産）[鏳]女。是時，鄭宗強，且握兵權於其國，立珝，非其意也。珝

又多行不義。疑忌同姓大臣。國人惡之。正德丙
子春鄭惟產鄭綬與其黨陳貞弒賙諒山都將
陳暠自稱陳氏後與其子弁以諒山之甲逼交
州。攻殺鄭惟產自立爲陳貞所攻退走諒山暠
綬等共立譓一名椅遣陳貞攻陳暠于諒山暠
病死其大臣阮弘裕等討弒賙之罪攻鄭氏鄭
綬及其子惟僚等奔高平是時國兵柄未有所
屬。而莫登庸陰懷不軌。諷羣臣推己典兵諸軍

又多行不義，疑忌同姓大臣，國人惡之。正德丙子春，鄭惟（產）[鏟]、鄭綬，與其黨陳（貞）[真]弒賙。諒山都將陳暠，自稱陳氏後，與其子弁以諒山之甲，逼交州。攻殺鄭惟（產）[鏟]，自立，爲陳貞所攻，退走諒山。鄭綬等共立譓，一名椅，遣陳貞攻陳暠于諒山。暠病死，其大臣阮弘裕等討弒賙之罪，攻鄭氏，鄭綬及其子惟僚等奔高平。是時，國兵柄未有所屬，而莫登庸陰懷不軌，諷群臣推己典兵，諸軍

道俱聽節制。既得志。漸除譓左右。易所親信防守之。而退居其國之海陽府。黎譓潛起兵攻登庸。反爲所敗。出奔清華。依鄭綏登庸乃僞立憲。時嘉靖元年也。至六年又酖憲。并其母殺之。而自立。是時譓尚據清華義安順化廣南四道其舊臣不服登庸者。分據險阻。爲之聲援。登庸立其子莫方瀛居守僞都。自稱爲太上皇率兵以拒譓。奪清華據之。黎譓敗走乂安又追至乂安

道俱聽節制。既得志，漸除譓左右，易所親信防守之，而退居其國之海陽府。黎譓潛起兵攻登庸，反爲所敗，出奔清華，依鄭綏，登庸乃僞立憲，時嘉靖元年也。至六年，又酖憲，并其母殺之，而自立。是時，譓尚據清華、義安、順化、廣南四道，其舊臣不服登庸者，分據險阻，爲之聲援。登庸立其子莫方瀛居守僞都，自稱爲太上皇，率兵以拒譓，奪清華據之。黎譓敗走（乂）［義］安，又追至（乂）［義］安；

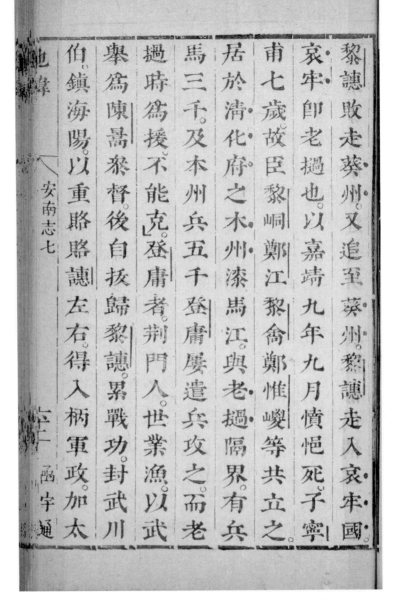

黎譓敗走葵州，又追至葵州；黎譓走入哀牢國，哀牢即老撾也，以嘉靖九年九月憤悒死。子寧甫七歲，故臣黎峒、鄭江、黎衾、鄭惟巑等共立之，居於清化府之木州漆馬江，與老撾隔界，有兵馬三千，及本州兵五千。登庸屢遣兵攻之，而老撾時爲援，不能克。

登庸者，荊門人，世業漁。以武舉爲陳暠〔參〕督，後自（抜）〔拔〕歸黎譓，累戰功，封武川伯，鎮海陽。以重賂賂譓左右，得入柄軍政，加太

傅。封仁國公遂至篡奪偽國。號曰大越改元明

德。三年。令其子方瀛襲偽位。僭號大正云。而鄭

惟僚者。以黎寧命來請兵。[一]

侯郭勛議不合。內閣輔臣夏言等承上旨乃下

兵部議以咸寧侯仇鸞爲大將。尚書毛伯溫爲

監督。與兩廣總督侍郎蔡經等。合廣東西雲南

漢土兵分二道入討進止咸取伯溫。咸寧弗與

也。時叅政翁萬達多籌善兵能探伺情偽。伯溫

傅，封仁國公，遂至篡奪偽國，號曰大〔越〕，改元明德。三年，令其子方瀛襲偽位，僭號大正云。而鄭惟僚者，以黎寧命來請兵。上欲討之，與武定侯郭勛議不合，內閣輔臣夏言等承上〔旨〕，乃下兵部議，以咸寧侯仇鸞爲大將，尚書毛伯溫爲監督，與兩廣總督侍郎蔡經等，合廣東西、雲南漢土兵，分二道入討，進止咸取伯溫，咸寧弗與也。時〔叅〕政翁萬達，多（筭）善兵，能探伺情偽，伯溫、

經咸仗之，乃聚兵，使以聲恫喝登庸，而誘使歸順。登庸於是為降表請罪，獻諸州侵地，及代身金人以自贖。伯溫等為壇，兩軍相距，而使三司以禮服升壇。登庸脫帽徒跣，伏壇下，萬達稱詔赦之，具其事上聞。詔改安南國為都統司，從二品銀印，以登庸為都統使，班師，伯溫等加秩有差。然登庸狡，知中國厭兵，一謝外，貢使不復至，而帝其國自如也。久之，登庸與子方瀛相繼死。

經咸仗之，乃聚兵，使以聲恫喝登庸，而誘使歸順。登庸於是為降表請罪，獻諸州侵地，及代身金人以自贖。伯溫等為壇，兩軍相（距）〔聚〕，而使三司以禮服升壇。登庸脫帽徒跣，伏壇下，萬達稱詔赦之，具其事上聞。詔改安南國為都統司，從二品銀印，以登庸為都統使，班師，伯溫等加秩有差。然登庸狡，知中國厭兵，一謝外，貢使不復至，而帝其國自如也。久之，登庸與子方瀛相繼死。

孫福海嗣位，又死，子幼，方六歲，大臣阮敬等專權，國復亂矣。

安南之勾漏山、浪泊、銅鼓、銅柱，最名。其方物，白雉、羚羊、九真之麟、勾漏丹砂，最名。俗椎髻、剪髮，善水好浴，平居不冠，款客以進檳榔爲［恭］。漢以前，以佃漁爲業，民未知耕，九真守任延教之樹藝，至今稻禾茂茂，沃野千里，延之遺也。

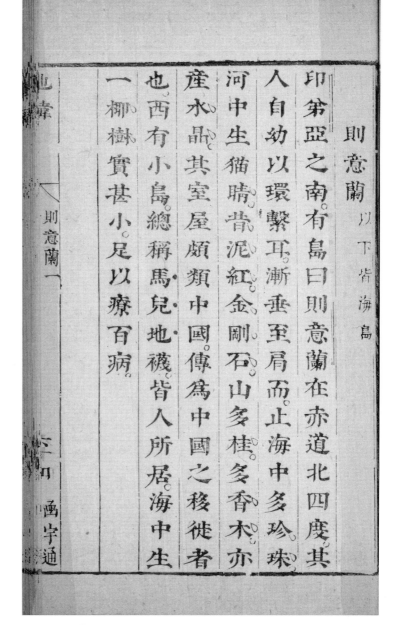

則意蘭 以下皆海島。

印弟亞之南，有島曰則意蘭，在赤道北四度。其人自幼以環繫耳，漸垂至肩而止。海中多珍珠，河中生猫睛、昔泥、紅金剛石，山多桂，多香木，亦産水晶。其室屋頗類中國，傳爲中國之移徙者也。西有小島，總稱馬兒地襪，皆人所居。海中生一椰樹，實甚小，足以療百病。

五年西王急擊破東王我舟之道東王城下者。

樂二年東王復遣使朝貢求漢印比外藩與之。

表貢方物黑奴三百人十三年復遣使朝貢永

之其西西王治之洪武三年王遣陪臣奉金葉

所隸有蘇吉丹打扳打網底諸國其東東王治

南十度古稱闍婆稱蒲家龍元時始受今稱其

占城以南三佛齊以東是曰瓜哇之國離赤道

爪哇

占城以南，三佛齊以東，是曰爪哇之國，離赤道南十度。古稱闍婆，稱蒲家龍，元時始受今稱。其所隸有蘇吉丹、打板、打網底諸國。其東，東王治之；其西，西王治之。洪武三年，王遣陪臣奉金葉表，貢方物、黑奴三百人。十三年，復遣使朝貢。永樂二年，東王復遣使朝貢，求漢印，比外籓，與之。

五年，西王急擊破東王，我舟之道東王城下者，卿嘗有人遊其國者言初至杜板董千家流寓　鸚鵡正統八年著令甲三年一貢爪哇國分四　國威德廣大之意更加賞賜十六年西王獻白　上曰朕利金耶令遠人知畏耳蠲其金諭以中　贖西王乃入萬金耶禮官請令益入金如詔　里之外而漢法殺人者死令入黃金六萬兩自　夷狄治兵相攻殺諉誤殺中國人不欲勤兵萬　百七十人死焉。西王懼遣使叩頭請罪。上以

百七十人死焉。西王懼，遣使叩頭請罪。上以夷狄治兵相攻殺，諉誤殺中國人，不欲勤兵萬里之外，而漢法殺人者死，令入黃金六萬兩自贖。西王乃入萬金也，禮官請令益入金如詔，上曰："朕利金耶？令遠人知畏耳。"蠲其金，諭以中國威德廣大之意，更加賞賜。

十六年，西王獻白鸚鵡。

正統八年，著令甲，三年一貢。

爪哇國分四（卿）[鄉]，嘗有人遊其國者，言初至杜板，[僅]千家，流寓

多閩粵東粵之人。又東行半日。有村。中國流寓
者成聚。是曰新村。故厥之村也。亦有千餘家。與
海舶市。頗饒給村中推豪長者爲之長。東從新
村登舟。折而南半日抵淡水港。漾舸行二十里
而遠。至蘇魯馬益亦有千餘家。其人襍華夷。有
洲焉茂木冠之中有猱長尾又八十里舍舟。行
半日至王都。都城不過三百家。王被髮戴金葉
冠。帶帨當心。腰束錦。舟匕首跣足。席地坐乘象

多閩、[越]、東粵之人。又東行半日，有村，中國流寓者成聚，是曰新村，故厥之村也，亦有千餘家。與海舶市，頗饒給。村中推豪長者爲之長。東從新村登舟，折而南，半日抵淡水港，漾舸行二十里而遠，至蘇魯馬益，亦有千餘家。其人 [雜] 華夷，有洲焉，茂木冠之，中有猱，長尾。又八十里，舍舟，行半日，至王都，都城不過三百家。

王被髮，戴金葉冠，帶帨當心，腰束錦，舟匕首，跣足，席地坐，[乘] 象

與牛。其民有名字無姓氏。面目鬶黑。男子被髮。女子椎髻。尚氣敢鬭。信鬼祠事。喜食虺蛇。螻蟻。蚯蚓。寢食與犬爲友。是多金銀。多珠。無馬騾。有犀角。象齒。玳瑁。吉貝。青鹽。鳥有綠鳩。采鳩。鳥倒掛者鸚鵡。白者。綠者。赤者。獸有白猿。白鹿。西人曰。爪哇以胡椒及布爲幣。諸國每爭白象。即治兵相攻擊。白象者。爪哇之所貴寶也。其所在國。則長齊盟。

與牛。其民有名字無姓氏，面目〔鬶〕黑，男子被髮，女子椎髻。尚氣敢鬭，信鬼祠事，喜食虺蛇、螻蟻、蚯蚓，寢食與（大）〔犬〕爲友。是多金、銀，多珠。無馬騾，有犀角、象齒、玳瑁、吉貝、青鹽。鳥有綠鳩、采鳩，鳥倒掛者鸚鵡，白者、綠者、赤者。獸有白猿、白鹿。

西人曰：爪哇以胡椒及布爲幣。諸國每爭白象，即治兵相攻擊。白象者，爪哇之所貴〔寶〕也，其所在國，則長齊盟。

滿剌加

滿剌加，在占城南海中，直蘇門答剌之東北，當赤道下，春秋二分，日當人首。其地舊稱五嶼，隸暹羅，從古不通聲教。明興，文皇帝即位之三年，其君長遣使奉金葉表朝貢，願內附，比藩臣。七年，上遣中使賫璽書王印，封之，王滿剌加國。九年，嗣王（卒）〔率〕妃及王子從官，朝闕下。上〔御〕奉天門宴王，賜王以下有差。十二年，王母朝。宣德九年，王來朝。正統以後。數遣倍臣朝貢不絕。

其貢物。以番僮、金母鶴頂、金彄環、玄熊、玄猿、白麂、鎖袱、與哈烈梭服同。撒哈剌、番錫、番鹽、白苾布、薑黃布、撒都細布、與其它所產。

其所產多犀角、象齒、玳瑁、多珊瑚、多錫布、胡椒、蘇木、多硫黃。草木之實。終歲不絕。

其王首素帛。衣青衣。履皮履。俗愿樸。不事生產。彈絃嬉戲而已。民舍類暹羅。刳木爲舟。以泳以漁。海中有獸焉。介而四足。高四尺。

德九年，王來朝，正統以後，數遣倍臣朝貢不絕。

其貢物，以番僮、金母鶴頂、金彄環、玄熊、玄猿、白麂、鎖袱、與哈烈梭服同。撒哈剌、番錫、番鹽、白苾布、薑黃布、撒都細布，與其它所產。

其所產，多犀角、象齒、玳瑁，多珊瑚，多錫布、胡椒、蘇木，多硫黃。草木之實，終歲不絕。

其王首素帛，衣青衣，履皮履。俗愿樸，不事生產，彈絃嬉戲而已。民舍類暹羅，刳木爲舟，以泳以漁。

海中有獸焉，介而四足，高四尺，

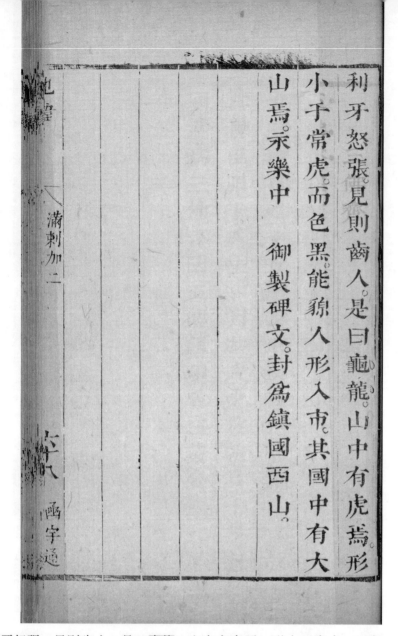

利牙怒張，見則齒人，是曰龜龍。山中有虎焉，形小于常虎，而色黑，能貌人形入市。其國中有大山焉，永樂中，[御] 製碑文，封爲鎮國西山。

三佛齊在東南海中。一曰浡淋。一曰舊港。本南蠻別種。有地十五州。西距滿剌加。東距爪哇。故其初臣服于爪哇。明洪武中數朝貢十年封嗣君爲三佛齊國王。賜銀印駝紐黃金塗。比于外藩。以其國爲番舶之湊也。故閩越東越賈椎髻者多居之。或官其地。而土人以沃壤宜稼鮮衣婾食身澤薌膏居恒博塞以遊然亦尚氣敢也韋

三佛齊

三佛齊，在東南海中，一曰浡淋，一曰舊港，本南蠻別種，有地十五州。西距滿剌加，東距爪哇，故其初臣服于爪哇。明洪武中，數朝貢。十年，封嗣君爲三佛齊國王，賜銀印駝紐、黃金塗，比于外藩。以其國爲番舶之湊也，故閩〔越〕、東〔越〕、賈椎髻者多居之，或官其地。而土人以沃壤宜稼，鮮衣婾食，身澤薌膏，居恒博塞以遊。然亦尚氣敢

死。習水戰。而亦有萬金艮藥刀箭不能入其方
物有猫睛阿魏沒藥血結。有鳥曰鶴頂似梟而
頂骨厚寸餘。表信衷禮。可削爲器。有火雞領距
似鶴。而形大過之。銳注利爪。戴禮被仁。是食炭。
有獸曰神鹿。形若封豕而蹄三岐。

死，習水戰，而亦有萬金良藥，刀箭不能入。其方物有猫睛、阿魏、沒藥、血結。有鳥曰鶴頂，似〔梟〕，而頂骨厚寸餘，表信衷禮，可削爲器。有火雞，領距似鶴，而形大過之，銳注，利爪，戴禮被仁，是食炭。有獸曰神鹿，形若封豕，而蹄三岐。

浡泥者故闍婆屬國也。在西南海中當赤道下統十四州。洪武中其長遣使貢象齒、吉貝、玳瑁、片腦、香木、鶴頂諸方物。片腦以然火沈水中至爝不滅。永樂中封其長爲浡泥國王。王率妃及子來朝貢。王薨王子嗣王也。請封其國之後山章上威德。上親臨制封其山曰長寧鎮國之山。浡泥國以板爲城厥田上上而習俗奢。有

浡泥

　　浡泥者，故闍婆屬國也，在西南海中，當赤道下，統十四州。洪武中，其長遣使貢象齒、吉貝、玳瑁、片腦、香木、鶴頂諸方物。片腦以然火，沈水中，至爝不滅。

　　永樂中，封其長爲浡泥國王，王率妃及子來朝貢。王薨，王子嗣王也，請封其國之後山，章上威德。上親臨，制封其山曰：長寧鎮國之山。浡泥國以板爲城，厥田上上，而習俗奢。有

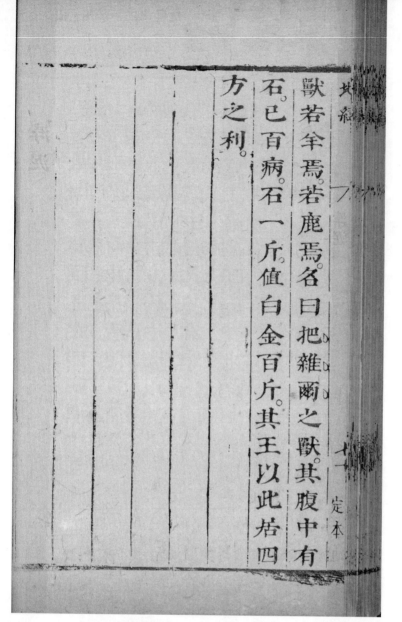

獸若羊焉若鹿焉各曰把雜爾之獸其腹中有石已百病石一斤值白金百斤其王以此㹷四方之利。

獸若羊焉，若鹿焉，名曰把雜爾之獸，其腹中有石，已百病。石一斤，值白金百斤，其王以此㹷四方之利。

自滿剌加乘風行，五日至蘇門答剌，一曰須文達那，地可十餘度，跨赤道。至濕熱，他國人至其國者多病，其地產金銀銅鐵錫桂椒龍腦及染人之材。其山有油泉可然。其旁有國焉，曰阿魯之國，曰那孤禿之國，曰黎伐之國。其國無城郭。地磽磽（礪）五穀少。而以其爲西洋賈舶寄徑也。民用富饒。洪武中來貢。永樂中巳來貢。天子下

蘇門答剌

　　自滿剌加乘風行，五日至蘇門答剌，一曰須文達那，地可十餘度，跨赤道。至濕熱，他國人至其國者，多病。其地産金、銀、銅、鐵、錫、桂、椒、龍腦及染人之材。

　　其山有油泉，可然。其旁有國焉，曰阿魯之國，曰那孤禿之國，曰黎伐之國。其國無城郭，地磽（礪）［狹］，五穀少，而以其爲西洋賈舶寄徑也，民用富饒。洪武中來貢，永樂中已來貢，天子下

璽書封其王。已復來貢。會其王與花面王戰死，
子幼，不能復讐。王妻憤曰：就殺花面王者哉。人
盡夫也。國中相視莫敢先發。有漁翁乃心竊喜
自負買勇。先士卒。急擊殺花面王。故王妻遂身
從漁翁。漁翁遂王也。貢方物請命。而故王養子
罣曰：必我也當王者。遂殺漁翁。漁翁子當嗣者。
奔峭山，時時治兵相攻擊。欲復讐會鄭監奉詔
諭海上諸夷，遂禽故王養子詣闕下。而漁翁之

璽書，封其王，已復來貢。會其王與花面王戰，死，子幼，不能復讐，王妻憤曰：“孰殺花面王者哉，人盡夫也！”國中相視，莫敢先發。有漁翁乃心竊喜自負，買勇，先士卒，急擊殺花面王，故王妻遂身從漁翁，漁翁遂王也。貢方物請命，而故王養子罣曰：“必我也當王者。”遂殺漁翁。漁翁子當嗣者，奔峭山，時時治兵相攻擊，欲復讐。會鄭監奉詔諭海上諸夷，遂（禽）[擒] 故王養子，詣闕下。而漁翁之

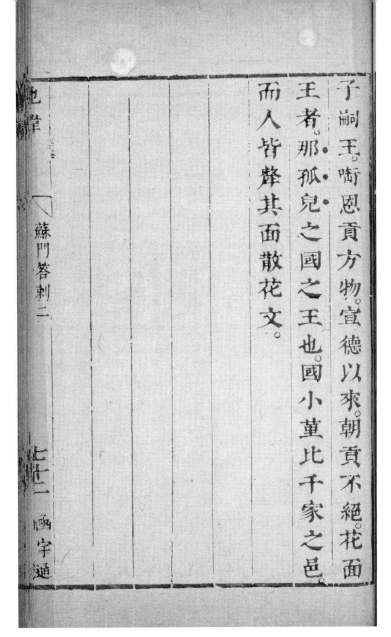

子嗣王，（唧）［衔］恩貢方物，宣德以來，朝貢不絕。花面王者，那
孤兒之國之王也，國小（菫）［僅］比千家之邑，而人皆犛其面，散
花文。

蘇禄

蘇禄之國，在東南海中。氣候恒熱，人鮮粒食，捕魚、鰕、螺、蛤爲糧，釀蔗漿爲酒，紙竹布爲衣，皂縵紛髮。

三王治之，東王王東，西王王西，峒王王峒中，而東王最尊。永樂十五年，東王（卒）［率］二王朝闕下，貢玳瑁及徑寸良珠，青白色而圓。上大加賞賜，已封東王長子嗣王。十九年，復遣使入貢。

真臘

真臘國，在東海中，其自（訐）〔號〕曰甘孛智。漢成帝時來貢，隋時復來。或曰故扶南屬也。唐神龍中并扶南，而國二分，爰有水陸真臘之號，南水北陸。後復合爲一。宋宣和初，封爲真臘國王。慶元中，破占城，占城王屬之，故其國亦稱占臘。然其後亦偶大，爲兄弟之邦，時相饋問。元時，（遺）〔遣〕人往招，留執不來。元貞中，復招之，始受令。以西夷經譯甘字智之音名曰澂浦。澂浦有屬郡九十，或曰有數屬國。我大明皇帝之御寓也。真臘王表賀，貢方物，受正朔，先是以十月爲歲首，當置閏則歸餘于九月。它方物。景皇帝以來數貢。其俗上東，王宮官署皆東面。都城石砌五門，而東面者二。郡城，木城也，亦東面。王瓦屋，大臣止以瓦蓋廟及寢，庶人皆茅屋，寺觀亦許瓦蓋。王白蓋，沃金操劍，履象而行，以金浮圖庋金人前馬，行遊近地，則以

智之音，名曰澂浦。澂浦有屬郡九十，或曰有數屬國。我大明皇帝之
（衙）[御]宇也，真臘王表賀，貢方物，受正朔，先是以十月爲歲首，當
置閏，則歸餘于九月。已貢象及它方物。景皇帝以來數貢。

　其俗上東，王宮、官署皆東面。都城石砌五門，而東面者二。
郡城，木城也，亦東面。王瓦屋，大臣止以瓦蓋廟及寢，[庶]人皆
茅屋，寺觀亦許瓦蓋。王白蓋，沃金操[劍]，履象而行，以金浮圖
庋金人前馬，行遊近地，則以

宫人舁小金輿、臣朱蓋。以中國紅綃爲之長曳地。王及國人皆椎髻而袒裼徒跣、堇以布圍腰王純華大臣散疎華文、羣臣則兩頭散華文民間獨婦人得要布。如羣臣之布。王冠黄金之冠如金剛所冠者項大珠之纓、手金鐲釧弭環厠寶石若猫之目中珠。國中婦人皆得帶鐲釧弭環而無金花銀鑷簪鈐之餘王以朱草血手足掌民間婦人亦得血掌。故元時王日再朝近三日一朝

〔真臘二〕

函宇通

五五一

宫人舁小金輿。臣朱蓋，以中國紅綃爲之，長〔曳〕地。王及國人皆椎髻而袒裼徒跣，〔僅〕以布圍腰。王純華，大臣散疎華文，群臣則兩頭散華文。民間獨婦人得要布，如群臣之布。王冠黄金之冠，如金剛所冠者。項大珠之纓，手金鐲、釧、弭環，厠寶石，若猫之目中珠。國中婦人，皆得帶鐲、釧、弭環，而無金花、銀鑷、〔簪〕鈐之〔飾〕。王以朱草血手足掌，民間婦人亦得血掌。故元時，王日再朝，近三日一朝。

朝時，先盪螺聲，則見二宮人捲簾，而王仗［劍］立，群臣合掌稽首，"階下"者三。螺聲抑，群臣乃舉首，徐奏事。王坐獅子皮上稱決，此地無獅，以此皮爲傳寶。宮人乃垂簾，罷朝。國中呼儒者爲班詰，繇班詰入仕者，爲異等。苄姑者，僧也，髡而肉食，經以貝葉黑文，無比丘尼。八思者，道士也，男女皆有爲之者，首赤白布，而祠一石。觀中無神像，祠石如社石。其國之音聲字母，頗似蒙古人。書記以粉白畫革，旁行而前。

濕皮以粉條書之，字如回鶻，自後向前。其刑重者，坑之西門外，次肉刑，次罰金。盜聽李者不伏，則（爇）［熱］沸膏，令手之，盜也，即肉糜爛，卒不敢手；非盜者，即手之如初。今中國亦有行此法者，沸油洒法水，令人內手其中，卒得盜者蹤跡主名，蓋亦陰陽專散之理，余知之而不欲盡言也。訟不決者，坐之小石浮圖上數日，曲者卒發病伏辜，直者即無恙，號曰天獄。國中一日數浴池中，而俗頗淫，故往往病癲。娶妻之家不息燭，女子十歲即嫁，先嫁，言之官司，給燭

刻期。其家以厚幣迎僧道被之。謂之陣毯。富者
以七歲九歲貧者十一歲。無不陣毯者矣。婦人
既早嫁。且任貿易。力作。產子以鹽斂其牝。一日
餘。即出浴池中作業如常。不避風日。以故未三
十輒衰老。而宮人及貴戚第中人。亦有美好者。
以暑故終不任衣。每羣從出遊見其築脂刻玉
〔胸〕乳菽發。妍姿耀艷。姍姍若神女之來矣。其喪
制無服。男子髡而婦人剪顱髮爲孝。別有野人。

刻期，其家以厚幣迎僧道被之，謂之陣毯。富者以七歲、九歲，貧者十一歲，無不陣毯者矣。婦人既早嫁，且任貿易，力作。產子以鹽斂其牝，一日餘，即出浴池中，作業如常，不避風日，以故未三十輒衰老。而宮人及貴戚第中人，亦有美好者。以暑故，終不任衣。每羣從出遊，見其築脂刻玉，〔胸〕乳菽發，妍姿耀艷，姍姍若神女之來矣。其喪制無服，男子髡而婦人剪顱髮爲孝。別有野人，

其惠者。自賣爲人奴。有言語嗜欲不通者。羣行山中。擊石火。亨禽獸自給。國中又時有非男非女之人。此方天氣酷熱然。自四月至九月。午後恒雨。稍解鬱蒸。十月至三月。則恒暘矣。一歲可數種。無菽麥。然民既不衣。而地中它產豐殖。賈椎髻民又便。故中國篙工楫師。駕大舶往者。及暹人往者多家焉。土產萬年蛤。不夜珠。光彩皆若月。照人無妍媄皆美艷。象齒以殺象得者爲

真臘四

西字通

其惠者，自卖爲人奴，有言語嗜欲不通者，群行山中，擊石火，[烹]禽獸自給。國中又時有非男非女之人。此方天氣酷熱，然自四月至九月，午後恒雨，稍解鬱蒸。十月至三月，則恒暘矣。一歲可數種，無菽麥。然民既不衣，而地中它產豐殖，賈椎髻民又便，故中國篙工楫師，駕大舶往者，及暹人往者多家焉。

　　土產萬年蛤、不夜珠，光彩皆若月，照人無妍（姌）[嬈]，皆美艷。象齒以殺象得者爲

上。犀角以白而斑者爲上。翡翠。時求魚水上。羅
者以木葉蔽身。以其物爲媒而犕之。蠟生于細
腰。取之古樹上。色正惟黃。降（神）香。其外蓋白木。
削去數寸。乃得。金顏華者。樹脂也。視之欲其荼
白。畫黃者。樹脂也。創樹使脂滴下。來年恣所取。
篤耨香者。樹脂也。樹若檜。老而脂自其皮出。婆
田羅之樹。華實皆似棗。謂畢佗之樹。榆葉而林
禽花。實則李。紫梗。草也。寄生樹枝間。芰荷春華

定本

上，犀角以白而斑者爲上，翡翠，時求魚水上，羅者以木葉蔽身，以其物爲媒而犕之。蠟生于細腰，取之古樹上，色正惟黃。降（神）[真]香，其外蓋白木，削去數寸，乃得。金顏華者，樹脂也，視之欲其荼白。畫黃者，樹脂也，創樹，使脂滴下，來年恣所取。篤耨香者，樹脂也，樹若檜，老而脂自其皮出。婆田羅之樹，華實皆似棗。謂畢佗之樹，榆葉而林禽花，實則李。紫梗，草也，寄生樹枝間。芰荷春華，

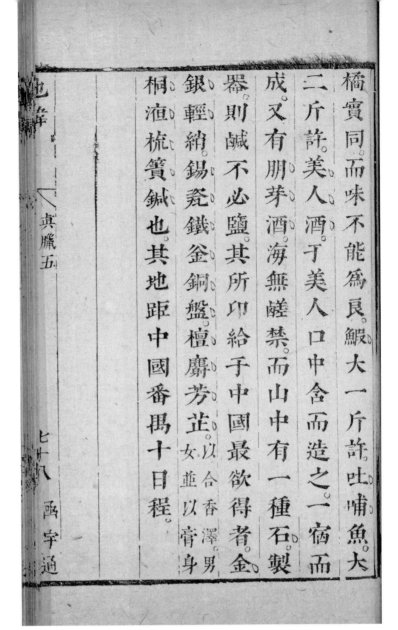

橘實同，而味不能爲良。鰕，大一斤許。吐哺魚，大二斤許。美人酒，于美人口中含而造之，一〔宿〕而成。又有朋芽酒。海無醶禁，而山中有一種石，製器，則鹹不必鹽。其所〔仰〕給于中國，最欲得者，金、銀、輕綃、錫、瓷、鐵金、銅盤、檀、麝、芳芷、以合香澤，男女並以膏身。桐液、梳、簧、鍼也。其地距中國番禺十日程。

佛郎機居海島中與爪哇國直。初名喃勃利國
後更今名。爪哇在真臘之南。自占城駛舟二十
日夜可達。佛郎機人善用銃。大可摧木石。細能
擊雀。前代不通中國。史無載。我
朝正德十四年。佛郎機大酋弑其主。遣必加丹
末三十餘人。入貢。乞封。有火者亞三本中國人。
性黠慧。亡命彼國久。至南京時。武宗南巡。亞

佛郎機一　　　　　　　　函字通

佛郎機

佛郎機，居海島中，與爪哇國直，初名喃勃利國，後更今名。爪哇在真臘之南，自占城駛舟，二十日夜可達。佛郎機人善用銃，大可摧木石，細能擊雀。前代不通中國，史無載。我朝正德十四年，佛郎機大酋弑其主，遣必加丹末三十餘人，入貢，乞封。

有火者亞三，本中國人，性黠慧，亡命彼國久。至南京時，武宗南巡，亞

三因江彬謁。上喜而留之。隨至北京見典屬
國長揖不拜。詐稱滿剌加國使人朝見。欲位諸
夷上。主事梁焯訊得其詐狀笞之。頗不愁服。其
舶蕃有徒。維廣州澳口求市。布政吳廷舉聞于
朝。議以爲非故事格不行。遂退泊東莞南。蓋屋
樹柵而居。恃火銃以自固。復陰出買食小兒。廣
之惡少。競掠小兒趨之。一兒售金錢厚倍。所食
無羮。居二三年不去。亞三在京師。與回回寫亦

三因江彬謁，上喜而留之。隨至北京，見典屬國長揖不拜，詐稱滿剌加國使人朝見，欲位諸夷上，主事梁焯訊得其詐狀，笞之，頗不愁服。其舶蕃有徒，維廣州澳口求市，布政吳廷舉聞于朝，議以爲非故事，格不行，遂退泊東（筦）[莞]南，蓋屋樹柵而居，恃火銃以自固。復陰出買食小兒，廣之惡少，競掠小兒趨之，一兒售金錢厚倍，所食無（羮）[算]，居二三年不去。亞三在京師，與回回寫亦

地緯

佛郎機二

虎僥俱怙江彬勢。行悖亂。武宗晏駕。皇太后懿（旨）誅彬。並亞三虎僥盡誅。論適。又滿剌加訴佛郎機奪國仇殺。于是御史言佛郎機大酋。悖亂弑主。其貢使掠食小兒。慘虐亡道當誅。所與蓋屋工匠及闌出財物者。以私通外夷坐。詔悉如御史言。命撫按檄備倭官軍。斥餘黨。彼猶據險逆戰。以銃擊敗我軍。海道汪鋐募善泅者。鑿其舟。遂悉禽之。仍詔絕佛郎機進貢。并遏

函宇通

虎僥俱怙江彬勢，行悖亂。武宗晏駕，皇太后懿（旨）[旨]誅彬，並亞三、虎僥盡誅，論適。

又滿剌加訴佛郎機奪國仇殺，于是御史言佛郎機大酋，悖亂弑主，其貢使掠食小兒，慘虐亡道，當誅。所與蓋屋工匠，及闌出財物者，以私通外夷坐。詔悉如御史言，命撫按檄備倭官軍，斥餘黨，彼猶據險逆戰，以銃擊敗我軍。海道汪鋐，募善泅者，鑿其舟，遂悉[擒]之。仍詔絕佛郎機進貢，并遏

各國海商市舶，繇是番舶趨閩之漳州、廣東，大匱。嘉靖中，從都御史林富之請，除其禁，番舶復至。

初，鈜之攻佛郎機也，苦無如彼銃何。適白沙巡簡何儒，偵知彼中有廣人楊三、戴明者，亡命其國久，盡諳鑄銃、制藥之法，遂陰部勒我人往，佯以賣酒米爲名，漸與楊三、戴明通，諭之向化，設重餌。楊三等〔悅〕，定約夜遁歸。鈜即令如式鑄造，用以取〔捷〕，因奏頒其式于各邊，造以禦戎，即

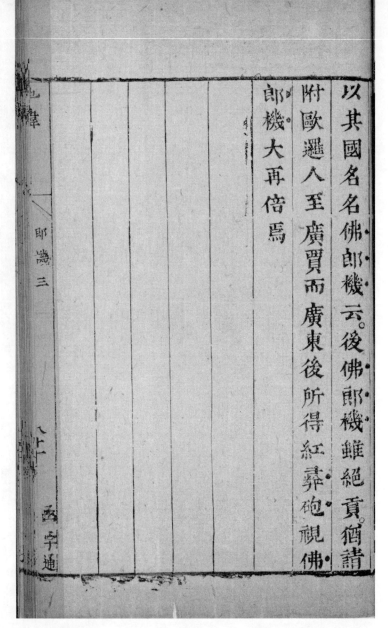

以其國名，名佛郎機云。後，佛郎機雖絕貢，猶請附歐邏人至廣賈。而廣東後所得紅［彝］［炮］，視佛郎機大再倍焉。

西洋古里國

古里國在西南海中。或曰西洋諸夷之會也。自
柯支北行三日可至。去中國蓋數萬里云。永樂
元年。其使受命來貢駿馬。五年上遣中人賜
王璽書幣帛。陪臣皆授爵賞。其王尚浮屠言。敬
象與牛。常以女之子嗣王。女無子則傳弟。無弟
傳賢。俗淳樸。市中行者讓路。道中遺不拾。海上
爲市。鑄金銀爲幣。絃銅絲于葫蘆上爲樂器。與

西洋古里國

古里國，在西南海中，或曰西洋諸夷之會也。自柯支北行，三日可至，去中國蓋數萬里云。永樂元年，其使受命來貢駿馬。五年，上遣中人賜王璽書、幣帛，陪臣皆授爵賞。其王尚浮屠言，敬象與牛，常以女之子嗣王，女無子則傳弟，無弟傳賢。俗淳樸，市中行者讓路，道中遺不拾。海上爲市，鑄金銀爲幣。絃銅絲于葫蘆上爲樂器，與

訛聲相和。穀有麥。鳥有孔雀白鳩布有撦黎
黎。得之其鄰坎夷巴之國者。幅廣四八有咫。所
謂西洋布也。幌廣五尺。錯五色絲散華文。其奇
物有五色鴉鶻石。嘗以鴉鶻石。襍厠珠寶贅之
縷金絲花鑷爲帶焉以貢。

[歌] 聲相和。

　穀有麥，鳥有孔雀、白鳩，布有 [扯] 黎，[扯] 黎，得之其鄰
坎夷巴之國者，幅廣四尺有咫，所謂西洋布也。幌廣五尺，錯五色
絲，散華文。其奇物，有五色鴉鶻石，嘗以鴉鶻石，[雜] 厠珠
[寶] 贅之，縷金絲花鑷爲帶焉，以貢。

榜葛剌在西海中武曰即東印度也永樂中朝貢
貢貢麒麟其國十有二月爲歲不置閏四時恒
熱一歲再熟十二而稅範銀錢爲幣男子髡而
首白布帶帨躡皮履其技巧百工器械陰陽醫
卜頗如中國有人焉衣斑文之衣縈華文之帨
舟琥珀珊瑚珠纓臂帶釧國有宴享若方社州
闤之會其人則舞而歌上卮酒爲壽生得猛虎

榜葛剌

榜葛剌，在西海中，或曰即東印度也。永樂中朝貢，貢麒麟。其國十有二月爲歲，不置閏。四時恒熱，一歲再熟。十二而稅，範銀錢爲幣。男子髡而首白布，帶帨，躡皮履。其技巧、百工、［器］械、陰陽、醫卜，頗如中國。

有人焉，衣斑文之衣，縈華文之帨，舟琥珀、珊瑚珠，纓臂帶釧。國有宴享，若方社州闤之會，其人則舞而歌，上卮酒爲壽。生得猛虎，則以鐵繩繫之。行市中。入人家。解繩坐虎于庭。
袒裼暴之。怒虎而鬪虎。輒不勝輒鬪輒仆。乃以
手撩虎鬚。探虎口。徐繫虎。請曰乃公勞矣。幸賜
錢。得錢牽虎去曰奈何。虎饑甚。不能行也。人即
以生物予之。乃去其曰根肖速魯奈奈之人。有
錦焉其廣度四尺其厚度寸而少半。面後皆毳。
是曰兜羅之錦里亦曰驀勒。有白樹皮之布絕膩滑
扪不留手。有赤綠撒哈剌。有鑌鐵有柳斐酒。

則以鐵繩繫之，行市中，入人家，解繩坐虎于庭，袒裼暴之，怒虎
而鬪。虎輒不勝，輒鬪輒仆，乃以手撩虎鬚，探虎口，徐繫虎，請
曰：乃公勞矣，幸賜錢。得錢牽虎去。曰：奈何虎饑甚，不能行
也。人即以生物予之，乃去，是曰根肖速魯奈（奈）之人。

有錦焉，其廣度四尺，其厚度寸而少半，面後皆毳，是曰
[兜]羅之錦。亦曰驀里驀勒。有白樹皮之布，絕膩滑，扪不留手。有
赤綠撒哈剌，有鑌鐵，有柳斐酒。

呂宋者海中之小島也。一曰佛郎機之屬夷。其去倭奴遠至中國稍近而以小故不通貢獻歷代無可考自增設海澄縣於是海舶縣月港出洋始有至其島者矣。我朝永樂三年其國遣臣隔察老入朝貢方物後遂無聞焉。其島之平衍可居處延袤四十餘里廣不及十里盧舍櫛比生齒蕃地土腴出黃金閩廣之百工技藝

呂宋

　　呂宋者，海中之小島也。一曰佛郎機之屬夷。其去倭奴遠，至中國稍近，而以小故不通貢獻，歷代無可考。自增設海澄縣，於是海舶縣月港出洋，始有至其島者矣。[考] 我朝永樂三年，其國遣臣隔察老入朝貢方物後，遂無聞焉。其島之平衍可居處，延袤四十餘里，廣不及十里，盧舍櫛比，生齒蕃，地土腴，出黃金。閩、廣之百工技藝，

咸往趨之。受廛作業。與其土著雜。而中國之商
賈者。操大舶。日宿裝我之綺繪絲絮瓷飴諸食
貨往市。視呂宋幾如歸焉官予之符引權其贏
以輸軍興者。歲四萬。蓋其島居琉球日本之南。
爲海舶要會。其人復點慧。遂爲各番互市牙儈
商舶競主焉。閩中馳。藉言充餉。市利壓冬。其羈
旅爲家者。不啻萬數。所以呂宋有大明之街。萬
曆三十年。奸民張嶷倡金穴之說。疏請至彼採

咸往趨之，受廛作業，與其土著雜。而中國之商賈者，操大舶，日
［夜］裝我之綺、繪、絲、絮、瓷、飴諸食貨往市，視呂宋幾如歸
焉。官予之符引，權其贏以輸軍興者，歲四萬。蓋其島，居琉球、
日本之南，爲海舶要會，其人復點慧，遂爲各番互市，牙儈商舶競
主焉。閩中馳，藉言充餉，市利壓冬，其羈旅爲家者，不啻萬數，
所以呂宋有大明之街。

萬曆三十年，奸民張嶷倡金穴之説，疏請至彼，採

金至勤。朝廷遣官勘視，彼怵以爲我將略地，遂〔密〕告佛郎機國王，必殲我人而後快。因厚直買我羈旅者佩刀，買且盡，即一〔夜〕屠殺我商民數萬，無生還者。我亦以爲萬里之外，殺者多奸闌，不復發兵興擊，閉海道莫通。

一二年隔絕器物，諸夷失互市，彼如黑子著面，不能操〔奇〕贏，輒大困。而閩人不得奸闌出，財物亦遂告詘。今稍稍復通，互市如故，前事漫漫不録矣。區區小島，

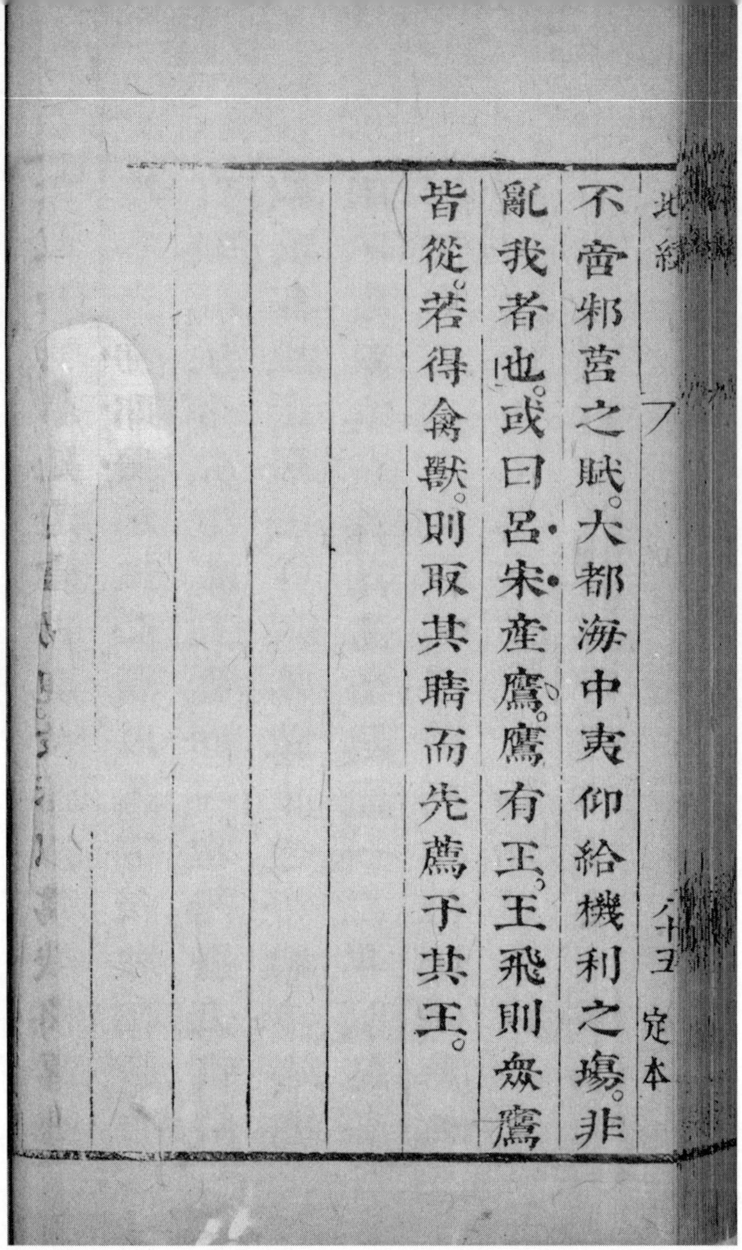

皆從。若得禽獸。則取其
亂我者也。或曰呂宋產鷹。鷹有王王飛則衆鷹
不嘗邾莒之賦。大都海中夷仰給機利之塲非
睛而先薦于其王。

不嘗邾莒之賦，大都海中夷仰給機利之塲非亂我者也。

或曰呂宋產鷹，鷹有王，王飛則衆鷹皆從。若得禽獸，則取其睛而先薦于其王。

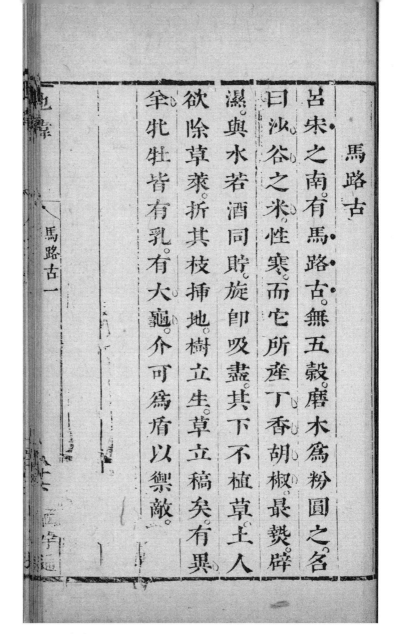

馬路古

　　呂宋之南，有馬路古。無五穀，磨木爲粉圓之，名曰沙谷之米，性寒。而它所產，丁香、胡椒最熱，辟濕，與水若酒同貯，旋即吸盡。其下不植草，土人欲除草萊，折其枝［插］地，樹立生，草立［槁］矣。有異羊，牝牡皆有乳。有大龜，介可爲盾，以禦敵。

倭奴者，揚州之東，島夷也。禹貢曰：島夷卉服。其
筐織貝；其包橘柚，錫貢。漢書曰：倭奴居樂浪海
中。隋書曰：倭在新羅、百濟東南三千里。杜氏通
典紀三韓：一曰馬韓，一曰辰韓，一曰弁辰。弁辰
在辰韓之南，其南與倭接，則倭於朝鮮最徑云。
古來以魚鼈蓄之，不甚通中國，自漢武東拔濊
貉、朝鮮以爲郡，驛通二十餘國，倭奴始入貢。光

倭奴

倭奴者，揚州之東，島夷也。《禹貢》曰："島夷卉服。其筐織貝；其包橘、柚，錫貢。"《漢書》曰："倭奴居樂浪海中。"《隋書》曰："倭在新羅、百濟東南三千里。"杜氏《通典》紀三韓："一曰馬韓，一曰辰韓，一曰弁辰。弁辰在辰韓之南，其南與倭接。"則倭於朝鮮最徑云。古來以魚鼈蓄之，不甚通中國。自漢武東拔濊貉、朝鮮，以爲郡，驛通二十餘國，倭奴始入貢。光

帝怒。欲于遼東之役。遂征之不果。唐貞觀五年。

魏晉宋齊梁陳皆入貢。大業初致國書詞嫚煬

遂定稱女王國後復立男王并受中國爵命歷

其宗男嗣。國人擾亂不服。復立卑彌呼宗女國

與狗奴國相攻魏復馳檄諭之。無何卑彌呼死。

夫眾共立之魏正始初。詔使至倭。假以爵命又

倭亂無主。有卑彌呼者女子也善妖術長而不

武中元二年。安帝永初元年皆入貢。靈獻之季。

武中元二年，安帝永初元年，皆入貢。靈獻之季，倭亂無主，有卑彌呼者，女子也，善妖術，長而不夫，眾共立之。魏正始初，詔使至倭，假以爵命，又與狗奴國相攻，魏復馳檄諭之。無何，卑彌呼死，其宗男嗣，國人擾亂不服，復立卑彌呼宗女，國遂定，稱女王國。後復立男王，并受中國爵命，歷魏、晉、宋、齊、梁、陳，皆入貢。

大業初，致國書詞嫚，煬帝怒，欲于遼東之役，遂征之，不果。唐貞觀五年，

四夷來朝，顏師古作《王會圖》，倭亦與焉。高宗咸亨中，方更號日本，時時附新羅使，入貢長安。（元年）開元、天寶間，屢入貢。貞元中，有貢使願留中國受經，久之，新羅道梗，始緣海道至明州。宋雍熙後，累朝皆至。熙寧後，皆以僧至。蓋彼國人皆嚴事僧，故僧率知詩書。

元世祖立，倭以其沙漠起，不受招。至元三年、四年、五年、六年、十年、十一年、十二年，遣使，皆不報。十七年，殺使者杜世忠。

十八年。命將范文虎、阿塔海以舟師十萬往至平戶島五龍山悉沈于風返者三人。終元之世不復至。國朝洪武二年入貢其王良懷遣僧祖來進表箋貢馬。四年遣行人趙秩宣諭陪臣隨秩入貢尋復擾海澨遣僧祖闡無逸往宣揚威德。王復奉表入貢。十二年十三年十四年十五年並入貢。十六年並入貢。十六年絕之以通胡惟庸謀逆也。初明州備倭指揮林賢亡命日本。惟庸將為亂

十八年。命將范文虎、阿塔海以舟師十萬往，至平戶島、五龍山，悉［沉］于風，返者三人。終元之世，不復至。

國朝洪武二年，入貢，其王良懷遣僧祖來進表箋貢馬。四年，遣行人趙秩宣諭，陪臣隨秩入貢，尋復擾海澨，遣僧祖闡無逸往，宣揚威德，王復奉表入貢。十二年、十三年、十四年、十五年，並入貢。

十六年，絕之，以通胡惟庸謀逆也。初，明州備倭指揮林賢，亡命日本，惟庸將為亂，

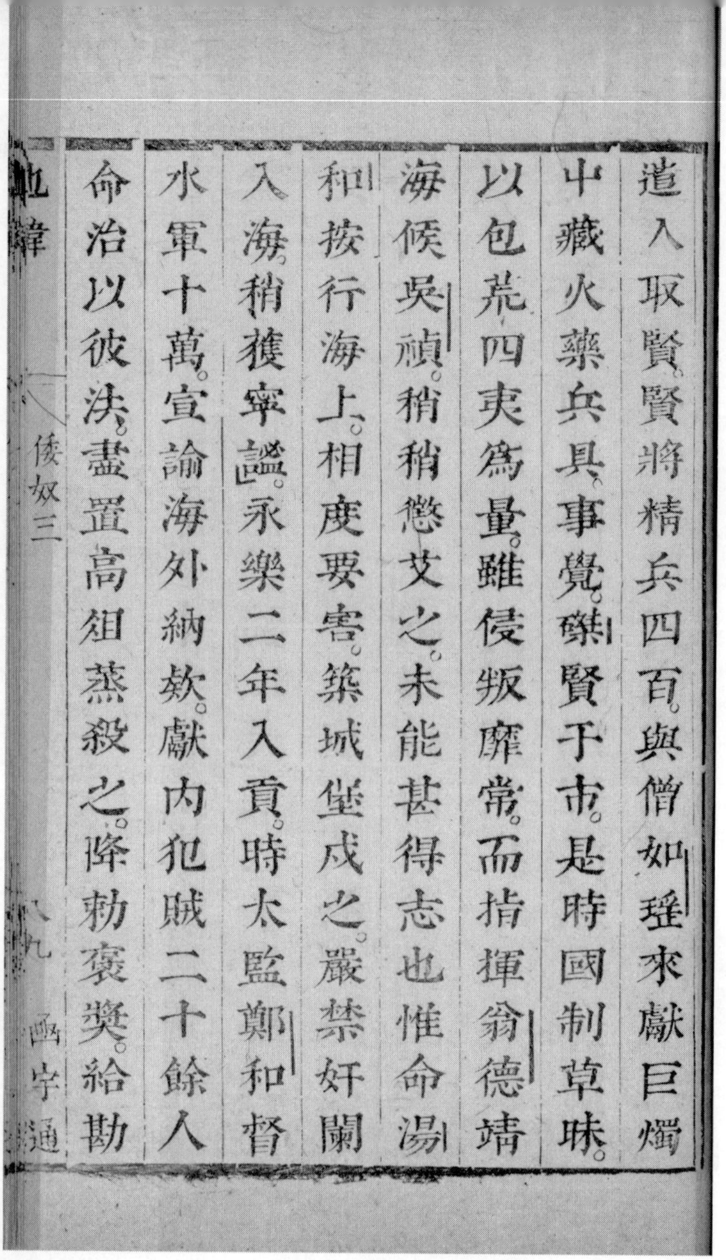

遣入取賢。賢將精兵四百。與僧如瑶來獻巨燭
中藏火藥兵具。事覺。磔賢于市。是時國制草昧。
以包荒四夷爲量。雖侵叛靡常。而指揮翁德靖
海候吳禎。稍稍懲艾之。未能甚得志也惟命湯
和按行海上。相度要害。築城堡戍之。嚴禁奸闌
入海。稍獲寧謐。永樂二年入貢。時太監鄭和督
水軍十萬。宣諭海外納欵。獻内犯賊二十餘人
命治以彼法。盡置高俎蒸殺之。降勑襃奬。給勘

地緯　倭奴三　函宇通

遣入取賢。賢將精兵四百，與僧如瑶來獻巨燭，中藏火藥、兵具，事覺，磔賢于市。是時，國制草昧，以包荒四夷爲量，雖侵叛靡常，而指揮翁德、靖海（候）[侯] 吴禎，稍稍懲艾之，未能甚得志也。惟命湯和按行海上，相度要害，築城堡戍之，嚴禁奸闌入海，稍獲寧謐。

永樂二年，入貢，時太監鄭和督水軍十萬，宣諭海外，納[款]、獻内犯賊二十餘人，命治以彼法，盡置高俎蒸殺之，降敕褒奬，給勘

合百道定以十年一貢船限二艘人限二百巳
復入寇平江伯陳瑄率衆追至朝鮮焚其舟殆
盡巳又復入寇都督劉江大敗之于望海堝先
是諜者言南方宜有火光翌日倭數千縣馬雄
島魚貫而上江令徐剛伏兵山下令姜隆率兵
潛焚其船甕歸路既而賊至伏兵起賊大潰奔
櫻桃園江圍之開西一壁以縱之賊果奔西一
壁伏兵夾擊無得脫者宣德元年七年十年並

合百道，定以十年一貢，船限二艘，人限二百。已復入寇，平江伯陳瑄率衆追至朝鮮，焚其舟，殆盡。已又復入寇，都督劉江大敗之于望海堝。先是，諜者言南方［夜］有火光。翌日，倭數千，縣馬雄島魚貫而上。江令徐剛伏兵山下，令姜隆率兵潛焚其船，甕歸路。既而賊至，伏兵起，賊大潰，奔櫻桃園。江圍之，開西一壁以縱之，賊果奔西一壁，伏兵夾擊，無得脫者。

宣德元年、七年、十年，並

其姦貢不果弘治中鄞人朱縞以少姣爲貢使

天順二年入貢成化二年僞貢都指揮張喬辨

艘人千餘時議謂其觀光萬里之外不錄其罪

以失機論死者三十六人正統七年貢船至九

射孕婦男女剖視以行酒暴骨如莽備倭將吏

束縛嬰兒以沸湯澆之視其啼號宛轉爲樂覆

四年陷大嵩所昌國衛官寺民舍一空發塚墓

入貢亦定以船三艘人三百然不能盡從正統

入貢，亦定以船三艘，人三百，然不能盡從。正統四年，〔陷〕大嵩所昌國衛，官寺民舍一空，發塚墓，束縛嬰兒，以沸湯澆之，視其啼號，宛轉爲樂。覆射孕婦，男女剖視以行酒，暴骨如莽。備倭將吏，以失機論死者三十六人。

正統七年，貢船至九艘、人千餘。時議謂其觀光萬里之外，不錄其罪。

天順二年，入貢。成化二年，僞貢，都指揮張喬辨其姦貢不果。弘治中，鄞人朱縞，以少姣，爲貢使畧買去。其王悦而女之。貢使者壽夔沿途篤暴至濟寧。强市物貨。至殺人塵中。坐解官童釗魏政罪。戍譯事林春。正德四年入貢。以前鄞人朱縞更名宋素卿篤使事。露畧劉瑾解脱。嘉靖初彼國各道爭貢素卿復來。與同貢人宗設忿爭仇殺事聞。復畧監舶中使賴恩左右之。故事夷使至。以先後篤序。賴恩受素卿畧先素卿宗設大怒。相仇殺。掠寧波紹興守臣棄城賊以日本

略買去，其王〔悦〕而女之。貢使者壽夔，沿途爲暴，至濟寧，强市物貨，至殺人塵中，坐解官童釗、魏政罪，戍譯事林春。正德四年，入貢，以前鄞人朱縞，更名宋素卿，爲使，事露，畧劉瑾解脱。嘉靖初，彼國各道爭貢，素卿復來，與同貢人宗設忿爭仇殺，事聞，復畧監舶中使賴恩左右之。故事夷使至，以先後爲序，賴恩受素卿畧，先素卿，宗設大怒，相仇殺，掠寧波、紹興，守臣棄城，賊以日本

之國號。封我東庫。執指揮劉錦袁進以去。巡按
御史以聞禮部仍右素卿。以給事御史言。乃下
素卿獄論死。于是廷議請定十年一貢之例。所
三艘。人三百。非是却不受十九年我罪人李光
頭二十七年爲　許棟吳川所禽　從閩中獄解
二十七年爲　　　　　　　　二十七年所禽
脫勾倭巢于雙嶼港黨有葉宗滿謝和輩出沒
諸番煽動海上郡國都御史朱紈討平之。二十
六年入貢。以非期發外澳停泊。至次年而後納

倭奴五

之國號，封我東庫，執指揮劉錦、袁進以去。巡按（衘）[御] 史
以聞，禮部仍右素卿，以給事 [御] 史言，乃下素卿獄，論死。
于是，廷議請定十年一貢之例，舟三艘，人三百，非是却不受。
　十九年，我罪人李光頭、二十七年，爲盧鐙所 [擒]。許棟，二十七年，
爲順川所 [擒]。從閩中獄解脫，勾倭巢于雙嶼港，黨有葉宗滿、謝和
[輩]，出没諸番，煽動海上郡國，都 [御] 史朱紈討平之。二十
六年，入貢，以非期，發外澳停泊，至次年而後納

北線

右一定本
之自是無復貢者。

三十一年，王直先爲許棟部下，棟滅，直始興。勾倭寇烈港。直，歙人。生時，母汪嫗夢弧矢星入懷，已而大雪，草木皆冰。長任俠好施，尚信義，趨人之急。惡少年方廷助、葉宗滿、徐惟學、謝和，皆歸慕之，相與入海，連巨舶，販賣硝礦、絲綿、違禁諸器物，往來互市，于日本、暹羅、西洋諸國，貲累鉅萬。番夷君長以下，並信服之，稱爲五峰舶主。廣有賊首陳思盼者，不入直黨，直掩殺之，併

五八一
之，自是無復貢者。

　　三十一年，王直先爲許棟部下，棟滅，直始興。勾倭寇烈港。直，歙人。生時，母汪嫗夢弧矢星入懷，已而大雪，草木皆冰。長任俠好施，尚信義，趨人之急。惡少年方廷助、葉宗滿、徐惟學、謝和，皆歸慕之，相與入海，連巨舶，販賣硝礦、絲綿、違禁諸器物，往來互市，于日本、暹羅、西洋諸國，貲累鉅萬。番夷君長以下，並信服之，稱爲五峰舶主。廣有賊首陳思［盼］者，不入直黨，直掩殺之，併

其衆。繇是海上之寇，非受直節制，不能存。直于是威名籍甚，尋招集亡命，據薩摩洲之松浦，僭稱徽王，置官屬，三十六島之夷，咸受節度，時時遣部下剽攻沿海諸郡國，東南騷然。總督胡宗憲欲撫之。乃出其母妻子于金華獄。豐衣美食，好室屋以奉之。俾與直相聞。隨遣諸生蔣洲陳可願往爲遊說，其子澄亦嚙指書血以報曰：幕府長者，惟願一見阿父，以有詞于朝，保無他。諸

其衆。繇是海上之寇，非受直節制，不能存。直于是威名籍甚，尋招集亡命，據薩摩洲之松浦，[僭] 稱徽王，置官屬，三十六島之夷，咸受節度，時時遣部下剽攻沿海諸郡國，東南騷然。

　總督胡宗憲欲撫之，乃出其母、妻、子于金華獄，豐衣美食，好室屋以奉之，俾與直相聞。隨遣諸生蔣洲、陳可願往爲遊説，其子澄亦 [嚙] 指書血以報，曰：幕府長者，惟願一見阿父，以有詞于朝，保無他。諸

遊說者亦百方，直嘆曰當王者不死沛公不見羽鴻門乎遂詣軍門宗憲置之獄欲上書請赦直令自效朝議斬直于市大非宗憲意時嘉靖三十六年十一月也于時海中羣盜有金子老者有許朝光者有蕭顯者有林碧川者有徐碧溪者聲名皆出直下而蕭顯最大陷黃巖則林碧川爲主首陷上海則蕭顯爲主首已寧波有毛海峯者有徐元亮者已漳州有沈南山者李

遊説者亦百方，直嘆曰："當王者不死，沛公不見羽鴻門乎?" 遂詣軍門，宗憲置之獄，欲上書請赦直，令自[效]。朝議斬直于市，大非宗憲意，時嘉靖三十六年十一月也。

　于時海中群盜，有金子老者、有許朝光者、有蕭顯者、有林碧川者、有徐碧溪者，聲名皆出直下，而蕭顯最大。陷黃巖，則林碧川爲主首；陷上海，則蕭顯爲主首。已寧波有毛海峰者、有徐元亮者，已漳州有沈南山者、李

華山者，已泉州有洪朝堅者，已有鄧文俊者、張月湖者、蔡未山者、王萬山者、陳太公者，皆勾倭入寇。蕭顯爲盧鐘所破，戮于慈溪。林碧川爲任錦所破，〔擒〕于大陳山。已顯之後，有鄭宗興者、何亞八者、徐銓者、方武者，聲名又出顯下，都〔御〕史鮑象賢破之。

乙卯，倭以薩摩、肥前、肥後、津州、對馬島之衆入寇，以我人徐海 王直之黨。爲軍鋒冠，陳東、薩摩州王之弟，掌書記酋也，其部下多薩摩。葉明輔焉，嘉、湖、蘇、松

間大肆攻剽。總督張經破之于王江涇。經開府
嘉興。調思州瓦氏兵土司永順各兵尚未集趙
文華屢趣戰經以兵機貴密刻師期不之泄也。
文華遂劾經養寇。詔逮問時經已與賊大戰王
江涇。斬首一千九百八十有奇。至京列狀自理。
文華持之竟就論丙辰倭攻乍浦胡宗憲以計
離其黨徐海就禽沈家庄之役徐海陳東合兵
勢甚銳宗憲度未可與交鋒乃厚遺海所以啗

間，大肆攻剽，總督張經破之于王江涇。經開府嘉興，調思州瓦氏兵、土司永順各兵，尚未集，趙文華屢趣戰，經以兵機貴［密］，刻師期不之泄也，文華遂劾經養寇，詔逮問。時經已與賊大戰王江涇，斬首一千九百八十有［奇］。至京列狀自理，文華持之，竟就論。

丙辰，倭攻乍浦，胡宗憲以計離其黨，徐海就［擒］。沈家庄之役，徐海、陳東合兵，勢甚銳。宗憲度未可與交鋒，乃厚遺海，所以啗

海者方故萬端海始傾心。而陳東快快病海之
賣巳。徒攻桐鄉海微使人語桐鄉令曰我巳歸
胡公。但慎防陳東耳。東至。則城中有備不能入。
遂愈益發憤恨海。宗憲知賊交巳攜。復喑海縛
葉麻以獻宗憲又密勞問麻獄中曰。爾不負海。
而海負爾必我也知之。何不移書陳東使殺海
以報。麻遂欣然作書宗憲得書不予東故佯以
予海曰麻無故通東書。謀必有奸。汝宜防之。海

倭奴八

海者，方故萬端，海始傾心。而陳東快快，病海之賣己，往攻桐鄉，海微使人語桐鄉令曰："我已歸胡公，但慎防陳東耳。"東至，則城中有備，不能入，遂愈益發憤恨海。宗憲知賊交已攜，復［喑］海，縛葉麻以獻。宗憲又［密］勞問麻獄中曰："爾不負海，而海負爾，必我也知之，何不移書陳東，使殺海以報。"麻遂欣然作書，宗憲得書，不予東，故佯以予海曰："麻無故通東書，謀必有奸，汝宜防之。"海

啓書見書中語，盛感激，誓縛東自［效］，海遂多方誘東。宗憲仍使海與東耦居沈家庄，設間，令其自鬭，遂［乘］亂急擊，誅捕殆盡。

　　已又有洪澤珍者，攻福寧，陷福安，皆此賊。通番臣寇也，俗稱洪老。其黨洪嚴山者、入安東，陷福清，攻興化、惠安、泉州府。許西池者、犯廣東揭（揚）［陽］等處者。蕭雪峰者、張璉者、二賊，閩廣會［勦］始平。吳平者、劫惠州，攻朝陽者。曾一本者、犯高雷，入五羊，殺［參］將繆印，閩廣會［勦］，遁去。林道乾者、以萬曆元年起，敗于南澳，餘黨爲林鳳所併。林鳳者，皆閩廣間人，先後勾

倭起事始嘉靖戊午。終萬曆乙亥。十八年間。攻
福寧。陷福安。陷寧德。圍松溪。攻長樂。陷福清。攻
惠安。陷興化。犯饒平。圍揭陽。攻平和。劫海豐。陷
玄鍾。犯高雷。焚五羊。奪呂宋。先後折衝禦侮之
臣。則有張瀚李遂劉燾譚倫劉堯誨殷正茂。而
爪牙之將。則戚繼光俞大猷劉顯最著也。今閩
中樓船三萬師。尚猶有戚之遺教云。萬曆二十
年。倭酋平秀吉大入朝鮮。朝鮮王棄王京。走平

地緯　倭奴九　函宇通

倭起事。

　　始嘉靖戊午，終萬曆乙亥，十八年間，攻福寧，[陷] 福安，
[陷] 寧德，圍松溪，攻長樂，[陷] 福清，攻惠安。[陷] 興化，
犯饒平，圍揭陽，攻平和，劫海豐，[陷] 玄鍾，犯高雷，焚五羊，
奪呂宋。

　　先後折衝禦侮之臣，則有張瀚、李遂、劉燾、譚倫、劉堯誨、
殷正茂；而爪牙之將，則戚繼光、俞大猷、劉顯最著也。

　　今閩中樓船三萬師，尚猶有戚之遺教云。萬曆二十年，倭酋平
秀吉大入朝鮮，朝鮮王棄王京，走平

十五　定本

壤。李氏之社幾屋。陪臣痛哭乞援。朝議以其累
世恭順。視遼東如股肱郡也。發師數萬佐之。其
將則劉綎麻貴李如松董一元陳璘。糜少府金
錢七百萬。諸經畧文臣。不皆大將才。竟不能得
其要領。士馬物故無算。朝鮮人復苦兵矣。至今
有倭梳兵篦之謠。幸平秀吉病死。乃班師。朝鮮
亦漸自爲葆就。近又併琉球而擄其王。旋釋之。
琉球故我之封貢海外藩其立新王我必遣給

壤，李氏之社幾屋，陪臣痛哭乞援。朝議以其累世恭順，視遼東如股肱郡也，發師數萬佐之。其將則劉（綖）［綎］、麻貴、李如松、董一元、陳璘，糜少府金錢七百萬。諸經略文臣，不皆大將才，竟不能得其要領，士、馬、物，故無算，朝鮮人復苦兵矣，至今有"倭梳兵篦"之謠。幸平秀吉病死，乃班師。

朝鮮亦漸自爲葆就。近又併琉球而擄其王，旋釋之。琉球，故我之封貢海外藩，其立新王，我必遣給

事、行人齋璽書，置大舶航海，往返費鉅萬。今廢置繇倭，而琉球乞貢者，大抵奉倭奴之指云。

按，倭奴世世王姓，徐福裝童男女，入海求神僊，止大島中，亦屬倭奴人，又名之曰徐倭，自爲種，非其大者。聞大倭王居邪馬臺，亦云耶摩維、關東道，又曰國初居日向之筑紫宮，後徙山城，日向偏西南，山城其國之適中也。文武僚吏，皆世其官，有德、仁、義、禮、智、信，大小十二等，及軍尼、伊尼翼諸名。其路。經高麗。縣對馬島乘風一二日達。經琉球縣薩摩洲七日達。貢使之入必經博多。歷五島以操舟長年俱在博多。故貢舶返則徑收長門以權司在長門故也。其入犯則視其風東北風競趨閩越。南風競則趨遼陽。東北風以清明爲候。能積一二月不變。五月南風競。盜之趨倭者復視焉。霜降後東北風亦競。故海上有春大汛冬小汛之防。海風波泊天浴日。舶舟視

（翼）［冀］諸名。其路，經高麗，縣對馬島，［乘］風一二日達；經琉球，縣薩摩洲，七日達。貢使之入，必經博多，歷五島，以操舟長年，俱在博多。故貢舶返，則徑收長門，以權司在長門故也。

其入犯則視其風，東北風競，趨閩［越］；南風競，則趨遼陽。東北風以清明爲候，能積一二月不變。五月南風競，盜之趨倭者復視焉。霜降後，東北風亦競，故海上有春大汛、冬小汛之防。海風波泊天浴日。舶舟視

旁羅之針。置羅處甚幽密。惟開小扃直舵門。燈長燃不分晝宿。五更晝五更。合晝宿十二辰爲十更其針路悉有譜。太倉港口開船用單乙針一更船平。吳淞江用單乙針及乙卯針一更平。寶山到南滙嘴用乙辰針出港口打水六七丈沙泥地是正路三更見茶山自此用坤申及丁未針行三更船直至大小七山灘山在東北邊。灘山下水深七八托用單丁及丁午針三更船至霍山。霍山用單午針至西後門。西後門用巽巳針三更船至茅山。茅山用辰巳針取廟州門船從門下過行取升羅嶼。升羅嶼用丁未針經綺頭山出雙嶼港。雙嶼港用丙午針三更船至孝順洋及亂礁洋。亂礁洋水深八九托取九山以行。九山用單卯針

倭奴十一

函字通

旁羅之針，置羅處甚幽〔密〕，惟開小扃，直舵門，燈長燃，不分晝夜。夜五更，晝五更，合晝夜十二辰，爲十更，其針路悉有譜。太倉港口開船，用單乙針，一更船平。吳淞江，用單乙針及乙卯針，一更平。（寶）〔寶〕山到南滙嘴，用乙辰針，出港口，打水六七丈，沙泥地，是正路。三更見茶山，自此用坤申及丁未針，行三更，船直至大小七山，灘山在東北邊。灘山下，水深七八托，用單丁及丁午針，三更船至霍山。霍山，用單午針，至西後門。西後門，用巽巳針，三更船至茅山。茅山，用辰巳針，取廟州門，船從門下過行，取升羅嶼。升羅嶼，用丁未針，經綺頭山，出雙嶼港。雙嶼港，用丙午針，三更船至孝順洋及亂礁洋。亂礁洋，水深八九托，取九山以行。九山，用單卯針，

洋二十七日即到日本港口又有從烏沙門開
建辰巽針梅花十更船取小琉球套北過船見雞籠
用及梅花瓶彭嘉山北邊單乙針或用辰針或福
南嶼風用乙卯針或用單卯針東南風用乙卯針西南
南嶺北邊過船南風用乙卯針便是赤嶼南
四更船取黃麻嶼北邊過船南風用單卯及甲寅
嶺北邊過船南風用甲卯針及單卯針十五更船至古米山用
民嶼寅針過船有礁宜避南風用甲卯或甲寅針五更
北更船至馬齒山南風用甲卯或甲寅針五更船至大琉球郎霸港泊船外開郎霸港
子船針至四更船取離倚嶼外過船南風單癸針三

二十七更過洋，至日本港口。又有從烏沙門開洋，七日即到日本。若陳錢山至日本，用辰針。福建往者，梅花東外山開船，單用辰針、乙辰針或用辰巽針，十更船取小琉球套北過船，見雞籠嶼及梅花瓶、彭嘉山。繇彭嘉山北邊過船，遇正南風，用乙卯針，或用單卯針，或用乙卯針；西南風，用單卯針；東南風，用乙卯針，十更船取釣魚嶼北邊過。十更船，南風用單卯針，或用乙卯針，四更船至黃麻嶼北邊過船，便是赤嶼。五更船，南風用卯針，東風用單乙針，十更船至赤坎嶼。北邊過船，南風用單卯及甲寅針，西南風用艮寅針，東南風用甲卯針，十五更船至古米山。北邊過船，有礁宜避。南風用單卯針及甲寅針，五更船至馬齒山。南風用甲卯或甲寅針，五更船至大琉球郎霸港泊船。郎霸港外開船，用單子針，四更船取離倚嶼外過船。南風單癸針，三更船取熱壁山南風用單癸針四更船取硫黄山南風用丑癸針五更船取田嘉山又南風用丑癸針三更半船取夢如剌山南風用單癸針及丑癸針三更船取大羅山用單癸針二更半船取萬者通七島山西邊過船萬者通七島山用單寅針五更船取野顧七山島野顧七山島用巽寅針二更半船但爾山用艮寅針四更船取亞甫山亞甫山平港口其水望東流甚急離此山用艮寅針十更船取亞慈理美妙山若不見此山用單艮針二更船又艮寅針五更船取烏佳眉山烏佳用單癸針三更船若船開時用單子針一更船至而是麻山而是麻山南邊有沉礁名套礁東北邊過船用單丑針一更船是正路却用單子針四更船取大門山中大門山旁西邊門過船用單丑針三更船取兵褲山港循本港直入日本國都**近漳**

地緯　倭奴十二　函字通

更船取熱壁山。南風用單癸針，四更船取硫黄山。南風用丑癸針，五更船取田嘉山。又南風用丑癸針，三更半船取夢如剌山。南風用單癸針及丑癸針，三更船取大羅山。用單癸針，二更半船取萬者通七島山西邊過船。萬者通七島山，用單寅針，五更船取野顧七山島。野顧七山島，用巽寅針，二更半船但爾山，用艮寅針，四更船取亞甫山。亞甫山平港口，其水望東流，甚急。離此山，用艮寅針，十更船取亞慈理美妙山。若不見此山，用單艮針，二更船又艮寅針，五更船取烏佳眉山。烏佳，用單癸針，三更船。若船開時，用單子針，一更船至而是麻山。而是麻山南邊，有沉礁，名套礁，東北邊過船，用單丑針，一更船是正路。却用單子針，四更船取大門山中。大門山中大門山旁西邊門過船，用單丑針，三更船取兵褲山港。循本港，直入日本國都。近漳

人走倭精熟者。能不繇譜。取道甚徑也。其國分
五畿七道。道以統州。州以統郡。曰山城。曰太和。
曰河內。曰和泉。曰攝津。此爲五畿。視中國直隸。
曰東海。曰東山。曰北陸。曰山陰。曰山陽。曰南海。
曰西海。是爲七道。視中國省。七道所統之州。六
十一。視中國郡。要皆阢陋。合其畿道。視中國滇、
黔而已。東北近毛人國界。南近琉球界。西北近
朝鮮界。西南近浙閩界。西近淮揚界。國家于

人走倭精熟者，能不繇譜，取道甚徑也。其國分五畿七道，道以統州，州以統郡。曰山城，曰太和，曰河內，曰和泉，曰攝津，此爲五畿，視中國直隸。曰東海，曰東山，曰北陸，曰山陰，曰山陽，曰南海，曰西海，是爲七道，視中國省。

七道所統之州，六十一，視中國郡。

要皆阢陋，合其畿道，視中國滇、黔而已。

東北近毛人國界，南近琉球界，西北近朝鮮界，西南近浙閩界，西近淮揚界。國家于

朝鮮、琉球不斬封爵、羈屬之、無它故、亦漢博望通烏孫之意、所以斷倭奴左右臂也。自關白殘破朝鮮之後、而琉球復爲倂、即二國皆仰其鼻息矣。近家康掩平秀賴、而有其地、秀賴僅以一旅自保。今家康物故、俱相率叛去、謀爲關白子興復。所擁家康子者、第長岐一島耳。其土産黃金、白金、琥珀、水晶、硫黃、白珠、青玉、蘇木、胡椒、細絹、毳段、細布、漆器、屏扇、犀象、刀劍、鎧甲、馬、而刀

朝鮮、琉球不斬封爵，羈屬之，無它故，亦漢博望通烏孫之意，所以斷倭奴左右臂也。自關白殘破朝鮮之後，而琉球復爲倂，即二國皆仰其鼻息矣。近家康掩平秀賴，而有其地，秀賴僅以一旅自保。今家康物故，俱相率叛去，謀爲關白子興復。所擁家康子者，第長岐一島耳。

其土産，黃金、白金、琥珀、水晶、硫黃、白珠、青玉、蘇木、胡椒、細絹、毳段、細布、漆器、屏扇、犀象、刀 [劍]、鎧甲、馬，而刀

爲最。上者名上庫刀。故山城國盛時。盡括其國
各島名匠閉局中鑄造。不問歲月。其間號寧久
者最佳。又有設機刀出長門號兼常者佳。次者
名備前刀以有血槽者佳。人各佩刀一。長者曰
佩刀。刀上復置短刀。一以便雜事曰小刀。長尺
者曰解手刀。大而長柄者曰先導鞘而皮室者
曰大制。聞之海上人凡倭生子。輒多具鐵置怒
灘中。俟子長則取水中鐵製刀。鐵星以水磨濯

爲最，上者名上庫刀。故山城國盛時，盡括其國各島名匠，閉局中，鑄造，不問歲月，其間號寧久者最佳。又有設機刀，出長門，號兼常者佳。次者名備前刀，以有血槽者佳。人各佩刀一，長者曰佩刀，刀上復置短刀，一以便雜事，曰小刀。長尺者曰解手刀，大而長柄者曰先導，鞘而皮室者曰大制。聞之海上人，凡倭生子，輒多具鐵，置怒灘中，俟子長，則取水中鐵，製刀。鐵星以水磨濯

去獨存精鋼故能水斷蛟龍陸截犀象然亦不常有也其舟則遜中國遠甚以鐵片聯巨木鑲中無油艌法僅以草窒費工多而形式痺難仰攻今若易然者皆掠我商賈舟而奸人鬻番并船鬻之耳至於食貨所仰需中國者衣之類吳絲荅布純綿帛絮紬錦繡袷龍文衣被紅線香囊器之類針釜鐵鍊磁器木漆器古文錢小食筐筥貨之類白粉水銀藥物氈毯馬背氈文之

倭奴十四　　一百　函字通

去，獨存精鋼，故能水斷蛟龍，陸截犀象，然亦不常有也。

其舟，則遜中國遠甚，以鐵片聯巨木鑲中，無油，艌法僅以草窒，費工多而形式痺，難仰攻。今若易然者，皆掠我商賈舟，而奸人鬻番，并船鬻之耳。

至於食貨所仰需中國者，衣之類，吳絲、荅布、純綿、帛絮、紬錦、繡袷、龍文衣被、紅線、香囊；器之類，針釜、鐵鍊、磁器、木漆器、古文錢、小食筐筥；貨之類，白粉、水銀、藥物、氈毯、馬背氈；文之

類，古書古名字名畫。食之類醯醬餘無所需吳
絲大售，儋師古曰：儋，人擔之也。至五十兩其俗髡首裸裎
畏寒。冬月非上褚衣不襖，故純綿大售，儋至二
百兩。紅線用篩甲冑刀劍帶畫書帶大售儋至
七十兩。香囊十枚七十兩，百針七兩鐵釜具一
兩錢貴古千文至四兩開元永樂二錢後新錢
不貴也。名畫貴小。五經貴書禮，不知貴詩易春
秋，四書貴論語學庸不知貴孟子。外典貴佛經

類，古書、古名字、名［畫］；食之類，醯醬。餘無所需。吳絲大售，儋師古曰：儋，人擔之也。至五十兩。其俗，髡首裸裎，畏寒，冬月非上褚衣不襖，故純綿大售，儋至二百兩。紅線用［飾］甲冑刀［劍］帶、［畫］書帶，大售，儋至七十兩。香囊十枚七十兩，百針七兩，鐵釜具一兩，錢貴古千文，至四兩，開元、永樂，二錢，後新錢不貴也。名［畫］貴小。五經貴《書》、《禮》，不知貴《詩》、《易》、《春秋》；四書貴《論語》、《學》、《庸》，不知貴《孟子》；外典貴佛經，

賤道經；最貴醫書，得即購之，毋問直。樂貴苓、甘草也。芎川芎也。大售，儋至五十兩。素木鐵器，及木器漆者，磁器［畫］丹青者，合其制則貴，不合不貴也。

　其性［凶］悍，子生十歲，便教之走箭舞刀，讀書取記姓名而已，以戰死爲榮。行兵習巧術數，作蝴蝶陣，揮扇爲號，一人揮扇，衆人舞刀。又作長蛇陣，前耀百脚旗，以次魚麗而行，最強爲鋒，最強爲殿，吹螺爲號。其入寇攻剽，必火閭屋示威，氣焰燭天。直酒食、必令我人先嘗。行城衢、避委巷、避堞路。行必列而長、緩步而整、故戰、數十里莫能近。對陣、先以一二人跳盪蹲伏、空我之矢石。必伺人先動而後入。又善爲誘兵以包敵、戰酣、忽四面伏起、突陣後、擄得我人、輒髡鉗如其人。忿鷙好殺、形容健捷若猿猱、故我兵莫能當。

然非我人爲之囮、則大海爲限、彼亦以絕遠不樂往。

今閩中人視其國如歸市。覊旅所聚、名唐街。

[焰] 燭天。直酒食，必令我人先嘗。行城衢，避委巷，避堞路，行必列而長，緩步而整，故戰，數十里莫能近。對陣，先以一二人跳盪蹲伏，空我之矢石，必伺人先動而後入。又善爲誘兵以包敵，戰酣，忽四面伏起，突陣後，擄得我人，輒髡鉗如其人。忿鷙好殺，形容健〔捷〕若猿猱，故我兵莫能當。

然非我人爲之囮，則大海爲限，彼亦以絕遠不樂往。

今閩中人視其國如歸市，覊旅所聚，名唐街。

且長養以兒子。至紛不可治。駔與盜往來如織，彼亦歲遣千人。從外洋市我畬絲。而海禁愈屬。愈爲奸人開戶。乃海上所斬捕稱倭者。率非亂倭。大都皆商倭。彼又貪漢物不已。恐自是利害之數。有非常法所能操馭者。度外事。是在豪傑名將哉。是在豪傑名將哉。

且長養以兒子，至紛不可治。駔與盜往來如織，彼亦歲遣千人，從外洋市我畬絲。而海禁愈屬，愈爲奸人開戶，乃海上所斬捕稱倭者，率非亂倭，大都皆商倭。彼又貪漢物不已，恐自是利害之數，有非常法所能操馭者。度外事，是在豪傑名將哉，是在豪傑名將哉？

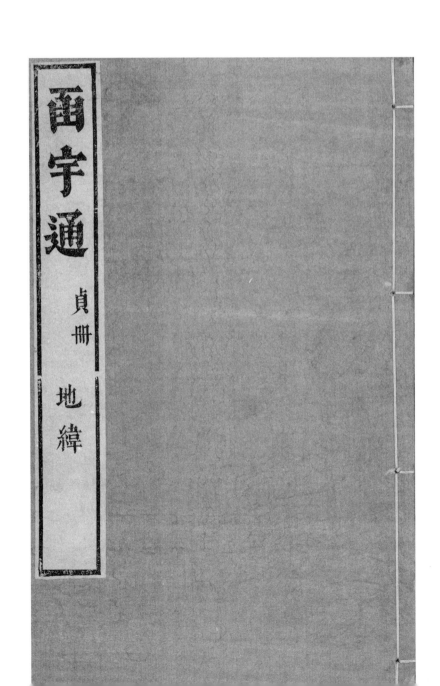

函宇通

貞册　地緯

琉球者通典稱爲流求居大島中當建安郡東浮海更彭湖最徑七日可達土多山洞出黃金硫磺馬宜桑麻無賦斂人佚樂見載志者其王姓歡斯名渴剌兜不知其緜來有國代數漢晉以前俱不通中國隋大業中令羽騎尉朱寬入海訪求殊俗始至其境言語侏離魋結蠻夷服不能譯掠一人以返得金荆榴數十斤金色而

琉球

　　琉球者,《通典》稱爲流求,居大島中,當建安郡東,浮海,更彭湖最徑,七日可達。土多山洞,出黃金,硫磺（馬）［焉］。宜桑、麻,無賦斂,人佚樂。見載志者,其王姓歡斯,名渴剌兜,不知其緜來。有國代數,漢晉以前,俱不通中國。隋大業中,令羽騎尉朱寬入海,訪求殊俗,始至其境。言語侏離,魋結,蠻夷服,不能譯。掠一人以返,得金荆榴數十斤,金色而

繡理。香氣勝蘭。以爲枕及几。復遣武賁郎將陳
稜率兵蹈海。虜其男女五百人。因令窺中國廣
大。然去我遠。而海中皆鹽水。舟數敗。自唐迄宋
俱不能臣使也。元遣使招之不至。　國朝洪武
初。其國揣剽爲三王中山王。山南王。山北王。並
遣使朝貢後中山王呑并二山自來朝闕下。詔
許王子陪臣子來遊太學令得觀孔子禮器永
樂至今。凡新王嗣國。必介海上吏。跽請于典屬

繡理，香氣勝蘭，以爲枕及几。復遣武賁郎將陳稜，率兵蹈海，虜其男女五百人，因令窺中國廣大。然去我遠，而海中皆鹽水，舟數敗，自唐迄宋，俱不能臣使也。元遣使招之，不至。

國朝洪武初，其國揣剽爲三王：中山王、山南王、山北王，並遣使朝貢。後中山王呑并二山，自來朝闕下，詔許王子陪臣子來遊太學，令得觀孔子禮器。永樂至今，凡新王嗣國，必介海上吏，跽請于典屬

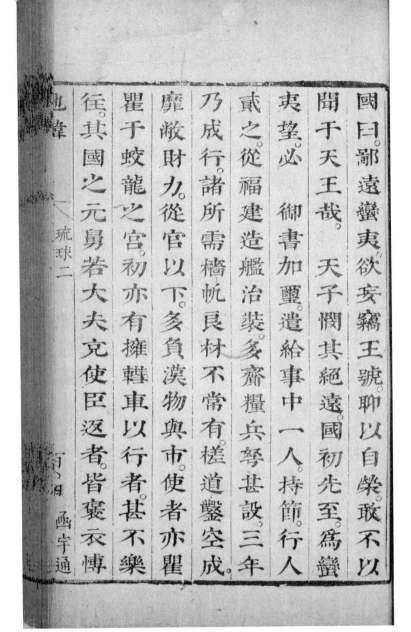

國曰：鄙遠蠻夷，欲妄竊王號，聊以自榮，敢不以聞于天王哉！天子憫其絕遠，國初先至，為蠻夷望，必御書加璽，遣給事中一人，持節，行人貳之，從福建造艦治裝，多齎糧兵弩甚設，三年乃成行。諸所需檣帆良材，不常有，槎道鑿空成，靡敝財力。從官以下，多負漢物與市，使者亦瞿瞿于蛟龍之宮。初亦有擁轊車以行者，甚不樂往。其國之元舅若大夫充使臣返者，皆褒衣［博］

男子髻于首之右。有職者簪金簪一。漢人之裔。
財物役不且爲倭奴耳目屢議欲卻之。其風俗
間歲以貢爲名。艤舶海喙求入京朝者大都以
倭奴所鞣執其王以去。尋醳之長琉球如故。其
彼使北嚮稽首裝而還。中外翕然稱便。無何爲
萬里之外。請自是以後朝典頒海上郡國命
議曰。區區絶島不宜輕易策遣近臣勞苦吏士
帶乘傳擁輿。燿閩越間。齎送驛騷。萬曆中廷臣

帶，（乘）[乘]傳擁輿，燿閩、（戉）[越]間，齎送驛騷。萬曆中，廷臣議曰：區區絶島，不宜輕易策遣近臣，勞苦吏士萬里之外，請自是以後，朝典頒海上郡國，命彼使北嚮稽首裝而還，中外翕然稱便。

無何爲倭奴所鞣，執其王以去，尋醳之，長琉球如故。其間歲以貢爲名，艤舶海喙求入京朝者，大都以財物役，不且爲倭奴耳目，屢議欲卻之。

其風俗，男子髻于首之右，有職者，簪金簪一。漢人之裔，

則髻于首中。用色布纏。無貴賤悉躧草履入室
宇則跣。惟覲天使乃加冠具服納履。婦人以墨
黥手爲花草鳥獸文頭足反無飾如童子之角
總于後其貴族婦女出入戴箬笠騎馬從女奴
三四其君臣上下亦有等惟王親尊而不與政
次法司官次察度官以司刑名次哪嚦港官司
錢穀次耳目之官司訪問此皆土官主武吏若
大夫長史通事諸員專司朝貢主文吏王并日

琉球三

則髻于首中，用色布纏。無貴賤，悉躧草履，入室宇則跣。惟覲天使，乃加冠、具服、納履。婦人以墨黥手，爲花草鳥獸文，頭足反無[飾]，如童子之角總于後。其貴族婦女，出入戴箬笠，騎馬，從女奴三四。其君臣上下，亦有等，惟王親尊而不與政；次法司官，次察度官，以司刑名；次（哪）[那]（嚦）[霸]港官，司錢穀；次耳目之官，司訪問，此皆土官，主武吏。若大夫、長史、通事諸員，專司朝貢，主文吏。王并日

視朝，陪臣朝，皆搓手膜拜。值元旦、聖節長至，王率衆官具冠服，設龍亭拜祝，視中國。父子同寢處，長有室，隨亦別異。食用匙筯，得異味，先進尊者。親喪，數月不肉。死者于中元左右，浴屍溪水，去腐肉，以布帛裹其骨瘞之，不墳。王及陪臣則以匣藏山穴中，歲時祭祀啓視焉。

王之宮室，建于山巓，國門扁曰“歡會”，府門扁曰“漏刻”，殿門扁曰“奉神”，亦簡樸，視中國侯伯府而已。俗畏神，

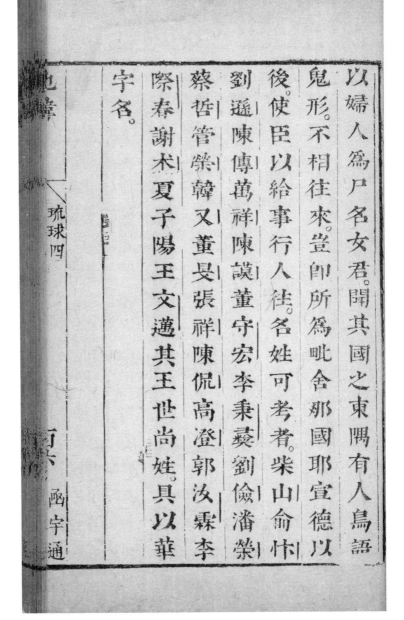

以婦人爲尸，名女君。聞其國之東隅，有人鳥語鬼形，不相往來，豈即所爲毗舍那國耶？宣德以後，使臣以給事、行人往，名姓可考者，柴山、俞忕、劉遜、陳傳、萬祥、陳謨、董守宏、李秉[彝]、劉儉、潘榮、蔡哲、管榮、韓又、董旻、張祥、陳侃、高澄、郭汝霖、李際春、謝杰、夏子陽、王文邁。其王世尚姓，具以華字名。

東番

東番者。居海島中。載籍無所考信。其俗土著無大君長。於中國不絕遠從。泉州海更彭湖中二日夜可達其地起魍港。加老灣歷大員堯港。狗嶼雙溪加哩林沙巴里斷續凡千里而山之鷄籠淡水最名。議者欲置戍其間。與海中諸夷市章有上公車者水之北港最名。群盜伴言開墾。歲助餉金若干。實欲扼商賈之味與海中諸夷

東番一

百○二 函宇通

東番

東番者，居海島中，載籍無所考信。其俗土著，無大君長，於中國不絕遠，從泉州海，更彭湖中，二日夜可達。其地起魍港、加老灣，歷大員、堯港、狗嶼、雙溪、加哩林、沙巴里，斷續凡千里。而山之鷄籠、淡水最名，議者欲置戍其間，與海中諸夷市，章有上公車者。水之北港最名，群盜伴言開墾，歲助餉金若干，實欲扼商賈之味，與海中諸夷

市跡見有端而泉之勢家奸民亦有瓜分北港
課漁者矣甚哉海水之爲利害也不具論論其
番之俗「俗聚族爲社或千人或五六百人視子
女多者爲雄長好勇喜鬬晝夜學走足趼躪肉
倍厚能履棘走走如蜚終日不喘喙可度數百
里與鄰社卻則期而戰戰疾力相殺傷戰已即
醳怨往來如初無纖芥睚眦者以戰時所斬首
懸於戶其戶髑髏纍纍者稱壯土其兵鏢鎗鏢

市，跡見有端。而泉之勢家奸民，亦有瓜分北港課漁者矣。

　　甚哉，海水之爲利害也！不具論，論其番之俗。

　　俗聚族爲社，或千人，或五六百人，視子女多者爲雄長。好勇喜鬬，晝夜學走，足趼躪，肉倍厚，能履棘走，走如蜚，終日不喘喙，可度數百里。與鄰社卻，則期而戰，戰疾，力相殺傷；戰已，即醳怨，往來如初，無［纖］芥睚眦者。以戰時所斬首，懸於戶，其戶髑髏纍纍者，稱壯（土）［士］。其兵鏢鎗，鏢

本用五尺竹而末銳傳以精鐵出入不醒手。觸
鹿鹿斃觸虎豹虎豹斃。地宜鹿儦儦俟俟居常
禁私捕冬鹿羣出則約社中人即之。鏢發如雨。
獲若丘陵皮角筋骨如山而中國人以故衣粗
磁貿其皮角與其餘肉閩中郡亦無不厭若鹿
者矣。地多陽其人疏理能暑冬夏皆裸婦人結
草裳蔽下無揖讓拜跽之禮無曆日文字計月
圓爲一月十月爲一年久則忘之故率不紀歲

〔東番二〕

函宇通

本用五尺竹，而末銳，傳以精鐵，出入不醒手，觸鹿，鹿斃；觸虎豹，虎豹斃。地宜鹿，儦儦俟俟，居常禁私捕，冬鹿群出，則約社中人即之，鏢發如雨，獲若丘陵，皮角筋骨如山。而中國人以故衣、粗磁，貿其皮角，與其餘肉，閩中郡亦無不厭若鹿者矣。

地多陽，其人疏理能暑，冬夏皆裸，婦人結草裳蔽下，無揖讓拜跽之禮。無曆日文字，計月圓爲一月，十月爲一年，久則忘之，故率不紀歲。

貿易結繩以志。無水田治畬種禾耕以山花爲候。禾熟拔其穗粒米微長採苦草雜釀酒亦有佳者。其讌會則置大坈地上環坐以竹筒爲飲器。無他肴羞樂則跳舞口鳴鳴若歌曲男子斷髮留數寸垂女子則否。男子穿耳女子年十五斵其唇畔之二齒爲飾娶則視女子可室者遣人遺瑪瑙或珠女子不受則已受則夜造其家不呼門吹口琴挑之女聞納宿未明徑去不見

貿易結繩以志。無水田，治畬種禾，耕以山花爲候。禾熟，拔其穗，粒米微長。採苦草，雜釀酒，亦有佳者。

其〔宴〕會，則置大（坈）地上環坐，以竹筒爲飲器，無他肴羞。樂則跳舞，口鳴鳴若歌曲。男子斷髮，留數寸垂，女子則否。男子穿耳，女子年十五，斵其唇畔之二齒爲〔飾〕。

娶則視女子可室者，遣人遺瑪瑙或珠，女子不受則已，受則夜造其家，不呼門，吹口〔琴〕挑之，女聞納〔宿〕，未明，徑去，不見

女父母。自是，來去俱以宵，歲月不改。迫産子女，婦始往婿家迎婿，婿始見女父母，遂家其家，養女父母終身，其父母不得子也。故生女喜倍男，爲女可繼嗣，男不足著代。俗貴女子，女子所言，丈夫乃決正。女子操作，勞苦常倍于丈夫。妻喪復娶，夫喪不復嫁，號爲鬼殘。

地多竹，个大數拱，竿長十丈，斫以搆屋，茨用茅，修廣數雉。族又共屋一區，稍大若公廨。少壯未娶者，曹居之。議事必於公廨，調發便易也。家有死者，擊鼓哭，置尸地上，煏以火，令乾，露置屋中，不槽。屋壞重建，坎屋基，竪而埋之，不封，屋復建其上。大都埋尸，以建屋爲候，然竹楹茅茨，多不更十餘稔。人死率亦歸土，不祭。

當耕時，不言不殺，男女〔雜〕作山野，默如也。道路以目，長者過，不問答。即華人侮之，不怒，禾熟始發口，謂不如是，則天神弗福，將降〔凶〕歉，不獲有年也。

盜賊之禁嚴，有則輒戮於社，

故少寇，志安樂，門不夜關，露積不拾。

器有床，無几案，席地坐。穀有大小菽、胡麻、薏苢，食之已瘴屬。無麥，蔬有葱、薑、番薯、蹲鴟。菓有椰、毛柿、佛手柑、甘蔗。畜有猫、狗、豕、鹿，鹿最多，無馬、驢、牛、羊。鳥有雉、鴉、鳩、雀，無鵝、鶩。篤嗜鹿，甘其腸中新咽草如飴。不食雞雉，見華人食雞雉，輒嘔。

居海島中，酷畏海，捕魚溪澗，故老死不與他夷相往來。永樂初，鄭監航海諭諸夷，東番獨遠竄，不聽約束。

于是家貽一銅鈴，繫其頸，蓋曰狗也，至今猶傳爲〔寶〕。

始皆居瀕海，嘉靖末遭倭奴攻剽，避迴居深山。倭精用鳥銃，番〔第〕恃鏢，故弗格。居山後，始通中國，今則日盛，漳、泉之惠民、充龍、列嶼諸澳，往往譯其言語與市，以瑪瑙、磁器、答布、鹽、銅、簪珥之類，易其鹿皮、角。間遺之故衣，喜藏之，或見華人一再衣，旋復解脫去，得布亦藏之。不冠不履，裸以出入，自以爲易簡云。

地中海諸島 亞細亞

亞細亞之地中海，有島百千。其大者，一曰哥阿之島。昔其國大疫，醫依卜加得者，不以藥石，令城內外遍〔烈〕大火一晝夜，火息，而病亦愈矣。

一曰羅得之島，天氣清明，終歲見日，無竟日陰霾者。

其海濱嘗以銅鑄一巨靈胡，高踰浮屠，海中築兩臺，以盛其足，風帆皆過跨下，其一指中可容一人直立，掌承銅盤，夜燃火於內，以照行海

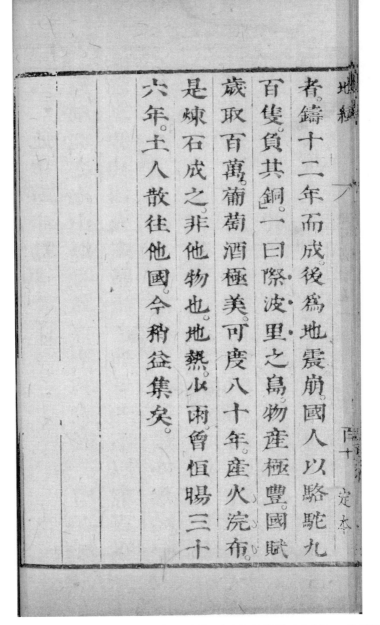

者，鑄十二年而成，後為地震崩。國人以駱駝九百隻，負其銅。

一曰際波里之島，物產極豐，國賦歲取百萬，葡萄酒極美，可度八十年。產火浣布，是煉石成之，非他物也。地熱，少雨，曾恆暘三十六年，土人散往他國，今稍益集矣。

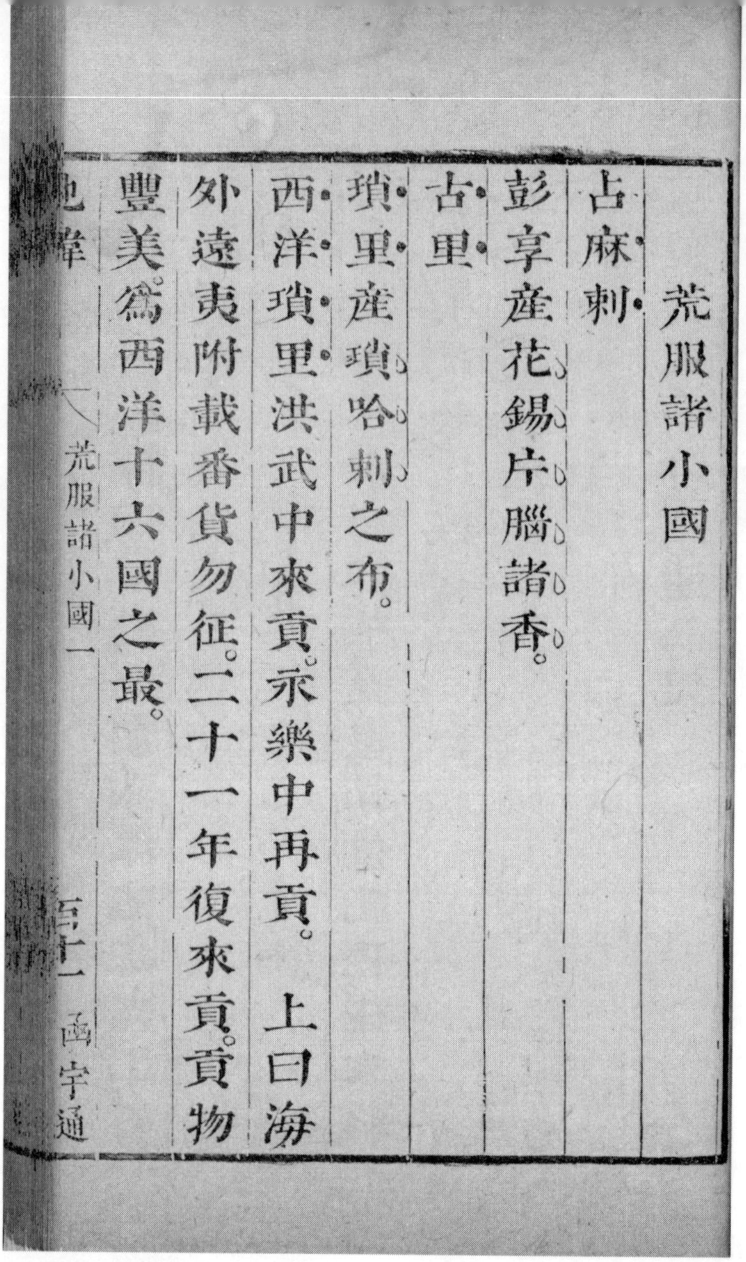

荒服諸小國

占麻剌

彭享產花錫片腦諸香。

古里

瑣里產瑣哈剌之布。

西洋瑣里洪武中來貢永樂中再貢。上曰海外遠夷附載番貨勿征。二十一年復來貢貢物豐美爲西洋十六國之最。

毗舍

荒服諸小國一

五十二 函宇通

荒服諸小國

（占）［古］麻剌。

彭享，產花錫、片腦、諸香。

古里。

瑣里，產瑣哈剌之布。

西洋瑣里，洪武中來貢，永樂中再貢。上曰："海外遠夷，附載番貨，勿征。"二十一年，復來貢，貢物豐美，爲西洋十六國之最。

錫蘭山其民裸而要帨。地產珠。珠池之光上屬
日。其貢碗石藤竭水晶。

葛荅。

百花產奇木嘉樹其華皇皇赤猿孔雀往來絡
繹。復有倒掛之鳥。

波羅多車渠馬腦。

合貓里。

碟里其人尚佛法。速訟獄。

錫蘭山，其民裸而（要）[腰] 帨。地產珠，珠池之光，上屬
日。其貢，碗石、藤竭、水晶。

葛荅。

百花，產奇木嘉樹，其華皇皇。赤猿、孔雀，往來絡繹，復有
倒掛之鳥。

波羅，多車渠、馬腦。

合貓里。

碟里，其人尚佛法，速訟獄。

打回國小而敢戰。

日羅下治國無盜賊。

阿魯亦曰啞魯永樂中受文綺之賜。

甘巴里人工織錦。

忽魯漠斯產馬哈之獸獅子駝雞福祿靈羊。

忽魯母思在東南海中或曰在西徼外。

柯枝有大山焉文皇帝封之曰鎮國之山。

麻林以文皇帝之十二年奉麒麟獻闕下。

荒服諸小國二

可二 函字通

打回，國小而敢戰。

日羅下治，國無盜賊。

阿魯，亦曰啞魯，永樂中，受文綺之賜。

甘巴里，人工織錦。

忽魯漠斯，產馬哈之獸、獅子、駝雞、福祿靈羊。

忽魯母思，在東南海中，或曰在西徼外。

柯枝，有大山焉，文皇帝封之曰“鎮國之山”。

麻林，以文皇帝之十二年，奉麒麟，獻闕下。

沼·納·樸·兒·在·印·度·中·

加·异·勤·

祖·法·兒·亦·曰·左·法·兒·錢·爲·人·形·産·駝·雞·似·鶴·而
足·萑·二·指·行·似·駝·毛·亦·如·之·

溜·山·環·海·有·八·村·水·溜·之·稍·大·故·皆·以·溜·名·小
溜·無·下·三·千·其·旁·有·牒·幹·國·皆·回·回·人·

阿·哇·

淡·山

沼納樸兒，在印度中。

加异（勤）［勒］。

祖法兒，亦曰左法兒。錢爲人形，産駝雞，似鶴，而足［僅］二指，行似駝，毛亦如之。

溜山，環海有八村，水溜之稍大，故皆以溜名，小溜無下三千。其旁有牒（幹）［榦］國，皆回回人。

阿哇。

淡山。

小葛蘭。

須文達那。

覽邦，産駝、馬、牛、羊。

以上，洪武初來朝貢。

拂（蘇）[蘓]，在嘉峪關外萬餘里，産千年松、獨峰駝、西錦。

南巫里，或曰即南泥里，水中多珊瑚。

急蘭丹。

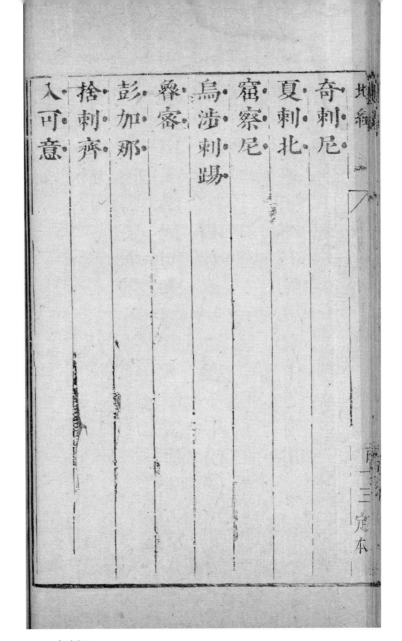

奇剌尼。

夏剌北。

窟察尼。

烏涉剌踢。

魯〔密〕。

彭加那。

捨剌齊。

（入）〔八〕可意。

六二七

坎巴夷替。

左法兒，或曰即祖法兒也。

黑葛達，平原廣野，是多草木。

（人）［八］答黑商，山川明秀，物產瑰異，賈肆繁列，市以
羽毛、織文、玉石、香木。

日落。

（夷）［迤］北小王子。

兆州，番族。凡洮、岷諸處番族，二年一貢。保縣番

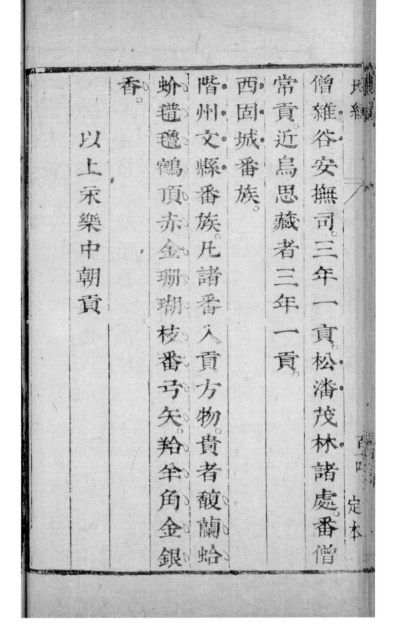

僧、雜谷安撫司。三年一貢。松潘茂林諸處番僧。

常貢近烏思藏者三年一貢。

西固城番族。

階州文縣番族。凡諸番入貢方物貴者馥蘭蛤蚧毾㲪鶴頂赤金珊瑚枝番弓矢羚羊角金銀

香。

以上永樂中朝貢

僧、雜谷安撫司，三年一貢。松潘、茂（林）[州] 諸處番僧，常貢。近烏思藏者，三年一貢。

西固城，番族。

階州、文縣，番族。凡諸番入貢方物，貴者馥蘭、蛤蚧、毾㲪、鶴頂赤、金珊瑚、枝番、弓矢、羚羊角、金銀香。

以上，永樂中朝貢。

歐邏巴總志

次二之州，曰歐邏巴。其地南起地中海，北極出地三十五度，北至冰海，出地八十餘度，南北距四十五度，徑一萬一千二百五十里。西起西海福島初度，東至阿北河九十二度，徑二萬三千里。共七十餘國，曰以西把尼亞，曰拂郎察，曰意大里亞，曰亞勒馬尼亞，曰法蘭得斯，曰波羅尼亞，曰翁加里亞，曰大尼亞，曰雲除亞，曰諾勿惹亞。曰厄勒祭亞。曰莫斯哥未亞。其大者也。其地中海則有甘的亞諸島。西海則有意而蘭大、諳厄利亞諸島云。凡歐邏巴州內大小諸國自王以下皆勤事天之敎。諸國爲婚姻。世世相好。有無相通不私封殖。男子三十而娶。女子二十而嫁。婿與婦皆以父母命自擇之。云非是不相愛也。而法不得置二室。其君臣章服有辨。相見禮以免冠爲恭。男子二十已上衣純靑。惟武士不

亞，曰厄勒祭亞，曰莫斯哥未亞，其大者也。

其地中海則有甘的亞諸島，西海則有意而蘭大、諳厄利亞諸島云。

凡歐邏巴州內大小諸國，自王以下，皆勤事天之敎。諸國爲婚姻，世世相好，有無相通，不私封殖。男子三十而娶，女子二十而嫁，婿與婦皆以父母命，自擇之，云非是不相（㥦）［愛］也，而法不得置二室。其君臣章服有辨，相見禮以免冠爲［恭］。男子二十已上，衣純靑，惟武士不

然。女靚（粧）〔妝〕盛服，御薌澤、流蘇、玲瓏、花鈿，年至四十，則屏之，年〔未〕四十而寡者，亦屏之，衣素衣。

土肥饒，産五穀，多來牟，繁果蓏，生五金，幣以金、銀、銅鑄錢，爲三等。衣有布褐羅、綺絲、紵屬、鎖哈刺者，屬屬，厚可以居。

利諾者，麻屬也，爲布絶堅細，敝猶改造爲紙，今所用西洋紙是也。

酒純以葡萄釀成，可積數十年，俗常以生子而釀，至兒娶婦時用之。芬芳漚鬱，醳醳流光矣，亦有以牟麥釀

者其膳膏之味美而用多者曰阿利襪木實也

熟卽全爲膏其實食之已渴核可炭滓可臡葉

可食牛羊凡國中富人麥萬斛葡萄酒甕千與

千石阿利襪膏牛千蹄羊千隻此其家皆與貴

矣封君等飲食器多金銀玻璃而尚陶印給于

中國天下諸國坐皆席地肆筵受几惟中國與

歐邏巴耳屋有三等石砌者爲上其次磚爲垣

柱木爲棟梁其下築土垣而架木爲梁石屋磚

者。

其膳膏之味美而用多者，曰阿利襪，木實也，熟即全爲膏，其實食之已渴，核可炭，滓可臡，葉可食牛羊。凡國中富人，麥萬斛，葡萄酒甕千，與千石阿利襪膏，牛千蹄，羊千隻，此其家皆與貴侯封君等。

飲食器多金、銀、玻璃，而尚陶，（印）[仰] 給于中國。天下諸國，坐皆席地，肆筵受几，惟中國與歐邏巴耳。

屋有三等，石砌者爲上，其次磚爲垣柱，木爲棟梁，其下築土垣，而架木爲梁。石屋、磚屋，築塞深固，上可層累六七，高至十餘丈。而一層常在地中，以遠濕氣，且可藏也。瓦或以鉛，或以石板，或以陶。百工技巧，如攻木之工、攻石之工、繪［畫］之工，若彫文刺繡之工，皆頗知度數，製器不失分寸。省其秪士，爲之國工。其駕車，王用八馬，大臣六馬，次四馬，次二馬。戰馬皆用牡，飼良馬以大麥及［稈］，不雜芻豆，食豆者，足重，不可行。

　　其庠序，郡國有大學、中學，邑里有小學，師徒

教受頗似中國八歲入小學至年十八以上識
往訓者能讀外史者善屬文者長于議論者進
之于中學初年辯事物是非次年學察性情之
理三年乃潛求于上天之載三年試其通者進
於大學大學列四科有方脈醫藥之學有政事
之學有遵守教法之學有興教化之學人自擇
一焉凡試士之法師儒羣集于上生徒北面于
下問難不竄然後中選故其試日不過一二人

教受，頗似中國。八歲入小學。

至年十八以上，識往訓者、能讀外史者、善屬文者、長于議論者，進之于中學。初年辯事物是非，次年學察性情之理，三年乃潛求于上天之載，三年試其通者，進於大學。

大學列四科，有方脈醫藥之學，有政事之學，有遵守教法之學，有興教化之學，人自擇一焉。

凡試士之法，師儒群集于上，生徒北面于下，問難不［窮］，然後中選，故其試日，不過一二人。

其官人有教官，有治官，有文史醫藥之官。通都大邑，官置書府，聽士子傳寫誦讀。而大學四科之外，有度數之學，明于算術、律、曆，亦具師儒，但不以取士。

其它政令，大抵多如中國，而皆原本于耶蘇之學。蓋其地廣，人民少，物力饒，故民之從善輕焉。

以西把尼亞

歐邏巴之極西，曰以西把尼亞南，自三十五度，而北至四十度，東自七度，而西至十八度，周一萬二千五百里。地環負海，而一面當山，山曰北勒搦何。產駿馬、五金、絲、紵、罽。其人多博聞力學，精天官。有多斯達篤者，善著書，曰七萬餘言。有賢王亞豐肅者，始定歲差。國中名城二，一曰西未利亞之城，近地中海，爲亞墨利加諸舶所聚，

西字通

以西把尼亞

歐邏巴之極西，曰以西把尼亞，南自三十五度，而北至四十度，東自七度，而西至十八度，周一萬二千五百里。地環負海，而一面當山，山曰北勒搦何。產駿馬、五金、絲、紵、罽。其人多博聞力學，精天官。有多斯達篤者，善著書，曰七萬餘言。有賢王亞豐肅者，始定歲差。

國中名城二，一曰西未利亞之城，近地中海，爲亞墨利加諸舶所聚，

金銀如土。是多阿利襪之實，五百里爲林。

一日多勒多之城，冠山爲轆轤自轉，以引山下之泉，世傳水法。

有金銀之殿各一，以祀上帝。有渾儀豐若屋，人從儀中視天象，日月星辰，不失黍米。

其境內有寡第亞納之河，伏流地中百餘里，而地穹然，若虹飲於海，其上爲牧焉。有塞惡未亞之城，城中有編簫，爲三十二級，級百管，管司一音，合三千餘管，爰有百樂鼓吹，風雨波濤，尋撞

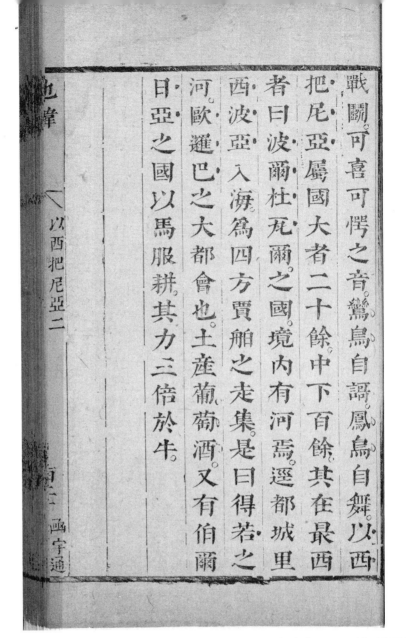

戰鬭。可喜可愕之音鸞鳥自謌鳳鳥自舞。以西把尼亞屬國大者二十餘。中下百餘其在最西者曰波爾杜瓦爾之國境内有河焉。遷都城里西波亞入海爲四方賈舶之走集。是曰得若之河。歐邏巴之大都會也。土産葡萄酒又有伯爾日亞之國以馬服耕。其力三倍於牛。

戰鬭，可喜可愕之音，鸞鳥自［歌］，鳳鳥自舞。以西把尼亞屬國，大者二十餘，中下百餘。其在最西者，曰波爾杜瓦爾之國，境内有河焉，遷都城里西波亞入海，爲四方賈舶之走集，是曰得若之河，歐邏巴之大都會也。土産葡萄酒。又有伯爾日亞之國，以馬服耕，其力三倍於牛。

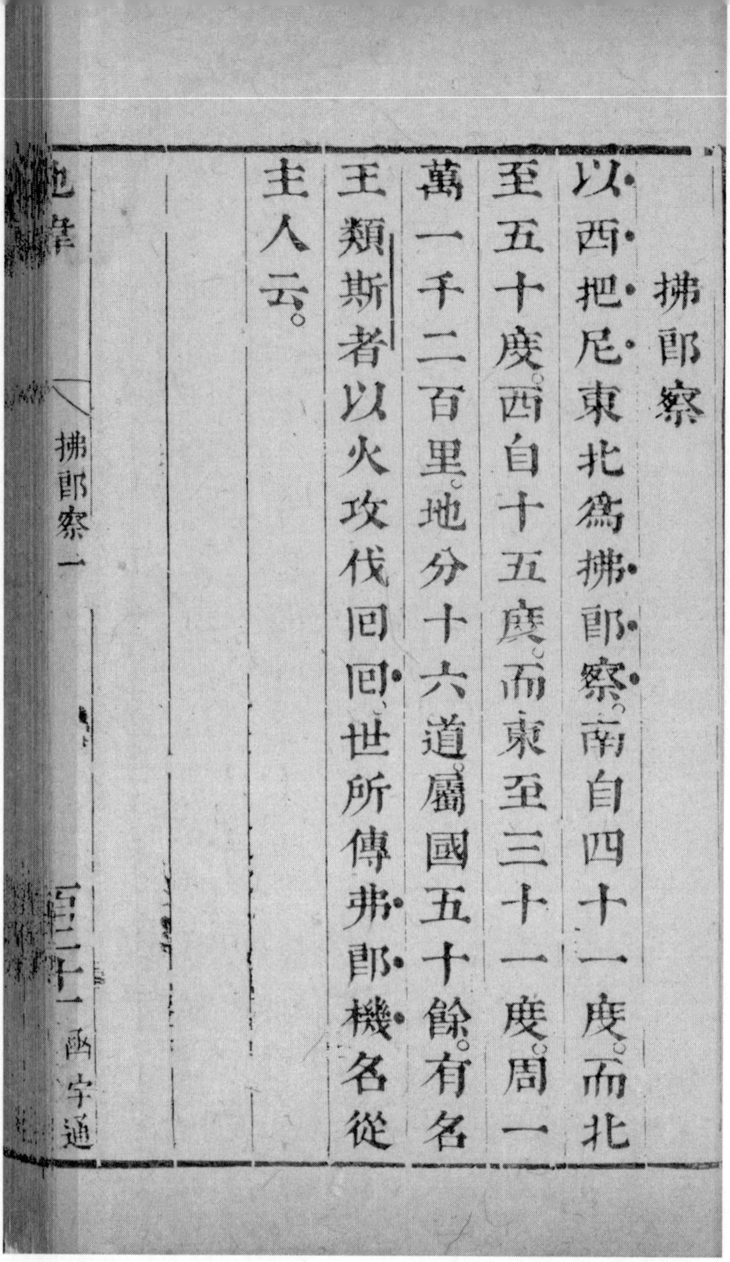

拂郎察

以西把尼東北爲拂郎察。南自四十一度而北
至五十度。西自十五度而東至三十一度。周一
萬一千二百里。地分十六道，屬國五十餘。有名
王類斯者，以火攻伐回回，世所傳弗郎機名從
主人云。

拂郎察

　以西把尼［亚］東北爲拂郎察，南自四十一度，而北至五十度，西自十五度，而東至三十一度，周一萬一千二百里。地分十六道，屬國五十餘。有名王類斯者，以火攻伐回回，世所傳弗郎機，名從主人云。

拂郎察東南爲意大里亞，經度自三十八至四十六，緯度自二十九至四十三，周一萬五千里。環地中海，而一面臨山。其大者郡曰羅瑪城，周一百五十里，有王者居之，掌其國之教化禁令，凡歐邏巴諸侯王，皆宗而臣服焉。王不婚不娶，王死以傳賢。城中有名苑，爲銅禽，發若機，則鳳鳥自謌，鸞鳥自舞，而鳳翥鸞起，百鳥皆舉矣。爲

意大里亞

拂郎察東南爲意大里亞，經度自三十八至四十六，緯度自二十九至四十三，周一萬五千里。環地中海，而一面臨山。其大者郡曰羅瑪城，周一百五十里，有王者居之，掌其國之教化禁令，凡歐邏巴諸［侯］王，皆宗而臣服焉。

王不婚不娶，王死以傳賢。城中有名苑，爲銅禽，發若機，則鳳鳥自［歌］，鸞鳥自舞，而鳳翥鸞起，百鳥皆舉矣。爲

編簫措之水中則自其水鳴其西北爲勿搦祭
亞無君長世家共推高有功德於民者宗之城
建海中其木樁入水萬年不毀其上砌石爲地
城焉內則街衢洞達兩傍可通陸行城中艘二
萬其玻璃精良甲天下有湖焉在山巔垂瀑之
聲若雷聞五十里噴沫成珠從空中受日光皆
爲虹霓五采是曰勿里諾之湖有泉焉出山石
中凡物墜泉內十五日則石裹之若甲有沸泉

編簫，措之水中，則自其水鳴。

其西北爲勿搦祭亞，無君長，世家共推高有功德於民者，宗之。城建海中，其木樁入水，萬年不毀。其上砌石，爲地城焉。內則街衢洞達，兩傍可通陸行，城中艘二萬。其玻璃精良，甲天下。

有湖焉，在山巔，〔垂〕瀑之聲若雷，聞五十里，噴沫成珠，從空中受日光，皆爲虹霓五采，是曰勿里諾之湖。

有泉焉，出山石中，凡物墜泉內十五日，則石裹之若甲。

有沸泉，

高丈餘。熱如措火以生物投之。頃刻糜爛。有溫
泉。是宜舉子。女子浴之飲之。不產者產。產者則
多子。有鐵鑛採盡後。二十五年復生鐵。在本土。
益薪熾火鐵終不鎔。遷於其地則鎔。其南為納·
波里。地豐厚。往往有君長。多火山。晝夜不滅。石
爆彈射四方。至百里外。有地曰哥生濟亞·一河
濯髮則黃濯絲則白。一河濯髮與之俱黑。其外
有博樂業·之城。昔有二家好奇事。一家造一方

〔意大里亞二〕

地韋

高丈餘，熱如措火，以生物投之，頃刻糜爛。

有溫泉，是宜舉子，女子浴之、飲之，不產者產，產者則多子。

有鐵（鑛）[礦]，採盡後，二十五年復生鐵。在本土，益薪熾火，鐵終不鎔，遷於其地則鎔。

其南為納波里，地豐厚，往往有君長，多火山，晝夜不滅，石爆彈射四方，至百里外。

有地曰哥生濟亞，一河濯髮則黃，濯絲則白；一河濯髮，與之俱黑。其外有博樂業之城。

昔有二家好 [奇] 事，一家造一方

塔壁立雲表。一家亦建一塔高侔之。而倚立䇢
之若傾。今歷數百年。則倚者未壞。直者將頹。斯
云地有柔剛正言若反矣。又有地出火。四面皆
小山。山有百洞。洞可療病各有主治。如欲得汗
者。入一洞則大汗。欲辟濕者入一洞則濕辟。此
皆意大里亞屬國也。其大者六國。地俱富饒。西
有島曰西齊里亞之島富饒號爲天倉。有大山。
噴火不絕百年前其火特異火燼直飛踰海達

塔，壁立雲表；一家亦建一塔，高侔之，而倚立，望之若傾。今歷
數百年，則倚者未壞，直者將頹，斯云地有柔剛，正言若反矣。

又有地出火，四面皆小山，山有百洞，洞可療病，各有主治。
如欲得汗者，入一洞則大汗；欲辟濕者，入一洞則濕辟。此皆意大
里亞屬國也。

其大者六國，地俱富饒。西有島曰西齊里亞之島，富饒，號爲
天倉。有大山，噴火不絕，百年前，其火特異，火燼直飛踰海，達

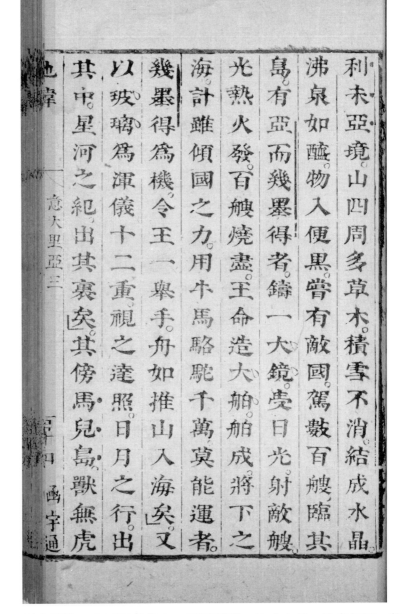

利未亞境。山四周多草木。積雪不消結成水晶。沸泉如醢。物入便黑。嘗有敵國。駕數百艘。臨其島。有亞而幾墨得者。鑄一大鏡。受日光。射敵艘。光熱火發。百艘燒盡。王命造大舶。舶成將下之海。計雖傾國之力。用牛馬駱駝千萬。莫能運者。幾墨得爲機。令王一舉手。舟如推山入海矣。又以玻璃爲渾儀十二重。視之達照。日月之行。出其中星河之紀。出其裏矣。其傍馬兒島。獸無虎

意大里亞三

亘工和圖宇通

利未亞境。山四周多草木，積雪不消，結成水晶，沸泉如醢，物入便黑。嘗有敵國，駕數百艘，臨其島。有亞而幾墨得者，鑄一大鏡，受日光，射敵艘，光熱火發，百艘燒盡。王命造大舶，舶成，將下之海，計雖傾國之力，用牛、馬、駱駝千萬，莫能運者。幾墨得爲機，令王一舉手，舟如推山入海矣。

又以玻璃爲渾儀十二重，視之達照，日月之行，出其中，星河之紀，出其裏矣。

其傍馬兒島，獸無虎

狼草無毒螫，毒物自外至島輒死。有撥而地泥亞之島，亦廣大，有草名撥而多泥，人食之，輒笑，諕諕不絕死，笑者楚不可忍也。有哥而西加之島，厥獒能戰。一獒當一騎，其國騎戰，則以獒承彌縫。有雞島，滿島皆雞，嫗伏，不待人養，其形真家雞也，是近熱奴亞。

狼，草無毒螫，毒物自外至島輒死。有撥而地泥亞之島，亦廣大，有草名撥而多泥，人食之，輒笑，諕諕不絕死，笑者楚不可忍也。

有哥而西加之島，厥獒能戰，一獒當一騎，其國騎戰，則以獒承彌縫。

有雞島，滿島皆雞，嫗伏，不待人養，其形真家雞也，是近熱奴亞。

亞勒瑪尼亞

拂郎察之東北。爲亞勒瑪尼亞之國南四十五
度半。北五十五度半。西二十三度。東四十六度。
王不世及以諸矦若大臣爲七大屬國之君。所
共推高者王之。而請命於歐邏巴掌邦教之王。
氣候冬月嚴寒。善造溫室。熱微火極溫。土人散
處各國忠實。敢力戰忘生諸國衛王宮王城或
從征帳下士。皆選此國人而土著者叅焉。工匠

亞勒瑪尼亞一   十五 寰宇通

亞勒瑪尼亞

拂郎察之東北，爲亞勒瑪尼亞之國，南四十五度半，北五十五度半，西二十三度，東四十六度。王不世及，以諸〔侯〕若大臣，爲七大屬國之君，所共推高者，王之，而請命於歐邏巴掌邦教之王。氣候冬月嚴寒，善造溫室，熱微火極溫。土人散處各國，忠實，敢力戰，忘生。諸國衛王宮、王城，或從征帳下士，皆選此國人，而土著者〔叅〕焉。工匠

其緯

技巧，制器精絶，能於弧環中納一鐘，佩之，則十有二辰，自其弧環鳴。地多水澤，水澤腹堅後，人躡二屐，一足立冰上，一足從後擊之，一激數丈，其行甚遠。手中作業不輟。又有地曰法蘭哥，人質直易信，行旅過者輒罟之，客或不答，則大喜，延入具雞黍交歡，或爲計緩急，未室者則妻之，謂其人長者，堅忍可任也。善釀葡萄酒，但沽之商客，土人絶不飮酒，惟飮水而已。其屬國有博

百廿五 定本

技巧，制器精絶，能於弧環中納一鐘，佩之，則十有二辰，自其弧環鳴。地多水澤，水澤腹堅後，人躡二屐，一足立冰上，一足從後擊之，一激數丈，其行甚速，手中作業不輟。又有地曰法蘭哥，人質直易信，行旅過者輒罟之，客或不答，則大喜，延入具雞黍交歡，或爲計緩急，未室者則妻之，謂其人長者，堅忍可任也。

善釀葡萄酒，但沽之商客，土人絶不飮酒，惟飮水而已。

其屬國有博

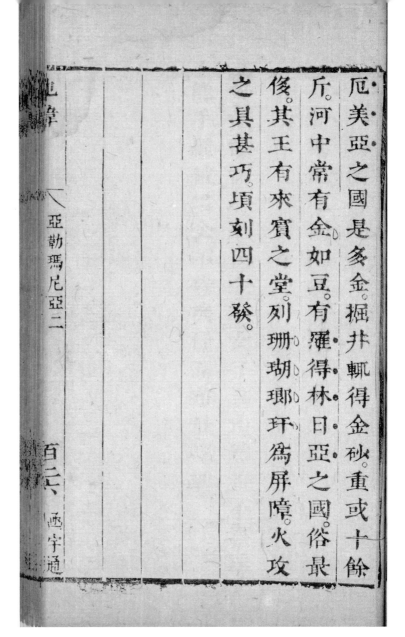

厄美亞之國是多金掘井輒得金砂重或十餘
斤。河中常有金如豆。有羅得林日亞之國俗最
後其王有來賓之堂列珊瑚瑯玕爲屏障火攻
之具甚巧頃刻四十發。

百三六　西字通

厄美亞之國，是多金，掘井輒得金砂，重或十餘斤，河中常有金，
如豆。有羅得林日亞之國，俗最侈，其王有來［賓］之堂，列
珊瑚、瑯玕爲屏障，火攻之具甚巧，頃刻四十發。

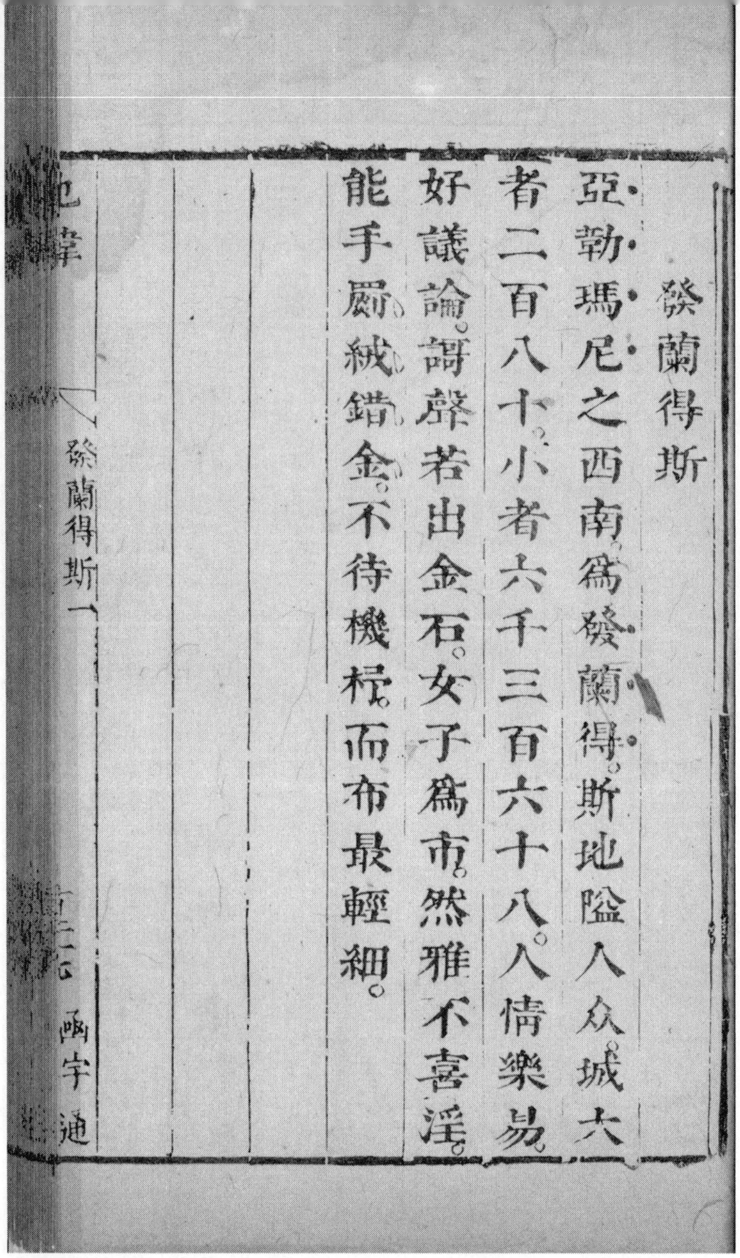

發蘭得斯

亞勒瑪尼之西南，爲發蘭得斯地隘人衆城大者二百八十，小者六千三百六十八。人情樂易，好議論調辭若出金石。女子爲市然雅不喜淫能手廁絨錯金不待機柕而布最輕細。

發蘭得斯

　　亞勒瑪尼之西南，爲發蘭得斯，地隘人衆。城大者二百八十，小者六千三百六十八。人情樂易，好議論，［歌］聲若出金石。女子爲市，然雅不喜淫，能手廁、絨、錯金，不待機杼，而布最輕細。

波羅泥亞

亞勒瑪尼亞之東北曰波羅尼亞是多蜜與鹽
與獸皮鹽有光晶晶然其人文而敬賓客無盜
賊王或傳賢或傳子大臣擇而立之後王不得
更前王之法國中分爲四隅隅居三月一年而
徧其猶之月令居青陽明堂舜春巡泰山冬巡
恒山之意乎其地苦寒冬月海凍行旅常行冰
上數晝夜望星而行有屬國曰波多理亞之國

波羅泥亞

亞勒瑪尼亞之東北，曰波羅尼亞，是多蜜與鹽，與獸皮。鹽有光，晶晶然。其人文而敬［賓］客，無盜賊。王或傳賢，或傳子，大臣擇而立之，後王不得更前王之法。

國中分爲四隅，隅居三月，一年而徧，其猶之《月令》居青陽、明堂，舜春巡泰山、冬巡恒山之意乎？

其地苦寒，冬月海凍，行旅常行冰上，數晝［夜］，望星而行。

有屬國曰波多理亞之國，

種一歲。有三歲之獲。草菜種三日。長五六尺。海
濱多琥珀。是海中膏濡。從石隙中流出如脂。天
熱浮沫海面風過之始凝。天寒出隙便凝矣。大
風過。則衝至海濱。

種一歲，有三歲之獲，草菜種三日，長五六尺。海〔濱〕多琥珀，
是海中膏濡，從石隙中流出，如脂。天熱浮沫海面，風過之始凝；
天寒，出隙便凝矣。大風過，則衝至海〔濱〕。

波羅尼亞之南，曰翁加里亞。是多牛羊有四泉異甚。其一從地中涌出蹙弗徐睇之則石。其一冬月常流夏則腹堅。其一以鐵投之鐵則泥色冶之則成銅其色瑩瑩有光。一作綠沉色凍則成綠石不解。

寰宇通

翁加里亞

波羅尼亞之南，曰翁加里亞。是多牛羊，有四泉異甚。

其一，從地中涌出，蹙弗，徐睇之則石。

其一，冬月常流，夏則腹堅。

其一，以鐵投之，鐵則泥色，冶之，則成銅，其色瑩瑩有光。

一作綠沉色，凍則成綠石，不解。

大泥亞諸國

歐邏巴西北有四國最大曰大泥亞之國曰諸而勿惹亞之國曰雪際亞之國曰鄂底亞之國。此其國與亞勒瑪尼亞隔一海套道阻難行。南北經度自五十六。至七十三。其南夏至日長六十九刻其中長八十二刻其北夏至之日衡旋地上。晝以六月宿如之是多山林多獸多海大魚。其大泥亞國海濱多菽麥牛羊牛輸它國者，

大泥亞諸國

　　歐邏巴西北，有四國最大，曰大泥亞之國，曰諸而勿惹亞之國，曰雪際亞之國，曰鄂底亞之國。此其國與亞勒瑪尼亞隔一海套，道阻難行。南北經度，自五十六，至七十三。其南，夏至日長六十九刻；其中，長八十二刻；其北，夏至之日，衡旋地上，晝以六月，〔夜〕如之。是多山林，多獸，多海大魚。其大泥亞國海〔濱〕，多菽、麥、牛、羊，牛輸它國者，

歲常十萬角。海中魚鱗鱗成屋舟至輒膠。捕魚者不施罟而俯有拾。其諾而勿惹亞寡五穀山多草木鳥獸海多魚鱉。其人馴厚喜遠客客至所資脯粲不爭直。邑無盜賊其雪際亞地分七道屬國十二。為歐邏巴北方富盛之最焉是其地金粟兩生。市以物相貿遷人好勇亦好遠客自喜。其南界鄂底亞。

歲常十萬角。海中魚，鱗鱗成屋，舟至輒膠，捕魚者不施罟而俯有拾。其諾而勿惹亞，寡五穀，山多草木、鳥獸，海多魚、鱉。其人馴厚，喜遠客，客至所資脯粲，不爭直，邑無盜賊。

其雪際亞，地分七道，屬國十二，爲歐邏巴北方富盛之最焉。是其地，金、粟兩生，市以物相貿遷，人好勇，亦好遠客自喜。

其南，界鄂底亞。

厄勒祭亞

厄勒祭亞在歐邏巴極南，地分四道，經度三十四至四十三，緯度四十四至五十五。文獻故爲西土宗，今數被回回侵擾，稍陵遲，耗矣。其人嗜水族，嗜酒，獨不嘗肉味。

東北有國焉，曰羅馬泥亞之國，其都城三重，生齒繁衍，環城居者，亙二百五十里。

附郭有山，其巓恒霽，不風不雨，異時王柴于山者，其灰至來年常不動，是曰阿零薄

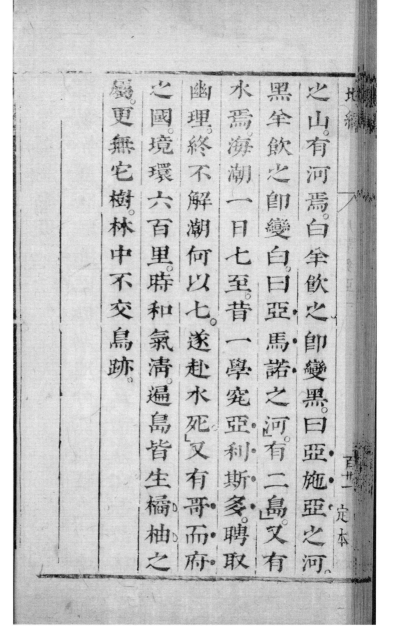

之山。有河焉，白羊飲之，即變黑，曰亞施亞之河；黑羊飲之，即變白，曰亞馬諾之河。

有二島。

又有水焉，海潮一日七至。昔一學究亞利斯多[1]，聘取幽理，終不解潮何以七，遂赴水死。

又有哥而府之國，境環六百里，時和氣清，遍島皆生橘柚之屬，更無它樹，林中不交鳥跡。

1 此處下畫线作點，按人名改之。

莫斯哥未亞

亞細亞之西北極，有國最大，曰莫斯哥之國。東西徑萬五千里，南北徑八千里，國分爲十六道。而窩兒加河最大，支河八十，皆以爲尾閭，而以七十餘口，滙入北高之海。國內强兵習戰，蠶食諸國。其地〔夜〕漏苦長，晝日苦短，短至日二辰止。氣候苦寒，雪下則堅若平地，行旅駕車度雪中，馬足疾追飛霜。人常處温室中，行旅中嚴寒，則

血脈皆凍堅若凝冰驟入溫室耳鼻輒墮於地
每自外來者先內水中俟僵體漸甦方可入溫
室八月至四月皆衣重裘產皮之地即以充賦
國中多盜人家競畜猛犬見人則噬晝置穽中
𥧌聞鐘聲始放人亟閉戶重襲矣惟國王曉文
貴戚大臣以下法不得學曰不可使臣勝於主
也有大鐘不撞王即位及生日即以三十人動
搖之所造火攻具長三十七尺一發之藥恒二

血脈皆凍，堅若凝冰，驟入溫室，耳鼻輒墮於地。每自外來者，先內水中，俟僵體漸甦，方可入溫室。八月至四月，皆衣重裘。產皮之地，即以充賦。國中多盜，人家競畜猛犬，見人則噬，晝置[穽]中，[夜]聞鐘聲始放，人亟閉戶重襲矣。

惟國王曉文，貴戚、大臣以下，法不得學，曰不可使臣勝於主也。有大鐘，不撞，王即位及生日，即以三十人動搖之。所造火攻具，長三十七尺，一發之藥，恒二

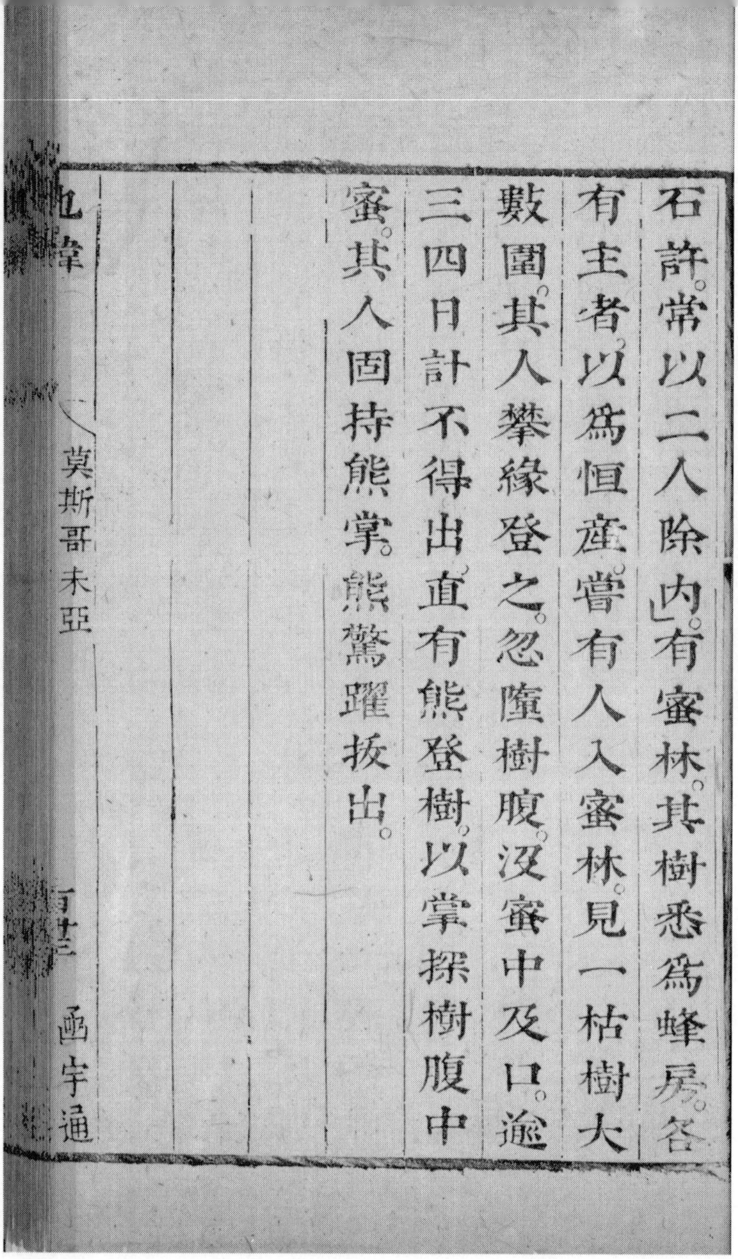

石許常以二人除內。

有主者以爲恒産。嘗有人入蜜林。見一枯樹大

數圍其人攀緣登之。忽墮樹腹。沒蜜中及口。逾

三四日計不得出。直有熊登樹。以掌探樹腹中

蜜其人固持熊掌。熊驚躍拔出。

莫斯哥未亞

百十三　函宇通

石許，常以二人除內。

　　有蜜林，其樹悉爲蜂房，各有主者，以爲恒産。嘗有人入蜜林，見一枯樹，大數圍，其人攀緣登之，忽墮樹腹，沒蜜中及口，逾三四日，計不得出。直有熊登樹，以掌探樹腹中蜜，其人固持熊掌，熊驚躍拔出。

紅毛番

大西洋之番，其種有紅毛者，志載不經見，或云唐貞觀中所爲赤髮綠睛之種，或又云即倭夷島外所稱毛人國也，譯以爲和蘭國，俱無定考。負西海而居，地方數千里，與佛郎機乾絲蠟並大。而各自王長，不相臣屬。俗尚嗜好，食飲相類。去中國水道最遠。地無他產，產白金，國中用白金鑄錢。輕重大小有差，錢如其王面。史云安息

〔紅毛番一〕

西字通

紅毛番

大西洋之番，其種有紅毛者，志載不經見，或云唐貞觀中，所爲赤髮綠睛之種，或又云即倭夷島外所稱毛人國也，譯以爲和蘭國，俱無定考。負西海而居，地方數千里，與佛郎機、乾絲蠟並大，而各自王長，不相臣屬。俗尚嗜好，食飲相類。去中國水道最遠。地無他產，產白金，國中用白金鑄錢，輕重大小有差，錢如其王面。《史》云："安息

以銀爲錢，［钱］如其王面，王死輒更錢，效王面焉。"《漢書》
云，安息錢"文，獨爲王面，幕爲夫人面"；又稱罽［賓］，"市列
以金銀爲錢，文爲騎馬，幕爲人面"；烏戈"地暑熱莽平"，"其
錢，獨文爲人頭，幕爲騎馬"。安息、罽［賓］、烏戈，皆在西域，
是豈其種落耶？

其國人富，少耕種，善賈，喜中國繒絮財物，往往裝銀錢大舶
中，多者數百萬，浮海外之旁屬國，市漢繒絮財物以歸。

先是，呂宋爲中國人市塲，然呂宋［第］

佛郎機旁小島。土著貧。無可通中國市者。其出
銀錢市漢物。大抵皆佛郎機之屬。而和蘭國歲
至焉。於是紅毛島夷始稍稍與中國通矣。中國
人利其銀錢。所贏得過當。輒偵其船之至不至。
酌一歲息之高下。有逗冬以待者。近呂宋殺中
國賈人。不盡死者奴虜之。自是漢財物少至。和
蘭居佛郎機國外。取道其國。經年始至呂宋。至
則無所得賈。譯者紿之。曰漳泉可買也。先漳民

□紅毛番二

地緯

函宇通

佛郎機旁小島，土著貧，無可通中國市者。其出銀錢市漢物，大抵皆佛郎機之屬，而和蘭國歲至焉。於是紅毛島夷始稍稍與中國通矣。中國人利其銀錢，所贏得過當，輒偵其船之至不至，酌一歲息之高下，有逗冬以待者。近呂宋殺中國賈人，不盡死者，奴虜之，自是漢財物少至。

和蘭居佛郎機國外，取道其國，經年始至呂宋，至則無所得賈，譯者紿之，曰：漳、泉可賈也。先，漳民

潘秀賈大泥國與和蘭酋韋麻郎賈相善陰與
謀援東粵市佛郎機故事請開市閩海上秀持
其國之文至不得請是秋舶果從西南來趨彭
湖島紅毛番之入閩中境自此始時萬曆甲辰
之七月也人長身紅髮深目藍睛高鼻赤足居
恒帶劍劍善者直百餘金跳舟上如蜚登岸則
不能疾船長二十丈高三之一夾底木厚二尺
有咫外鋈金錮之四桅桅三接以布爲帆桅上

潘秀，賈大泥國，與和蘭酋韋麻郎賈，相善，陰與謀，援東粵市佛郎機故事，請開市閩海上。秀持其國之文至，不得請。

是秋，舶果從西南來趨彭湖島，紅毛番之入閩中境，自此始，時萬曆甲辰之七月也。人長身紅髮，深目藍睛，高鼻赤足。居恒帶劍，劍善者，直百餘金。跳舟上如蜚，登岸則不能疾。船長二十丈，高三之一，夾底木厚二尺有咫，外鋈金錮之。四桅，桅三接，以布爲帆，桅上建大斗，斗可容四五十人。繫繩若堦，上下其間，或瞭遠，或逢敵擲鏢石。舟前用大木作炤水，後用舵。水工有黑鬼者，最善没，没可行數里。左右兩檣，兵銃甚設，銃大十數圍，皆銅鑄，中具鐵彈丸，重數斤，船遭之立碎，他器械精利稱是。既次彭湖，譯者林玉以互市請，而漳、泉奸民，又從而餌之。事聞兩臺，以玉生事，招外夷，繫獄中，且頒言誅秀，下監司郡邑議，議曰："彭湖、漳、泉，臥榻之邊市一開必且勾外夷逼處此土其害有不可言者斥之便不則勦之於是橄浯嶼徼巡將沈有容往有容曰彼來求市非爲冠也勦之無名迺請出譯者林玉與俱至則麻卽望見玉來大喜過莹有容爲之陳說漢法嚴無敢奸闌者於是率部落免冠叩首揚帆望西海而去至今上時復入閩中鎮將徐一鳴擊之殺十數人夷遂引退已冠粤之香山澳香山澳夷皆歐邏巴

邊，市一開，必且勾外夷，逼處此土，其害有不可言者，斥之便，不則［勦］之。”於是橄浯嶼徼巡將沈有容往，有容曰：“彼來求市，非爲寇也，［勦］之無名。”［乃］請出譯者林玉與俱至，則麻卽望見玉來，大喜過望。有容爲之陳說漢法嚴，無敢奸闌者，於是率部落免冠叩首，揚帆望西海而去。

至今上時，復入閩中，鎮將徐一鳴擊之，殺十數人，夷遂引退。已寇粤之香山澳，香山澳夷，皆歐邏巴人長子孫。天竺大夏以西卬給中國之絲瓷。絕海來者皆倚爲居停主而擅幹山海之貨歲入金百數十萬廣用以饒輸稅復數萬歐邏巴之王。亦遣有司者治之蓋商舶皆王所造以通中國食貨者。雖不專設兵而澳夷亦人人敢戰自衛。紅毛夷之來也。澳夷逆擊殺數百人退之奪其銃以敵然紅毛夷既天性剽勇好作亂又不得市。常往來抄掠海中西舶苦之而香山澳亦

人長子孫，天竺、大夏以西，卬給中國之絲、瓷。絕海來者，皆倚爲居停主，而擅幹山海之貨，歲入金百數十萬，廣用以饒，輸稅復數萬。歐邏巴之王，亦遣有司者治之，蓋商舶皆王所造，以通中國食貨者，雖不專設兵，而澳夷亦人人敢戰自衛。紅毛夷之來也，澳夷逆擊殺數百人，退之，奪其銃以敵。然紅毛夷既天性剽勇，好作亂，又不得市，常往來抄掠海中，西舶苦之，而香山澳亦

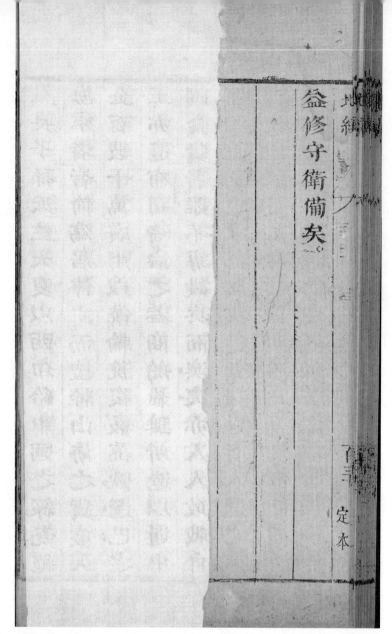

益修守衛備矣。

地中海之島，以百千計，甘的亞最大，曩有百城，周二千三百里。昔其王常作迷苑，游者須以物識地，然後可入。有草焉，饑食之少許，腹猶果然，名曰阿力滿之草。地中海至冬，高風激浪，舟行爲艱。有鳥巢水次，是其乳，則海波不興。但自卵至翼，一歲堇得十五日，商舶待之以渡海。其名曰亞爾爵虐之鳥，而此十五日，受鳥名，爲亞爾

地中海諸島

地中海之島，以百千計，甘的亞最大，曩有百城，周二千三百里。昔其王常作迷苑，游者須以物識地，然後可入。有草焉，饑食之少許，腹猶果然，名曰阿力滿之草。

地中海至冬，高風激浪，舟行爲艱。有鳥巢水次，是其乳，則海波不興。但自卵至翼，一歲堇得十五日，商舶待之以渡海。其名曰亞爾爵虐之鳥，而此十五日，受鳥名，爲亞爾

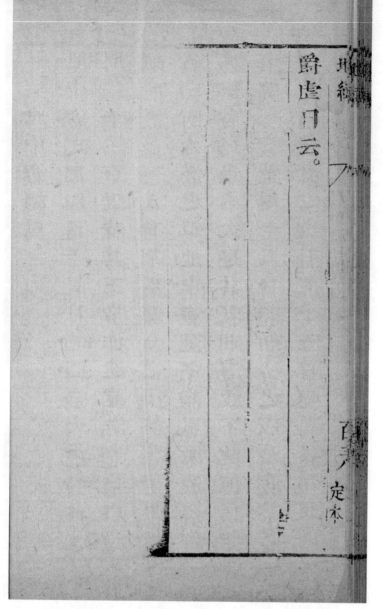

爵虐日云。

西北海諸島

歐邏巴西海。迤而北至氷海。海島千百。大者曰
諳厄利亞之島曰意而蘭大之島意而蘭大經
度五十三至五十八。氣候極和。暑至於溫寒至
於涼。多獸類無毒螫有湖焉揷木于內入土者。
叚叚化成鐵水中叚叚化成石。標出水面者則
爲木。是島旁有小島島中一地洞數見怪。諳厄
利亞經度五十至六十。緯度三度半至十三氣

西北海諸島一

西域通

西北海諸島

歐邏巴西海，迤而北至冰海，海島千百，大者曰諳厄利亞之島，曰意而蘭大之島。意而蘭大，經度五十三至五十八，氣候極和，暑至於溫，寒至於涼。多獸類，無毒螫。有湖焉，揷木于內，入土者，（叚叚）〔段段〕化成鐵，水中（叚叚）〔段段〕化成石，標出水面者，則爲木。是島旁有小島，島中一地洞，數見怪。

諳厄利亞，經度五十至六十，緯度三度半至十三。氣

亦融和。地方廣大有怪石。能阻聲其長七丈。高
二丈。從石陰撞千石之鐘。其陽寂若無聲。名曰
聾石。有湖長百五十里。廣五十里。此湖或不風
而波舟觸之。即覆有魚味甚佳而皆無鰭翅湖
中三十島。一島無根。隨風上下。人不敢居。而草
木蓊鬱牛羊醜羣。近有一地死者不殮。但移其
尸於山。千歲不朽子孫亦能識其處。鼠有從海
舟來者至此遂死。又有三湖通波。而魚不相往

亦融和，地方廣大。有怪石，能阻聲，其長七丈，高二丈，從石陰撞千石之鐘，其陽，寂若無聲，名曰聾石。

有湖，長百五十里，廣五十里。此湖或不風而波，舟觸之即覆。有魚，味甚佳，而皆無鰭翅。湖中三十島，一島無根，隨風上下，人不敢居，而草木蓊鬱，牛羊醜羣。

近有一地，死者不殮，但移其尸於山，千歲不朽，子孫亦能識其處。鼠有從海舟來者，至此遂死。

又有三湖，通波，而魚不相往

來。或曰踰湖即死。旁有海窖。潮之盛也。窖吸水入而永不盈。潮退即涌水若山。當吸水峙人立其側濡衣焉。即隨水吸入窖中。即不濡。即近水立無害。迤而北海島極多。至冬夜極長。一夜得數月夜行夜作皆以燭。產貂類極多人以爲衣。又有人長壯大節多力。形體生毛如猱。是多牛。半鹿猛犬。一犬格一虎。直獅亦衡行不避冬月。風之過海。搏水如山積。人善佃漁以魚爲糧或

西北海諸島二

函宇通

來，或曰踰湖即死。

　旁有海窖，潮之盛也，窖吸水入而永不盈，潮退即涌水若山。當吸水時，人立其側，濡衣焉，即隨水吸入窖中，即不濡，即近水立無害。

　迤而北，海島極多，至冬夜極長，一夜得數月，夜行夜作，皆以燭。

　產貂類極多，人以爲衣。

　又有人長壯大節多力，形體生毛如猱。是多牛、羊、鹿、猛犬。一犬格一虎，直獅亦衡行不避。

　冬月，風之過海，搏水如山積。

　人善佃漁，以魚爲糧，或

磨魚爲㺊膏爲燭骨爲舟車屋室爲薪而魚皮爲之舟大風濟不沈不覆陸行則負舟行其海風甚厲拔木折屋攝取人物或曰北海濱有短人人長不滿二尺無鬚眉男女無別跨鹿而行鶴常欲攬食之短人恒與鶴搏覆巢破卵以痛絕其種類或曰僬僥氏之國廣記曰鶴民國人長三寸常爲鶴所苦其惠者刻土偶以噎鶴蓋此類也又有小島其人嗜酒不醉多壽又近譜

磨魚爲㺊，膏爲燭，骨爲舟車、屋室，爲薪，而魚皮爲之舟，大風濟，不沈不覆，陸行則負舟行。其海風甚厲，拔木折屋，攝取人物。

或曰，北海［濱］有短人，人長不滿二尺，無鬚眉，男女無別。跨鹿而行，鶴常欲攬食之，短人恒與鶴搏，覆巢破卵，以痛絕其種類，或曰僬僥氏之國。《廣記》曰，鶴民國，人長三寸，常爲鶴所苦，其［惠］者，刻土偶以噎鶴。蓋此類也。

又有小島，其人嗜酒不醉，多壽。

又近譜……

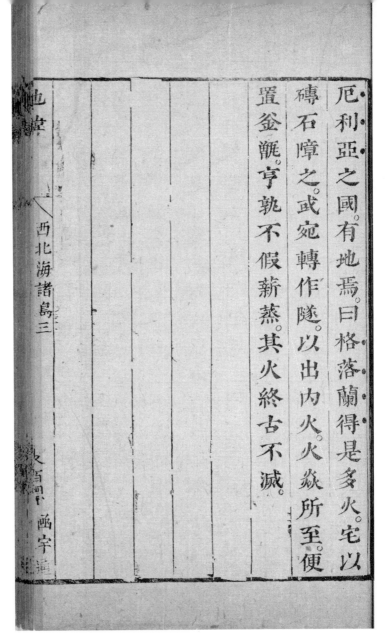

西北海諸島三

厄利亞之國。有地焉。曰格落蘭得。是多火。宅以
磚石障之。或宛轉作隧。以出內火。火焰所至。便
置釜甑。亨孰不假薪蒸。其火終古不滅。

厄利亞之國，有地焉，曰格落蘭得。是多火，宅以磚石障之，或宛轉作隧，以出內火，火焰所至，便置釜甑，亨孰不假薪蒸，其火終古不滅。

利未亞總志

次三，曰利未亞之州，大小百餘國，西南至利未亞海，東至西紅海，北至地中海。極南，南極出地三十五度；極北，北極出地三十五度。東西廣七十八度。

其地多曠野，野獸極盛。有文木，入水土，千年不朽。迤北海[濱]之國，最豐饒，一歲再穫，每種一斗，可穫十鍾，穀之登也。外國百鳥，皆至其地就食，涉冬寒盡始歸，故秋冬之交，民以佃獵為業。所產葡萄樹，高豐繁衍。地既曠野，人或無常居。每種一熟。即移徙他處。野地皆產怪獸。因其處水泉絕少。水之所瀦。百獸聚焉。更復異類以風。輒產奇乖殊異之獸。而獅。為之王。凡獸見之。皆匿。性最傲。直之者。亟匍伏。即飢時亦不噬。千人逐之。則徐行。即人不見。反益疾行。惟畏雄雞車輪之聲。聞之則遠遁。然受人德。則必報之。常時病瘧。四日輒發。其病時暴烈不可制。擲之

為業。所產葡萄樹，高豐繁衍。地既曠野，人或無常居，每種一熟，即移徙他處。

野地皆產怪獸，因其處水泉絕少，水之所瀦，百獸聚焉。更復異類以風，輒產奇乖殊異之獸。而獅，為之王，凡獸見之，皆匿。性最傲，直之者，亟匍伏，即飢時亦不噬。千人逐之，則徐行，即人不見，反益疾行。惟畏雄雞、車輪之聲，聞之則遠遁。然受人德，則必報之。常時病瘧，四日輒發，其病時暴烈不可制，擲之

以毬，則騰跳丸（㚯）［弄］不息。群行水草間，頗爲行旅之害。國人嘗禽數隻，支解懸之，稍復驚竄。

有鳥焉，色黃黑，高二三尺，戴冠鉤喙，飛極高，曾巢崇山石穴中。生子，則祝之曰："若視日。"視日，目不瞬者，即留之，瞬即殺之。壽最長久，老去故羽，復生新羽，與雛不殊。鷙擊百鳥，或攫羊、鹿食之，不食宿肉。人或冒險，尋得其巢，取其巢中餘肉，可供終歲。畏毒蛇害其子，則先尋一石，置巢邊，蛇毒

利末亞總志二

遂解。受人德亦必報。是曰亞阮剌之鳥或曰鳥

之王也。或曰即所謂大鵬金翅鳥。而西方大國

之君長。以其像爲旌符節璽焉。有貍似麝臍後

有肉囊。香滿囊中。輒病。向石上剔出之始巳。香

如蘇合油而黑。其貴次於龍涎。是療耳病。有

絕大尾重數十斤。其味絕美。有毒蛇能殺人。土

八有能制蛇者。守之世。蛇至其前。自能驅逐。非

有方術呪禁也。貴人行於野。必求此人自隨。有

遂解。受人德亦必報，是曰亞（阮）[际] 剌之鳥，或曰鳥之王也，或曰即所謂大鵬金翅鳥。而西方大國之君長，以其像爲旌符節璽焉。有貍似麝，臍後有肉囊，香滿囊中，輒病，向石上剔出之，始巳。香如蘇合油而黑，其貴次於龍涎，是療耳病。

有羊絕大，尾重數十斤，其味絕美。有毒蛇能殺人，土人有能制蛇者，守之世，蛇至其前，自能驅逐，非有方術 [咒] 禁也。貴人行於野，必求此人自隨。

有

獸如狼，而手足似人，好穴墓而食人尸，是曰大布之獸。

有獸大身怪狀，長五丈許，口吐涎，或曰即龍涎，或曰非也。龍涎生土中，初流出如脂，至海漸凝爲塊，大有千餘斤者，海魚或食之，故往往從魚腹中剖出。

其馬絕有力，善走，能與虎鬭。

境内名山，有曰亞大蠟之山者，在西北，蓋天下之最高山也。風雨露雷，（峽）［皆］在峽岬，而巔恒暘，視日星倍大。有畫灰爲字者，歷千年不動，以不風不雨故。國人呼爲天柱云。或曰此國人其寝不夢月山在赤道南二十三度。極嶮峻不可登。獅山在西南境其上雷電不絕曷噩剌之國之山多白金取之不盡。太浪山在西南海其下海風搏浪甚高。賈舶至此。或不能過則退歸。西洋船破敗率在此處。過之則大喜。可登於岸矣。故亦稱喜望之峯。自此山而東嘗有礁隱水中。是珊瑚之屬。剛者利若劍戟。海舶惡之也。凡利未亞

不雨故，國人呼爲天柱云。或曰此國人其寢不夢。

月山，在赤道南二十三度，極嶮峻，不可登。獅山，在西南境，其上雷電不絕。

曷噩剌之國之山，多白金，取之不盡。

太浪山，在西南海，其下海風搏浪甚高，賈舶至此，或不能過，則退歸，西洋船破敗，率在此處。過之則大喜，可登於岸矣，故亦稱喜望之峰。

自此山而東，嘗有礁隱水中，是珊瑚之屬，剛者利若劍戟，海舶惡之也。

凡利未亞

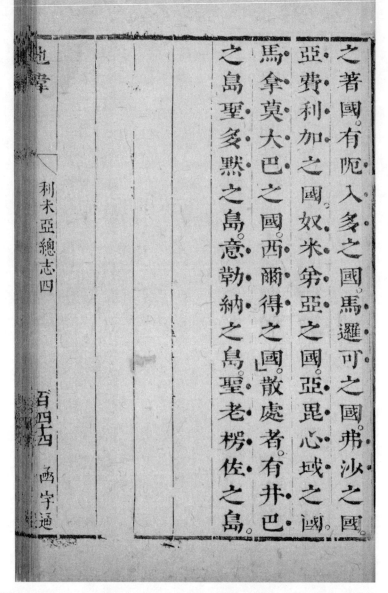

利未亞總志四

之著國。有阨入多之國。馬邐可之國。弗沙之國。
亞費利加之國。奴米弟亞之國。亞毘心域之國。
馬拿莫大巴之國。西爾得之國。散處者。有井巴
之島。聖多默之島。意勒納之島。聖老楞佐之島。

之著國，有阨入多之國、馬邐可之國、弗沙之國、亞費利加之國、奴米弟亞之國、亞毘心域之國、馬拿莫大巴之國、西爾得之國。

散處者，有井巴之島、聖多默之島、意勒納之島、聖老楞佐之島。

阨入多

利未亞之東北。有大國曰阨入多之國。地最肥
仁。中古時曾大豐七年。繼即大歉七年。時有前
知者名龠[琴]。教國人廣儲蓄。令罄國中之財。盡
以積穀。故飢而不害。且致四方告糴者財幣無
[算]。
華[寶]之毛。遷于其地。即茂美倍恒。其地恒暘
亦無雲氣。國中有大河名曰泥祿之河。河水歲
輙以五月發。以漸而長四十日而止。土人測水

阨入多

利未亞之東北，有大國曰阨入多之國，地最肥仁，中古時曾大豐七年，繼即大歉七年。時有前知者，名龠［琴］，教國人廣儲蓄，令罄國中之財，盡以積穀，故飢而不害，且致四方告糴者，財幣無［算］。

華［實］之毛，遷于其地，即茂美倍恒。其地恒暘，亦無雲氣。

國中有大河，名曰泥祿之河，河水歲輒以五月發，以漸而長，四十日而止，土人測水

漲痕，以候豐歉。大率最大不過二十一尺，即大
有年。最小不過一十五尺，即歉矣。水中有膏腴，
水所極處，膏腴即著土中而不漓，且糞且溉，庶
物蕃矣。水盛時，城郭多被淹没。國人濱河者，候
其期，楗戶而避之于舟。昔有賢王，專求救旱潦
之法，得一智士曰亞爾幾默得者，爲作水器，以
時潴洩，即今龍尾車也，語具泰西水法中。其士
人有機智，好格物。因其地無雲雨，日光旦旦，月

漲痕，以候豐歉。大率最大不過二十一尺，即大有年，最小不過一十五尺，即歉矣。

水中有膏腴，水所極處，膏腴即著土中而不漓，且糞且溉，庶物蕃矣。

水盛時，城郭多被淹没，國人濱河者，候其期，楗户而避之于舟。〔昔〕有賢王，專求救旱潦之法，得一智士曰亞爾幾默得者，爲作水器，以時潴洩，即今龍尾車也，語具《泰西水法》中。其士人有機智，好格物，因其地無雲雨，日光旦旦，月

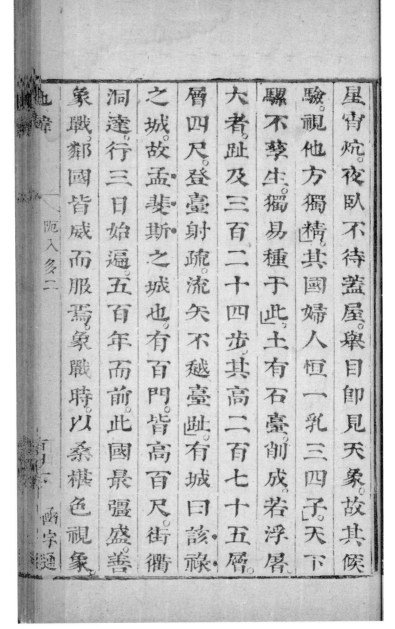

星宵炕，夜臥不待蓋屋，舉目即見天象，故其候驗，視他方獨精。

其國婦人，恒一乳三四子。

天下騾不孳生，獨易種于此。

土有石臺，削成，若浮屠，大者，趾及三百二十四步，其高二百七十五層，層四尺，登臺射疏，流矢不越臺趾。

有城曰該祿之城，故孟斐斯之城也。有百門，皆高百尺，街衢洞達，行三日始遍。五百年而前，此國最［強］盛，善象戰，鄰國皆威而服焉。象戰時，以桑椹色視象，

則怒而奔敵，所向披靡。今其國巳廢，城亦爲大
水所齧，因以墮壞。然尚有廬市三十里，行旅喧
填，百貨走集，城中駱駝常二三萬，埒於五都之
市矣。

則怒而奔敵，所向披靡。今其國已廢，城亦爲大水所齧，因以墮壞。然尚有廬市三十里，行旅喧填，百貨走集，城中駱駝常二三萬，［埒］於五都之市矣。

馬邏可　弗沙　亞非利加　奴米弟亞

陀入多近地中海一帶，為馬邏可
之國。馬邏可之國，多獸皮。國人以蜜為糧。其俗
最重冠，非貴人、老人不得冠。董以一尺布覆額
而已。弗沙之國，都城甲於利未亞。宮室壯麗。有
三里之殿，三十其戶，夜則燃九百燈，炤之。國人
亦頗知義理。陀入多之西，為亞非利加，地肥仁
易生麥，秀嘗三百四十一穗。西土稱為天下之

馬邏可、弗沙、亞非利加、奴米弟亞

　　陀入多近地中海一帶，為馬邏可之國與弗沙之國。馬邏可之國，多獸皮，國人以蜜為糧。其俗最重冠，非貴人、老人不得冠，董以一尺布覆額而已。

　　弗沙之國，都城甲於利未亞，宮室壯麗。有三里之殿，三十其戶，夜則燃九百燈，炤之。國人亦頗知義理。

　　陀入多之西，為亞非利加，地肥仁易生，麥秀嘗三百四十一穗，西土稱為天下之

困窮倉矣。馬邏之南，爲奴米弟亞。人多獰惡。其
地有小利未亞。方千里。無江河。行旅過者宿儲
兼旬之水。

困窮倉矣。

　　馬邏［可］之南，爲奴米弟亞，人多獰惡。

　　其地有小利未亞，方千里，無江河，行旅過者，宿儲兼旬
之水。

亞毘心域　馬拿莫大巴者

利未亞東北近紅海處。其國甚多。人皆黑色。迤
北稍有白色。向南漸黑。一望如墨矣。惟齒目極
白。其人有兩種。一種在利未亞之東者。名亞毘
心域。地方極大。三分其州之一。從西紅海至月
山。皆其疆也。産五穀五金。金不善鍊。恒以生金
塊易物。多糖蠟。造蠟炬不加膏脂。國中道不拾
遺。夜戶不閉。其王行遊國中。常有六千皮帳隨

亞毘心域、馬拿莫大巴（者）

利未亞東北，近紅海處，其國甚多，人皆黑色，迤北稍有白色，向南漸黑，一望如墨矣，惟齒目極白。其人有兩種，一種在利未亞之東者，名亞毘心域，地方極大，三分其州之一，從西紅海至月山，皆其疆也。

産五穀、五金，金不善鍊，恒以生金塊易物。多糖蠟，造蠟炬，不加膏脂。國中道不拾遺，夜戶不閉。其王行遊國中，常有六千皮帳隨

之車徒滿五六十里。一種在利未亞之南名馬
拿莫大巴者。分國最多。其民侗愚。其氣候甚熱。
濱海皆沙。踐之即成瘡痏。而黑人坐臥其中。無
恙也。所居極穢。如豕牢。喜生食象肉。故齒皆銳。
若犬牙相臨。奔走可追馳馬。裸而膏其身。黦黦
有光。以爲美飾。見人衣衣。則大笑之。其臭羶。聞
樂則起舞不止。無文字。無兵刃。惟刻木爲矛。甚
銛。善浮水。它國號爲海鬼。性不知憂慮。然樸實

之，車徒滿五六十里。

一種在利未亞之南，名馬拿莫大巴者，分國最多，其民侗愚。
其氣候甚熱，［濱］海皆沙，踐之即成瘡痏，而黑人坐臥其中，無
恙也。所居極穢，如豕牢。喜生食象肉，故齒皆銳，若犬牙相臨。
奔走可追馳馬，裸而膏其身，黦黦有光，以爲美［飾］，見人衣
衣，則大笑之。其臭羶，聞樂則起舞不止。無文字，無兵刃，惟刻
木爲矛，甚銛。善浮水，它國號爲海鬼。性不知憂慮，然樸實

耐久，教之爲善，即爲之益疾力，爲人奴忠甚視死如歸，常爲他國所係虜，轉相粥賣之者善視之，即得其死力，至他國亦依依其主，以赭衣若酒賜之，即大喜過望。其國敬其王若神靈，水旱疾苦皆祈之王，若王偶一嚏，則朝中皆大聲諾諾，與王之聲應。已國中皆大聲諾諾，與朝中之聲應矣。所產雞皆黑，象極大，一牙有重二百斤者，又有獸如猫，名曰亞爾加里亞之獸，尾後

〔亞毘心域二〕

耐久，教之爲善，即爲之益疾力。爲人奴忠甚，視死如歸。常爲他國所係虜，轉相粥賣，買之者善視之，即得其死力，至他國亦依依其主。以赭衣，若酒賜之，即大喜過望。

其國敬其王若神靈，水旱疾苦，皆祈之王。若王偶一嚏，則朝中皆大聲諾諾，與王之聲應。已國中皆大聲諾諾，與朝中之聲應矣。

所產雞皆黑，象極大，一牙有重二百斤者。又有獸如猫，名曰亞爾加里亞之獸，尾後

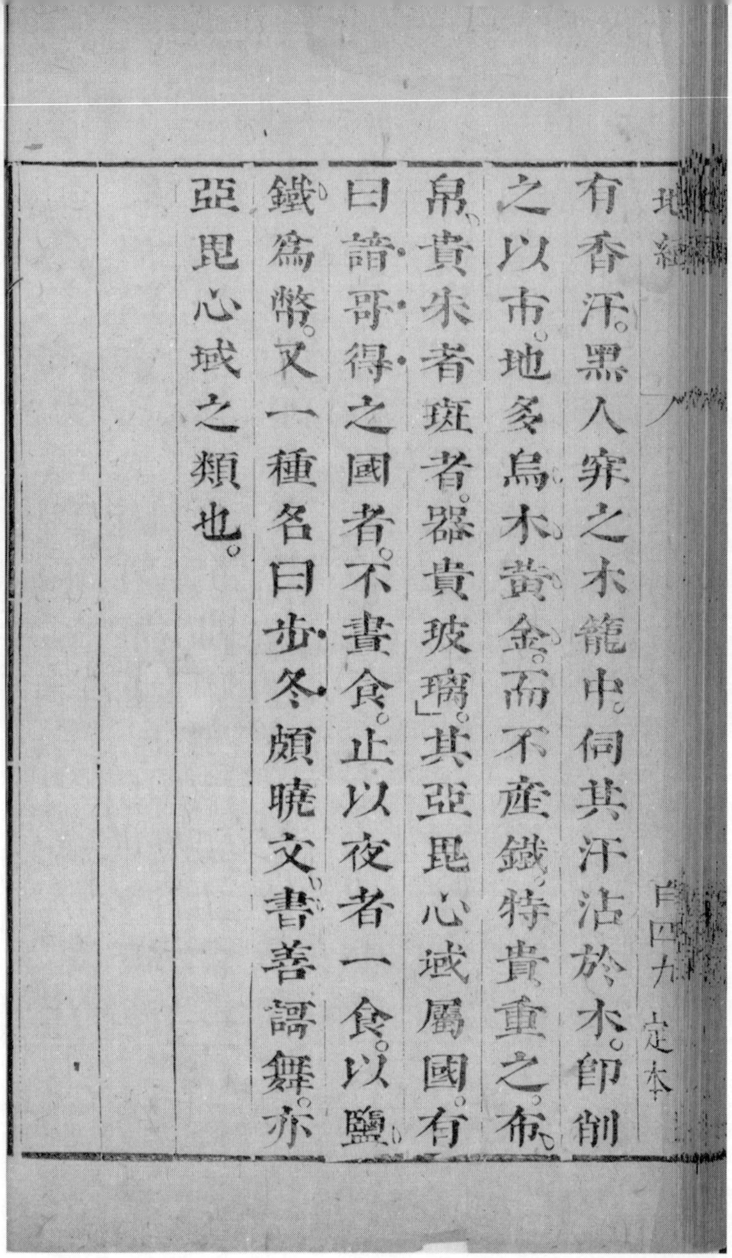

鐵爲幣。又一種各曰步冬頗曉文書善謳舞亦

曰諳哥得之國者不晝食止以夜者一食以鹽

昴貴朱者斑者器貴玻璃。其亞毘心域屬國有

之以市地多烏木黃金而不產鐵特貴重之。布

有香汗。黑人窜之木籠中伺其汗沾於木。即削

有香汗，黑人［阱］之木籠中，伺其汗沾於木，即削之以市。地多烏木、黃金，而不產鐵，特貴重之。布帛貴朱者、斑者，器貴玻璃。

其亞毘心域屬國，有曰諳哥得之國者，不晝食，止以夜者一食。以鹽、鐵爲幣。又一種名曰步冬，頗曉文書，善［歌］舞，亦亞毘心域之類也。

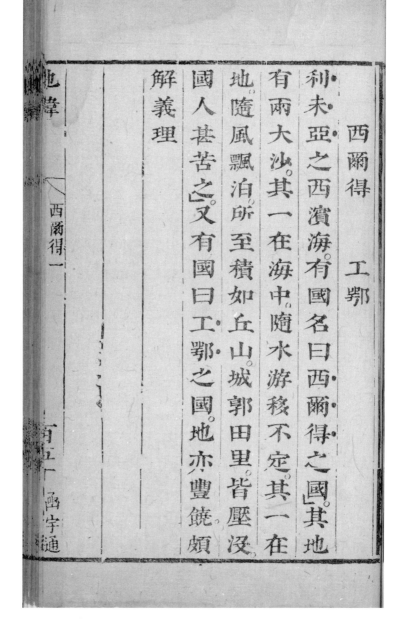

西爾得　工鄂

利未亞之西濱海有國名曰西爾得之國。其地
有兩大沙。其一在海中隨水游移不定。其一在
地。隨風飄泊所至積如丘山。城郭田里。皆壓沒。
國人甚苦之。又有國曰工鄂之國。地亦豐饒。頗
解義理

西爾得、工鄂

利未亞之西〔濱〕海，有國名曰西爾得之國。其地有兩大沙，其一在海中，隨水游移不定；其一在地，隨風飄泊，所至積如丘山，城郭田里，皆壓沒，國人甚苦之。

又有國曰工鄂之國，地亦豐饒，頗解義理。

井巴

利未亞之南，有狄焉，聚衆十餘萬，好勇喜鬬，無定居，[乘]馬及駱駝，隨水草遷徙。所至即殺人，及食鳥、獸、蟲、蛇，必生類盡絕，乃轉之他國，是曰井巴之狄。

六九五

福島

利未亞之西北，有七島，福島其總名也。絕無雨，而風氣滋潤，易長草木，百穀不待耕種，布種自生。多葡萄酒及白糖，西土商舶往來，必市買島中物，爲舟中之用。

七島中，有鐵島，絕無水泉，而生一種樹，極大，每日沒，恒有雲氣抱之，釀成甘水。人於樹下，作數池，一夜輒滿，萬物皆沾足焉，名曰聖蹟之水，蓋曰天之所以養育人也。它國

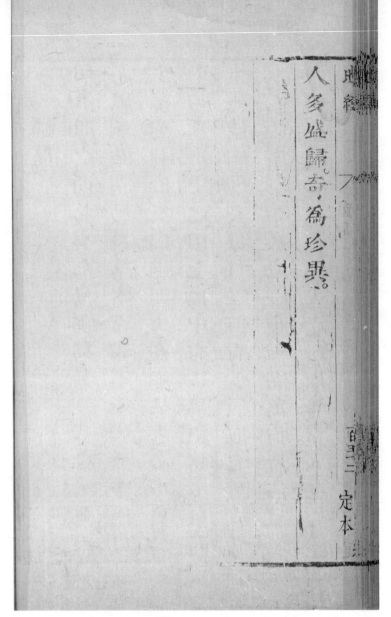

人多盛歸，奇爲珍異。

聖多默島　意勒納島　聖老楞佐島

聖多默之島，在利未亞之西，赤道之下，圍千里，徑三百里。其地濃陰多雨，近日處，雲愈簇，雨愈多，是其果〔蓏〕皆無核。

意勒納之島，鳥、獸、果實甚繁，而絕無人居。海舶從小西洋至大西洋者，恒泊此十餘日，採樵漁獵，備二三萬里之用。

聖老楞佐之島，在赤道南，圍二萬餘里，從十七度至二十六度半。人多黑色，散處林麓，無定居。是多

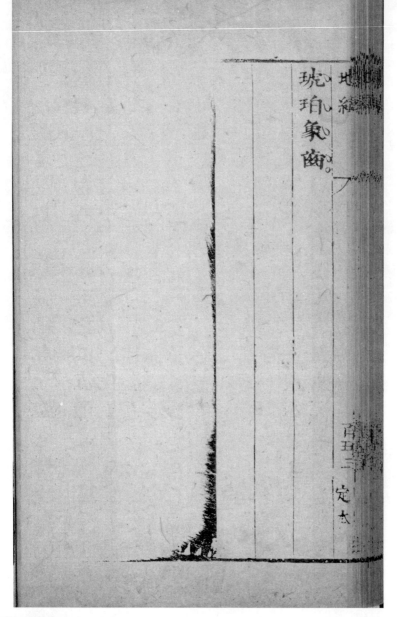

琥珀、象齒。

亞墨利加總志

次四，曰亞墨利加之州，南北縣而峽連其中。自峽以南者，曰南亞墨利加。南起墨瓦蠟泥海峽，南極出地五十二度；北至加納達，北極出地十度半；西起二百八十六度；東至三百五十五度。

自峽以北者，曰北亞墨利加。南起加納達，南極出地十度半；北至冰海，未有知其北極出地度者；西起一百八十度；東盡福島三百六十度。地

西宇通

亞墨利加總志

　　次四，曰亞墨利加之州，南北縣而峽連其中。自峽以南者，曰南亞墨利加。南起墨瓦蠟泥海峽，南極出地五十二度；北至加納達，北極出地十度半；西起二百八十六度；東至三百五十五度。

　　自峽以北者，曰北亞墨利加。南起加納達，南極出地十度半；北至冰海，未有知其北極出地度者；西起一百八十度；東盡福島三百六十度。

　　地

方廣袤，幾半天下。

　　初，西土之緯地者，曰亞細亞、歐邏巴、利未亞而已，謂大地奧隅，可宅者什三，而什七是海。

　　百年前，西國有大臣閣龍者，深極物理，居恒自念曰："上帝生兩儀，以爲人也，奈何云海多於地哉？"一日行遊西海上，嗅海中氣味，忽若有悟，謂此非海水之氣，乃土地之氣也，自此以西，必有人民、國土矣。因請其王，造舟，具糧舟中貨財珍寶，百工之事畢備，以前利用，以通交易，而衛之以橫海之師。閣龍廼率眾出海，展轉數月，茫然無地，波濤山立，怪風震天。舟中之人多病，咸嘆息愁恨，謳謌息歸。閣龍厲聲曰：「吾奉王命來，所不得要領以歸報王者，有如此水。」益疾力闘海行，忽一日，船樓上大聲呼：「有地矣！」亟取道前行，果至一方，有人民，國土。初時，未敢登岸，因此方國土，未嘗航海，不復知海外別有人物。且此國舟，故無帆，乍見大舶揚帆，砲聲

亞墨利加總志二

交易，而衛之以橫海之師。閣龍〔乃〕率眾出海，展轉數月，茫然無地，波濤山立，怪風震天。舟中之人多病，咸嘆息愁恨，謳謌思歸。閣龍厲聲曰："吾奉王命來，所不得要領以歸報王者，有如此水。"〔乃〕益疾力闘海行，忽一日，船樓上大聲呼："有地矣！"亟取道前行，果至一方，有人民，國土。初時，未敢登岸，因此方國土，未嘗航海，不復知海外別有人物。且此國舟，故無帆，乍見大舶揚帆，炮聲

雷發，咸詫爲天神、鬼物，驚逸莫敢前，舟人終不得近。偶一女子在海旁，因遺之錦、繡、綺、紵，金花、銀鑷，器〔飾〕、寶玩，而縱之歸。明日其父母同衆來觀，又厚遺之如初，遂大喜過望，率其父老子弟而相告曰："人也，自海外來貿遷者，且奇貨可居。"遂延客，具牛酒交歡，蓋屋與廬。閣龍命同行者，半留勿還，而半還報，且致其物產於其王。明年，國王又命載百穀、百果之種，及農圃百工之事，

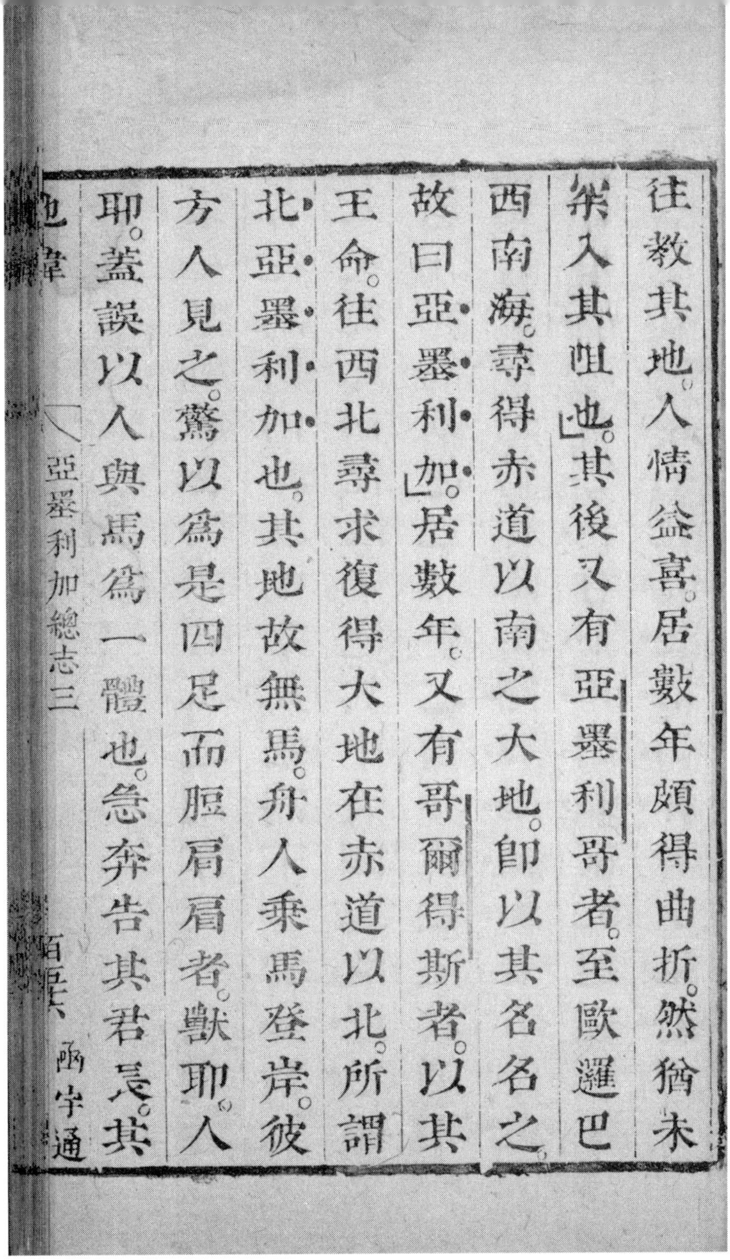

往教其地。人情益喜。居數年。頗得曲折。然猶未
深入其阻也。其後又有亞墨利哥者。至歐邏巴
西南海。尋得赤道以南之大地。即以其名名之。
故曰亞墨利加。居數年。又有哥爾得斯者。以其
王命。往西北尋求。復得大地在赤道以北。所謂
北亞墨利加也。其地故無馬。舟人乘馬登岸。彼
方人見之。驚以爲是四足而脰肩肩者。獸耶。人
耶。蓋誤以人與馬爲一體也。急奔告其君長。其

地緯　亞墨利加總志三　函宇通

往教其地，人情益喜。居數年，頗得曲折，然猶未［深］入其阻也。

其後，又有亞墨利哥者，至歐邏巴西南海，尋得赤道以南之大地，即以其名名之，故曰亞墨利加。

居數年，又有哥爾得斯者，以其王命，往西北尋求，復得大地，在赤道以北，所謂北亞墨利加也。其地故無馬，舟人［乘］馬登岸，彼方人見之，驚以爲是四足而脰肩肩者，獸耶？人耶？蓋誤以人與馬爲一體也。急奔告其君長，其

君長遣人來視，亦〔錯〕愕不辨爲人，但齎兩種物來，一是雞、豚、食物，曰："若人也，則享此。"一是奇香、名花、鳥羽，曰："神也，則享此。"既而下嘗其食物，真人矣，從此相往來不絕。

其中大國與歐邏巴餽遺相通，而歐邏巴教官之屬，亦往往至其國，相與論講習説焉。

其國在南亞墨利加者，有字露，有伯西爾，有智加，有金加西蠟。

南北連處，有宇革單，有加達納。

在北亞墨利加者，有墨是可，有

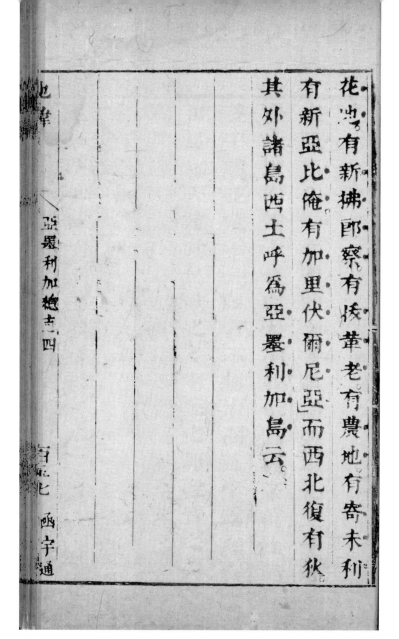

花地，有新拂郎察，有拔革老，有農地，有寄未利，有新亞比俺，
有加里伏爾尼亞。

而西北復有狄，其外諸島，西土呼爲亞墨利加島云。

南亞墨利加之西曰孛露起赤道以北三度至
赤道以南四十一度大小數十國廣袤萬餘里
多平壤肥磽不一肥者不耕治而秇孛露之人
自目為天苑其鳥獸之多羽毛之麗聲音之美
天下莫及也地產金其王以黃金餙殿獨不產
鐵剡木銛石以為兵今以貿易亦有鐵器然至
貴器物皆金銀銅三等為之有數國從古不雨

孛露 以下俱南亞墨利加

南亞墨利加之西，曰孛露。起赤道以北三度，至赤道以南四十一度，大小數十國，廣袤萬餘里，多平壤。肥磽不一，肥者不耕治而秇。孛露之人，自目爲天苑，其鳥獸之多，羽毛之麗，聲音之美，天下莫及也。

地産金，其王以黃金［飾］殿。獨不産鐵，剡木、銛石以爲兵。今以貿易，亦有鐵器，然至貴。器物皆金、銀、銅三等爲之。

有數國，從古不雨，

地中自潤。或資水澤。有樹焉其膏極香是已創。傅之一畫夜。即合。塗痘不瘢以塗屍數千年不朽。名曰拔爾撒摩之樹其香曰拔爾撒摩之香。有一羊焉。可乗載性倔強時臥雖鞭策至死不起。以好言慰之即起。食物最少。可絕食三四日。肝中有丸如鴿卵青白色療諸疾海國甚貴之謂之羊寶有鳥焉最大生曠野中長脛高足翼翎極麗身體無毛不能飛足若牛蹄走及奔馬。

地中自潤，或資水澤。有樹焉，其膏極香，是已創，傅之一晝夜，即合，塗痘不瘢，以塗屍，數千年不朽，名曰拔爾撒摩之樹，其香曰拔爾撒摩之香。

有一羊焉，可〔乘〕載，性倔強，時臥，雖鞭策，至死不起；以好言慰之，即起。食物最少，可絕食三四日。肝中有丸，如鴿卵，青白色，療諸疾，海國甚貴之，謂之羊寶。

有鳥焉，最大，生曠野中，長脛高足，翼翎極麗，身體無毛，不能飛，足若牛蹄，走及奔馬。

卵可爲飮器，今番舶所市龍卵者也。

而鳥復多天鵝、鸚鵡。

其地産絮，亦知織布，而不甚用之。常易大西洋布帛及利諾布，或剪馬毛，織爲服。

其地江河極大，有泉如脂膏，常出不竭，可燃，可砌，可塗舟。又有（潰）[噴] 泉，出石罅中，纔離數十步，即化爲石。有土可燃，如炭。

是多地震，一郡一邑，或沉墊無遺，或平地起山，或山飛，皆地震之所爲也。故不敢爲大宮室，葢屋必以薄板。

其俗無文字，

結繩爲識。或以五色狀物形。以當字即記事記
言之史亦然。算數用小石子。亦精敏。其文飾以
珍寶籹面。或以金銀環穿唇及鼻。或以金鈴繫
臂。或在股。或飾重寶夜中照耀一室。其國都以
達四境萬餘里。皆鑿山夷谷。爲石道置郵。則數
里一更。三日夜可達二千里。人性良善。不長傲。
不飾詐。因其地多金銀。故亦寡盜賊。希貪吝。亦
不自知其富。或更作凌雜纖細無益之事。以當

結繩爲識，或以五色狀物形，以當字，即記事、記言之史亦然。算數用小石子，亦精敏。

其文［飾］以珍寶籹［面］，或以金銀環穿唇及鼻，或以金鈴繫臂，或在股，或［飾］重寶，夜中照耀一室。

其國都以達四境，萬餘里，皆鑿山夷谷，爲石道。置郵，則數里一［更］，三日夜可遠二千里。

人性良善，不長傲，不［飾］詐。因其地多金銀，故亦寡盜賊，希貪吝，亦不自知其富。或更作凌雜纖細無益之事，以當

作業。其俗之陋者或有厚葬淫祀輕用民死近
歐邏巴之士教之稍止。其地之陋者或磽隘或
薦草莽水泉。無所農桑穀畜人拾虫豸爲糧地
氣溽濕。多毒蛇。蛇螫人。輒死人不敢寢之地夜
則張羅于木末而寢焉。其方言種種不同而別
有正音可通萬里之外凡天下方言。過千里必
譯而後通正音能達萬里者中國以外惟字露
耳字露之旁有一大山名曰亞老歌之國人强

（字露三

西宇通

作業。

其俗之陋者，或有厚葬淫祀，輕用民死，近歐邏巴之士教之，
稍止。

其地之陋者，或磽隘，或薦草莽水泉，無所農桑穀畜，人拾虫
豸爲糧。地氣溽濕，多毒蛇，蛇螫人，輒死，人不敢寢之地，夜則
張羅于木末而寢焉。

其方言，種種不同，而別有正音，可通萬里之外。凡天下方
言，過千里必譯而後通。正音能達萬里者，中國以外惟字露耳。

字露之旁，有一大山，名曰亞老歌之國，人强

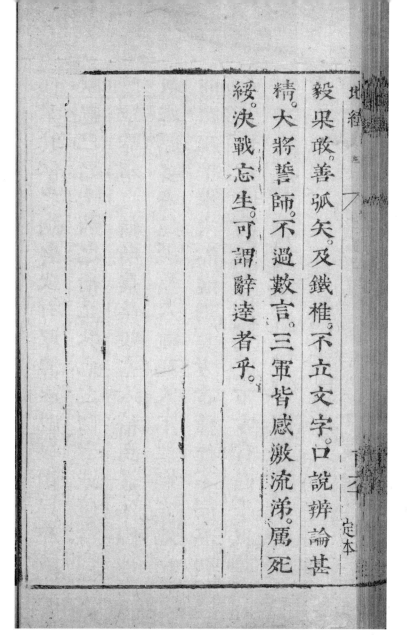

毅果敢，善弧矢及鐵椎，不立文字，口說辨論甚精，大將誓師，不過數言，三軍皆感激流涕，屬死綏，決戰忘生，可謂辭達者乎。

毅果敢，善弧矢及鐵椎。不立文字，口說辨論甚精，大將誓師，不過數言，三軍皆感激流涕，屬死綏，決戰忘生，可謂辭達者乎！

伯西爾

南亞墨利加之東境，有大國曰伯西爾之國，起赤道以南二度，至三十五度而止。

天氣和平，人壽康，無疾病。他方病者，至此即瘳。

地甚肥饒，江河爲天下最大。有大山界字露者，高甚，飛鳥莫能過。

土人多取蔗漿爲飴，嘉木族生，而蘇木最多，故亦稱爲蘇木國。

多怪鳥獸，有一獸甚猛，爪如人指，鬃如馬，垂腹着地，不能行，盡一月不踰

婦人生子。作業如常。其夫則坐蓐數十日。專精

少之時鑿顧及下唇作孔。雜篏貓晴夜光爲餙。

則矢相觸墮地。俗多躶體獨婦人以髮蔽前後。

所獲國人善射。後矢之鏃常貫前矢之羽。交射

餓時百夫莫當飽即一人制之有餘往往爲犬

張翎恒納其子房中。欲乳方出之。有飽懦之虎。

獸。又有房獸狸前狐後人足梟耳腹下有房可

百步。喜食樹葉。上下樹必得四日。是曰懶而之

百步。喜食樹葉，上下樹必得四日，是曰懶 [面] 之獸。

　　又有房獸，狸前，狐後，人足，梟耳，腹下有房，可張翎，恒納其子房中，欲乳方出之。

　　有飽懦之虎，餓時百夫莫當，飽即一人制之有餘，往往爲犬所獲。

　　國人善射，後矢之鏃，常貫前矢之羽，交射則矢相觸墮地。

　　俗多 [裸] 體，獨婦人以髮蔽前後，小之時鑿 [頤] 及下唇作孔，雜篏貓睛、夜光爲 [飾]。婦人生子，作業如常；其夫則坐蓐數十日，專精

神，近醫藥。親戚俱來問候，餽遺弓矢、食物。大類《記》所載南方之獠婦、越俗之産翁者。

地不産米麥，不釀酒，用草根晒乾，磨粉作餅，以當飯。

凡物皆公用，不自私。

土人能没水中一二辰，復能張目明視。亦有泳游最捷者，恒追執一大魚而騎之，所謂都（狼白）[白狼]之魚也，以鐵鉤鉤入魚目，曳之東西走，轉捕他魚。

其國無君長、文字，亦無衣冠，散居聚落。

其南有銀河，水味甘美，嘗湧溢平地，

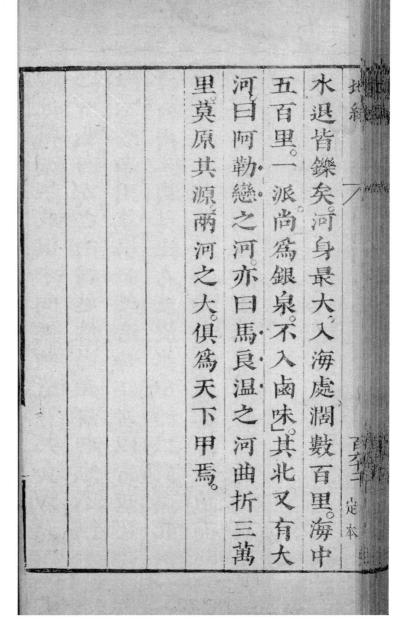

水退皆鑠矣。河身最大，入海處濶數百里，海中
五百里，一派尚爲銀泉，不入鹵味。其北又有大
河曰阿勒戀之河，亦曰馬良溫之河曲折三萬
里莫原其源。兩河之大。俱爲天下甲焉。

水退皆鑠矣。河身最大，入海處濶數百里，海中五百里，一派尚爲
銀泉，不入鹵味。

其北又有大河，曰阿勒戀之河，亦曰馬良溫之河，曲折三萬
里，莫原其源。兩河之大，俱爲天下甲焉。

南亞墨利加之南爲智加。即長人國也。地方頗
冷。人長一丈許。形體生毛。昔時人更大。曾掘地
得人齒。布指度之。廣得三。長得四。推其全體。殆
所稱骨專車而眉見于軾者也。其人好挾弓矢。
矢長六尺。每握一矢。插口中没羽以示勇。男女
以五色畫面爲文飾。

智加 一

智加

南亞墨利加之南，爲智加，即長人國也。地方頗冷，人長一丈許，形體生毛。昔時人更大，曾掘地得人齒，布指度之，廣得三，長得四，推其全體，殆所稱骨專車而眉見于軾者也。

其人好挾弓矢，矢長六尺，每握一矢，插口中没羽，以示勇。男女以五色〔畫〕〔面〕，爲文〔飾〕。

金加西蠟

南亞墨利加之北。曰金加西蠟是多金銀。其鑛有四坑。深者皆二百丈。土人以兕革縋下之。役者常三萬人。其所得金銀。國王什一賦之。七日可賦三萬兩。其山麓有城曰銀城。百物踊貴。獨銀至賤。幣用銀錢爲五等。大者八錢。小者五分。金錢四等。大者十兩。小者一兩。歐邏巴自交易之路通。金日生于境內。而食貨漸以徵貴君子

金加西蠟一　瀛寰志略

金加西蠟

南亞墨利加之北，曰金加西蠟。是多金、銀，其鑛有四坑，深者皆二百丈。土人以兕革縋下之，役者常三萬人。其所得金銀，國王什一賦之，七日可賦三萬兩。其山麓有城，曰銀城，百物踊貴，獨銀至賤。幣用銀錢爲五等，大者八錢，小者五分；金錢四等，大者十兩，小者一兩。歐邏巴自交易之路通，金日生于境內，而食貨漸以〔徵〕貴，君子

懼焉。

其南北之相連之地，名宇革單，近赤道北十八度之下，南北亞墨利加從此通，東西海從此隔，環國五千餘里。以文身爲俗。

墨是可以下俱北亞墨利加

北亞墨利加，國土富饒，多鳥、獸、魚、黿、良藥。富家畜羊，嘗至二十萬蹄。所解牛，菫取其皮革。百年前無馬，今得西域馬種，野中生良馬，甚衆。有雞，大於鵝，吻上有鼻，可詘信若象，詘之僅寸餘，信之可五寸許。諸國未通時，地少五穀，今亦漸饒，新田播種，一斗可收十鐘。

其南總名新以西把尼亞，內有大國，曰墨是可之國，屬國三十。境內有兩湖。其鹹者水乍消乍長。若海朝夕。土人煑以為鹽。其味甘者中多鱗介。湖四面皆環以山。山多積雪。烟火輻輳於山麓。此兩湖皆不通海。故城容三十萬家。每用兵與他國相爭。鄰國即助兵十餘萬。其守都城。亦恆用三十萬人。新城在湖中。周四十八里以則獨鹿之木為椿。密植湖中。加板。以承城郭宮室。椿入水。千年不朽。城內街衢室屋。皆宏敞精麗。國王寶藏極多所重

有兩湖，其鹹者，水乍消乍長，若海朝夕，土人［煑］以為鹽；其味甘者，中多鱗介。湖四［面］皆環以山，山多積雪，烟火輻輳於山麓，此兩湖皆不通海。故城容三十萬家，每用兵與他國相爭，鄰國即助兵十餘萬。其守都城，亦恆用三十萬人。

新城在湖中，周四十八里，以則獨鹿之木為椿，［密］植湖中，加板，以承城郭宮室。椿入水，千年不朽。城內街衢、室屋，皆宏敞精麗。國王寶藏極多，所重

金銀烏羽。鳥羽有奇彩者。用以供神。鍾人之事。輯烏羽散五色華文。光景動人民矣。其業大抵務農工。而尚貴。其人美鬚眉。溺于耳目所覩記。聞他方大國土。大君長。輒大笑。以爲紿巳若夜郎王言。孰與漢大也。其敝俗。值災眚。輒奪鄰國之人以祀。今西土之儒教之。其俗已革。其國中有一大山。山中人最勇猛。一可當百善走如飛。馬不能及。又善射。人發一矢。彼發三矢矣。百發

墨是可二　西字通

金、銀、鳥羽。鳥羽有奇彩者，用以供神。鍾人之事，輯鳥羽散五色華文，光景動人民矣。

其業大抵務農工，而尚貴，其人美鬚眉。溺于耳目所覩記，聞他方大國土、大君長，輒大笑以爲紿（巳）[己]，若夜郎王言"孰與漢大"也。其敝俗，值災眚，輒奪鄰國之人以祀，今西土之儒教之，其俗已革。其國中有一大山，山中人最勇猛，一可當百，善走如飛，馬不能及。又善射，人發一矢，彼發三矢矣，百發

百中。鑿人腦骨以爲餙。今亦稍漸於善。最喜得衣。如賈客與衣一襲。則終歲盡力爲之衛。迤而北。有墨古亞剛之國。國不過千里。地豐饒。人強力多壽。有一歲三穫之穀。多牛羊駱駝糖蜜絲布。又迤而北。有古理亞加納之國。地苦貧。人皆露宿。以漁獵爲生。有寡斯大之國。人性純樸。亦以漁爲業。其地有山。出二泉。一赤若日。一黑若墨。肥濃若膏澤。

百中。鑿人腦骨以爲［餙］，今亦稍漸於善。最喜得衣，如賈客與衣一襲，則終歲盡力爲之衛。

迤而北，有墨古亞剛之國，國不過千里，地豐饒，人強力多壽。有一歲三穫之穀。多牛、羊、駱駝、糖、蜜、絲布。

又迤而北，有古理亞加納之國，地苦貧，人皆露宿，以漁獵爲生。

有寡斯大之國，人性純樸，亦以漁爲業，其地有山，出二泉，一赤若日，一黑若墨，肥濃若膏澤。

花地　新拂郎察　拔革老　農地

北亞墨利加之西南有花地地富饒人好戰不
休不尚文事男女皆裸體僅以木葉若獸皮蔽
前後飾以金銀纓絡五色流蘇人皆牧鹿若牧
羊然亦飲其乳有新拂郎察往時西土拂郎察
之人所逼也故叟今各土瘠民貧又有拔革老
者魚名也因海中產此魚甚多粥販往他國恒
數千艘故以魚名土瘠人愚地純沙沙中故不

花地一　西宇通

花地、新拂郎察、拔革老、農地

北亞墨利加之西南，有花地，地富饒，人好戰不休，不尚文事，男女皆裸體，僅以木葉若獸皮，蔽前後，［飾］以金銀纓絡、五色流蘇。人皆牧鹿，若牧羊然，亦飲其乳。

有新拂郎察，往時西土拂郎察之人所通也，故受今名，土瘠民貧。

又有拔革老者，魚名也。因海中產此魚甚多，粥販往他國，恒數千艘，故以魚名。土瘠人愚，地純沙，沙中故不生五穀。土人造魚腊。時取魚頭數萬。[密]布沙中。每頭種穀二三粒。後魚爛地肥。穀生暢茂。收穫倍于常土。又有農地。此地多崇山茂林。屢出怪獸。人強力果敢。搏獸取皮爲裘爲屋。其俗以金銀環鑷。絡項穿耳。近海有大河。闊五百里。窮四千里。不得其源。若中國之黃河焉。

生五穀。土人造魚腊，時取魚頭數萬，[密]布沙中，每頭種穀二三粒，後魚爛地肥，穀生暢茂，收穫倍于常土。

又有農地，此地多崇山茂林，屢出怪獸。人強力果敢，搏獸取皮爲裘、爲屋。其俗以金銀環鑷，絡項穿耳。近海有大河，闊五百里，窮四千里，不得其源，若中國之黃河焉。

既未蠟　新亞比俺　加里伏爾泥亞

北亞墨利加之西、爲既未蠟、爲新亞比俺、爲加里伏爾泥亞、地勢相連屬。國俗畧同、男婦皆衣羽毛、及被虎、豹、熊、羆之裘、間以金、銀餙之。其地多大山、而雪泉山爲之最。雪泉山、其高六七十里、廣八百里、長四千里、山下終歲極熱、山半則溫、至山巔極寒。經年多雪、雪盛時、六七尺。雪消後、一望平濤數百里。山出泉極大、滙爲大江

既未蠟、新亞比俺、加里伏爾泥亞

北亞墨利加之西，爲既未蠟，爲新亞比俺，爲加里伏爾泥亞，地勢相連屬。

國俗略同，男婦皆衣羽毛，及被虎、豹、熊、羆之裘，間以金、銀[飾]之。

其地多大山，而雪泉山爲之最。雪泉山，其高六七十里，廣八百里，長四千里。山下終歲極熱，山半則溫，至山巔極寒。經年多雪，雪盛時，[深]六七尺。雪消後，一望平濤數百里。山出泉極大，滙爲大江

數處，皆廣數百里。

樹木之高豐茂，參天蔽日，松實徑數寸，仁大如銀杏。松木腐者，蜂輒就之作房，蜜瑩白味美，採蜜者預次水邊，候蜂來，隨之而去，獲蜜甚多。

獨少鹽，得則餂之，不忍食。

犀、象、虎、豹諸獸，往來成群，皮革甚賤。有大雉，重十五六斤。地多雷電，樹木多震倒。有臧粟之鳥，小如雀，啄小孔枯樹上千数，孔臧一粟，爲冬月儲。

西北諸蠻方

北亞墨利加地愈北人愈椎野無城郭君長文字數十家成聚則以木柵爲城其俗好飲酒日以報仇攻剽爲事平居無事即以鬭爲戲賭以牛羊丁壯出戰則一家女子老弱咸持齋以祈勝勝則家人迎賀斷敵人頭以築牆若再戰當行其老人輒指牆上髑髏咨嗟而﹝勖﹞之其女子則研所殺仇讎指骨連之爲身首﹝飾﹞若獲大仇

西北諸蠻方

北亞墨利加地愈北，人愈椎野，無城郭、君長、文字，數十家成聚，則以木柵爲城。其俗好飲酒，日以報仇、攻剽爲事。平居無事，即以鬭爲戲，賭以牛羊。丁壯出戰，則一家女子老弱，咸持齋以祈勝，勝則家人迎賀，斷敵人頭，以築牆。若再戰，當行，其老人輒指牆上髑髏，咨嗟而﹝勖﹞之。其女子則研所殺仇讎指骨，連之，爲身首﹝飾﹞。若獲大仇，

則削其骨長二寸許鑿〔頤〕內之露寸許於外章
有功也顧樹三骨者為人雄戰之時盡攜所有
奇物重寶而去誓不反顧此地人絕有力女子
亦然每遷徙則舉械器餱糧子女負任而行上
下山如履平地坐以右足為席男女皆飾髮髮
飾雜紫貝青螺寶石男女皆垂耳環觸其耳及
環則為大辱必反之居屋庫甚戶僅若竇備敵
也富人多好施每置埶物於門俟往來者恣
取之

定本

則削其骨，長二寸許，鑿〔頤〕內之，露寸許於外，章有功也。〔頤〕樹三骨者，為人雄，戰之時，盡攜所有奇物重寶而去，誓不反顧。

此地人絕有力，女子亦然。每遷徙，則舉械器、餱糧、子女，負任而行，上下山如履平地。坐以右足為席，男女皆飾髮，髮飾雜紫貝、青螺、寶石，男女皆垂耳環，觸其耳及環，則為大辱，必反之。居屋庫甚，戶僅若竇，備敵也。富人多好施，每置埶物於門，俟往來者恣取之。

亞墨利加諸島

兩亞墨利加之島不可勝數其大者爲小以西
把尼亞之島爲古巴之島爲牙賣加之島氣候
多熱華實終歲不絕有草焉含其汁而食之殺
人去其汁爲糧甚美有毒樹人過其影即死手
持其枝葉亦死中若毒亟沈水中即解有鳥夜
張其翼光自焰野彘猛獸縱橫原野土人善
走疾及奔駟又能負足力頗倦則以鍼刺股出

亞墨利加諸島

兩亞墨利加之島，不可勝數，其大者，爲小以西把尼亞之島，爲古巴之島，爲牙賣加之島。

氣候多熱，華實終歲不絕。有草焉，含其汁而食之，殺人；去其汁，爲糧，甚美。有毒樹，人過其影即死，手持其枝葉亦死，中若毒，亟沈水中即解。有鳥，夜張其翼，其〔光〕自焰。野彘猛獸，縱橫原野。

土人善走，疾及奔駟，又能負，足力頗倦，則以鍼（刺）〔刺〕股，出

黑血少許即負重疾行如初取黄金有嘗期宿
齋戒而後取之又有一島女子善射甚勇生數
歲即割其右乳以便操弓矢昔有商人行近此
島值一女子盪小舟來射殺商舶二人去如飛
叓有一島島中人言其泉水甚異於日未出時
汲之洗面百遍老者復如童子又有一島曰百
而謨達之島無人居或曰衆精之所藏也島下
恒不風而波叅有一舶至島下有怪登其舟舟

黑血少許，即負重疾行，如初。

取黃金有嘗期，宿齋戒，而後取之。

又有一島，女子善射，甚勇，生數歲，即割其右乳，以便操弓矢。昔有商人行近此島，值一女子盪小舟來，射殺商舶二人，去如飛。

[更] 有一島，島中人言其泉水甚異，於日未出時汲之，洗 [面] 百遍，老者復如童子。

又有一島，曰百而謨達之島，無人居，或曰衆精之所藏也。島下恒不風而波，[昔] 有一舶至島下，有怪登其舟，舟中人皆驚仆。獨一舵師不爲動。詰曰何物敢爾。

其怪曰若第無恐念舟中勞苦日久。我當代若

操作。使若曹且得休息耳。舵師指授所爲怪一

一與言大謬東也即西舉也即置行也即止。

師忽悟。紿之曰止也。舟即疾行如飛鳥之影矣。

日行萬里。三日抵家言起程之期人皆不信視

所寄書訊中月日良然。异矣。又有一島墨瓦蘭

嘗過此島不見人物。謂之曰無何之島又有島

中人皆驚仆，獨一舵師不爲動，詰曰：“何物敢爾！”其怪曰：“若第無恐，念舟中勞苦日久，我當代若操作，使若曹且得休息耳。”舵師指授所爲，怪一一與言大謬，東也即西，舉也即置，行也即止。舵師忽悟，紿之曰：“止也。”舟即疾行如飛鳥之影矣，日行萬里，三日抵家。言起程之期，人皆不信，視所寄書訊中，月日良然，异矣。

又有一島，墨瓦蘭嘗過此島，不見人物，謂之曰無何之島。又有島，

度至一百九十度。

赤道以南一度，至十二度，緯度起一百六十五

年前乃有海舶過其南，知其別一島也。經度起

人向未週遠此地，疑其與墨瓦蠟尼相連。十餘

亞之爲匿謂之新爲匿之島，亦曰入匿之島，西

多珊瑚謂之珊瑚之島，又有大島，島形如利未

多珊瑚，謂之珊瑚之島。又有大島，島形如利未亞之爲匿，謂之新爲匿之島，亦曰入匿之島。

西人向未週遶此地，疑其與墨瓦蠟尼相連。十餘年前，乃有海舶過其南，知其別一島也。經度起赤道以南一度，至十二度；緯度起一百六十五度，至一百九十度。

墨瓦蠟尼加總志

先是，閣龍諸人，鑽精依神，尋求地形。既得兩亞墨利加矣。西土以西把尼亞之君。復念地爲圜體。征西自可達東。向至墨利加。而海道遂阻。必有西行入海之處。於是治樓船。選舟師。裹餱糧。裝重寶。繕甲兵。命其臣墨瓦蘭往訪。墨瓦蘭既受命。懼功用弗成。按劒令舟中曰。敢有言歸國者斬。於是舟人震慴。賈勇而前。已盡亞墨利加

墨瓦蠟尼加總志

先是，閣龍諸人，鑽精依神，尋求地形，既得兩亞墨利加矣，西土以西把尼亞之君，復念地爲圜體，征西自可達東，向至 〔亞〕墨利加，而海道遂阻，必有西行入海之處。於是，治樓船，選舟師，裹餱糧，裝重寶，繕甲兵，命其臣墨瓦蘭往訪。墨瓦蘭既受命，懼功用弗成，按 〔劍〕令舟中曰："敢有言歸國者，斬。"於是舟人震慴，賈勇而前。已盡亞墨利加

之界，忽得海峽，亘千餘里，海南，大地別一境界。墨瓦蘭率衆間關前進，第見平原漭蕩，杳無人居，夜則陰火〔燼〕燃，漫山瀰谷而已，因命爲火地。

或曰泊舟時，見數人，皆長二三丈，遂不敢近。

墨瓦蘭既踰此峽，遂入太平大海，自西復東，抵亞細亞馬路古界，度小西洋，越利未亞大浪山，而北折，遵海以還。墨瓦蘭渾行大地一周，四過赤道之下，歷地三十萬餘里，從古航海之績，未有

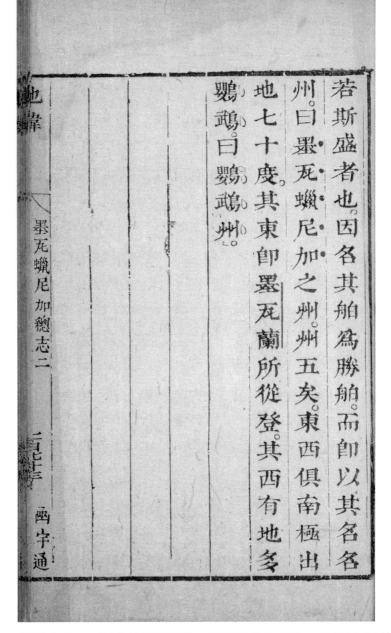

墨瓦蠟尼加總志二

二七七

函宇通

若斯盛者也。因名其舶爲勝舶，而即以其名名州，曰墨瓦蠟尼加之州，州五矣。東西俱南極出地七十度，其東即墨瓦蘭所從登，其西有地多鸚鵡，曰鸚鵡州。

凡海在國之中，國包乎海者，地中海。國在海之中，海包乎國在海之中。海包乎國者，寰海。隨地異名，或以州稱，或以其州之方隅稱。近亞細亞者，謂亞細亞海，近歐邏巴者，謂歐邏巴海，他如利未亞，如亞墨利加，如墨瓦蠟尼加，及其他小國，皆可隨本地所稱，又或隨其本地方隅命之。在南者，南海。在北者北海。在東者，東海。在西者西海。內中國而外及之，則從大東洋至小東洋者，東海。從小西洋至大西洋者，西海。近墨瓦蠟尼

海名

凡海在國之中，國包乎海者，地中海；國在海之中，海包乎國者，寰海。隨地異名，或以州稱，或以其州之方隅稱。近亞細亞者，謂亞細亞海；近歐邏巴者，謂歐邏巴海；他如利未亞，如亞墨利加，如墨瓦蠟尼加，及其他小國，皆可隨本地所稱，又或隨其本地方隅命之。在南者，南海；在北者，北海；在東者，東海；在西者，西海。內中國而外及之，則從大東洋至小東洋者，東海；從小西洋至大西洋者，西海；近墨瓦蠟尼

者。南海。近北極下者。北海。驪子之所謂大瀛也。海雖分而爲四。然以中各異名。如大明海、太平海、東紅海、孛露海、新以西把尼亞海、百西兒海、皆東海也。如榜葛蠟海、百爾西海、亞剌北海、西紅海、利未亞海、何摺亞諾滄海、亞大蠟海、以西把尼亞海、皆西海也。而南海則人跡罕至、不聞異各。北海則冰海、新增蠟海、伯爾昨客海、皆是。至地中海之外、有波的海、窩窩所德海、入爾馬泥海、太海、北高海、皆在地中、可附地中海。

者，南海；近北極下者，北海。驪子之所謂"大瀛"也。海雖分而爲四，然中各異名，如大明海、太平海、東紅海、孛露海、新以西把尼亞海、百西兒海，皆東海也。

如榜葛蠟海、百爾西海、亞剌北海、西紅海、利未亞海、何摺亞諾滄海、亞大蠟海、以西把尼亞海，皆西海也。

而南海則人跡罕至，不聞異名。

北海則冰海、新增蠟海、伯爾昨客海，皆是。

至地中海之外，有波的海、窩窩所德海、入爾馬泥海、太海、北高海，皆在地中，可附地中海。

海中之物魚之族。一曰把勒亞之魚身長數十
丈。首有大孔。孔噴水上出。勢若懸河值海舶昂
首注水舶中。水滿舶沈。制之以大木酒罌。投數
罌令吞之。則俛首逝矣。得之其膏數千斤。一曰
斯得白之魚長二十五丈。性最良善。能保護人。
或漁人爲惡魚所困。此魚輒往鬭解漁人之困。
故法禁人不得捕。一曰薄里波之魚。其色能隨

海族

海中之物，魚之族，一曰把勒亞之魚，身長數十丈，首有大孔，孔噴水上出，勢若懸河。值海舶，昂首注水舶中，水滿，舶沈。制之以大木酒罌，投數罌，令吞之，則俛首逝矣，得之其膏數千斤。

一曰斯得白之魚，長二十五丈，性最良善，能保護人。或漁人爲惡魚所困，此魚輒往鬭，解漁人之困，故法禁人不得捕。

一曰薄里波之魚，其色能隨

物而變，附污則垢色。附潔則布色。附於青則青。

一曰仁魚，西志曰此魚嘗負一小兒登岸。髻觸兒。兒創甚死。魚亦悲罣觸石死。取海豚者。嘗以此魚為招頓網呼仁魚曰入。即入。海豚亦與魚入。豚入既。復呼仁魚曰出。魚即出。而海豚悉登矣。

一曰劍魚。其喙長丈餘。有齒。絕有力能與把勒亞之魚戰。戰則海水盡赤。以喙觸船。船破。

一魚甚大。長十餘丈。濶丈餘。目大二

物而變，附污則垢色，附潔則布色，附於青則青，附於黑則黑。

一曰仁魚，西志曰，此魚嘗負一小兒登岸，髻觸兒，兒創甚，死，魚亦悲罣，觸石死。取海豚者，嘗以此魚為招，頓網呼仁魚曰："入。"即入，海豚亦與魚入。豚入既，復呼仁魚曰："出。"魚即出，而海豚悉登矣。

一曰劍魚，其喙長丈餘，有齒，絕有力，能與把勒亞之魚戰，戰則海水盡赤，以喙觸船，船破。

一魚甚大，長十餘丈，闊丈餘，目大二

尺。頭高八尺。其口在腹下。有三十二齒。齒徑尺。顧骨亦長五六尺。迅風起則衝至海涯。一魚大且有力。值海舶則以首尾夾舟兩頭。魚動則舟必覆。舟人跽而訴之於帝。須臾解去。一魚如鱷各曰刺尾而多之魚。修尾堅鱗。刀箭不能入。死石不能害。利爪鋸牙。水食大魚。陸食百物。魚遠近皆避之。然其行甚遲。小魚數百種。常媵行以避他魚之吞噬也。其生子初如鵝卵。後漸長至

尺，頭高八尺，其口在腹下，有三十二齒，齒徑尺，［頤］骨亦長五六尺，迅風起，則衝至海涯。

　一魚大，且有力，值海舶，則以首尾夾舟兩頭，魚動則舟必覆，舟人跽而訴之於帝，須臾解去。

　一魚如鱷，名曰剌尾而多之魚，修尾堅鱗，刀箭不能入，瓦石不能害，利爪鋸牙，水食大魚，陸食百物，魚遠近皆避之。然其行甚遲，小魚數百種，常媵行，以避他魚之吞噬也。其生子，初如鵝卵，後漸長至

二丈，吐沫於地，踐之即仆，因以取物食之。口中無舌，開口獨動上齶，冬月則不食食。人見之却走，則逐人；人返逐之，則却走。其目入水則鈍，出水極明。見人遠則哭，人近則噬之。而其腹下鱗甲，獨脆軟，畏仁魚以觷刺殺之。復畏乙苟滿之獸，乙苟滿者，鼠屬也，其大如貓，以塗澤身，俟此魚張喙，輒入腹，嚙其五臟而出，又能破壞其卵。復畏雜腹蘭，魚每竊蜜，養蜂家種雜腹蘭藩之，即弗敢入。雜腹蘭者，芳草也。

有落斯馬者，四丈許，短足，居海水底，間出游水上，皮甚堅，刃不能入。額有二角如鉤，睡則以角掛石，盡一日不醒。

有魚大如島，嘗有賈舶就一島，纜舟，登岸而炊，就舟解維，不幾里，忽聞海中大聲起，回視，向所登之島已沒，蓋魚背也。

有獸，方身，翼能鼓大風以覆舟，其形亦大如島，而骨脆。

有獸，二手二足，絕有力，值海舶，輒顛倒之。

其小者，有飛魚，僅尺

許，掠水而飛。有白角兒魚，善窺飛魚之影，伺其所向，輒先至，張口吞之，恒相追數十里，飛魚急，輒上人舟。舟人以雞羽或白練，飄水上，置鈎焉，白角兒以爲飛魚也，遂至吞鈎。

有航魚，介屬也，大僅尺許，六足，足跗有皮，將徙則豎半甲爲舟，張足跗之皮爲帆，〔乘〕風而行。

有蟹，大踰丈許，其螯若戈，其甲覆地，可卧如庫屋。

有海馬，其齒牙茶白而堅，而理（昔）〔細〕，可削爲珠以〔算〕。有女魚，半以

地緯

海族四

函宇通

立則女人身。半以下則魚身。是其骨以下血病，亦可爲珠。有鳥宿島中。時決起飛海水上，海舶值之，則知有島矣。有鳥生海中，不知登岸，舟人欲取之，則張皮措鈎餌而浮之，鳥就食輒吞鈎之。有鳥身有皮如囊如網，入水裹魚而出，人因取之。其最乖者，有一物，其形體耳目，人也，毛髮膚爪，人也，特指駢生如鳧。西海漁者捕得之，而進之於其王，王與之言不應，與之食不食。王憐而

上則女人身，半以下則魚身，是其骨以下血病，亦可爲珠。

有鳥，宿島中，時決起飛海水上，海舶值之，則知有島矣。

有鳥生海中，不知登岸，舟人欲取之，則張皮措鈎餌而浮之，鳥就食輒吞鈎。

有鳥身有皮（如）囊如網，入水裹魚而出，人因取之。

其最乖者，有一物，其形體耳目，人也，毛髮膚爪，人也，特指駢生如鳧。西海漁者捕得之，而進之於其王，王與之言不應，與之食不食。王憐而

從之於海。轉盼視人。鼓掌大笑而去。有一物如婦人。其身有皮。曳地如衣。終不可脱。二百年前西洋喝蘭達之人得之。與之食輒食。亦肯為人役使。見享祀耶穌之符識。亦能起敬俯伏。但不能言。數年而後死。非鱗非介。豈裸蟲三百六十中。故有此類耶。將若出入火石之皈耶。志怪之書。多言人有藏墓中而不死者。其以人非人身形幽攤之化。固不可一端而測其賾也。洽聞記

從之於海，轉盼視人，鼓掌大笑而去。

有一物，如婦人，其身有皮，曳地如衣，終不可脱。二百年前，西洋喝蘭達之人得之，與之食輒食，亦［肯］為人役使，見享祀耶穌之符識，亦能起敬俯伏，但不能言。數年而後死，非鱗非介，豈裸虫三百六十中，故有此類耶？將若出入火石之皈耶？

志怪之書，多言人有藏墓中而不死者，其以人非人身，形幽攤之化，固不可一端而測其賾也。《洽聞記》

曰，東海有海人魚。皮肉白如玉。無鱗。有細毛髮如馬尾。

海族五

曰：东海有海人魚，皮肉白如玉，無鱗，有細毛，髮如馬尾。

海産

海中之寶明珠。以則意蘭者爲最上。取海中蚌。置之日中。曝之俟其口張。乃取口中珠。其色生生瑩瑩。大者光焰數里。剖蚌而出者。色黯無焰。珊瑚出珊瑚島。初在海中眠之。色綠沈而質柔軟。樹上生白子。土人以鐵網取之。出水則堅。有赤黑白三種色赤者其理紾而昔。白黑色者踈理而脆不可用。大浪山之東北。有水中礁。水涸

海産

海中之寶，明珠，以則意蘭者爲最上。取海中［蚌］，置之日中，曝之，俟其口張，乃取口中珠，其色生生瑩瑩，大者光焰數里。剖［蚌］而出者，色黯無［光］。珊瑚出珊瑚島，初在海中眠之，色緑沈而質柔軟，樹上生白子，土人以鐵網取之，出水則堅，有赤、黑、白三種，色赤者，其理紾而［昔］；白、黑色者，［疏］理而脆，不可用。

大浪山之東北，有水中礁，水涸

礁出，悉是珊瑚、寶石。此皆往往而有，小西洋尤多。琥珀則歐邏巴波羅尼亞最多，西人言琥珀初出，從海島石隙流出，如沫入，水漸凝，嘗〔乘〕風潮湧泊，至淺水中，土人伺潮初退，以足探水底，得琥珀，即以足指拾取。其黃白者，中國名爲蜜金，實即一類。然琥珀在漢賦已載其名，而《抱朴子》言松脂入地，千年作琥珀。今滇人市珀者，皆言得自松根，姑兩存之。

龍涎香，黑人國與伯西

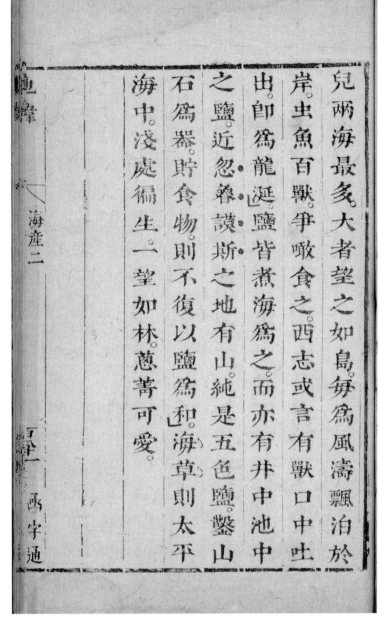

兒兩海最多，大者望之如島。每爲風濤飄泊於岸。虫魚百獸。爭噉食之。西志或言有獸口中吐出。即爲龍涎。

鹽皆煮海爲之。而亦有井中池中之鹽。近忽魯謨斯之地有山。純是五色鹽。鑿山石爲器。貯食物則不復以鹽爲和。海草則太平海中。淺處徧生。一望如林。蔥菁可愛。

兒兩海最多，大者望之如島，每爲風濤飄泊於岸，虫魚百獸，爭噉食之。西志或言，有獸口中吐出，即爲龍涎。

鹽皆煮海爲之，而亦有井中、池中之鹽。近忽魯謨斯之地有山，純是五色鹽，鑿山石爲器，貯食物，則不復以鹽爲和。

海草則太平海中，淺處［遍］生，一望如林，［蔥］菁可愛。

海狀

重濁下沈而爲地。水環附之。故地圓而水亦圓。隔數百里。水面穹如梁。遠望者不可見。登桅望之。乃見。其海中夷險。往往不同。惟太平海極淺。終古無大風波。大西洋極深。深十餘里。從大西洋至大明海。四十五度以南。其風有定候。可候。至四十五度以北。無定候。其尤異者。大明海東南隅。常有異風。變亂凌雜。儵忽庚二十四向。海

地緯

〔海狀一〕

海狀

　　重濁下沈而爲地，水環附之，故地圓而水亦圓。隔數百里，水面穹如梁，遠望者不可見，登桅望之，乃見。

　　其海中夷險，往往不同，惟太平海極淺，終古無大風波；大西洋極深，深十餘里。

　　從大西洋至大明海，四十五度以南，其風有定候，可候；至四十五度以北，無定候。其尤異者，大明海東南隅，常有異風，變亂凌雜，儵忽庚二十四向，海

舶惟任風而行風與水又各異道如風從南來
水必北流倏轉北風而水勢相壓未及趨南舟
莫適從因至摧破至小西洋海潮汐甚大甚迅
平地頃刻湧數百里海中大舶及蛟龍魚鼈之
屬嘗乘潮入山中不可出歐邏巴新增蠟利未
亞大浪山亦時起風波甚噞急至滿剌加海不
風而波又不竟海皆然惟里許一處以次第興
後浪山立前浪已夷矣海上故多風獨利未亞

舶惟任風而行。風與水又各異道，如風從南來，水必北流，倏轉北風，而水勢相壓，未及趨南，舟莫適從，因至摧破。

至小西洋，海潮汐甚大、甚迅，平地頃刻，湧數百里。海中大舶及蛟龍、魚、鼈之屬，嘗［乘］潮入山中，不可出。

歐邏巴新增蠟、利未亞大浪山，亦時起風波，甚噞急。至滿剌加海，不風而波，又不竟海皆然，惟里許一處，以次第興，後浪山立，前浪已夷矣。

海上故多風，獨利未亞

海近爲匿亞之地。當赤道下者。恒苦無風。天氣
酷暑。舶至此。人易生病。海濚不得揭。舶大不得
楫波流潮湧。泊至淺處。舟敗多在於此。北海則
半年無日。氣候極寒。爰有冰海。海舶爲堅冰所
阻。必伺東風解凍。乃得去。又苦海中冰塊。風擊
成山。舟觸之立碎。赤道之下。終歲常熱。食物水
泉酒醪。至此色味皆變過之。即復如故。凡海中
大率作綠沈色。惟東西二紅海。其色淺紅。或曰

海，近爲匿亞之地，當赤道下者，恒苦無風。天氣酷暑，舶至此，人易生病。海〔深〕不得揭，舶大不得楫，波流潮湧，泊至淺處，舟敗多在於此。

北海則半年無日，氣候極寒，爰有冰海。海舶爲堅冰所阻，必伺東風解凍，乃得去。又苦海中冰塊，風擊成山，舟觸之立碎。

赤道之下，終歲常熱，食物、水泉、酒醪，至此色味皆變，過之即復如故。

凡海中大率作綠沈色，惟東、西二紅海，其色淺紅，或曰

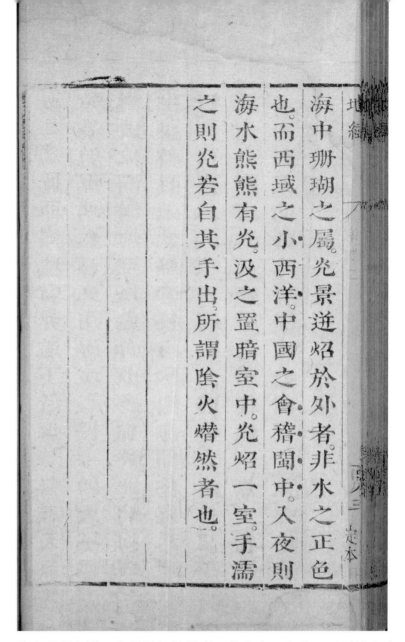

海中珊瑚之屬，光景迸炤於外者，非水之正色也。而西域之小西洋，中國之會稽、閩中，入夜則海水熊熊有［光］，汲之置暗室中，［光］炤一室，手濡之，則［光］若自其手出，所謂陰火［�］然者也。

海舶

浮海之舶，約三等。其小者，僅容數十人，以漁以郵。用以傳書信，不以載物。其舟腹空虛可容，自上達下，僅留一孔，四圍點水不漏，下鎮以石，使舟底常就下。一遇風濤，不習水者，盡入舟腹中，[密]閉其孔，復塗以瀝青，滴水不進。其操舟者，則緔縛其身于檣桅，任水飄蕩。因其腹中空虛，永不沈溺，船底又有鎮石，亦不翻覆。俟浪平，舟人自解縛，運舟，萬無一失，一日可行千里。中者，可容數百人，自閩、粵以達小西洋，戰艦、賈舶皆然。然在中國，亦稱艨艟巨艦矣。

其大者，上下八層，最下一層，鎮以沙

石千餘石，二、三層載食貨淡水，其近地平板一層，載人及重寶。地平板之外，則虛其中百步，以爲揚帆、講武之地。前後各蓋屋四層，以爲貴人之居，而有閣道以通之。長年三老，篙工楫師，將士官府，星曆醫藥，百工之事，畢備而後行，一舶常千餘人焉。舶中列大銃數十門，以備不虞。其鐵彈有三十餘斤重者，上下前後，有風帆十餘道。桅之大者，長十四丈，帆闊八丈。水手二三百人，將卒銃士三四百人，客商數百。有舶總管一人，是西國貴官，王所命，以掌舶中之事，與其賞罰生殺之權。又有舶師三人，曆師二人。舶師專掌候使風帆，整理器用，吹掌號頭，指使人役，探試淺水礁石，以定趨避。曆師專掌窺測天文，晝則測日，夜則測星，用海圖量取度數，以識險易，以知道里。又有官醫，主一舶之疾病。亦有市肆，貿易食物。大舶不畏風波，獨畏山礁淺沙；又畏火，舶上火禁極嚴。

而西人來者，從歐邏巴各國起程，遠近不一，水陸各異。大都一年之內，皆聚於邊海波爾杜瓦爾國里西波亞都城，候西商官舶，春發入大洋。從福島之北，過夏至線，在赤道北二十三度半，踰赤道南二十三度半，越大浪山，見南極高三十餘度。又逆轉冬至線，過黑人國、老楞佐鳥夾界中。又踰赤道，至小西洋南印度卧亞城，在赤道北十六度。風有逆順，大率亦一年之內，可抵小西洋，至此則海中多島，道險窄難行矣。

乃換中舶，亦（乘）[乘]春月而行，抵則意蘭，經榜葛剌海，從蘇門答剌與滿剌加之中,又經新加步峽,迤北過占城暹羅界⋯⋯從西達中國之路也。若從東而來,自以西把尼亞地中海,過巴爾德峽,往亞墨利加之界,有二道,或從墨瓦蠟尼加峽出太平海,或從新以西把尼亞界泊舟,從陸路出孛露海,過馬路古、呂宋等島,至大明海,以達廣州。然從西來者尤多,西來之路經九萬里,行海晝夜無停,有山島可記者,則指山島而行。至大洋中,嘗萬里無山島,則用羅經以審方。其審方之法,全在海圖,量取度數,即知海舶行至其處,離某處若干里,瞭如指掌,百不失一。

剌加之中,又經新加步峽,迤北過占城、暹羅界。閱三年,方抵中國廣州府,此從西達中國之路也。

若從東而來,自以西把尼亞地中海,過巴爾德峽,往亞墨利加之界,有二道,或從墨瓦蠟尼加峽出太平海;或從新以西把尼亞界泊舟,從陸路出孛露海,過馬路古、呂宋等島,至大明海,以達廣州。

然從西來者尤多,西來之路經九萬里,行海晝夜無停,有山島可記者,則指山島而行。至大洋中,嘗萬里無山島,則用羅經以審方。

其審方之法,全在海圖,量取度數,即知海舶行至某處,離某處若干里,瞭如指掌,百不失一。

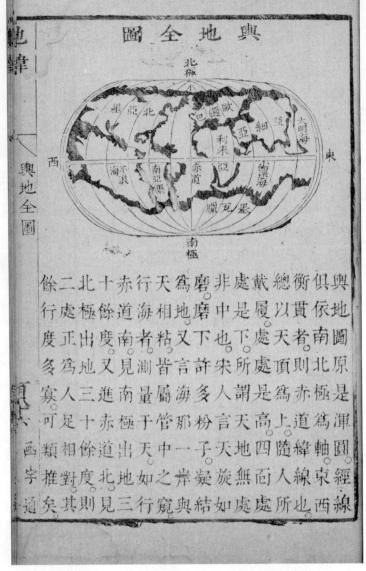

[图] 輿地全圖

　　輿地圖原是渾圓，經線俱依南北極爲軸，東西衡貫者，則赤道緯線也。總以天頂爲上，隨人所戴履，處處是高，四面處處是下，所謂天地無處非中也。宋人言：天旋如磨，磨下許多粉子，凝結爲地。又言：海那一岸，與天相粘。皆屬管中之窺。行海者，測量于天，如行赤道南，見南極出地三十餘度；又進赤道北，見北極出地三十餘度，則二處正爲人足相對，其餘行度多寡，可類推矣。

地緯繫

立天之道曰陰與陽形地之緯曰柔與剛無柔
則萬物之生氣不達無剛則萬物之埴模不堅
天父而地媼然乎陽親天而陰親地也施本乎
上形凝乎下本乎上故首天凝乎下故趾地首
天而天不功趾地而地不倦仁夫斯父母之德
矣
天圓地方天玄地黄天施地藏愛嚴相劘樂哀

地緯繫

立天之道，曰陰與陽；形地之緯，曰柔與剛。無柔，則萬物之
生氣不達；無剛，則萬物之埴模不堅。

天父而地媼然乎，陽親天而陰親地也。施本乎上，形凝乎下。
本乎上，故首天；凝乎下，故趾地。首天而天不功，趾地而地不
倦，仁夫，斯父母之德矣。

天圓地方，天玄地黄，天施地藏，愛嚴相劘，樂哀

相將。一陰一陽，萬物乃行。故陰之中，不得不相為陰；陽之中，不得不相為陽。獨陽不生，獨陰不成。故星維化施，故土維天潤，雨露之澤仁，天地之交氣也；雰霧之澤戕，天地之偏氣也。雹者，陽之專；曀者，陰之積，故皆不為功。

陽用以文，陰攝以武。凡可見者，謂之陽，日月、星辰、河漢、雲霓、山川、陵谷、木石，凡可見者，皆天地之文也，萬物戴焉、履焉、生焉、成焉。易首文言，書首文思。文也者其天地帝王之心乎。甲兵脩而不試。刑措而不用。王者法天之德。常直陰於空處。於虖仁哉。

生陰莫如水。生陽莫如火。唫陰噓陽以生萬物莫如土。日者。火之精也。月者。水之精也。辰者土之精也。水火土之精氣奉於上。萬物仰焉施於下則爲雲雷風雨霜露雪以澹萬物。故土之用。茂矣美矣。水火之所徵兆厥施大矣。

韓繫二

幽宇通

首文思，文也者，其天地帝王之心乎？甲兵脩而不試，刑措而不用，王者法天之德，常直陰於空處、於虖仁哉！

生陰莫如水，生陽莫如火，唫陰噓陽，以生萬物，莫如土。日者，火之精也；月者，水之精也；辰者，土之精也。水、火、土之精氣，奉於上，萬物仰焉；施於下，則爲雲、雷、風、雨、霜、露、雪，以澹萬物。故土之用，茂矣、美矣。水火之所徵兆，厥施大矣。

五行者其猶五倫之行與木火土金水木相生。

慈父之道也。春之所陳。夏長生焉。夏之所生。盛

夏成焉。盛夏所成。秋斂凝焉。秋之所斂。冬收精

焉。冬之所藏。春發陳焉。孝子之事也。相制相奉。

君臣之義也。相配成功。夫婦之紀也。春少陽以

作。夏老陽以訛。秋少陰以成。冬老陰以易。長幼

之序也。將來者進成功者退。用事者不息。並作

者不爭。朋友之志也。君子法之。則爲有行人矣。

五行者，其猶五倫之行與。木、火、土、金、水（木）相生，慈父之道也。春之所陳，夏長生焉；夏之所生，盛夏成焉；盛夏所成，秋斂凝焉；秋之所斂，冬收精焉；冬之所藏，春發陳焉，孝子之事也。相制相奉，君臣之義也。相配成功，夫婦之紀也。春少陽以作，夏老陽以訛，秋少陰以成，冬老陰以易，長幼之序也。將來者進，成功者退，用事者不息，並作者不爭，朋友之志也。君子法之，則爲有行人矣。

木之副在仁。君子以立喜而作肅。火之副在禮。
君子以達樂而作哲。土之副在信。君子以致懼
而作聖。金之副在義。君子以飾怒而作乂。水之
副在知。君子以立哀而作謀。故曰五行者。五行
也。五行之行于天下。猶五行之不可偏廢于人
也。

釋曰地水火風。西志曰。水火土氣。經世書亦置
金木不言。其說曰。金木不能有磅礴變化之權。

木之副在仁，君子以立喜而作肅；火之副在禮，君子以達樂而作哲；土之副在信，君子以致懼而作聖；金之副在義，君子以〔飾〕怒而作乂；水之副在知，君子以立哀而作謀。故曰，五行者，五行也，五行之行于天下，猶五行之不可偏廢于人也。

釋曰：地、水、火、風，西志曰"水、火、土、氣"，《經世書》亦置金、木不言，其說曰，金、木不能有磅礴變化之權，

固也。然風生於氣。氣本於水火土。春風至則萬
物達。秋風至則萬物堅。非金木之氣之徵乎。蓋
陰陽之道必者不敢明其功。故仁義之德大而
金木之用藏。

凡天下生麥之地五。生稻之地四。生黍稷菽蔬
蓏之地一。生金之山一。生木之山九。中國之州
九。寰海之州五。此人類之所生也。飲食衣服之
所出也。利害之所起也。聖人因其理而爲之紀。

固也。然風生於氣，氣本於水、火、土，春風至則萬物達，秋風至
則萬物堅，非金、木之氣之徵乎？蓋陰陽之道，少者不敢明其功，
故仁義之德大，而金、木之用藏。

凡天下生麥之地五，生稻之地四，生黍、稷、菽、蔬、蓏之地
一，生金之山一，生木之山九，中國之州九，寰海之州五，此人類
之所生也，飲食、衣服之所出也，利害之所起也。聖人因其理而爲
之紀，

萬類安焉。神明出焉。古之得此道以臨天下者。庖犧氏神農氏有熊氏陶唐氏虞氏。

凡地緯。地物之號從中國天而天之。地而地之。宅其宅田其田人其人大鹵之爲太原失台之爲濱泉之例也。邑人各從主人。雖然聲萬不同。就重九譯而辨之。所傳聞者其不無異辭矣。何聞。聞之西土之人。西土之人信乎。信。何信乎西土之人。曰以其人信之。其人達心篤行其言源

萬類安焉，神明出焉。古之得此道以臨天下者，庖犧氏、神農氏、有熊氏、陶唐氏、[有]虞氏。

凡地緯，地物之號從中國，天而天之，地而地之，宅其宅，田其田，人其人，大鹵之爲太原，失台之爲濱泉之例也。邑人名從主人，雖然聲萬不同，孰重九譯而辨之。所傳聞者，其不無異辭矣。何聞？聞之西土之人，西土之人信乎？信，何信乎西土之人？曰：以其人信之，其人達心篤行，其言源

源而本本，然則無疑乎？邑人名，吾無所疑乎爾？怪物之若《山海經》也，奇事之非常所見，疑則傳疑，左氏之録鬼神變怪，太史公之好奇，此蘇子《古史》之所瑩矣。

《山書》曰：地東西爲緯，南北爲經。獨名緯者何？曰：天之道，經者主緯；地之道，緯者主經，剛柔之義云爾。

中國之地脈，北方宗于華，南方宗于衡。子思之言地也。獨稱載華嶽而不重，豈不以其爲嵩、岱、常山之宗哉。水經以霍山爲南嶽，蓋本漢武帝封禪，憚衡遠，而霍山在廬江，頗近長安，乃益封爲南嶽耳。夫衡嶽者，帝俊之所南巡也。霍豈衡匹哉。韓愈曰：南方之山，巍然高且大者，以百數，獨衡爲宗，黷矣。一曰：九嶷之山，南幹之宗也。在以極，則地之廣輪測矣；在以日，則地之寒暑測矣。

言地也，獨稱載華嶽而不重，豈不以其爲嵩、岱、常山之宗哉？《水經》以霍山爲南嶽，蓋本漢武帝封禪，憚衡遠，而霍山在廬江，頗近長安，乃益封爲南嶽耳。夫衡嶽者，帝俊之所南巡也，霍豈衡匹哉？韓愈曰：南方之山，巍然高且大者，以百數，獨衡爲宗，黷矣。一曰：九嶷之山，南幹之宗也。

在以極，則地之廣輪測矣；在以日，則地之寒暑測矣。

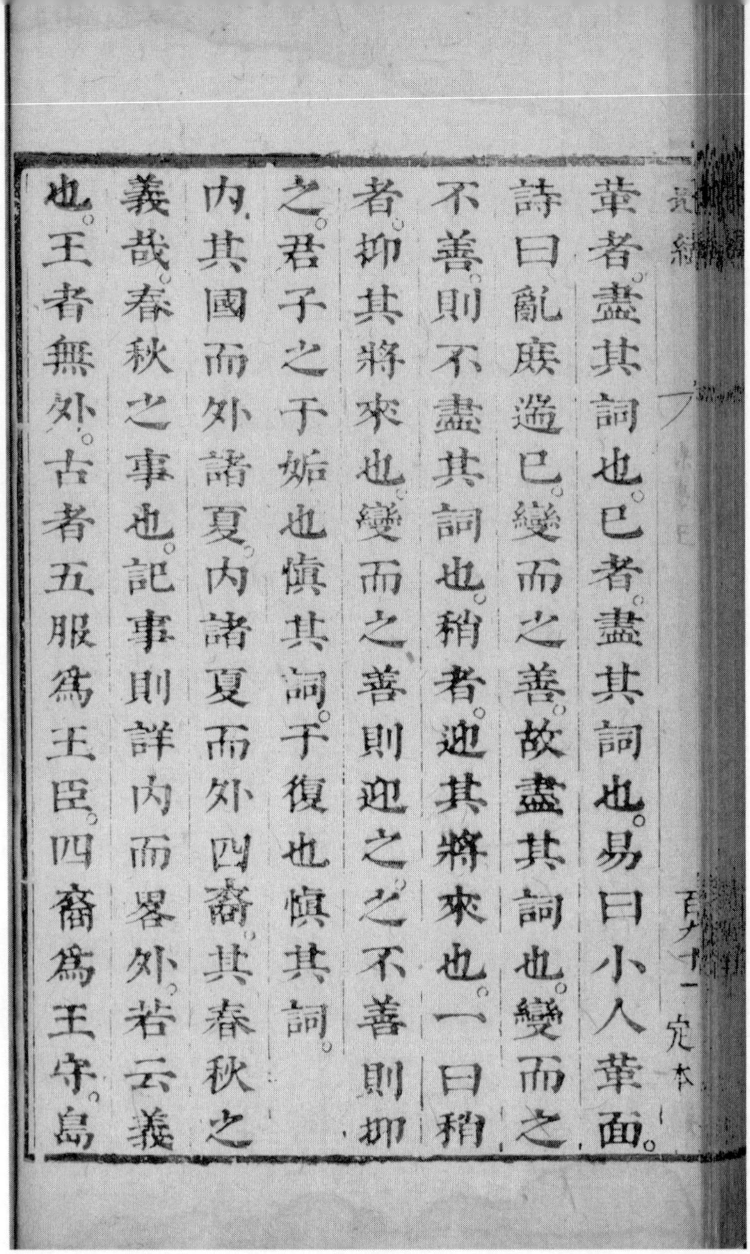

革者，盡其詞也；已者，盡其詞也。《易》曰："小人革面。"
《詩》曰："亂庶遄已。"變而之善，故盡其詞也；變而之不善，則
不盡其詞也。稍者，迎其將來也。一曰：稍者，抑其將來也。變而
之善則迎之，之不善則抑之，君子之于妬也慎其詞，于復也慎
其詞。

内其國而外諸夏，内諸夏而外四裔，其《春秋》之義哉。《春
秋》之事也，記事則詳内而略外，若云義也，王者無外。古者五服
爲王臣，四裔爲王守，島

夷流沙、瀘人濮人。尚書所載。豈有外哉。戎狄而中國。斯孔子中國之矣。故曰詳內而畧外者。春秋之事也。內陽而外陰者。易之幾也。

封箕子于朝鮮。不曰封箕子于裔也。封太伯于吳。奈何弃其懿親。以為蠻裔君長乎。故春秋之外吳也。為僭王也。黃池之會。吳子纍纍致小國以尊天王。春秋書曰會晉侯及吳子于黃池。吳子子乎哉。吳進矣。穀梁子曰吳子進乎哉遂子矣

百九十二　函宇通

夷流沙，瀘人濮人，《尚書》所載，豈有外哉！戎狄而中國，斯孔子中國之矣。故曰：詳內而略外者，《春秋》之事也；內陽而外陰者，《易》之幾也。

封箕子于朝鮮，不曰封箕子于裔也。封太伯于吳，奈何弃其懿親，以為蠻裔君長乎！故《春秋》之外吳也，為僭王也。黃池之會，吳子纍纍致小國以尊天王，《春秋》書曰："會晉 [侯] 及吳子于黃池。"吳子子乎哉！吳進矣。穀梁子曰：吳子進乎哉，遂子矣。

傳曰。山川爲祐。秀氣爲人。夫秀氣之行于天地
迺非得剛牐之氣以凝斂之。則其秀不聚。故良
珠胎蛤。良玉隱璞。聖人生剝。華夏表裔。
井巴者。利未亞之戎也。紅毛者。次邏巴之戎也。
羗戎者。中國之戎也。其山川風氣以取之。雖然。
不知非是。不知思慮。曷不可雎雎于于。野鹿而
標枝。其剽悍禍賊者。習也。非天之賦然也。
經于外大惡書。小惡不書。緯于外大惡不書。小

《傳》曰：山川爲祐，秀氣爲人。夫秀氣之行于天地也，非得剛牐之氣，以凝斂之，則其秀不聚。故良珠胎蛤，良玉隱璞，聖人生剝，華夏表裔。

井巴者，利未亞之戎也；紅毛者，歐邏巴之戎也；羌戎者，中國之戎也。其山川風氣以取之，雖然不知非是，不知思慮，曷不可雎雎于于。野鹿而標枝，其剽悍禍賊者，習也，非天之賦然也。

經于外，大惡書，小惡不書；緯于外，大惡不書，小

惡書異乎哉春秋之外其國之外也所見也所聞也大惡必書所以傳信昭王者之憲不可失也緯之外中國之外也所傳聞之詞也密服以爲哀墓樹以爲掩而君子猶有終天之憾犧牲以爲祀衡生以爲養而君子猶有庖廚之遠吾怪乎所傳聞者之有異詞焉君子聞人惡則疑之而況其大者乎竊附于子不語怪之義

緯辯七

惡書，異乎哉！《春秋》之外，其國之外也。所見也，所聞也，大惡必書，所以傳信，昭王者之憲，不可失也。緯之外，中國之外也，所傳聞之詞也，〔喪〕服以爲哀，墓樹以爲掩，而君子猶有終天之憾；犧牲以爲祀，衡生以爲養，而君子猶有庖廚之遠，吾怪乎所傳聞者之有異詞焉。君子聞人善則信之，聞人惡則疑之，而況其大者乎？竊附于子不語怪之義。

辨宗論曰。華民易于見理難于受教。裔人易于
受教。難于見理。誠哉是言也。回回之多行貪狠。
遷乎其地而不敢爲革。西洋之獨行廉貞守乎
其說而不能爲通。

孟子曰。春秋。天子之事也。西土曰耶蘇。上天之
宰也。噫非達人其勿輕語于斯。

中國之政教合者也。然以政行教西國之政教
分者也。然以教爲政。天爲之乎人爲之乎。抑地

《辨宗論》曰："華民易于見理，難于受教"；"（裔）[夷]人
易于受教，難于見理"。誠哉是言也。回回之多行貪狠，遷乎其地
而不敢爲革；西洋之獨行廉貞，守乎其説而不能爲通。

《孟子》曰："《春秋》，天子之事也。"西土曰：耶蘇，上天之
宰也。噫！非達人，其勿輕語于斯。

中國之政教，合者也，然以政行教；西國之政教，分者也，然
以教爲政，天爲之乎？人爲之乎？抑地

執然也。天因地，人因天。

儒之道，其盛矣乎。士者農者。工者商者皆儒之人也。君臣父子兄弟夫婦朋友，皆儒之事也。夷夏之無此疆爾界皆儒之境也。耶蘇之學儒之分籓也。老氏之術儒之權教也。

謂三代以後道統在下也。則我太祖之功之德。巍巍乎其幾無間然矣。謂孟軻沒至宋而莫得其傳也。則董仲舒韓愈之卓然

執然也，天因地，人因天。

儒之道，其盛矣乎！士者、農者、工者、商者，皆儒之人也；君臣、父子、兄弟、夫婦、朋友，皆儒之事也。夷夏之無此［疆］爾界，皆儒之境也。耶蘇之學，儒之分籓也；老氏之術，儒之權教也。

謂三代以後，道統在下也，則我太祖之功、之德，巍巍乎其幾無間然矣。謂孟軻沒至宋，而莫得其傳也，則董仲舒、韓愈之卓然

獨立。吾必以爲聖人之徒之功首矣。謂從祀止
于講論之儒也。則諸葛亮之忠貞。宋璟韓琦之
方正文天祥之從容成仁。徐達之寬明輔運在
聖門十哲之流亞矣。

千古幅員之大。其惟我明乎荆揚當九州之
半。而禹貢裔土視之。三代要服荒服。來去靡常。
漢取閩越朱崖不能用其民至舉江淮之民實
閩越。而終弃朱崖。張騫之奉使絶域。亦卒不能

獨立，吾必以爲聖人之徒、之功首矣；謂從祀止于講論之儒也，則諸葛亮之忠貞，宋璟、韓琦之方正，文天祥之從容成仁，徐達之寬明輔運，在聖門十哲之流亞矣。

千古幅員之大，其惟我明乎！荆、揚當九州之半，而《禹貢》裔土視之。三代要服、荒服，來去靡常。漢取閩、越、朱崖，不能用其民，至舉江淮之民實閩越，而終弃朱崖。張騫之奉使絶域，亦卒不能

外盡地界。隋、唐號稱強盛，然朱寬有不譯之都，顏師古有未圖之國。宋微甚，元雖統一，而倭奴諸國，終元世不貢，且冠帶之民，淪矣。我明太祖不階尺土，乃克復燕雲于日月，闢越裳以西南，東漸于海，履及河源。洪武、永樂以來，梯高山，航大海，朝貢者，無慮數百國，而歐邏巴人，絕九萬里來闕下。大地圓體，始入版圖，於都盛哉！夫幅員者，盡地之圓，以爲幅也，非今日而孰能當此大名者哉。

古者天子之均天下也。邦畿之外。爲侯旬男采衛要。九州之外爲蕃國。以定四民以同貫利敷天下之民各安其業美其食。無歎息愁恨之聲。然猶戰戰兢兢。動色于忘遠之戒。即不貴異物。不勤遠畧。乃職方懷方之制委曲繁至。備哉燦爛。豈不爲神明之式者哉說者猶以旄人縣四夷之樂。司隸帥四翟之兵。疑于長耳目之眩伏

孰能當此大名者哉！

古者，天子之均天下也，邦畿之外，爲［侯］、旬、男、采、衛、要；九州之外，爲蕃國。以定四民，以同貫利。敷天下之民，各安其業、美其食，無歎息愁恨之聲，然猶戰戰兢兢，動色于忘遠之戒。即不貴異物，不勤遠略，乃職方、懷方之制，委曲繁至，備哉燦爛，豈不爲神明之式者哉！説者猶以旄人縣四夷之樂，司隸帥四翟之兵，疑于長耳目之眩，伏

肘腋之虞。噫！是乃先王之所爲〔深〕長思矣。夫聞見不入者，思慮不出。〔深〕宮之中，未知稼穡，爲之籍田三推，以勤其體；天極之居，未知柔遠，爲之旄人司隸，以儆其心。備其勸戒，制其限數，豈可與漢安帝之西南夷樂、漢宣帝之金城處降夷，同日論哉！

明興置十三〔館〕，凡四夷之〔館〕，十有三，朝鮮、琉球、日本、暹羅、安南、滿剌〔加〕、百夷、韃靼、女直、委兀兒、西番、回回、占城。以處貢夷，厚往薄來，海外慕義，且令各邊修守戰之備，崇勿追之

訓而香山市舶貫利同于遐方。豈不亦八荒爲
門閭萬國謳謌者乎。余故遡之古始。稽之實錄
以周知其爵賞之事。用兵之利害。徵之十三舘
之籍。以紀其方貢考之象胥之傳。詢之重譯之
語。以在其地域廣輪人民財用穀畜物産數要。
與其土風之漸漬聲教之被服。具而論之。以張
明德之盛世之覽者理經比緯。於以股肱郅隆。
尚亦有攸濟焉。

訓。而香山市舶貫利，同于遐方，豈不亦八荒爲門閭，萬國謳［歌］者乎！余故遡之古始，稽之實錄，以周知其爵賞之事，用兵之利害。徵之十三［舘］之籍，以紀其方貢。考之象胥之傳，詢之重譯之語，以在其地域廣輪，人民財用，穀畜物産數要，與其土風之漸漬，聲教之被服，具而論之，以張明德之盛。世之覽者，理經比緯，於以股肱郅隆，尚亦有攸濟焉。

圖書在版編目（ＣＩＰ）數據

函宇通（上、下） / [明]熊明遇、熊人霖撰；魏毅整理. — 長沙：湖南科學技術出版社，2022.12

（中國科技典籍選刊. 第五輯）

ISBN 978-7-5710-1973-0

Ⅰ. ①函⋯ Ⅱ. ①熊⋯ ②熊⋯ ③魏⋯ Ⅲ. ①自然科學史－中國－古代 Ⅳ. ① N092

中國版本圖書館 CIP 數據核字(2022)第 233532 號

中國科技典籍選刊（第五輯）

HAN YU TONG
函宇通（下）

撰　　者：[明]熊明遇　熊人霖
整　　理：魏　毅
出 版 人：潘曉山
責任編輯：楊　林
出版發行：湖南科學技術出版社
社　　址：湖南省長沙市芙蓉中路一段 416 號泊富國際金融中心
网　　址：http://www.hnstp.com
郵購聯係：本社直銷科 0731-84375808
印　　刷：長沙鴻和印務有限公司
　　　　　（印裝質量問題請直接與本廠聯係）
廠　　址：長沙市望城區普瑞西路 858 号
郵　　編：410200
版　　次：2022 年 12 月第 1 版
印　　次：2022 年 12 月第 1 次印刷
開　　本：787mm×1092mm　1/16
本冊印張：24
本冊字數：463 千字
書　　號：ISBN 978-7-5710-1973-0
定　　價：420.00 圓（共兩冊）

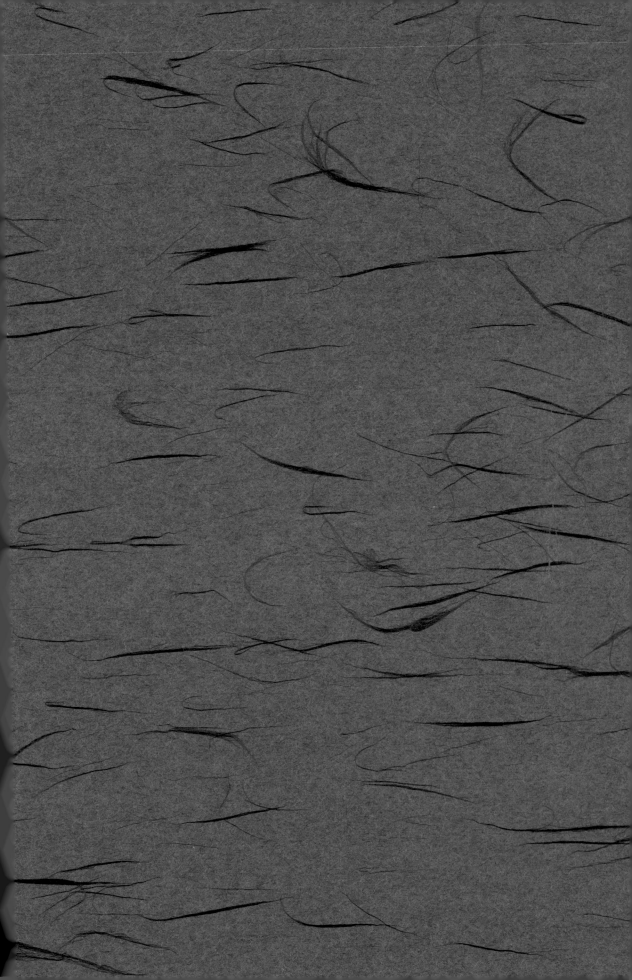